高等职业教育电子与信息大类“十四五”规划教材

计算机系统组装与维护教程

主编 ◎ 冯宪光　邹士喜　刘中华　姜东洋

华中科技大学出版社
http://www.hustp.com
中国·武汉

内 容 提 要

本书结合计算机的新技术、新产品，详细地介绍了常用计算机的分类、硬件系统的构成和最新的技术，介绍了硬件的选购和安装过程，介绍了软件系统的安装和维护，介绍了数据存储技术和数据恢复技术，介绍了常用外部设备的使用和维护技巧。通过本书，可以学习到当前计算机硬件发展的最新技术，可以学习到组装与维护、软件系统的安装与系统维护技巧。在内容的安排上，本书划分为七大项目，以任务驱动的形式组织内容，体现了“工学结合一体化”的教学模式。

本书可作为高职高专和中等职业院校计算机专业的教材，以及各种计算机维护培训班的培训资料，同时也可作为计算机爱好者和相关用户的参考书，具有很高的实用价值。

为了方便教学，本书还配有电子课件等教学资源包，可以登录“我们爱读书”网（www.ibook4us.com）浏览，或者发邮件至 hustpeiit@163.com 索取。

图书在版编目(CIP)数据

计算机系统组装与维护教程/冯宪光等主编. —武汉：华中科技大学出版社，2016.9(2021.7 重印)
ISBN 978-7-5680-2170-8

Ⅰ.①计…　Ⅱ.①冯…　Ⅲ.①电子计算机-组装-高等职业教育-教材　②计算机维护-高等职业教育-教材
Ⅳ.①TP30

中国版本图书馆 CIP 数据核字(2016)第 202976 号

计算机系统组装与维护教程
Jisuanji Xitong Zuzhuang yu Weihu Jiaocheng

冯宪光　邹士喜　刘中华　姜东洋　主　编

策划编辑：康　序
责任编辑：刘　静
封面设计：孢　子
责任监印：朱　玢
出版发行：华中科技大学出版社(中国·武汉)　　电话：(027)81321913
　　　　　武汉市东湖新技术开发区华工科技园　　邮编：430223
录　　排：武汉正风天下文化发展有限公司
印　　刷：武汉科源印刷设计有限公司
开　　本：787mm×1092mm　1/16
印　　张：19.25
字　　数：511 千字
版　　次：2021 年 7 月第 1 版第 2 次印刷
定　　价：48.00 元

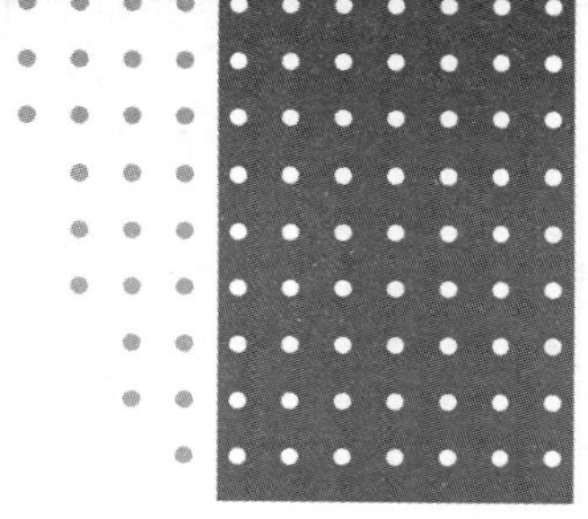

FOREWORD
前言

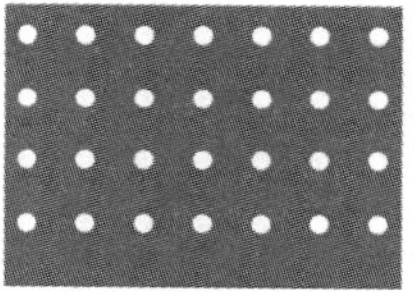

随着计算机技术的飞速发展，计算机成为人们常用的现代化工具，正极大地改变着人们的经济活动、社会生活和工作方式，给人们的生活、工作、学习和娱乐带来了极大的方便和乐趣。我们应该了解计算机、学会使用计算机，用它来获得知识和处理事务。计算机在使用过程中常会出现问题，这就需要我们学会基本的计算机组装和维护知识、技巧，以便分析和解决计算机在使用过程中出现的问题。另外，为了更好地选购、配置计算机，我们需要熟练掌握计算机硬件和软件方面的知识。为了培养学生的职业道德、职业技能和就业创业能力，满足经济社会对高素质技能型人才的需求，我们结合《国家中长期教育改革和发展规划纲要(2010—2020 年)》及多年教学经验和实践，编写了本书。

在内容上，本书结合计算机的新技术、新产品，详细地介绍了常用计算机的分类、硬件系统的构成和最新的技术，介绍了硬件的选购和安装过程，介绍了软件系统的安装和维护，介绍了数据存储技术和数据恢复技术，介绍了常用外部设备的使用和维护技巧。通过本书，可以学习到当前计算机硬件发展的最新技术，可以学习到组装与维护、软件系统的安装与系统维护技巧。在内容的安排上，本书划分为七大项目，以任务驱动的形式组织内容，体现了“工学结合一体化”的教学模式。

本书由辽宁机电职业技术学院冯宪光、邹士喜、刘中华和姜东洋老师担任主编。本书编写分工如下：项目 2 和项目 3 由冯宪光编写，项目 1 和项目 6 由邹士喜编写，项目 4 和项目 5 由姜东洋编写，项目 7 由刘中华编写。全书由冯宪光负责统稿和定稿。

为了方便教学，本书还配有电子课件等教学资源包，可以登录“我们爱读书”网(www.ibook4us.com)注册并浏览，或者发邮件至 hustpeiit@163.com 索取。

因作者水平有限和时间仓促，错误和疏漏之处在所难免，敬请同行和广大读者批评指正，以便下次修订完善。

编　者

2021 年 5 月

CONTENTS
目录

项目 1　硬件认识与组装

项目 2　计算机硬件配置

项目 3　计算机软件系统安装

项目 4　小型实用网络组建

项目 5　计算机常用外部设备

项目1　硬件认识与组装

项目背景

在学习计算机选购与组装前，应该先了解计算机的基础知识，包括常用计算机的分类和用途、计算机的基本组成、硬件的作用，以及硬件的接口等。

学习目标

- 了解计算机的背景知识，包括计算机的产生、发展、特点和分类。
- 掌握计算机系统的组成。
- 掌握计算机硬件接口与硬件之间的连接关系。
- 掌握计算机的硬件构成，能通过外观和接口识别硬件。

项目实施

- 计算机概述与计算机的分类。
- 通过拆解一台计算机观察、认识计算机的硬件构成，通过硬件的外观认识硬件并区分硬件。
- 通过硬件间的连接方式认识硬件间的关系。
- 组装计算机，注意硬件的安装与线缆的连接。
- 学习计算机主板硬件主流配置，能够按需选购硬件。

任务1　计算机概述

任务实施　①计算机硬件系统的组成；②计算机软件系统的组成；③常用计算机的类型；④计算机硬件系统与软件系统之间的关系；⑤计算机的硬件构成及计算机主机箱与硬件相互连接的接口。

所需资源　①一台台式机（硬件齐全，为拆装用）；②拆装工具（十字螺丝刀、尖嘴钳子）；③另一台台式机（用于上互联网，方便查找相关资料）。

一、计算机的发展和计算机系统的组成

（一）计算机的发展

1946年，第一台电子数字积分计算机ENIAC问世，它的问世具有划时代的意义。在以后的几

十年中，计算机技术发展迅速，并且被广泛应用于军事、教育、科研、工业制作以及工业设计等各个领域。

20 世纪 40 年代问世的电子计算机是人类最伟大的科学技术成就之一，它是电子技术和计算技术空前发展的产物，是科学技术与生产力发展的结晶。它的诞生极大地推动了科学技术的发展。半个多世纪以来，在发展的程度和广度方面，人类没有第二类产品可以与计算机相媲美。所以有人说，计算机技术是现代科学技术的核心。

随着大规模、超大规模集成电路的广泛应用，计算机在存储的容量、运算速度和可靠性等各方面都得到了很大的提高。在科学技术日新月异的今天，各种新的器件不断出现，人们正试图用光电子器件、超导电子器件、生物电子器件等来代替传统的电子器件，制造出在某种程度上具有模仿人学习、记忆、联想和推理等功能的新一代计算机系统。现如今，计算机系统正朝着超速化、微型化、网络化和智能化等方向发展。

（二）计算机系统的组成

计算机系统由硬件系统和软件系统构成。计算机硬件的基本功能是通过接受计算机程序的控制来实现数据输入、数据运算、数据输出等一系列根本性的操作。

1. 计算机硬件系统的组成

计算机的制造技术虽然已经发生极大的变化，但在基本的硬件结构方面，一直沿袭着冯·诺伊曼的传统框架，即计算机硬件系统包括主机系统和外部设备两大部分，由运算器、控制器、存储器、输入设备、输出设备五大基本构件组成。计算机系统的基本硬件结构如图 1-1-1 所示。

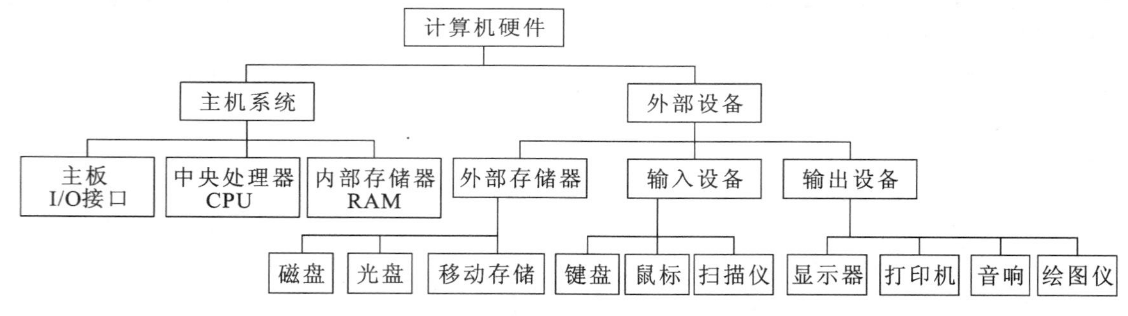

图 1-1-1　计算机系统的基本硬件结构

1）运算器和控制器

运算器和控制器组成微处理器。微处理器是微型计算机的核心。按字长，微处理器可分为 8 位微处理器、16 位微处理器、32 位微处理器和 64 位微处理器，其中主流微处理器为 64 位微处理器。

2）存储器

存储器可分内部存储器（内存）和外部存储器（外存）两种。内部存储器就是 CPU 直接寻址的存储器。内部存储器又可分为 RAM 和 ROM 两种。RAM 是可读、可写的内部存储器，它用于存放经常变化的程序和数据。只要一断电，RAM 中的程序和数据就会丢失。ROM 是只读存储器，ROM 中的程序和数据即使断电也不会丢失。

3）输入设备

输入设备是指用于将外部信息（如文字、数字、声音、图像、程序、指令等）转变为数据输入到计算机中，以便对其进行加工、处理的设备。输入设备是人们和计算机系统之间进行信息交换的主要装置之一。键盘、鼠标、扫描仪、光笔、压感笔、手写输入板、游戏杆、语音输入装置、数码相机、数码录像机、光电阅读器等都属于输入设备。常用的输入设备是键盘和鼠标。

4）输出设备

输出设备用于将计算机中的数据信息传送到外部媒介。显示器、打印机、绘图仪和音响等都属于输出设备。最常用的输出设备有显示器和打印机。

2. 计算机软件系统的组成

计算机软件系统的组成如图 1-1-2 所示。

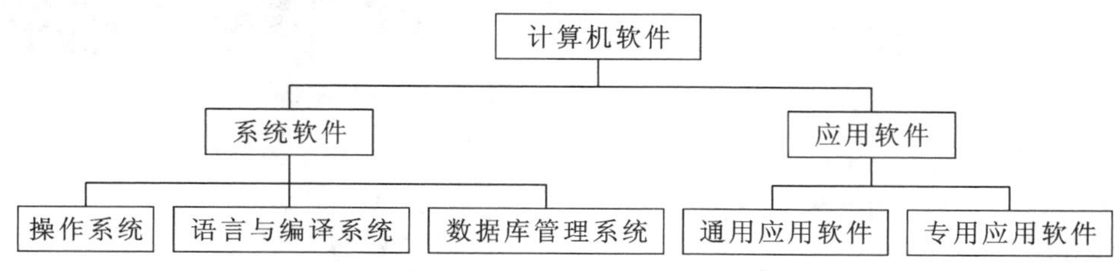

图 1-1-2　计算机软件系统的组成

1）系统软件

系统软件通常是指管理、监控和维护计算机资源（包括硬件和软件）的一种软件。操作系统、程序语言与编译系统和数据库管理系统等都属于系统软件。

2）应用软件

应用软件是指利用计算机及系统软件为解决各种实际问题而编制的、具有专门用途的计算机程序。各种字处理软件、各种用于科学计算的软件包、计算机辅助软件和各种图形软件等都属于应用软件。

3. 计算机软件、硬件的相互关系

不装备任何软件的计算机称为硬件计算机或裸机，而用户面对的是在裸机之上安装系统软件和若干应用软件之后所构成的计算机系统。计算机硬件是支持计算机软件工作的基础，没有足够的计算机硬件支持，计算机软件也就无法正常工作。计算机软件技术随计算机硬件技术的发展而发展，反过来，计算机软件技术的不断发展与完善又促进了计算机硬件技术的新发展，两者的发展密切交织，缺一不可。

二、计算机的分类

现在的计算机都属于数字计算机，按用途可分为专用计算机和通用计算机两类。

专用计算机与通用计算机在效率、速度、配置、结构复杂程度、造价和适应性等方面是有区别的。专用计算机针对某类问题能显示出最有效、最快速和最经济的特性，但它的适应性较差，不适于其他方面的应用。在导弹和火箭上使用的计算机很多都是专用计算机。

通用计算机适应性很强，应用面很广。通用计算机按其规模、速度和功能等又可分为巨型计算机、大型计算机、中型计算机、小型计算机、工作站、微型计算机和单片机七种。这些通用计算机之间的基本区别通常在于体积大小、结构复杂程度、功率消耗、性能指标、数据存储容量、指令系统和设备、软件配置等的不同上。

常用的通用计算机是微型计算机，它又简称为计算机。微型计算机可分为台式机、笔记本电脑、一体电脑和平板电脑等。另外，随着手机性能的不断增强，手机也可以担当部分微型计算机的任务，所以也可以说，手机是一种微型计算机。台式机、笔记本电脑、一体电脑和平板电脑的比较如表 1-1-1 所示。

表 1-1-1　台式机、笔记本电脑、一体电脑和平板电脑的比较

类　型	台式机	笔记本电脑	一体电脑	平板电脑
性　能	比同价位的笔记本电脑、一体电脑和平板电脑的性能突出	比同价位台式机的性能差	性能仅次于同价位的台式机的性能，摆放方便，线缆少	专为娱乐和无线网络设计
特　点	体积大，占用空间，散热性好	体积小，可移动办公	主机、显示器一体	掌上操作方便
用　途	适用于游戏、图形工作	适用于移动办公	办公、游戏、图形均适用	适用于娱乐
维护维修	最容易	不方便(硬件故障)，需要专业维修	相对容易	不容易，需要专业维修

三、计算机的硬件组成

计算机硬件的集成度越来越高，计算机的各组成部分采用模块化，只要将组成各组成部分的硬件组装起来即可构成计算机硬件系统。下面以台式机为模型来介绍一下计算机的硬件组成，使大家在整体上对计算机的硬件组成有个感性的认识。

台式机的外观如图 1-1-3 所示。标准的台式机配置包括主机箱(主机)、显示器、键盘和鼠标，以及其他设备(如音响)等。

图 1-1-3　台式机的外观

（一）主机箱（主机）

台式机主体箱前面板如图 1-1-4 所示。

常用的台式机主机箱采用的是立式 ATX 结构，前面板上有电源开关、电源指示灯、硬盘工作指示灯、前置 USB 接口、音频接口和光驱，部分还包括扩展板。台式机主机箱内装有主板、CPU、内存、显卡、硬盘、光驱、电源等。

台式机主机箱后面板如图 1-1-5 所示。

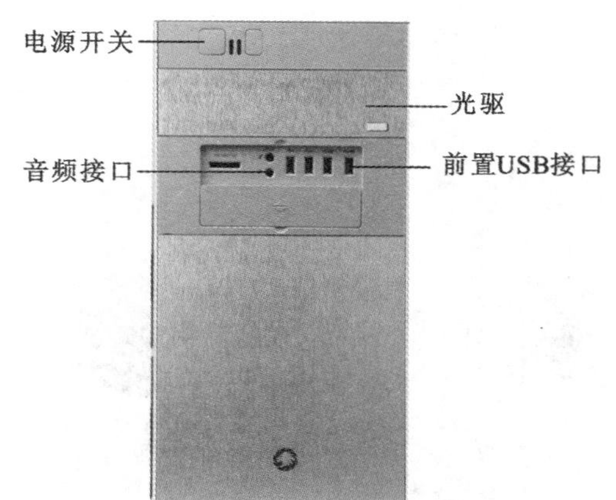

图 1-1-4　台式机主机箱前面板

主机电源接口
键盘接口
鼠标接口
HDMI
集成显卡输出接口
USB3.0接口
USB接口
RJ45接口
音频接口
独立显卡输出接口

图 1-1-5　台式机主机箱后面板

台式机主机箱后面板主要提供电源以及各种板卡的外接口。一般的外接口包括主机电源接口、键盘接口、鼠标接口、HDMI、集成显卡输出接口、USB3.0 接口、USB 接口、RJ45 接口、音频接口、独立显卡输出接口。目前，串口和并口在主机箱后面板上不直接提供，需要通过主板扩展插槽引出。

（二）显示器

目前，台式机显示器的种类繁多，图 1-1-6 所示的是大屏幕液晶显示器。

显示器是台式机最主要的输入设备。目前主流的台式机显示器是液晶显示器，它有辐射小、超薄、节能等优点。

（三）键盘和鼠标

键盘和鼠标（见图 1-1-7）是计算机最常用的输入设备，它们的接口是标准的 PS/2 接口、USB 接口。随着计算机技术的发展，目前，采用无线连接方式的键盘和鼠标的应用越来越广泛。

图 1-1-6　大屏幕液晶显示器

图 1-1-7　键盘和鼠标

（四）其他设备

打印机是另一款计算机常用的输出设备，计算机常用的打印机有针式打印机、激光打印机和喷墨打印机三种，如图 1-1-8 所示。

随着计算机多媒体功能的强大，计算机音频功能、视频功能更加完善，人们对计算机音响的要求越来越高，音响的种类也随之越来越多，计算机音频功能已实现 5.1 影院效果。目前，计算机常用的音响有立体声音响、低音炮音响和 5.1 声道音响，如图 1-1-9 所示。

除了以上介绍的计算机硬件组成，计算机还包括绘图仪、摄像头、扫描仪等，这些设备在后面章节中有具体介绍，此处不做赘述。

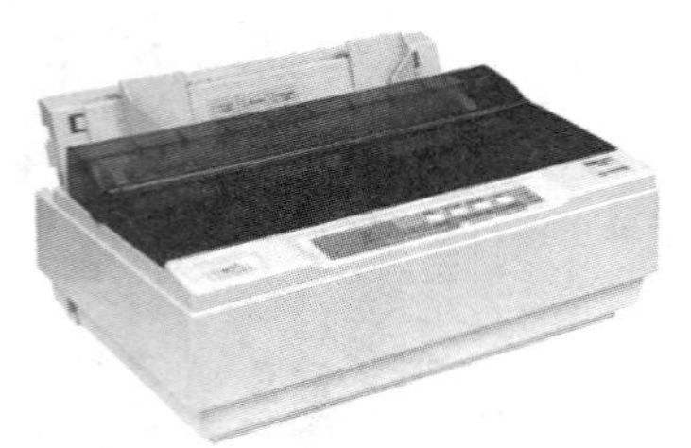

(a) 针式打印机

(b) 激光打印机

(c) 喷墨打印机

图 1-1-8　计算机常用的打印机

(a) 立体声音响

(b) 低音炮音响

(c) 5.1声道音响

图 1-1-9　计算机常用的音响

（五）内部结构

打开主机箱左侧的盖子，可以看到主机箱的内部结构，如图 1-1-10 所示。对于不同的台式机，其主机箱的内部结构会有所区别，但通常都具有主板、CPU 及其散热器、内存、显卡（部分集成显卡）、电源、硬盘、光驱。

1. 主板

主板是计算机硬件系统的核心，它是一块控制和驱动台式机的印制电路板（PCB），是 CPU、内存、显卡及各种扩展卡的载体。主板的稳定与否关系着整个计算机系统的稳定与否，主板的性能也在一定程度上制约着计算机的性能。

台式机主板的外观如图 1-1-11 所示。

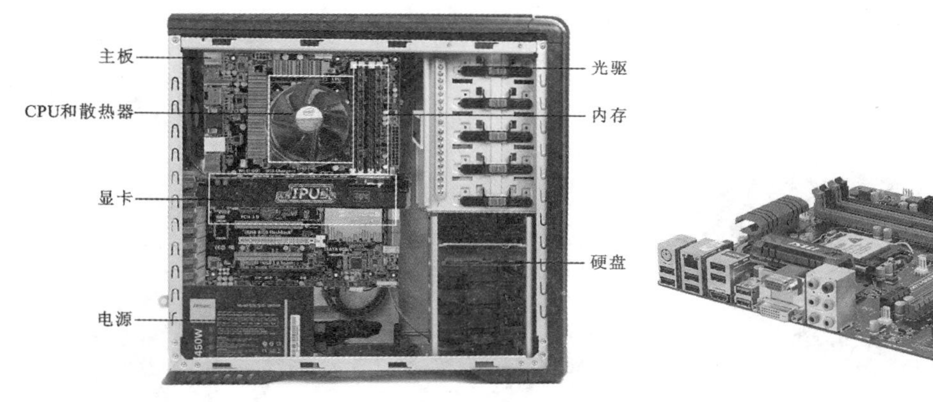

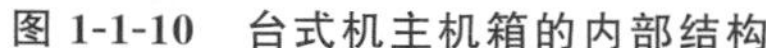

图 1-1-10　台式机主机箱的内部结构

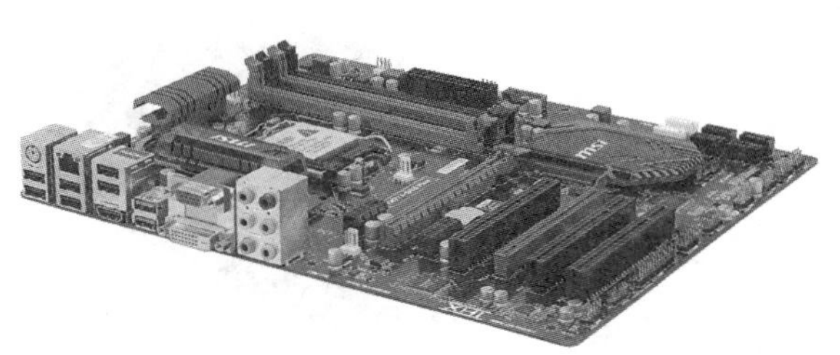

图 1-1-11　台式机主板的外观

2. CPU

CPU 是计算机的“大脑”,是计算机完成控制和运算的核心部件。计算机品质的高低、运算速度的快慢很大程度上取决于 CPU 品质的优劣。目前,市场上主流的 CPU 有 Intel Core i 系列 CPU(见图 1-1-12)和 AMD APU 系列 CPU(见图 1-1-13)。

图 1-1-12　Intel Core i 系列 CPU

图 1-1-13　AMD APU 系列 CPU

3. 内存

内存是计算机系统的主存储器,是计算机运行程序时进行数据处理、存放中间处理过程的载体。内存由大规模的集成电路芯片组成,内存的容量和速度在很大程度上影响着计算机的运行能力和运行效率。目前,主流的内存是 DDR4 内存。DDR4 内存的主频在 2 133 MHz 以上,容量在 4 GB 以上。

284 针的主流 DDR4 内存如图 1-1-14 所示。

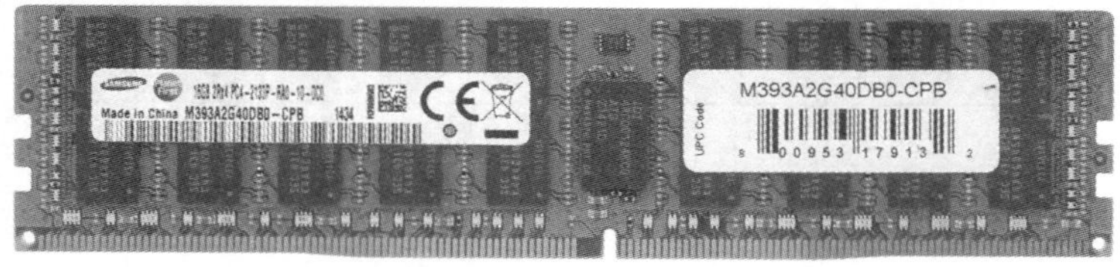

图 1-1-14　284 针的主流 DDR4 内存

4. 显卡

显卡用于将计算机的数字、图像、动画、电影等信号转换成显示器可以识别的视频信号,并输出给显示器,使其显示出来。目前,主流的显卡是 PCI-E 接口的显卡(见图 1-1-15)。PCI-E 接口的显卡有多种输出接口，如 DVI、HDMI 和 DisplayPort(DP)等。

5. 电源

台式机的电源(见图 1-1-16)是将交流电压转换为台式机工作所需要的直流电压的开关电源。

图 1-1-15 PCI-E 接口的显卡

图 1-1-16 台式机的电源

6. 驱动器

驱动器包括硬盘、光驱和软驱，它们都属于外部存储设备(相对于内存而言)。内存工作速度快，但不能保留数据，断电后内存内的数据便会消失，而且其容量小。而硬盘等驱动器是容量大、断电后保存数据的存储器。硬盘如图 1-1-17 所示，光驱如图 1-1-18 所示。

图 1-1-17 硬盘

图 1-1-18 光驱

思考

1. 计算机硬件系统由哪些部分组成？
2. 计算机软件系统包括哪些部分？
3. 计算机通常的分类标准有哪些？
4. 计算机软件、硬件之间的关系是怎样的？

任务 2 计算机系统拆解

任务实施 ①通过拆解计算机进一步熟悉计算机硬件系统的组成；②拆解过程中的注意问题；③摆放拆下的硬件时应注意的问题；④接口的线缆插接方式；⑤板卡的安装方式。

所需资源 ①一台台式机(硬件齐全,为拆装用);②拆装工具(十字螺丝刀、尖嘴钳子);③另一台台式机(用于上互联网,方便查找相关资料)。

注意

此任务中的操作请在指导教师或计算机组装人员的指导下进行。

一、观察计算机的启动过程

步骤1:将主机电源线、显示器电源线正确连接到电源插座上。

步骤2:按下显示器上的电源按钮,接通显示器电源。

步骤3:按下主机箱上的电源按钮,启动计算机。当显示器屏幕上出现英文的启动信息(自检信息)时,观察屏幕上出现的内容。此时按Delete键,会进入BIOS设置界面或UEFI BIOS设置界面,初使用者请不要进入BIOS设置界面或UEFI BIOS设置界面并进行乱设置。对于在BIOS设置界面和UEFI BIOS设置界面上的相关设置,在后面章节中会详细介绍,此处不做赘述。计算机启动界面(华硕主板)如图1-2-1所示。若计算机已安装操作系统,则计算机启动后会自动进入到Windows启动界面,进入Windows桌面。

图1-2-1 计算机启动界面(华硕主板)

步骤4:利用Windows开始菜单中的关机功能关闭计算机。

提示:实验者若没有Windows操作基础,可先学习一下Windows操作方面的知识。

二、观察并试拆解计算机

(一)断开微型计算机外部设备与主机的连接

注意

在断开微型计算机外部设备与主机的连接前,为了避免对计算机硬件系统中的芯片造成静电伤害,实验者应释放掉身上的静电。实验者可通过带专用防静电的腕带、洗手、摸接地的金属物体等方法来释放身上的静电,以免对计算机硬件系统中的芯片造成静电伤害。

步骤1:确认主机的电源和显示器的电源已关闭,拔下主机的电源插头和显示器的电源插头。若主机的电源和显示器的电源没有关闭,则查看显示器是否停留在Windows桌面。若是,则可通过开始菜单中的关机功能先关闭计算机,然后关闭显示器,拔下主机的电源插头和显示器的电源插头。

步骤2:拔下键盘的插头和鼠标的插头,观察插头与主机相应接口的颜色。键盘、鼠标的接口

(PS/2 接口和 USB 接口)如图 1-2-2 所示。鼠标、键盘的标准接口是 PS/2 接口,绿色的为鼠标的,紫色的是键盘的。分别是 PS/2 接口采用了防插反设计。键盘、鼠标的另一种接口是 USB 接口。当然市场上早已出现了无线鼠标和无线键盘。另外,随着采用 USB 接口的键盘、鼠标的增多,PS/2接口出现了两用类型,它既可插键盘也可以插鼠标。

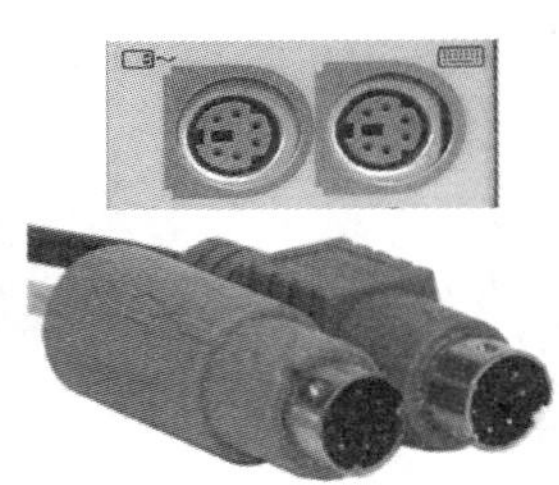
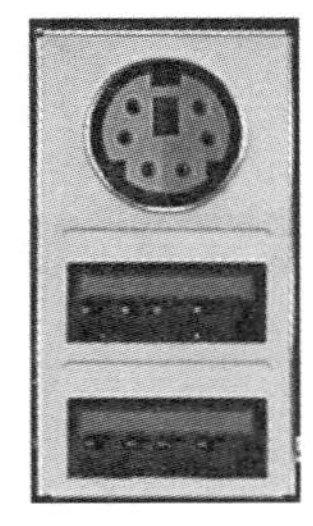

图 1-2-2　键盘、鼠标的接口

步骤 3:观察显示器与主机的连接,旋开接口两边的固定螺丝,拔下连接线缆,观察接头的形状。在显示器的接口有模拟接口 VGA 接口,它用于输出模拟视频信号。显示器的数字接口有 DVI、HDMI 和 DP。在图 1-2-3(a)中部,从左向右依次是 DVI、HDMI 和 VGA 接口。显示器的接口与之相同。显示器线缆接头如图 1-2-3(b)所示。

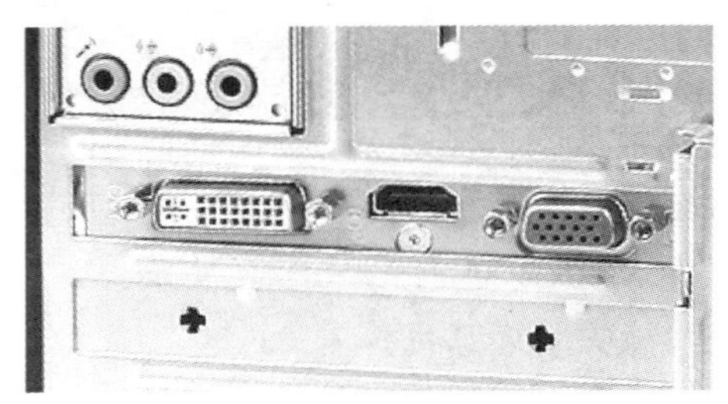
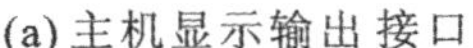

(a) 主机显示输出接口

(b) 显示器线缆接头

图 1-2-3　主机显示输出接口与显示器线缆接头

步骤 4:拔下音响、话筒的插头,观察主机上音频插座的颜色。主机音频输入接口、输出接口与音频线(耳机线与话筒线)如图 1-2-4 所示。音响的接口、耳机的接口分别是绿色的、粉红色的,蓝色的接口为音频输入接口。由于声卡有 6 声道输出或 8 声道输出,所以有的计算机主板还包括左右环绕接口和后环绕输出接口、中置接口和低音输出接口。

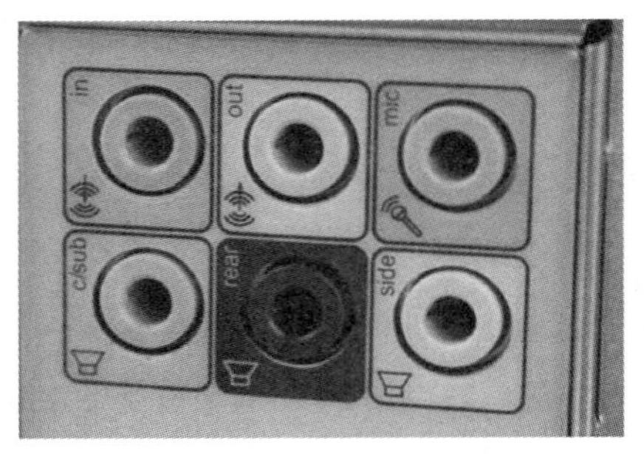

(a) 主机音频输入接口、输出接口

(b) 音频线

图 1-2-4　主机音频输入接口、输出接口与音频线(耳机线与话筒线)

步骤5：断开其他外部设备与主机的连接。计算机主机还可接驳其他的外部设备，如打印机等，其他的外部设备一般都采用USB接口。

（二）试拆主机箱内部件

在试拆主机箱内部件之前，为了避免对计算机硬件系统中的芯片和电路造成静电伤害，实验者也需要释放掉身上的静电。

步骤1：拆开主机箱两侧的挡板。先用十字螺丝刀去掉挡板的四颗螺丝，再用手向主机箱后侧拉挡板，挡板即可被拿下了。拿下主机箱两侧的挡板后，即可看到主机箱内硬件的全貌，如图1-2-5所示。部分主机箱的电源在主板的上面，而新式的主机箱电源下置，主板在电源上方。主板上安装有CPU及其散热器、内存等。不同的主板可能在大小、颜色上有所不同，但主板的结构都是相同的。

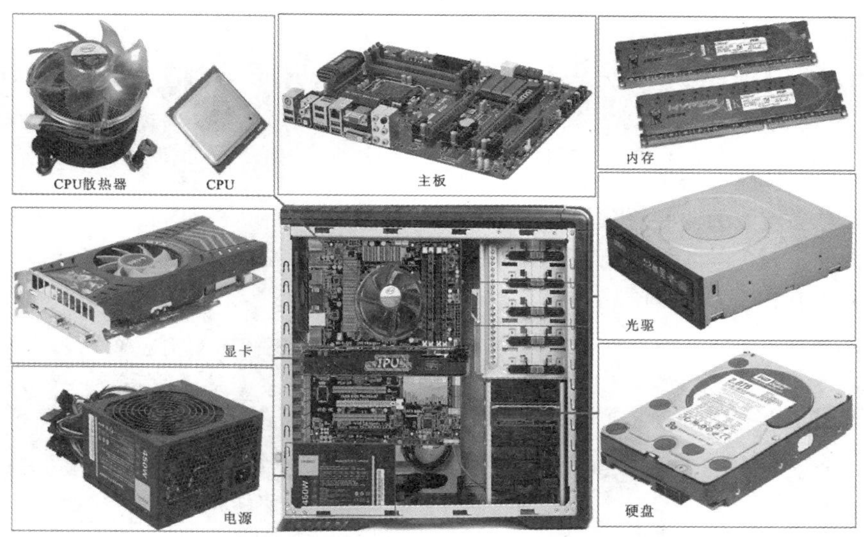

图1-2-5　主机箱内部

步骤2：观察主机箱内各配件的安装位置。CPU和内存直接安装在主板上，显卡插接在主板上。光驱和硬盘安装在托架上，通过数据线连接到主板接口上。电源输出有为主板供电（24针）、为CPU供电（4针或8针）、为硬盘和光驱供电（扁平）、为部分显卡供电（6针或双6针）等用途。

步骤3：观察光驱的数据线和供电线（图1-2-6），拔下光驱的数据线和供电线，记录光驱的数据线和供电线的特点。

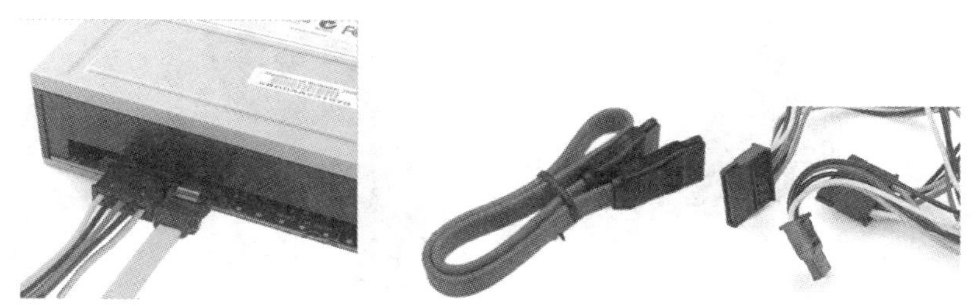

图1-2-6　光驱的数据线和供电线

步骤4：观察硬盘的数据线和供电线（见图1-2-7），拔下硬盘的数据线和供电线，记录硬盘的数据线和供电线的特点。

步骤 5:观察显卡与主板的连接接口,用十字螺丝刀旋下螺丝,轻拨开显卡插座下的扳手,拔出显卡。显卡、显卡供电线和显卡插槽如图 1-2-8 所示。

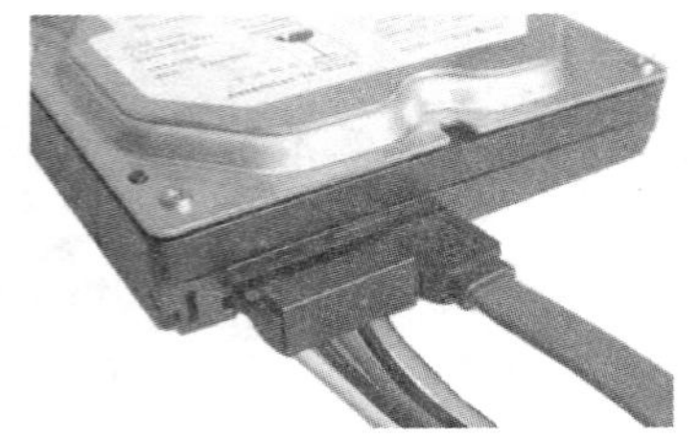

图 1-2-7 硬盘的数据线和供电线

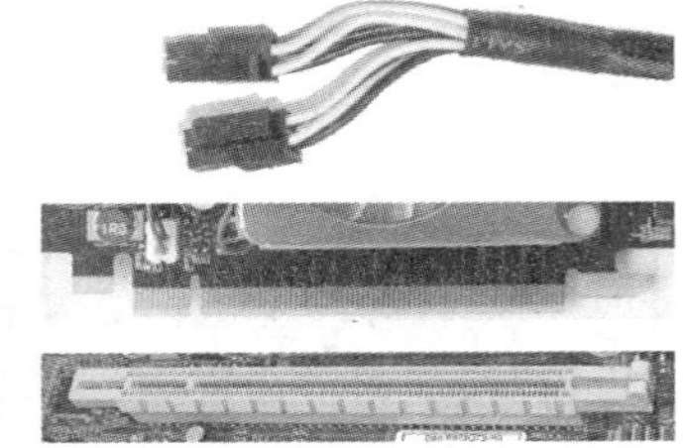

图 1-2-8 显卡、显卡供电线与显卡插槽

注意

有的计算机使用的是集成显卡,而不是独立显卡。独立显卡的插槽是 PCI-E X16 插槽。一般来说,计算机的主板仅有一个,部分主板提供两个以上 PCI-E 插槽,可实现多显卡的交火功能,使计算机的图形处理能力更强,部分显卡有供电接口,拆下显卡前需要的先拔下显卡的供电线。

步骤 6:观察主板上的内存,轻按内存两边的卡扣,弹出内存,拿下内存。内存和内存插槽如图 1-2-9 所示。目前,市场上的主流内存是 DDR5 内存。另外,需要注意的是,内存有反面、正面之分,凹口标志并不在内存的中间。

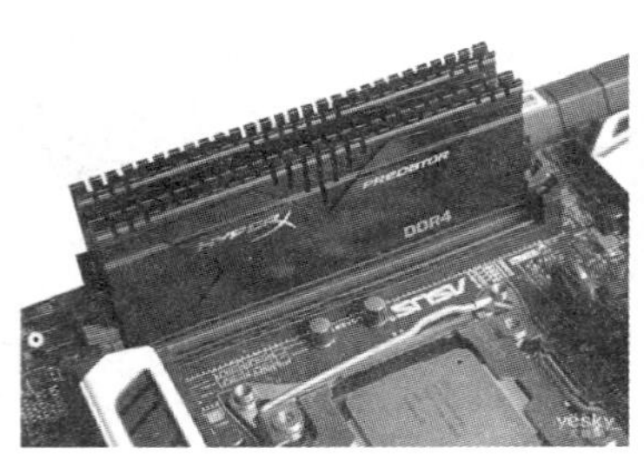

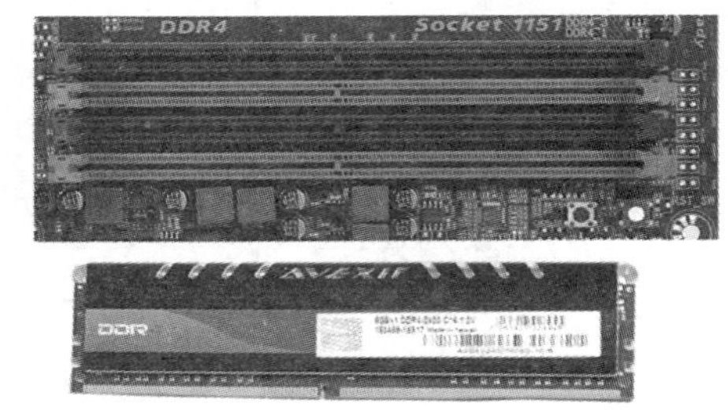

图 1-2-9 内存与内存插槽

步骤 7:观察主板供电插座和主板供电线及 CPU 供电插座和 CPU 供电线,按住边上的卡扣可以拔下主板供电线和 CPU 供电线。主板供电插座与主板供电线如图 1-2-10 所示。CPU 供电插座(4 针和 8 针)与 CPU 供电线如图 1-2-11 所示。

(a) 主板供电插座

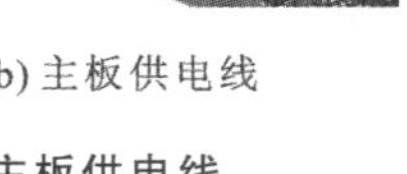

(b) 主板供电线

图 1-2-10 主板供电插座与主板供电线

图 1-2-11 CPU 供电插座(4 针和 8 针)与 CPU 供电线

步骤 8:观察主板上的信号线、硬盘指示灯的线、前置 USB 接口线,以及前置音频接口线。建议初操作者不进行该项操作。如图 1-2-12(a)、(b)所示的为两个不同主板的开关与信号灯插座。

如图 1-2-13 所示的为开关与信号灯插头。连接信号线时要注意方向和方位，若信号线连接反了，则会导致信号灯不亮，若信号线连接错位了，则会导致开机故障。前置 USB（USB2.0）接口如图 1-2-14所示，前置 USB（USB3.0 以上）接口如图 1-2-15 所示。

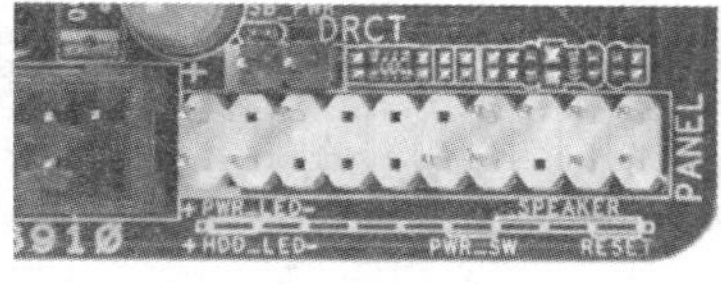

(a)

(b)

图 1-2-12 两个不同主板的开关与信号灯插座

图 1-2-13 开关与信号灯插头

图 1-2-14 前置 USB(USB2.0)接口

图 1-2-15 前置 USB(USB3.0 以上)接口

注意

不要乱接主机箱数据线、信号线，乱接可能会烧毁计算机，建议初操作者不要随意插拔主机箱数据线、信号线。

步骤 9：观察主板是如何固定在主机箱后面板上的。

步骤 10：先拆下光驱和硬盘（光驱用较小的螺丝固定，须从主机箱前拉出。硬盘固定在其下面的托架上，用相对大一些的螺丝固定），再拆下电源线，电源线用最粗的螺丝固定。

注意

拆下的硬件要平放在桌面上，板卡等不要互相压叠。

主机固定螺孔和主机箱底板上的螺母如图 1-2-16 所示。

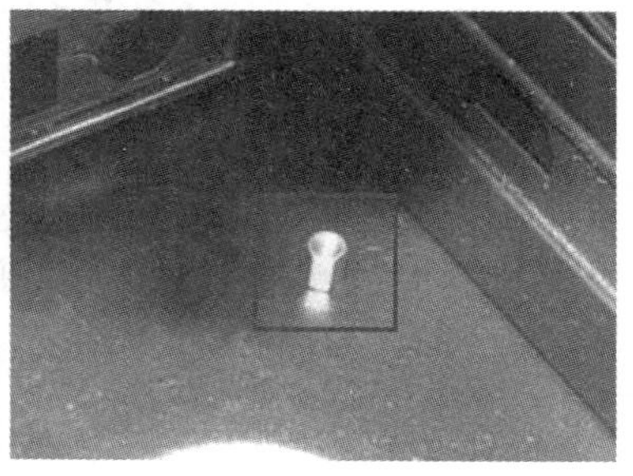

图 1-2-16 主板固定螺孔和主机箱底板上的螺母

步骤 11：观察主板上 CPU 的位置，建议初操作者不要拆下 CPU 及其散热器，因为如果操作不当，则会损坏 CPU 及其插座。CPU 及其散热器如图 1-2-17 所示。CPU 插槽如图 1-2-18 所示。

注意

主机内的螺丝可分为主板螺丝、硬盘螺丝、电源螺丝和光驱螺丝四类（见图 1-2-19），固定显卡的螺丝一般采用硬盘螺丝或电源螺丝，拆下的螺丝应分类放入小盒中。

(a) CPU的正面　(b) CPU的反面　(c) CPU散热器

图 1-2-17　CPU 及其散热器

图 1-2-18　CPU 插槽

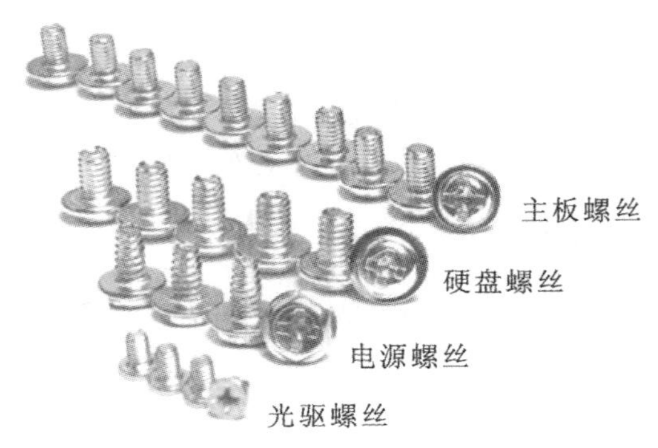

图 1-2-19　主机箱内螺丝的分类

任务 3　计算机硬件组装

任务实施　①通过组装计算机进一步熟悉计算机硬件系统的组成；②组装过程中注意步骤和方法；③注意 CPU 及其散热器、驱动器和板卡的安装方式；④注意接口的线缆插接方式。

所需资源　①一台台式机（硬件齐全，为组装用）；②组装工具（十字螺丝刀、尖嘴钳子、镊子）、导热硅脂；③另一台计算机或移动设备（用于上互联网，方便查找相关资料）。

背　　景　在指导教师或组装人员的指导下，组装计算机硬件。初操作者请按步骤谨慎操作。

注意

实验者需要释放身上的静电，以免对计算机硬件中的芯片和电路造成静电伤害。实验者可通过带专用防静电的腕带、洗手，或摸接地的金属物体等方法来释放身上的静电。

一、主机内的硬件安装

（一）整理主机箱

从包装中取出主机箱，拧下固定左侧板的两颗螺丝，取下左侧板，可以看到光驱托架（右上）、硬盘托架（右下），以及槽口（用来固定显卡等）、连接线（用来连接各信号指示灯以及开关电源的线、前置 USB 线和前置音频线）和塑料垫脚等。

主流主机箱的内部结构和 CPU 专用通风孔设计如图 1-3-1 所示。

图 1-3-1　主流机箱的内部结构和 CPU 专用通风孔设计

(1) 光驱托架。光驱仓前面设有挡板，在安装光驱时可以将挡板卸下。

(2) 主机箱后面的挡片（后挡板）。主板的键盘接口、鼠标接口、串并口、USB 接口等都要通过主机箱后面的挡片的孔与外部设备连接。这个挡片一般由主板提供，因为每个主板的后接口不同。

(3) 信号线。在光驱托架下面，我们可以看到从主机箱面板引出的 Power 键、Reset 键、前置 USB 和前置音频等的输出线、输入线以及一些指示灯的引线，主板上都有与之相应的接口。

（二）整理主板

拆开主板包装，可看到主板和所配备的主板后挡板、SATA 数据线、驱动光盘、主板说明书（也称为使用手册）等。仔细查看一下主板，注意查看 CPU、内存、PCI-E 插槽及主板后面的接口等，安装配件时须先阅读主板说明书。

支持 Intel CPU 的主板配件图如图 1-3-2 所示。支持 AMD CPU 的主板配件图如图 1-3-3 所示。

（三）将 CPU 及其散热器安装到主板上

先不要将主板安装到主机箱内，否则不方便安装 CPU。由于 CPU 分为 Intel CPU 和 AMD CPU 两大类，所以主板也相应地分为两大类，所以下面分别介绍这两类 CPU 及其散热器的安装过程。

图 1-3-2　支持 Intel CPU 的主板配件图

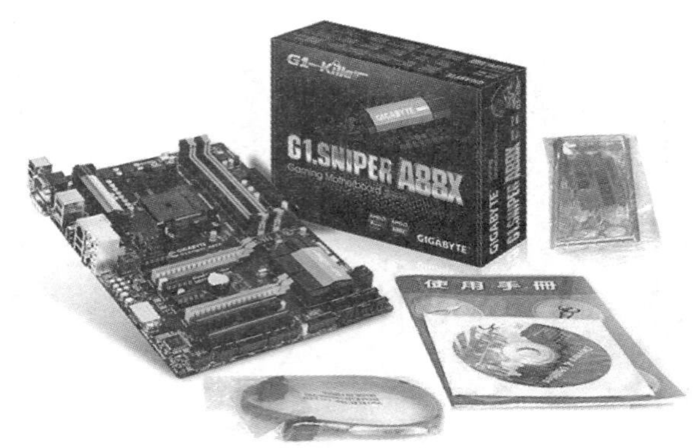

图 1-3-3　支持 AMD CPU 的主板配件图

注意

同类的 CPU 又可分为不同的系列，同类不同系列的 CPU 的安装方法相同；对于不同的计算机的硬件安装，仅有 CPU 的安装是有区别的。

1. Intel CPU 的安装

打开 Intel CPU 的包装，可以看到 Intel CPU 及其散热器，如图 1-3-4 所示。

主板上支持 Intel CPU 的插座是 LGA 插槽（见图 1-3-5），不同期的支持 Intel CPU 的 LGA 插槽是略不相同的，安装时需要注意。

(a) Intel CPU的包装

(b) Intel CPU及其散热器

图 1-3-4　Intel CPU 的包装、Intel CPU 及其散热器

图 1-3-5　主板上支持 Intel CPU 的 LGA 插槽

先打开插槽，方法是：用适当的力向下微压固定 Intel CPU 的压杆，同时用力往外推压杆，使其脱离固定卡扣；压杆脱离固定卡扣后，便可以顺利地将压杆提起；将固定 Intel CPU 的金属盖与压杆提起，打开 Intel CPU 的金属盖，如图 1-3-6 所示；取下保护罩，支持 Intel CPU 的 LGA 插槽便展现在我们的眼前了，如图 1-3-7 所示。

安装 Intel CPU 时要极小心。将 Intel CPU 放入主板中时，将 Intel CPU 印有三角标识的角与主板上印有三角标识的角对齐，或者是将 Intel CPU 两侧的凹槽与 LGA 插槽边缘的突起对正，然后慢慢地将 Intel CPU 放到位，如图 1-3-8 所示。

确认 Intel CPU 放入正确后，放下金属盖并压下压杆，如图 1-3-9 所示。

接下来安装 Intel CPU 散热器。

(a) 提起压杆

(b) 打开金属盖

图 1-3-6　提起压杆并打开金属盖

(a) 取下保护罩

(b) 看到LGA插槽

图 1-3-7　取下保护罩后，看到 LGA 插槽

图 1-3-8　放入 Intel CPU

(a) 放下金属盖

(b) 压下压杆

图 1-3-9　放下金属盖并压下压杆

在安装 Intel CPU 散热器之前，需要往 Intel CPU 的表面上上均匀地涂上一层导热硅脂，以保证 Intel CPU 与其散热器能够良好地结合、更有利于 Intel CPU 的散热；由于盒装的 Intel CPU 在其散热器的底部已经涂上了导热硅脂，因此不需要再往 Intel CPU 的表面涂抹导热硅脂。

对于有的 Intel CPU 散热器，将其四角扣具的四角对准主板相应的位置，然后用力压下四角扣具即可完成 Intel CPU 散热器的安装。而有些 Intel CPU 散热器采用了螺丝设计，因此在安装时要在主板背面相应的位置安装螺母。

Intel CPU 散热器及其安装如图 1-3-10 所示。

注意

Intel CPU 散热器的四角扣具要压到位，如图 1-3-11 所示，黑色的部分要突破外面的卡片。

图 1-3-10　Intel CPU 散热器及其安装

图 1-3-11　Intel CPU 散热器安装注意事项

图 1-3-12　连接 Intel CPU 散热器的供电线

最后，连接 Intel CPU 散热器的供电线，至此Intel CPU 及其散热器安装完毕。

2. AMD CPU 及其散热器的安装

(1) 打开 AMD CPU 的包装，可以看到 AMD CPU 及其原装散热器，如图 1-3-13 所示。

支持 AMD CPU 的插槽是 Socket 插槽，不同代的 Socket 插槽是略不相同的，安装时需要注意。主板上支持 AMD CPU 的 Socket 插槽如图 1-3-14 所示。

图 1-3-13　AMD CPU 的包装、AMD CPU 及其原装散热器

图 1-3-14　主板上支持 AMD CPU 的 Socket 插槽

(2) 打开 Socket 插槽，方法是：用适当的力向下微压固定 AMD CPU 的压杆，同时用力往外推压杆，使其脱离固定卡扣；压杆脱离固定卡扣后，便可以顺利地将压杆拉起。

安装 AMD CPU 要极小心。将 AMD CPU 放入主板中时，将 AMD CPU 印有三角标识的角与主板上印有三角标识的角对齐，如图 1-3-15 所示，或者是将 AMD 反面的缺针与插座无孔平面对正，然后慢慢地将 AMD CPU 放到位，压下压杆，如图 1-3-16 所示。

图 1-3-15　放入 AMD CPU

(a) 将AMD CPU放到位

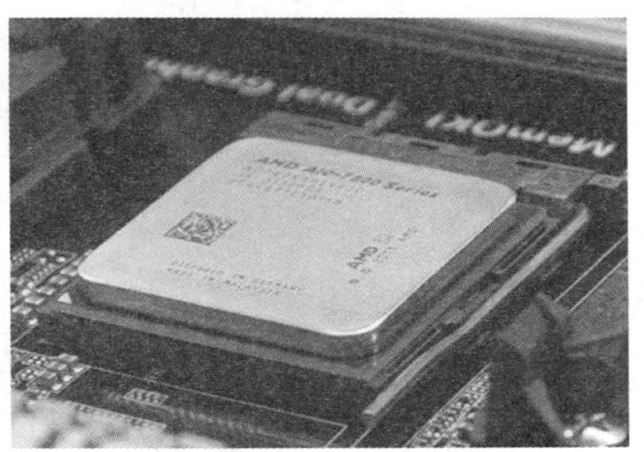

(b) 压下压杆

图 1-3-16　将 AMD CPU 放到位并压下压杆

(3) 安装 AMD CPU 散热器。

第一，将 AMD CPU 散热器按照正确的方向放到其插槽中（见图 1-3-17），反之则无法放到位。

第二，将 AMD CPU 散热器上没有扳手的一端与主板 AMD CPU 支架上的卡扣对齐，稍用力往下压 AMD CPU 支架上的卡扣，将其卡死在卡位上，如图 1-3-18 所示。

图 1-3-17　将 AMD CPU 散热器按照正确的方向放到其插槽中

第三，用同样的方法将 AMD CPU 散热器另一端卡死在卡位上，这样 AMD CPU 散热器就被固定在主板的 AMD CPU 支架上了。为了使 AMD CPU 散热器固定得更加牢固，AMD CPU 散热器上还提供有卡死的扳手。按照正确的方向，将扳手扳到位，便可将 AMD CPU 散热器牢牢地固定在主板的 CPU 支架上，如图 1-3-19所示。

(4) 将 AMD CPU 散热器的电源插头正确插入到主板上提供的插槽中（见图 1-3-20）。

(a) AMD CPU散热器与AMD CPU支架上的卡扣 (b) 稍用力往下压卡扣将AMD CPU散热器卡死在卡位上

图 1-3-18 固定 AMD CPU 散热器上没有扳手的一端

图 1-3-19 将 AMD CUP 散热器上的扳手扳到位

图 1-3-20 将 AMD CPU 散热器的电源插头插入主板上提供的插槽中

至此,AMD CPU 及其散热器就被牢牢地安装到主板上了。

(四) 安装内存到主板上

安装内存到主板上,要注意内存装入的方向。若方向反了,则内存无法插入内存插槽中。

主板均提供双通道功能,因此在选购内存时选择两根同规格的内存即可。主板上的两个内存插槽分别采用两种不同的颜色来加以区分。将规格相同的内存条插入到相同颜色的内存插槽中,即打开了主板的双通道功能。

安装内存时,先用手将内存插槽两端的扣具打开,将内存与内存插槽上的缺口对应,用两大拇指按住内存两端轻微向下压，听到"啪"的一声响并且扣具卡住了内存，说明内存安装到位了，如图 1-3-21所示。

图 1-3-21　双通道内存的安装

（五）安装主板到主机箱内

（1）在安装主板之前，先将主机箱提供的主板垫脚螺母安装到主机箱主板托架的对应位置，也可适当地用一两个塑料定位卡代替主板垫脚螺母。需要说明的是，有些主机箱在购买时就已经安装好了主板垫脚螺母，对于这些主机箱，此操作省略。主板垫脚螺母安装完成后，安装主板所带的后挡板，后挡板是卡在主机箱内的。

在主机箱上安装主板垫脚螺母、后挡板如图 1-3-22 所示。

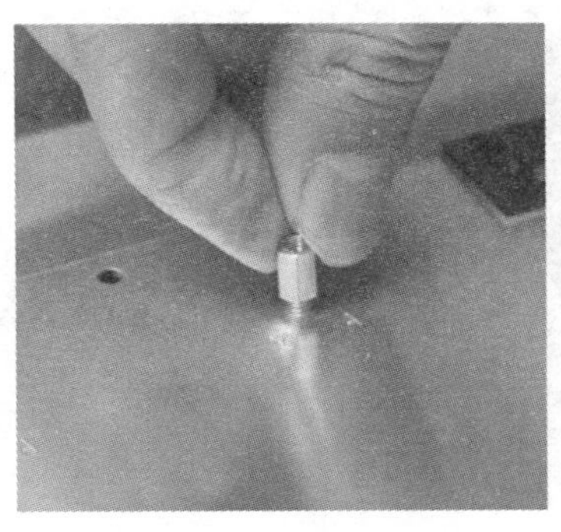

(a) 安装主板垫脚螺母

(b) 安装后挡板

图 1-3-22　在主机箱上安装主板垫脚螺母、后挡板

（2）双手平行托住主板，将主板放入主机箱中，将主板后输出孔与主机箱后挡板输出孔对齐，如图 1-3-23 所示。进行此操作时，要保证主机箱安放到位，可以通过主机箱背部的主板后挡板来确定主机箱的安放是否已到位。

（3）拧紧螺丝，固定好主板，如图 1-3-24 所示。在装螺丝时，注意：对于每颗螺丝，不要一次性拧紧，等全部螺丝安装到位后，再将每颗螺丝拧紧，这样做的好处是随时可以对主板的位置进行调整。

至此，主板就正确地安装到主机箱内了。

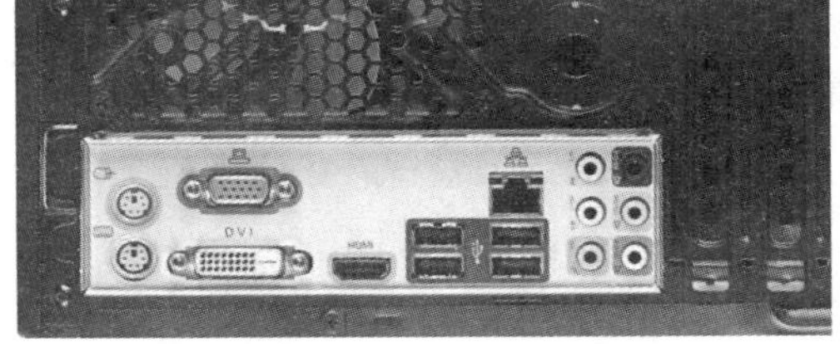

图 1-3-23　主板后输出孔与主机箱后挡板输出孔对齐

图 1-3-24　拧紧螺丝,固定好主板

(六)安装电源到主机箱内

电源通常安装在主机箱尾部的上端,也可以安装在主机箱尾部的下端。电源用四颗螺丝固定。安装电源时,注意电源的方向,若电源装反了,则无法固定电源。

安装电源到主机箱内如图 1-3-25 所示。

图 1-3-25　安装电源到主机箱内

(七)安装外部存储器到主机箱内

外部存储器主要有硬盘和光驱两种。

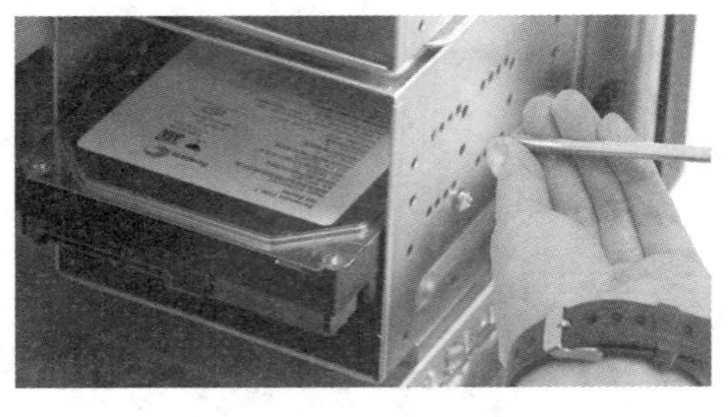

图 1-3-26　机械硬盘的安装

1. 机械硬盘的安装

将机械硬盘放入主机箱内的硬盘托架上,硬盘的正面向上,接口朝向主板,拧紧螺丝使硬盘固定即完成了硬盘的安装,如图 1-3-26 所示。目前,很多用户使用了可拆卸的硬盘托架,使得机械硬盘的安装变得更加简单了。

2. 固态硬盘(SSD)的安装

固态硬盘有四种接口。第一种是标准的 SATA 接口,与机械硬盘的 SATA 接口相同,它也可分为 2.5 英寸和 1.8 英寸两种尺寸的接口,采用标准的 SATA 接口的固态硬盘[见图 1-3-27(a)]可用于台式机和笔记本电脑。第二种是 M-SATA(mini-SATA)接口。采用此种接口的固态硬盘[见图 1-3-27(b)]有着跟采用 SATA 接口的固态硬盘一样的速度和可靠度,体积小巧,可用于笔记本电脑等。第三种是 NGFF(M.2)接口,采用此种接口的固态硬盘为卡片式固态硬盘[见图 1-3-27(c)],可直接安装在主板的 NGFF 卡槽内。第四种是 PCI-E 接口,采用 PCI-E 接口的固态硬盘也是卡片式固态硬盘,数据读取、存入速度快、价格高,适用企业和计算机发烧友使用。

(a) SATA接口的固态硬盘

(b) M-SATA接口的固态硬盘

(c) NGFF接口的固态硬盘

图 1-3-27 固态硬盘

本任务只介绍采用 SATA 接口的固态硬盘的安装。

台式机常用的是采用 SATA 接口的固态硬盘,安装时,需要先将固态硬盘固定到硬盘托架上,再将硬盘托架安装到固态硬盘的安装位置上,如图 1-3-28 所示。

3. 光驱的安装

安装光驱的方法与安装硬盘的方法大致相同。对于普通的主机箱,我们只需要将主机箱光驱托架前的面板拆除,并将光驱插入对应的位置,拧紧螺丝固定好光驱即完成了光驱的安装,如图 1-3-29所示。目前,市场上流行采用抽拉式设计的光驱托架,这种光驱托架设计比较方便,在安装光驱前,要先将光驱托架安装到光驱上。

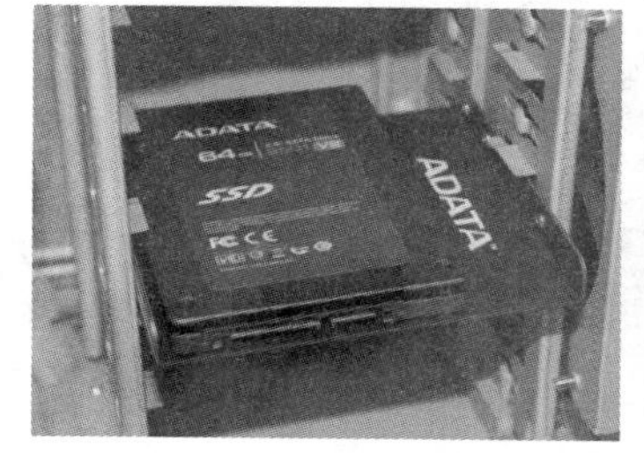

图 1-3-28 采用 SATA 接口的固态硬盘的安装

图 1-3-29 光驱的安装

(八) 安装显卡到主板上并固定

显卡分为集成显卡(CPU 内部集成显示核心)和独立显卡两种。集成显卡可以满足一般娱乐和商业应用,采用集成显卡可节省购买独立显卡的开支。为了获得更高的图形处理能力,需要采用独立显卡。关于显卡的选择,在后文中有详细讲述,此处不做赘述。

安装显卡的操作过程是:将显卡安装到主板的扩展插槽(高速 PCI-E 插槽),并用螺丝将其固定在主机箱后挡板位置上(有些是用卡子固定的)。

独立显卡的安装如图 1-3-30 所示。

图 1-3-30　独立显卡的安装

新主机箱的扩展卡位置上的挡板是已经安装好了的，安装显卡前需要将相应的挡板拆下。

（九）连接主机箱内供电

1. 连接主板的主供电

主板内存插槽边的双列 24 针插槽是主板主供电插槽，插槽采用防插反设计，有一个凸起的槽，电源上 24 针主板供电接头上的一面有卡扣，将电源上的 24 针主板供电插头插入主板主供电插槽上凸起的槽中并锁紧卡扣，即完成了主板的主供电连接。

主板主供电插槽、电源上的 24 针主板供电插头及主板主供电的连接如图 1-3-31 所示。

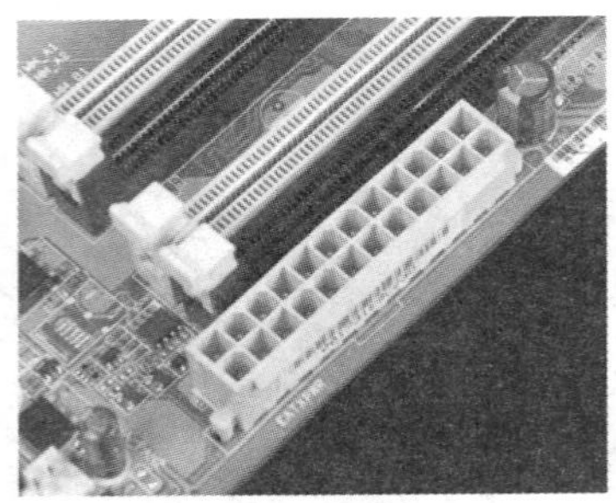

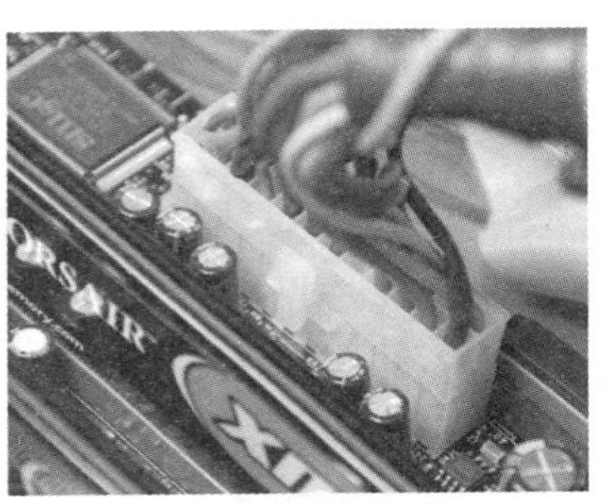

(a) 主板主供电插槽　(b) 电源上的24针主板供电插头　(c) 主板主供电的连接

图 1-3-31　主板主供电插槽、电源上的 24 针主板供电插头及主板主供电的连接

注意

电源上的 24 针主板供电插头采用了防插反的设计，只有按正确的方法操作才能够将电源上的 24 针主板供电插头插入主板主供电插槽中。主板主供电的连接必须牢固，否则会出现故障，严重时可能会烧毁主板。

2. 连接 CPU 专供电

为了给 CPU 提供更强、更稳定的电压，目前主板上均提供一个给 CPU 单独供电的插槽（有 4 针和 8 针两种结构），电源上给 CPU 供电的插头采用双 4 针结构，可以合在一起组成 8 针，所以它适合主板上的两类插槽。电源上给 CPU 供电的插槽也采用了防插反设计，也有卡扣，插牢后锁紧卡扣。

主板上 CPU 专供电插槽、电源上为 CPU 单独供电的插头及 CPU 专供电的连接如图 1-3-32 所示。

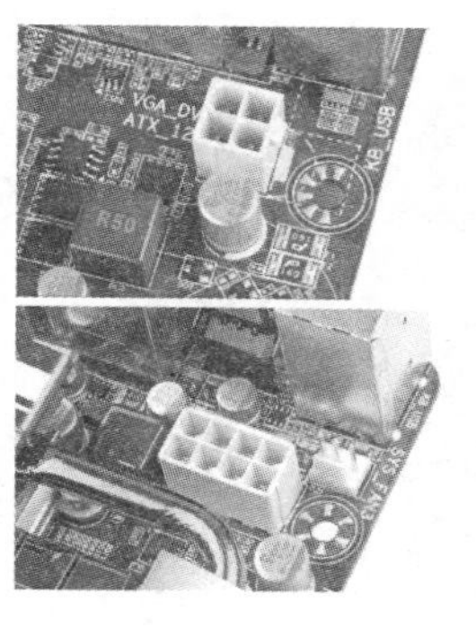

(a) 主板上CPU专供电插槽　(b) 电源上为CPU单独供电的插头　(c) CPU专供电的连接

图 1-3-32　主板上 CPU 专供电插槽、电源上为 CPU 单独供电的插头及 CPU 专供电的连接

注意

要将电源上为 CPU 单独供电的插头正确插入主板上 CPU 专供电插槽中，且 CPU 专供电的连接须牢固，否则会出现故障，严重时可能会烧毁主板。

3. 连接驱动器供电

驱动器包括机械硬盘、固态硬盘和光驱三种，它们可采用相同的接口(SATA 接口)，供电采用宽的 SATA 供电。

电源上为驱动器供电的插头与驱动器供电的连接如图 1-3-33 所示。

注意

光驱使用较少，所以有很多电脑不配置光驱；固态硬盘也不是标配，所以一般电脑只有机械硬盘需要连接 SATA 供电。

4. 连接显卡供电

一般的显卡是不需要独立供电的，部分中高端显卡需要连接供电，显卡供电采用单 6 针接口或双 6 针接口。电源上为显卡单独供电的插头也采用了防插反设计，也有卡扣。将电源上为显卡单独供电插头插入主板上的供电插槽后，须锁紧卡扣。

电源上为显卡单独供电的插头与显卡供电的连接如图 1-3-34 所示。

(a) 电源上为驱动器供电的插头　(b) 驱动器供电的连接

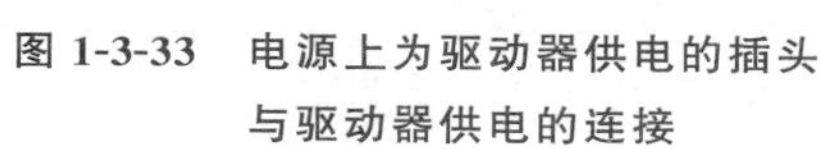

图 1-3-33　电源上为驱动器供电的插头与驱动器供电的连接

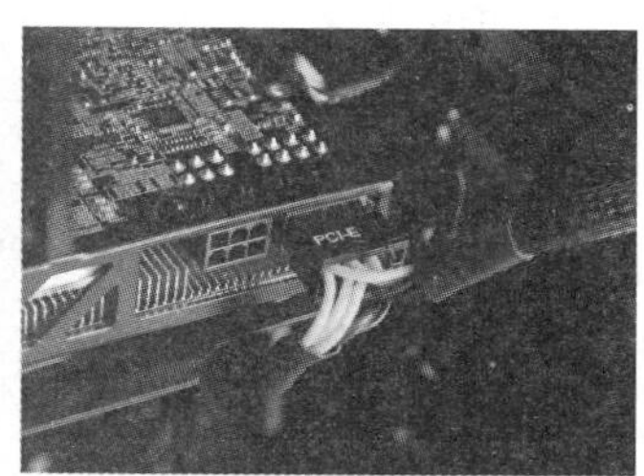

(a) 电源上为显卡单独供电的插头　(b) 显卡供电的连接

图 1-3-34　电源上为显卡单独供电的插头与显卡供电的连接

注意

显卡供电连接须牢靠,否则会出现显卡故障,严重时会烧毁显卡。

(十)连接驱动器的数据线

连接 SATA 接口的驱动器(包括机械硬盘、固态硬盘和光驱)采用的数据线是窄的 SATA 数据线。SATA 数据线及 SATA 接口与驱动器数据线的连接如图 1-3-35 所示。

注意

光驱使用少,所以很多电脑不配置光驱。固态硬盘也不是标配,所以一般电脑只有硬盘需要连接 SATA 数据线。将 SATA 数据线接入硬盘接口如图 1-3-36 所示。

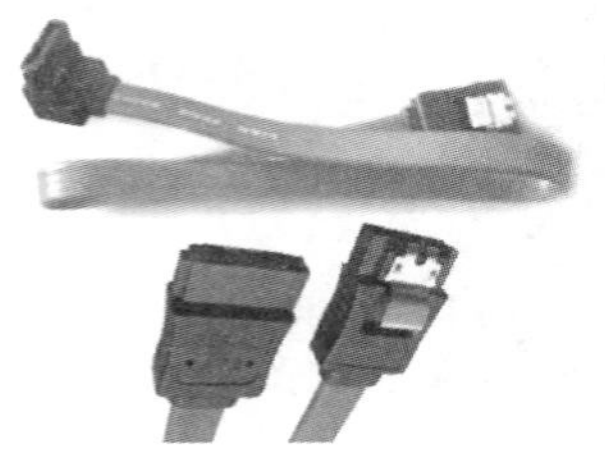

(a) SATA数据线

(b) SATA接口与驱动器SATA数据线的连接

图 1-3-35 SATA 数据线及 SATA 接口与驱动器 SATA 数据线的连接

图 1-3-36 将 SATA 数据线接入硬盘接口

(十一)连接主机箱内信号线

信号线包括开关与指示灯的信号线、前置 USB 的信号线和前置音频的信号线三类。开关与指示灯、前置 USB、前置音频的接口均位于主板与扩展卡槽平行的主板边沿位置,开关与指示灯的接口在 SATA 接口附近,前置 USB 接口在中间,前置音频接口位于最边的扩展卡槽附近。

1. 连接开关与指示灯

开关与指示灯主要指电源开关、复位开关、电源指示灯、硬盘指示灯和蜂鸣器,其接口旁边标注有简略的字母。电源开关和复位开关的信号线连接是没有反正的,而电源指示灯、硬盘指示灯和蜂鸣器的信号线的连接是有反正的,反正的规定是插头的彩色线对应主板插座标注的“+”位置针。

开关与指示灯的信号线与主板上的接口如图 1-3-37 所示。

将开关与指示灯的信号线插入主板上的接口中,即完成了开关与指示灯的信号线连接操作,如图 1-3-38 所示。

注意

有些主板集成了蜂鸣器,所以不必连接此信号线。由于不同品牌的主板设计不同,所以主板上的接口也不同,连接开关与指示灯的信号线时,应仔细比对主板印刷标注。

(a) 开关与指示灯的信号线

(b) 主板上的接口

图 1-3-37　开关与指示灯的信号线与主板上的接口

图 1-3-38　将开关与指示灯的信号线插入主板上的接口中

2. 连接前置 USB 信号线

前置 USB 有 USB2.0 和 USB3.0 及以上标准两种。早期的主机箱可能没有前置 USB3.0 接口，所以没有此信号线。

主机箱上前置 USB2.0 信号线插头和主板前置 USB2.0 接口如图 1-3-39 所示。主机箱上前置 USB3.x 信号线插头和主板前置 USB3.x 接口如图 1-3-40 所示。

(a) 主机箱上前置USB 2.0信号线插头

(b) 主板前置USB2.0接口

图 1-3-39　主机箱上前置 USB2.0 信号线插头和主板前置 USB2.0 接口

(a) 主机箱上前置USB 3.x信号线插头

(b) 主板前置USB3.x接口

图 1-3-40　主机箱上前置 USB3.x 信号线插头和主板前置 USB3.x 接口

注意

前置 USB 接口采用防插反设计，与 USB2.0 接口的空针相对应的信号线插头的孔是封死的，USB3.x 接口上有凹槽，与其对应信号线插头位置是突起的。必须正确连接前置 USB 信号线，否则会烧毁主板。

3. 连接前置音频的信号线

主板集成了音频芯片，使其在性能上完全能够满足绝大部分用户的需求。为了方便用户的使用，音频接口也前置到了主机箱的前面板上，需要将前置音频的信号线与主板正确地进行连接。

前置音频的信号线、主板上的扩展前置音频接口及前置音频信号线的连接如图 1-3-41 所示。

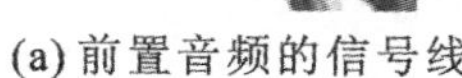

(a) 前置音频的信号线

(b) 主板上的扩展前置音频接口

(c) 前置音频信号线的接法

图 1-3-41　前置音频的信号线、主板上的扩展前置音频接口及前置音频信号线的接法

注意

主板上的扩展前置音频接口采用防插反设计，与接口的空针相对应的信号线插头的孔是封死的。

（十二）其他连接

不同的主机箱会有其他不同的接线，如辅助散热风扇的连接、扩展接口（如串口）的连接、前置 E-SATA 接口的连接等。下面分别说明一下后置风扇、前置风扇、扩展卡位接口、前置 E-SATA 接口的连接。

1. 后置风扇的连接

后置风扇的信号线需要与主板上的 SYS_FAN 插槽连接，注意不要将后置风扇的信号线接入 CPU 风扇的插槽上。

主机箱后置风扇的接法如图 1-3-42 所示。

2. 前置风扇的连接

前置风扇直径一般比后置风扇的直径大，需要将前置风扇的信号线与电源的 4 针供电接头连接。

主机箱前置风扇的接法如图 1-3-43 所示。

图 1-3-42　主机箱后置风扇的接法

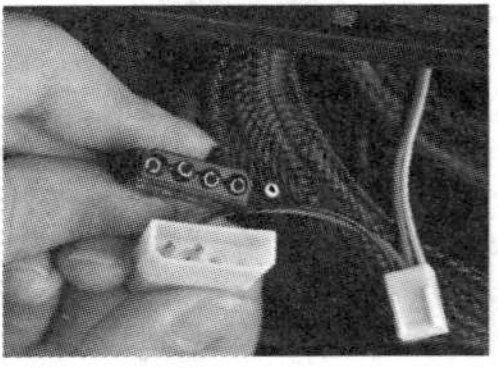

图 1-3-43　主机箱前置风扇的接法

3. 扩展卡位接口的连接

大部分主板在其后面只提供常用的接口，不直接提供不常用的接口。不常用的接口在主板上采用插座的形式进行提供，如并行口（LPT 口）和串行口（COM 口）等。想应用该接口，可通过有扩展卡位置的挡板引出。例如：串行口需要将插头插入连接到主板 COM 插座，带串行口的挡板固定在主机箱扩展挡板位置上。

4. 前置 E-SATA 的连接

有少数主机箱前面的扩展 SATA（E-SATA）接口，需要用 SATA 数据线连接主机箱前面板到主板 SATA 插槽。

（十三）检查

仔细检查硬件是否安装齐全、是否安装牢固，数据线和供电线是否连接正确，信号线是否连接正确。若有条件，可让专业人员帮助检查并提供指导。

二、连接外部设备

（一）连接键盘和鼠标

鼠标和键盘的接口有两种。一种是标准键盘和鼠标接口，即 PS/2 接口，绿色接口为鼠标的，蓝色接口是键盘的。键盘和鼠标的这种接口均采用了防插反设计。另一种接口是USB接口。目前，市场上还流行无线鼠标和无线键盘。

PS/2接口的键盘、鼠标的连接如图1-3-44所示。

图1-3-44　PS/2接口的键盘、鼠标的连接

（二）连接显示器

观察显示器与主机箱的显示输出接口，若主板安装了独立显卡，则将显示器连接至下面的独立显卡输出接口。连接显示器的接口都采用了防反插设计，显示器带有连接线，一般会有两种以上的连接线，推荐选择数字接口线，如DVI线或HDMI线，DVI线插头插入DVI，旋紧接口两边的固定螺丝，HDMI线是没有螺丝的，插入HDMI即可。

注意

推荐显示器的连接线选择数接口线，如DVI线或HDMI线，也有DVI转HDMI线（一端是DVI，接入主机显示输出，另一端是HDMI，接入显示器输入）。

主机箱显示输出接口如图1-3-45所示，从左到右依次是HDMI、VGA接口和DVI。如图1-3-46所示为显示器的输入接口，从左到右依次是HDMI、DVI和VGA接口。显示器的三种接线如图1-3-47所示，从左到右依次是HDMI线、VGA接口线、DVI线。

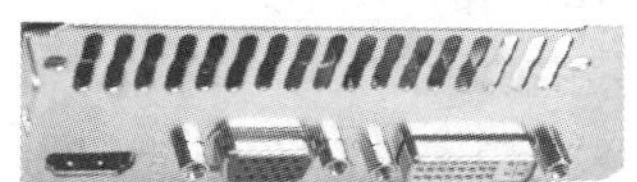

图1-3-45　主机箱显示输出接口

图1-3-46　显示器的输入接口

（三）连接其他设备

显示器等设备与计算机主机箱连接完成后的外观如图1-3-48所示。

图1-3-47　显示器的三种接线

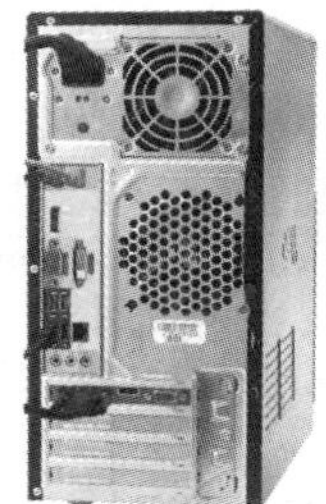

图1-3-48　显示器等设备与计算机主机箱连接完成后的外观

若有音响或耳机、话筒、打印机等外部设备需要连接时：音响或耳机连接到主机箱的音频输出接口，话筒需要连接到粉色的MIC接口；打印机等需要连接到USB接口。一般来说，对于这些外部设备，可以在需要它们的时候再连接。

三、加电自检

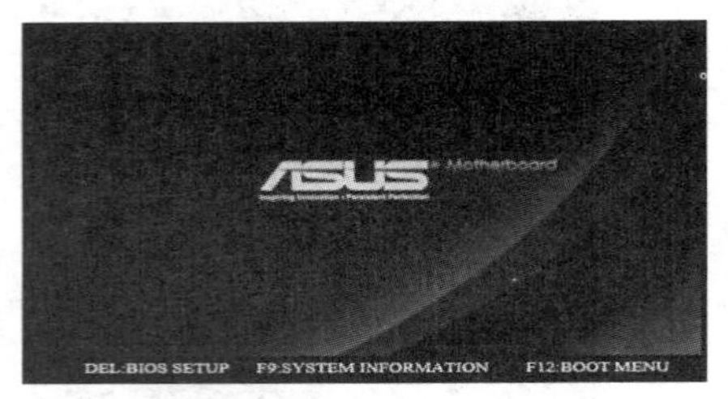

图 1-3-49　开机启动

在计算机连接 220 V 市电前，需要对计算机进行最后的检查，查看键盘、鼠标、显示器的连接是否正确。

接通电源，按开机开关启动计算机(见图 1-3-49)，观察风扇运转情况，查看显示器是否显示开机、显示界面，是否会自动运行操作系统。

若是新的硬盘，加电自检(POST)后会显示“没有系统，需要安装系统”等提示。这个提示提示人们硬盘需要分区和格式化，计算机需要安装操作系统。如果出现这个提示，按主机箱前的关机按钮就可关闭计算机。对于硬盘分区和格式化、安装操作系统在项目 2 的任务中将会做详细介绍，此处不赘述。

正确启动计算机后，关机，拔下电源，安装主机箱的侧板，当然也可以在不关机、不拔下电源的情况下直接安装侧板，但一定要注意不能晃动主机箱，以免损坏正在运转的硬盘。

四、UEFI 与 BIOS 设置

UEFI，即“统一的可扩展固件接口”，是一种详细描述全新类型接口的标准，是适用于电脑的标准固件接口，旨在代替 BIOS(基本输入输出系统)。此标准由 UEFI 联盟中的 140 多个技术公司(其中包括微软公司)共同创建。UEFI 旨在提高软件互操作性和解决 BIOS 的局限性。

每一台普通的计算机都有一个 BIOS，用于加载电脑最基本的程式码，BIOS 担负着初始化硬件、检测硬件功能和引导操作系统的任务。UEFI 是与 BIOS 相对的概念，UEFI 用于操作系统自动从预启动的操作环境，加载到一种操作系统上，从而达到将开机程序化繁为简、节省时间的目的。传统 BIOS 技术正在逐步被 UEFI 技术取而代之，在最近新出厂的计算机中，很多已经使用 UEFI，使用 UEFI 模式安装操作系统是趋势所在。

(一) 传统 BIOS 界面

传统 BIOS 界面的第一个功能是用于电脑刚接通电源时对硬件部分的检测，即加电自检，以检查电脑是否良好。通常完整的加电自检包括对 CPU、基本内存、扩展内存、ROM、主板、CMOS 存储器、显示卡、硬盘子系统及键盘进行测试。一旦在加电自检中发现问题，系统将给出提示信息或鸣笛警告。对于严重故障(致命性故障)，则会停机，此时由于各种初始化操作还没完成，所以不能给出任何提示或信号。

传统 BIOS 界面的第二个功能是初始化，包括 BIOS 设置、创建中断向量、设置寄存器、对一些外部设备进行初始化和检测等。其中很重要的一项是 BIOS 设置。BIOS 设置主要是对硬件设置一些参数，当计算机启动时会读取这些参数，并和实际硬件设置进行比较，如果二者不符合，则会影响系统的启动。

传统 BIOS 界面的第三个功能是引导程序，即引导 DOS 或其他操作系统。BIOS 先从硬盘的起始扇区读取引导信息：如果没有找到引导信息，则会在显示器上显示没有引导设备；如果找到引导信息，则会把计算机的控制权转给引导信息，由引导信息将操作系统装入计算机，在计算机启动成功后，BIOS 的这部分任务就完成了。

开启计算机或重新启动计算机后，当屏幕显示“DEL ENTER SETUP”时，按下 Delete 键就可以进入传统 BIOS 界面（见图 1-3-50）。进入传统 BIOS 界面后，可以用方向键选择选项，然后按 Enter 键进入副选单，用 Esc 键来返回父菜单，用 Page Up 和 Page Down 键来选择具体选项，F10 键保留并退出 BIOS 设置。

在图 1-3-50 中：Information 用来显示系统信息和设置硬件检测；Configuration 用于计算机系统设置，包括日期、USB 设备、电源、硬盘等；Security 用来设置系统管理员账户密码；Boot 设置启动项和驱动器检测；Exit 用于退出 BIOS 设置。BIOS 的具体设置方法可参考主板说明书。

（二）UEFI 图形中文界面

UEFI 抛去了传统 BIOS 需要长时间自检的问题，使硬件初始化和系统引导变得简洁、快速。UEFI 已经变得与 BIOS 完全不同，它像是一个小型固化在主板上的操作系统。UEFI 本身的开发语言已经从汇编语言转变成 C 语言，高级语言的加入使厂商深度开发 UEFI 变成可能。现在主流主板的 UEFI 都采用了图形中文界面，有的还有简易模式和高级模式之分，且一般都支持鼠标操作了。UEFI 图形中文界面的操作性能直接影响着用户对主板的使用感受，尤其在中商端产品（如 Z170 主板）中对平台的超频体验和磁盘阵列的设置起到了决定性的作用。

UEFI BIOS 的基本选项如图 1-3-51 所示。

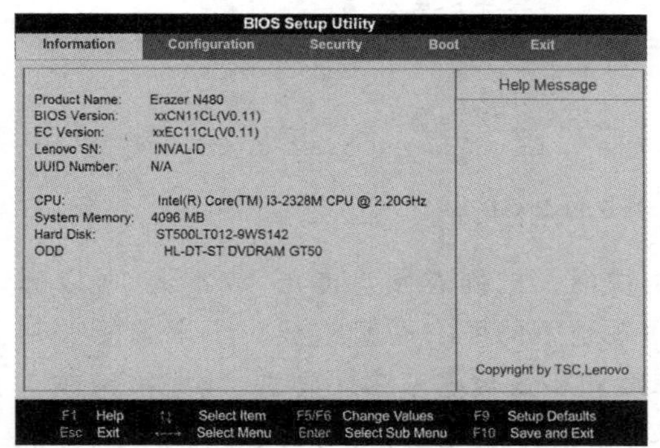

图 1-3-50　传统 BIOS 界面

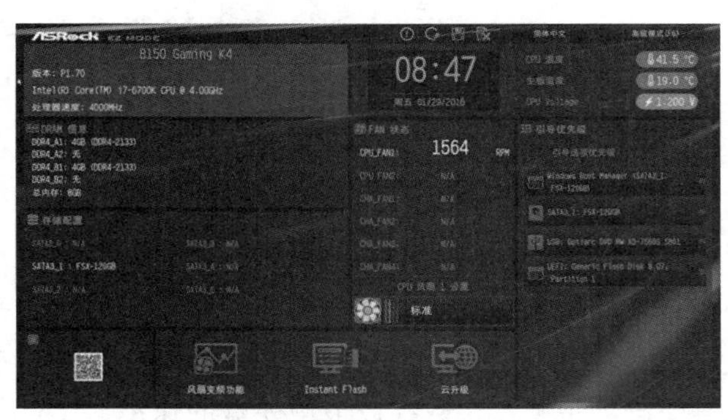

图 1-3-51　UEFI BIOS 的基本选项

不同品牌的 UEFI 图形中文界面有其各自的特点，采用简易模式的 UEFI 图形中文界面集成了最常用的功能，包括 CPU 状态信息、SATA 硬盘信息、温度、电压、风扇转速监控信息，还有启动顺序、XMP、RST 功能开启、关闭等。在采用高级模式的 UEFI 图形中文界面上，可以进行各项频率和电压的调节，即进行超频设定，如果用户对 UEFI 系统和产品硬件的设定不很熟悉，则应尽量采用默认的设定，以防止硬件过载，出现问题。

在计算机进入启动界面的时候，快速按下提示进入 SETUP 的按键（多数是 Delete 键），即可进入 UEFI 的图形中文界面了。

注意

不同主板的 UEFI 图形中文界面是不同的，请参考主板说明书对其进行设置，主板说明书可以从主板生产厂商的官方网站上下载。

五、RAID 功能设置

在整个计算机硬件系统中，数据传输速率最慢的莫过于外部存储器了，必需的外部存储器是硬盘，虽然采用 SATA 3.0 及以上接口，但其数据传输速率仅为 600 Mbit/s，与内存、显卡和 CPU 的数据速率相比，差距很大。与机械硬盘相比，固态硬盘的数据传输速率能快一些，尤其是采用了 M.2 接口和 PIC-E 接口的固态硬盘，但对于普通用户来说，这种硬盘的价格较贵，且有些主板没有 M.2 接口，所以实现有些难度。

容易实现加快数据传输速率的方式是采用 RAID，即磁盘阵列，它采用同类型的机械硬盘或固态硬盘，采用同速度的接口进行连接，在 UEFI BIOS 中进行设置，在操作系统安装相应驱动即可。

（一）认识 RAID

RAID 可分为 RAID 0、RAID 1、RAID 5 和 RAID 10 四种，如图 1-3-52 所示。

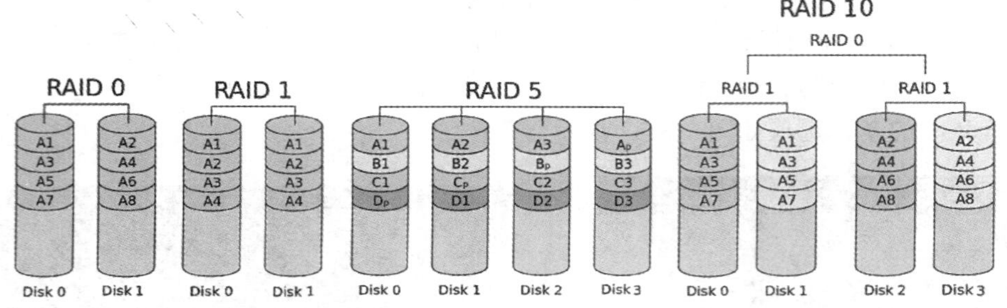

图 1-3-52 RAID 0、RAID 1、RAID 5 和 RAID 10

RAID 0 是磁盘阵列中最简单的一种形式，只需要两块以上的固态硬盘即可，成本低，可以提高整个硬盘的性能和吞吐量。其运行模式是将磁盘阵列系统下的所有硬盘组成一个虚拟的大硬盘，数据存取方式是平均分散至多块硬盘，以并行方式读取和写入数据至多块硬盘，数据传输速率等于阵列中硬盘块数乘以最慢硬盘的速率。RAID 0 没有提供冗余或错误修复能力，但实现成本是最低的。

RAID 1 称为磁盘镜像，原理是把一个硬盘的数据镜像到其他硬盘上，也就是说数据在写入一块硬盘的同时，会在其他的硬盘上生成镜像文件，在不影响性能的情况下最大限度地保证系统的可靠性和可修复性。RAID 1 提供容错功能：当一硬盘出现故障时，其他硬盘仍可以工作，保持系统不中断运行；当某一硬盘损毁时，所有数据仍完整保留在磁盘阵列的其他硬盘上。虽然这样能够保证数据绝对安全，但是也使得成本明显增加。

RAID 5 最少需要三块硬盘。RAID 5 将数据与验证信息功能加以延展，分别记录到三块或以上的硬盘中。其优点是具有更理想的硬盘性能、具备容错能力、具有更大的保存容量。RAID 5 适合交叉处理操作、数据库应用、企业资源规划、商业系统的应用。

RAID 10 集 RAID 0 和 RAID 1 之所长，不但可以运用到 RAID 0 模式所提供的高速数据传输速率，而且还具有 RAID 1 模式的数据容错功能，即既具有高速的数据传输功能，又为数据的保存提供了保障。

（二）设置 RAID

对于普通用户，可采用 RAID 0 模式来提高数据传输速率，而如果还要保证数据安全，可采用 RAID 10 模式。采用 Intel 主流芯片组的主板，都可以通过 UEFI BIOS 设置来启动 RAID。为了得到最佳的磁盘阵列性能，要尽可能选择相同型号与容量的硬盘。

1. 安装硬盘

将硬盘安装到硬盘托架上。硬盘一端连接硬盘 SATA 数据线，另一端连接到主板上的 SATA 接口。注意，要用 SATA 数据线连接到每一块硬盘。

注意

为了防止破坏其他硬盘的数据，将其他硬盘的数据线拔掉，仅连接磁盘阵列需要的硬盘。

2. 在 UEFI BIOS 中设置 RAID 模式

步骤 1：在 UEFI BIOS 中将 SATA Mode 选项设置为 RAID Mode，如图 1-3-53 所示。

步骤 2：将要组 RAID 的硬盘的 Storage Remapping 值设置为 Enabled，如图 1-3-54 所示。需要指出的是固态硬盘也是可以组 RAID，只要它们的接口一致。

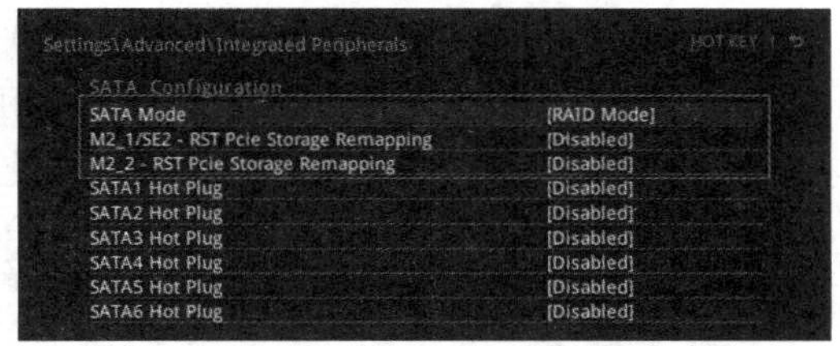

图 1-3-53　将 SATA Mode 选项设置为 RAID Mode

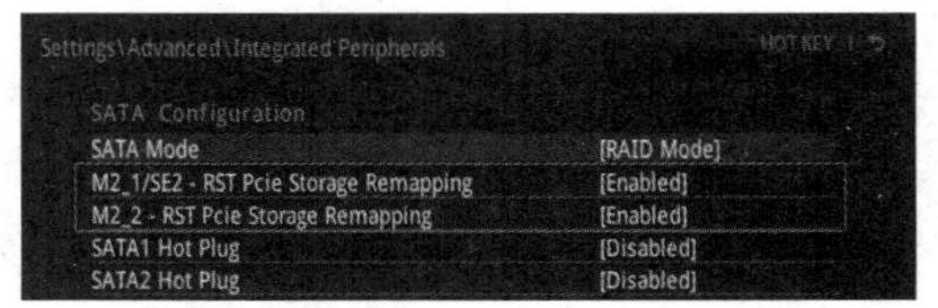

图 1-3-54　将要组 RAID 的硬盘的 Storage Remapping 值设置为 Enabled

步骤 3：保存设置重启计算机后再进入 BIOS 设置，在 Advanced 选项中可以看到出现 Intel (R) Rapid Storage Technology 选项，如图 1-3-55 所示，进入该选项。

步骤 4：出现创建 RAID 项——Create RAID Volume，如图 1-3-56 所示，执行该项来创建 RAID。在图 1-3-56 中，在该项上面有 Intel(R) RST 14.5.0.2241 RAID Driver，对于主板中集成 RAID 的驱动，它会随主板版本的不同而不同。

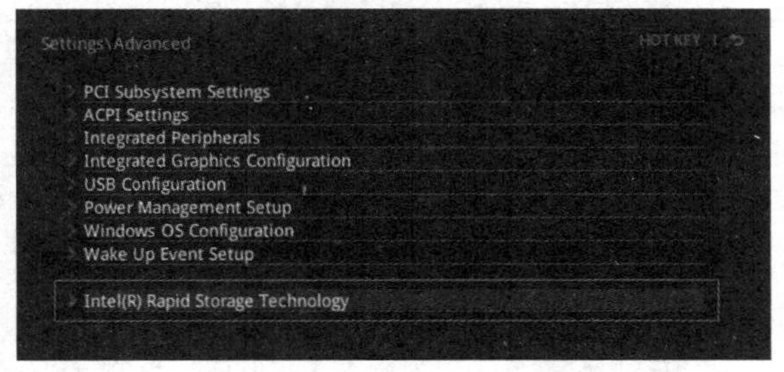

图 1-3-55　Intel(R) Rapid Storage Technology 选项

图 1-3-56　创建 RAID 项

步骤 5：执行“Create RAID Volume”来创建 RAID，如图 1-3-57 所示。设定完一项后，按 Tab 键或 Enter 键进入下个区域。

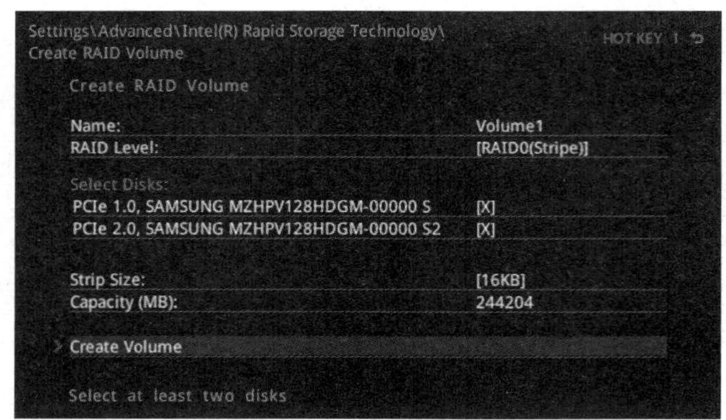

图 1-3-57　创建 RAID 项

对图 1-3-57 做出以下几点说明。

(1) Name:可以指定一个 RAID 的名称。

(2) RAID Level:选择 RAID 级别,普通用户选择 RAID 0。

(3) Select Disks:选择加入 RAID 的硬盘,光标移动到要选择的硬盘,按空格选定,选定后可通过[×]取消选定。

(4) Strip Size:RAID 阵列选择磁区大小值,可选值范围为 4～128 KB,不同模式对应不同范围,如 RAID 0 对应 4～128 KB、RAID 10 对应 4～64 KB、RAID 5 对应 4～64 KB,一般根据使用目的来设定值,如作为服务器用较低的值,作为多媒体电脑用于影音图像 3D 建模等编辑制作,建议选择较大的值。

(5) Capacity(MB):卷的容量,不需要更改,此项的默认值是该被选中的硬盘的最大容量。

步骤 6:执行图 1-3-57 中的 Create Volume,按 Enter 键,完成 RAID 创建,显示创建好的 RAID 信息。

说明:RAID 创建完成后,可以删除 RAID,RAID 的删除在 BIOS 中完成,即执行 RAID VOLUME INFO 中的"Delete"即可删除 RAID,分别选择 RAID 的硬盘,按空格删除[×]标记。

 **注意**

在设置 RAID 时要参考主板说明书,因为设置 RAID 时,所有的 SATA 接口均会以该模式运行,有时需要取消某 SATA 接口的 RAID 模式。

3. 常规 BIOS RAID 设置

在普通 BIOS 中找到并进入 SATA 选项下的 Storage Configuration 项,将"Configure SATA as"值设置为 RAID。

保存设置后重启计算机,在加电自检界面,会提示按组合键进入 RAID 设置界面。Intel 的主板按 Ctrl+I 组合键进入 RAID 设置界面,AMD 主板按 Ctrl+F 组合键进入 RAID 设置界面。

RAID 设置界面分为上、下两部分。在其上半部分共有 4 个选项:1 选项是创建 RAID 磁盘阵列;2 选项是删除 RAID 磁盘阵列;3 选项是将硬盘恢复到非 RAID 状态;4 选项是备份卷。

选择 1 选项创建 RAID 磁盘阵列,出现 RAID 参数设置,设定完一项后按 Tab 键或 Enter 键进入下个区域。

常规 BIOS RAID 设置可参考前文“(二)设置 RAID”进行。

全部选定后按 Y 键。保存即可,在 RAID 设置界面下半部分可看到组建好的 RAID 信息。可按 Esc 键退出 RAID 设置界面。

注意

每款主板的 RAID 设置界面会略不相同,请参考主板说明书。

4. 制作 RAID 驱动 U 盘

RAID 创建完成后,若操作系统识别不了硬盘,则需要先加载 RAID 驱动程序。所以在安装操作系统之前,将 RAID 驱动程序复制到 U 盘中制作 RAID 驱动 U 盘,在安装操作系统时使用该 U 盘。

可通过主板驱动光盘或登录官网下载 RAID 驱动 U 盘制作程序来制作 RAID 驱动 U 盘,RAID 驱动 U 盘与操作系统安装用 U 盘不能是同一个。

Windows 8 操作系统和 Windows 10 操作系统已经集成常规 RAID 驱动,安装时不需要再手动添加。

注意

RAID 0 模式的磁盘阵列虽然提升了硬盘数据传输速率,但安全性低,若有一个硬盘出现故障,则系统崩溃,数据丢失,且难以恢复。

强 化 训 练

1. 任务目标

(1) 了解微型计算机硬件系统与软件系统及它们之间的区别。

(2) 了解微型计算机外观上的构成、按钮,接口的位置、名称和任务。

(3) 识别微型计算机的内部组件构成,为组装计算机打下良好的基础。

2. 任务环境

在实践室完成,在实践教师的指导下操作。

设备与器材:安装好 Windows 操作系统的主流实验用计算机,带磁性头的十字螺丝刀。

3. 任务内容及操作过程

注意

此任务操作须在指导教师或计算机组装人员的指导下进行。

1) 观察计算机的启动过程

(1) 将主机电源线、显示器电源线正确连接到电源插座上。

(2) 按下显示器上的电源按钮,打开显示器电源。

(3) 按下主机箱上的电源按钮，启动计算机。

(4) 当显示器屏幕上出现启动信息（自检信息）时，观察屏幕上出现的内容。若此时按 Delete 键，则会进入 BIOS 设置界面，初使用者请不要进入该界面进行乱设置，相关设置在后面任务中介绍。

(5) 计算机会自动进入 Windows 启动界面，进入 Windows 桌面。

(6) 利用 Windows 开始菜单中的关机功能关闭计算机。

2）断开微型计算机外部设备与主机的连接

(1) 实验者释放身上的静电。

(2) 确认主机和显示器的电源已关闭，拔下主机与显示器的电源插头。

(3) 转到主机箱后，拔下键盘和鼠标的插头，观察插头与主机箱上相应接口的颜色。

(4) 观察显示器与主机箱的连接，旋开接口两边的固定螺丝，拔下插头，观察插头的形状。

(5) 拔下音响、话筒的插头，观察主机上音频插座的颜色。

(6) 断开其他外部设备与主机的连接。

3）试拆主机箱内部件

(1) 实验者释放身上的静电。

(2) 拆开主机箱两侧的挡板。

(3) 观察主机箱内各配件的安装位置。

(4) 观察光驱和硬盘的数据线和供电线，拔下光驱的数据线和供电线，记录下这两种线的特点。

(5) 观察显卡与主板连接接口，用螺丝刀旋下螺丝，轻拨开显卡插座下的扳手，拔出显卡。

(6) 观察主板上的内存，轻按内存两边的卡扣，内存弹出后，拿下内存。

(7) 观察主板上的 CPU 位置，建议初操作者不要拆下 CPU 及其散热器，因为操作方法不当，易损坏 CPU 及其插座。

(8) 观察主板上的供电插座和 CPU 专供电，按住边上的卡扣可以拔下主板主供电和 CPU 专供电。

(9) 观察主板是如何固定在主机箱后面板上的，先拔下信号线，再拆下主板。

注意

主板和主机箱前面板还有许多数据线、信号线相连，它们是主机箱前面板的电源线、Reset 线、音频线和 USB 线，初操作者不要连接错，连接错可能会烧毁计算机。

4）组装计算机

在指导教师或组装人员的指导下，将配件安装回计算机。初操作者请按步骤谨慎操作。

(1) 若 CPU 已拆下，则将 CPU 安装到主板上，操作方法可参考本项目任务 2。

(2) 安装内存到主板上，注意方向，向主板插座轻压下内存，两边卡扣要卡紧。

(3) 安装电源到主机箱内，连接主板的主供电和 CPU 专供电。

(4) 安装显示器到主板上。

(5) 按照记录的数据线和供电线位置安装硬盘、光驱的数据线和供电线。

(6) 仔细检查配件、数据线和供电线连接是否正确。

(7) 将显示器、音响、网线、键盘、鼠标连接到主机箱后面板。

(8) 重新接通电源，看计算机能否正常启动。

项目2　计算机硬件配置

项目背景

在认识计算机的硬件、学习硬件的组装后，还需要会选购硬件完成搭配。只有学会根据需要合理搭配硬件，才能达到按需配置，提高性价比的目的。

CPU 是计算机的核心，CPU 的性能可体现整体计算机的性能，选择合适的 CPU 是配置计算机硬件的第一步。

主板是计算机各部分配件相互连接的桥梁。本项目主要安排了主板的结构、各种部件的规范，以及新产品、新技术等实用内容。另外，本项目还安排了微型计算机总线和接口的理论知识，它们对深入学习主板的工作原理具有很重要的作用。

学习目标

- 了解计算机的硬件发展、台式机的硬件相关参数与选择配置方法。
- 掌握计算机硬件的 CPU 与主板和内存的合理搭配。
- 掌握计算机外部存储设备的选择配置。
- 掌握计算机显示系统配置。
- 掌握计算机主机箱和电源的选择配置。
- 掌握鼠标、键盘等外部设备的分类和选购。

项目实施

- 学习计算机主机硬件主流配置。
- 掌握计算机硬件的搭配，重点是 CPU、主板和内存的搭配。
- 能根据不同的需求配置不同性能的计算机硬件。

任务1　CPU、主板与内存的选择

任务实施　①CPU 的类型与技术参数；②CPU 及其散热器的选配；③主板的接口认识；④根据 CPU 选择主板；⑤根据 CPU 和主板选择内存。

所需资源　①主流的 CPU(Intel 和 AMD 两大系列的 CPU)；②主流的主板(Intel 和 AMD 两大系列的主板)；③主流的内部存储器(主要指内存)。

一、CPU 的性能参数

CPU 是 central processing unit(中央处理器)的缩写,由运算器和控制器两部分组成。CPU 作为整个计算机系统的核心,负责计算机系统中最重要的数值运算和逻辑判断工作。生产 CPU 的厂家主要有 Intel 公司和 AMD 公司,Intel 公司占有市场的大部分份额,其主流的 CPU 是 64 位多核(主要是双核、4 核、6 核、8 核)微处理器。

CPU 是整个微机系统的核心,它往往是微机的代名词,CPU 的性能大致上反映出微机的性能,因此,它的性能指标十分重要。

1. 位与字长

在数字电路和计算机技术中使用二进制数据,“0”和“1”在 CPU 中都是 1 位。在计算机技术中,将 CPU 在单位时间内能一次处理的二进制数的位数称为字长。主流 CPU 64 位多核微处理器能在单位时间内处理字长为 64 位的二进制数据,即 64 位多核微处理器一次可以处理 8 字节。

2. 主频、外频与倍频

主频也称为时钟频率,单位为 GHz,用来表示 CPU 的运算速度,是 CPU 内核工作的时钟频率。对于相同的系统来说,主频越高,CPU 的运算速度越快。外频是 CPU 乃至整个计算机系统的基准频率,单位为 MHz。在早期的计算机中,内存与主板之间的同步运行的速度等于外频。CPU 的核心工作频率与外频之间,存在着一个比值关系,这个比值就是倍频系数,简称为倍频。主频、外频与倍频系数的关系为:主频=外频×倍频系数。

3. 缓存

缓存是一种数据传输速率比内存更快的存储器,它的功能是减少 CPU 因等待慢速设备(如内存)所导致的延迟,进而改善系统的性能。目前计算机内部有 L1 高速缓存、L2 高速缓存、L3 高速缓存,容量分别有 128 KB、1 MB、2 MB、4 MB、8 MB 等规格。

4. 生产工艺

在半导体硅材料上生产 CPU 内部各元件间的连接线时,连接线的宽度越小,CPU 的生产工艺越先进,CPU 内部功耗和发热量越小。现在以纳米(nm)为单位来表示 CPU 的生产工艺,Intel 公司的 CPU 采用 14 nm 的生产工艺,AMD 公司的 CPU 采用 32 nm 的生产工艺。

5. 工作电压

CPU 的工作电压分内核电压和 I/O 电压两种。内核电压根据 CPU 生产工艺而定,一般 CPU 内部各元件的连接线的宽度越小,内核电压越低。I/O 电压一般都在 0.8~1.5 V 范围内,具体数值根据各厂家具体的 CPU 型号而定。

6. 地址总线宽度

地址总线宽度决定了 CPU 可以访问的物理地址空间,对于采用了第二代 32 位微处理器 486 以上的计算机系统,地址总线宽度为 32 位,CPU 可以直接访问 4 GB 的物理地址空间。目前,主流计算机可直接访问 8 GB 以上的物理地址空间,高端计算机可以访问 24 GB 的物理地址空间。

7. CPU 核心(内核)和核心数

CPU 核心是 CPU 的灵魂所在,它决定了 CPU 的制造工艺,主频范围,L1 高速缓存、L2 高速缓存和 L3 高速缓存的容量等,同时也是区分不同类型 CPU 的指标,如 Intel 公司的 Intel Core

CPU 有 Skylake 等核心。

核心数是一个 CPU 内部所含有的核心的个数，多核 CPU 在处理多任务时会有更高的效率。

8. 超线程技术

所谓超线程技术，就是利用特殊的硬件指令，把多线程处理器内部的两个逻辑内核模拟成两个物理芯片，从而使单个处理器能享用线程级的并行计算的处理器技术。虽然 CPU 采用超线程技术能同时执行两个线程，但它并不像两个 CPU 那样每个 CPU 都具有独立的资源，所以当两个线程同时需要某个资源时，其中一个 CPU 要暂时停止工作并让出资源，直到这些资源闲置后才能继续。因此，CPU 超线程的性能并不等于两个 CPU 的性能。

9. 64 位技术

在计算机架构中，64 位整数内存地址或其他数据单元，是指它们最高达到 64 位(8 字节)宽。此外，64 位 CPU 和算术逻辑单元架构是以寄存器、内存总线或者数据总线的大小为基准的。支持 64 位架构的操作系统，一般同时支持 32 位的应用程序和 64 位的应用程序。

二、Intel CPU 的选择

Intel CPU 插槽分为 LGA 1151 CPU 插槽和 LGA 2011 CPU 插槽两种(见图 2-1-1)。入门级奔腾双核 CPU 和高性价比 i3 双核 CPU，中端的 i5 4 核 CPU、中高端的 i7 4 核 CPU 和高端的 i7 6 核或 8 核 CPU。6 核、8 核的 i7 CPU 采用 LGA 2011 CPU 插槽，支持四通道 DDR4 内存，入门级奔腾双核 CPU、i3 双核 CPU、i5 4 核 CPU、i7 4 核 CPU 采用 LGA 1151 CPU 插槽，支持双通道 DDR4 内存。采用 LGA 2011 CPU 插槽的 CPU 的尺寸相对大一些。

Intel CPU 中采用 LGA 2011 CPU 插槽的都集成了显卡，即有集成显卡，若对图形没有高要求，可不必另选择独立显卡。大多数 AMD CPU 也集成了显卡。

(a) LGA 1151 CPU插槽

(b) LGA 2011 CPU插槽

图 2-1-1　LGA 1151 CPU 插槽和 LGA 2011 CPU 插槽

1. Intel i3 双核 CPU

Intel i3 双核 CPU 采用 LGA 1151 CPU 插槽，其主频在 3.3 GHz 左右，三级缓存容量在 3 MB 以上，生产工艺为 14 nm。

Intel i3 双核 CPU 包括奔腾双核 CPU 和 i3 双核 CPU(见图 2-1-2)两种。凭借能效优化的双核技术和优异的能源使用效率，Intel i3 双核 CPU 可以出色地运行应用程序。

2. Intel i5 4 核 CPU

Intel i5 4 核 CPU(见图 2-1-3)采用 LGA 1151 CPU 插槽，主频在 3.3 GHz 以上，三级缓存容量在 6 MB 以上，生产工艺为 14 nm。

Intel i5 4 核 CPU 具有强大的四核性能，是提供高度线程化娱乐应用和高效多任务处理的高性价比处理器。

(a) 奔腾双核CPU

(b) i3双核CPU

图 2-1-2　奔腾双核 CPU 和 i3 双核 CPU

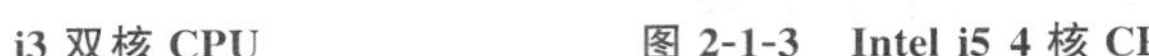

图 2-1-3　Intel i5 4 核 CPU

3. Intel i7 4 核 CPU

Intel i7 4 核 CPU(见图 2-1-4)采用 LGA 1151 CPU 插槽，其主频在 3.3 GHz 以上，三级缓存容量在 8 MB 以上，生产工艺为 14 nm。

Intel i7 4 核 CPU 适用于超级计算，它具有 Intel 最新双核及 4 核技术带来的革命性性能水准，具有多任务响应能力，能够提供逼真的高清晰度体验。

4. Intel 酷睿 i7 至尊 CPU

Intel 酷睿 i7 至尊 CPU(见图 2-1-5)采用 LGA 2011 CPU 插槽，其主频在 3.8 GHz 以上，三级缓存容量在 15 MB 以上，生产工艺为 22 nm。

Intel 酷睿 i7 至尊 CPU 的生产理念是用世界上最快的处理器征服极致游戏世界。它采用了更快速的智能多核技术，能够满足用户的各类需求，为用户带来难以想象的突破性游戏体验。作为顶级处理器，它面向的是发烧级用户。

图 2-1-4　Intel i7 4 核 CPU

图 2-1-5　Intel 酷睿 i7 至尊 CPU

三、AMD CPU 的选择

图 2-1-6　AMD APU 系列

1. AMD APU 系列

AMD APU 系列 CUP(见图 2-1-6)采用 Socket FM2 CPU 插槽或 Socket FM2+CPU 插槽，其主频在 3.4 GHz 以上，二级缓存容量在 2 MB 以上，生产工艺为 28 nm。与 Intel CPU 相比，AMD APU 系列 CPU 更新少、价格低。

2. AMD Athlon II(速龙 II)系列和 AMD Phenom II(羿龙 II)系列

AMD Athlon II(速龙 II)系列和 AMD Phenom II(羿龙 II)系列采用 Socket AM3 CPU 插槽或 Socket FM2+CPU 插槽。速龙 II 系列主要是 4 核的,价格一般比 AMD APU 系列的便宜。羿龙 II 的三级缓存容量为 6 MB,羿龙 II 有 4 核 CPU 和 6 核 CPU 两种。

AMD Athlon II 4 核 CPU 如图 2-1-7 所示。

3. AMD Athlon FX(推土机)系列

AMD Athlon FX(推土机)系列采用 Socket AM3 CPU 插槽或 Socket AM3+ CPU 插槽,其生产工艺为 32 nm。AMD Athlon FX 系列主要是为了满足那些对游戏有极高要求的玩家所设计的,适用于 3D 游戏和单线程软件。

AMD Athlon FX CPU 如图 2-1-8 所示。

图 2-1-7 AMD Athlon II 4 核 CPU

图 2-1-8 AMD Athlon FX CPU

四、选购 CPU 的散热系统

目前,可行的 CPU 散热方式主要有两种:一种是风冷散热;一种是液体散热。风冷散热即在散热片上面镶嵌一个风扇对 CPU 进行散热,CPU 的原装散热器就是采用了此种散热方式。

CPU 散热器的散热片的作用是扩展 CPU 表面积,所以 CPU 散热器必须紧贴 CPU。部分风冷散热器使用了热管,充分利用了热传导原理,透过热管将发热物体的热量迅速传递到热源外,其导热能力超过任何已知金属的导热能力。

风扇采用液压轴承或含油轴承,其功率根据 CPU 温控动态可调,所以它既能保证散热效果,又能降低功耗。

Intel CPU 原装散热器、AMD CPU 原装散热器和热管式风冷散热器如图 2-1-9 所示。

液体散热包括水冷散热、油冷散热等,主要是水冷散热。采用水冷散热器(见图 2-1-10)的好处是散热效果突出。目前,很少有风冷散热器可以与水冷散热器相媲美,但水冷散热器有致命的缺陷,即漏水、安装不方便。

(a) Intel CPU原装散热器

(b) AMD CPU原装散热器

(c) 热管式风冷散热器

图 2-1-9 Intel CPU 原装散热器、AMD CPU 原装散热器和热管式风冷散热器

图 2-1-10 水冷散热器

五、实践项目:选择适合的 CPU 及其散热器

1. 任务目标

掌握计算机主机内“三大件”(主板、CPU 和内存)之一 CPU 的识别、插槽类型、主频等技术要点,理解计算机系统的组成。

2. 任务环境

在实践室完成,在实践教师的指导下操作。

设备与器材:不同档次的 Intel CPU 和 AMD CPU 多个;CPU 原装散热器和水冷散热器。

3. 任务内容

(1) 观察 CPU 的外部结构,指出其各组成部分。

(2) 登录中关村在线的 CPU 查询网页(http://detail. zol. com. cn/cpu/),查看最热门的 CPU 产品和最新的 CPU 产品,如图 2-1-11 所示。

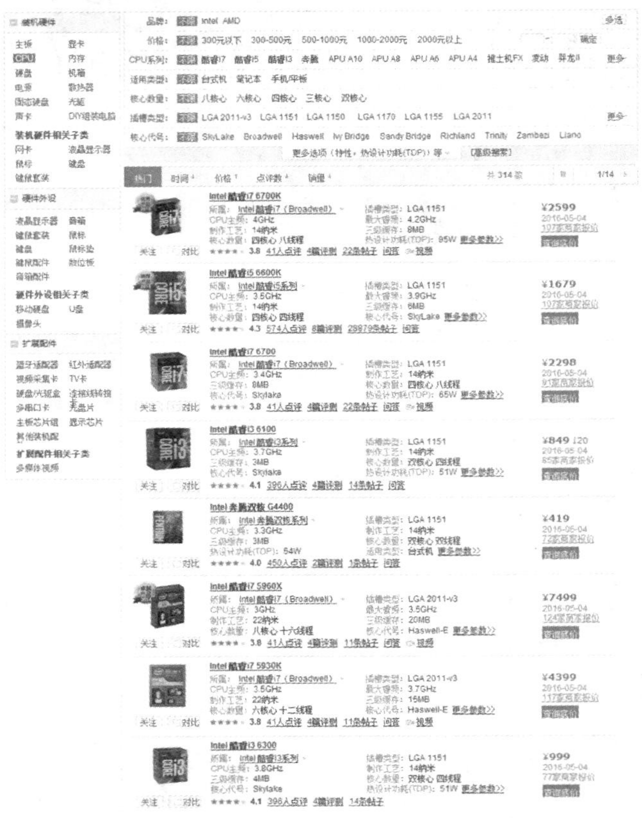

图 2-1-11　中关村在线的 CPU 查询网页

注意

图 2-1-11 所示的查询日期为 2016 年 6 月;可先通过查询最新的 CPU 来查看 CPU 的插槽,再通过插槽确定 CPU 类型;最热门的 CPU 产品并不一定采用了新的接口。

(3) 为用户推荐 Intel CPU 系列和 AMD CPU 系列，每款举一例，查看参数，注意价格，完成表 2-1-1、表 2-1-2。

表 2-1-1　Intel CPU 系列

系　　列	举　　例	插　　槽	缓存(L2/L3)	生产工艺	集成显卡
奔腾双核					
酷睿 i3					
酷睿 i5					
酷睿 i7					
酷睿 i7 至尊					

说明：请列出各系列的主流产品。

表 2-1-2　AMD CPU 系列

系　　列	举　　例	插　　槽	缓存(L2/L3)	生产工艺	集成显卡
A4					
A6					
A8					
A10					
羿龙 II					
速龙 II					
FX					

说明：请列出各系列的主流产品。

(4) 选择 CPU 散热器。

Intel CPU 和 AMD CPU 都带有原装散热器。一般情况下，普通配置不需要另外选择散热器。普通配置包括表 2-1-1 中的 Intel CPU 系列中的奔腾双核系列、酷睿 i3 系列，表 2-1-2 中 AMD APU 系列的 A4、A6、A8、A10 和速龙 II 系列。其他系列若没有进行超频设置，原装散热器可以使用。

若用户选择了酷睿 i7 CPU 或酷睿 i7 至尊 CPU，需要另外选择好一些的散热器，如热管式风冷散热器。有些用户选择的是水冷散热器，需要指出的是，水冷散热器若安装不当，则容易出现问题。

(5) 安装 CPU 及其散热器到相应的主板上，用 CPU-Z 专用软件查看 CPU 实际参数，如图 2-1-12 所示。

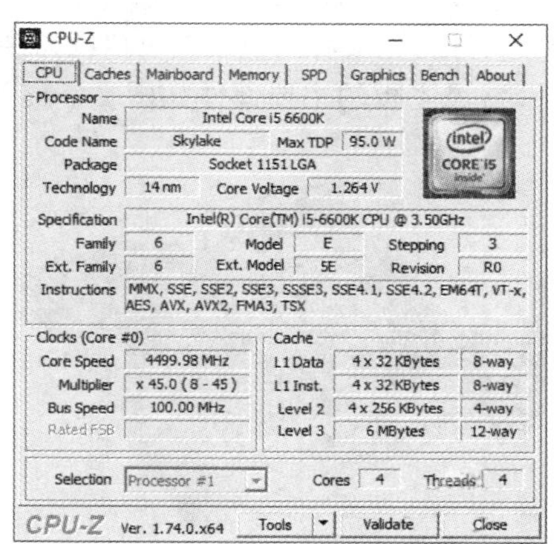

图 2-1-12　用 CPU-Z 专用软件测试 CPU 参数

六、主板的接口与参数

主板在计算机系统中占有举足轻重的地位，其质量和性能是决定计算机整体性能的一个主要因素。主板上安装着计算机的主要电路系统，并具有扩展插槽，插有各种插件。了解主板的性能及接口，对学习计算机的装配、维护与维修极有帮助。

（一）主板的结构类型

主板的结构主要有三种类型，即 ATX 结构、M-ATX 结构和 ITX 结构。

ATX 结构的主板（见图 2-1-13）接口丰富，有很好的扩展性，供电电路优秀，可提供优秀的超频性能。

与 ATX 结构的主板相比，M-ATX 结构的主板（见图 2-1-14）从纵向减小了主板宽度，减少了扩展插槽，设计较紧凑，性价比较高，所以推荐使用此类型主板。

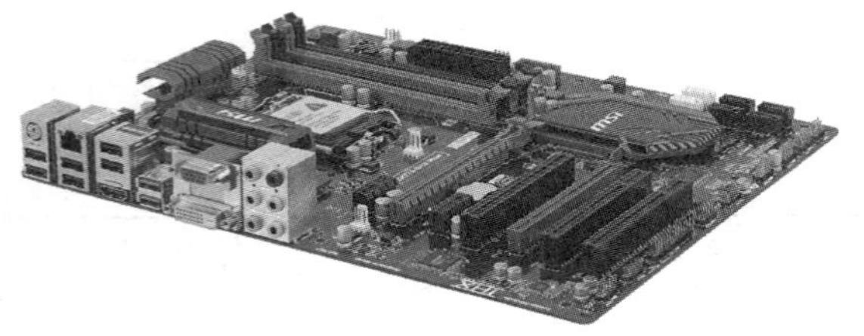

图 2-1-13 ATX 结构的主板

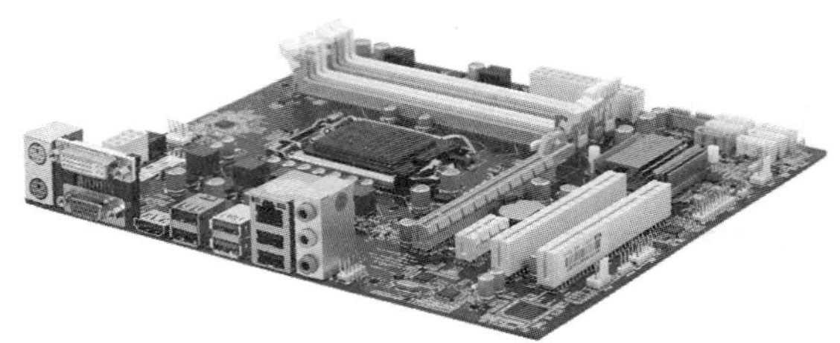

图 2-1-14 M-ATX 结构的主板

与前两种主板相比，ITX 结构的主板（见图 2-1-15）纵向宽度更小，仅能容下一个扩展插槽，迎合了迷你机箱的需要，价格相对较贵，不推荐使用。

（二）主板上的芯片与接口

主板采用 PCB（印刷电路板，是由几层树脂材料黏合在一起形成的），PCB 的内部采用铜箔走线。

主板的主要部件有 CPU 插槽、主板主芯片、内存插槽、电源插槽、SATA 接口、CMOS 电池及 BIOS 芯片、PCI-E 1X 插槽、PCI 插槽、PCI-E 16X 插槽、前置 USB 接口和音频接口、指示灯、开关信号线接口等。主板后面板接口包括鼠标接口、键盘接口、集成显卡输出接口、USB 接口和网络接口。

常见主板的主要部件如图 2-1-16 所示。

图 2-1-15 ITX 结构的主板

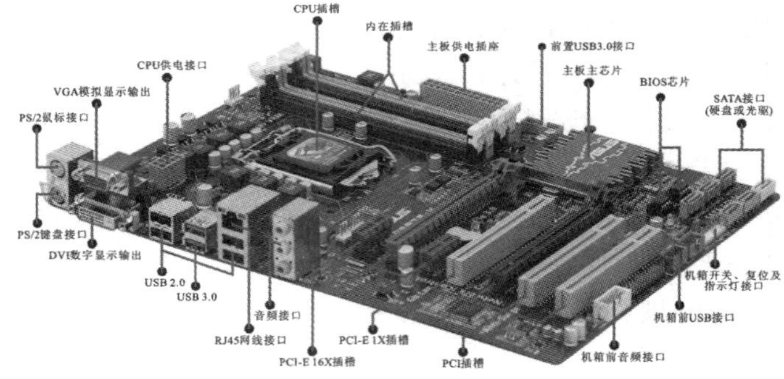

图 2-1-16 常见主板的主要部件

注意

Intel 和 AMD 的主板结构大致相同，差别仅在于 CPU 插槽不同。

1. CPU 插槽

CPU 插槽用于把 CPU 固定在主板上。Intel CPU 插槽和 AMD CPU 插槽如图 2-1-17 所示。

(a) Intel CPU插槽

(b) AMD CPU插槽

图 2-1-17 Intel CPU 插槽与 AMD CPU 插槽

2. 主板控制芯片

主板控制芯片(见图 2-1-18)是构成主板电路的核心。从一定意义上来讲,主板控制芯片决定了主板的性能、CPU 的类型和内存的类型。

主板控制芯片的功能结构如图 2-1-19 所示。

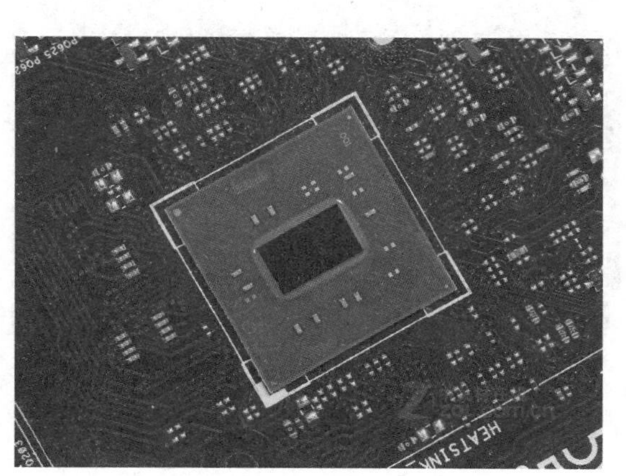

图 2-1-18 主板控制芯片

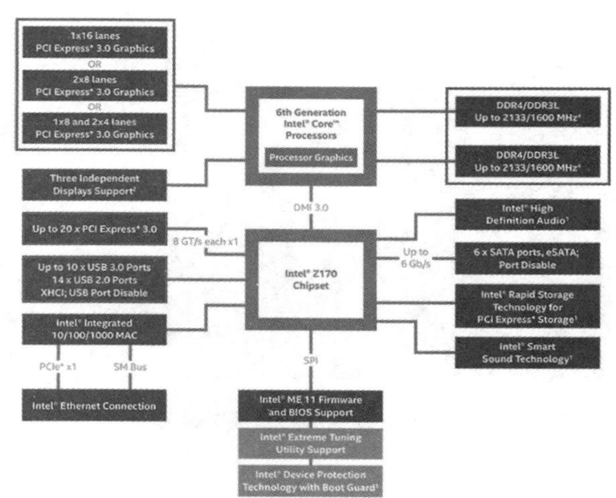

图 2-1-19 主板控制芯片的功能结构

2. BIOS 芯片

BIOS 芯片是由保存着 BIOS 的两块 ROM 芯片组成的,有的 BIOS 芯片是两块。BIOS 芯片用于保护 BIOS 安全,主流的 BIOS 芯片采用了 UEFI BIOS,像一个小型固化在主板上的操作系统一样,用 C 语言开发,允许厂商深度开发 UEFI。UEFI ROM 芯片(见图 2-1-20)是一种常见的 BIOS 芯片,由主板的电池供电,即使系统掉电,信息也不会丢失。BIOS 芯片的生产厂商主要有 AMI 公司和 AWARD 公司。UEFI 没有了传统 BIOS 需要长时间自检的问题,使硬件初始化、引导系统变得简洁、快速。

3. 网卡芯片

主板集成了 100 兆有线网卡或 1000 兆有线网卡，需要网卡芯片提供网络功能。1000 兆有线网卡芯片如图 2-1-21 所示。

图 2-1-20　UEFI ROM 芯片

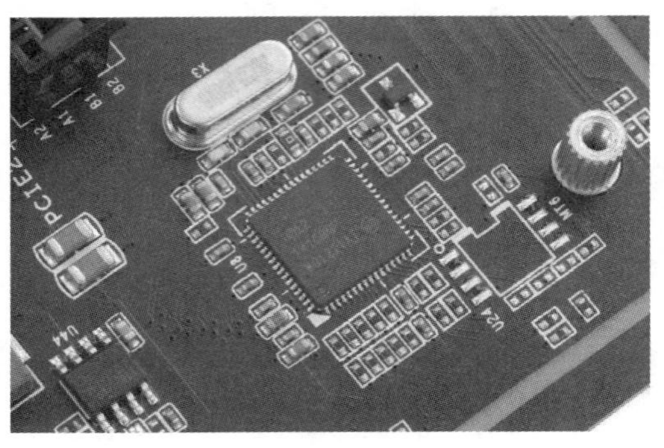

图 2-1-21　1000 兆有线网卡芯片

4. 主板音频处理芯片

主板集成了高保真性能的音频处理芯片和专业音频电容，通过音频分割方式提高性能。主板音频模块与音频处理芯片如图 2-1-22 所示。

5. USB 主控芯片

USB 主控芯片(见图 2-1-23)支持 USB3.x 传输，理论带宽达到 16 Gbit/s 以上。

图 2-1-22　主板音频模块与音频处理芯片

图 2-1-23　USB 主控芯片

6. 主板监控芯片

主板监控芯片(见图 2-1-24)是传感器监控芯片，可实时监控主板各部分的温度、电压等数据。

7. 内存插槽

主板安装内存采用双通道内存插槽，主板上有 4 个内存插槽或 2 个内存插槽。DDR4 DIMM 内存插槽如图 2-1-25 所示。

8. PCI-E 插槽

PCI-E 是 PCI express 的简称，用于代替 PCI、AGP 接口规范，采用点对点技术，采用双向数据传输，极大地加快了相关设备之间的数据传输速率。

常见的 PCI-E 插槽有 PCI-E 1X 插槽和 PCI-E 16X 插槽两种(见图 2-1-26)。PCI-E 1X 插槽较

短，接口速率向下兼容。

9. PCI 插槽

PCI 插槽如图 2-1-27 所示。主流的 PCI 插槽为 PCI 64 插槽，其工作频率为 66 MHz，总引脚数为 188 条。目前，PCI 插槽有被通用的 PCI-E 插槽取代的趋势。

图 2-1-24　主板监控芯片

图 2-1-25　DDR4 DIMM 内存插槽

图 2-1-26　PCI-E 1X 插槽与 PCI-E 16X 插槽

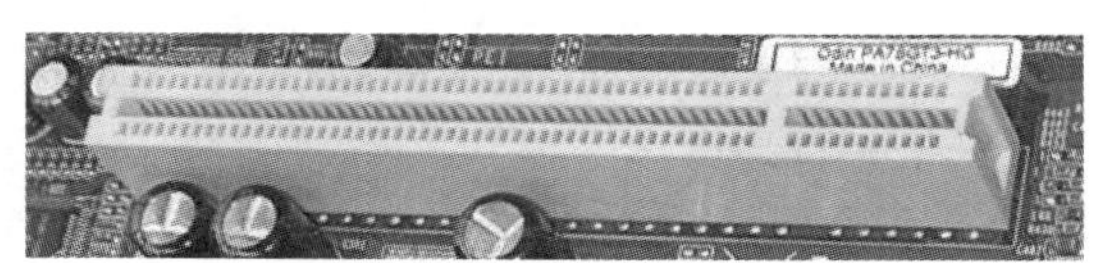

图 2-1-27　PCI 插槽

10. SATA 接口

SATA(serial ATA 的缩写，即串行 ATA)接口如图 2-1-28 所示，它共有 7 根针脚。主板上至少有 4 个 SATA 接口。

若主板控制芯片支持 SATA 接口组成 RAID 系统，即磁盘阵列，则可以提高单硬盘的数据存取速度。RAID 需要在 BIOS 中设置，具体操作在后面项目有详细介绍，此处不赘述。

11. 电源接口

主板的电源接口有为主板的工作提供动力的主供电接口和为 CPU 提供动力的 CPU 专供电接口两种。采用 ATX 结构的主板的电源接口为 24 引脚，CPU 专供电接口为 4 引脚或 8 引脚。

采用 ATX 结构的主板的主供电接口与 CPU 专供电 8 针方形接口如图 2-1-29 所示。

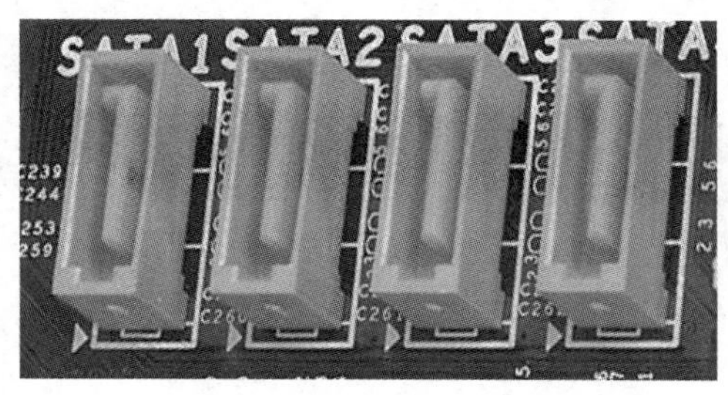

图 2-1-28　SATA 接口

(a) 采用ATX结构的主板的主供电接口

(b) CPU专供电8针方形接口

图 2-1-29　采用 ATX 结构的主板的主供电接口与 CPU 专供电 8 针方形接口

12. 各种跳线接口

主板上的主机箱前面板针式接口，包括硬盘指示灯接口、电源指示灯接口、电源开关接口、复位开关接口，以及前置 USB 接口和音频接口等，连接方法在组装过程中已经介绍了。

13. CPU 供电模块

CPU 供电模块(见图 2-1-30)位于 CPU 插槽的左侧或上侧,用于为主板及其上插接的各种板卡提供稳定的电力支持。它直接影响主机系统运行的稳定性。

14. 主板后面板接口

主机箱背面的大部分接口都是集成在主板上的,如图 2-1-31 所示。

图 2-1-30 CPU 供电模块

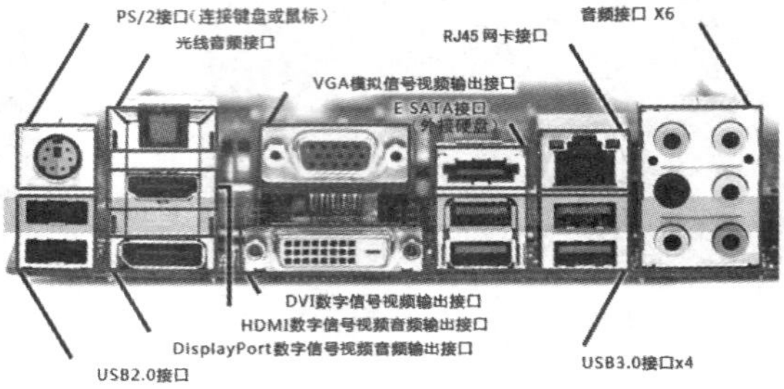

图 2-1-31 主板后面板接口

1) 常见的接口

(1) 标准鼠标、键盘接口:PS/2 接口,6 针的圆形接口。

(2) USB 接口:即插即用,USB 3.x 接口的数据传输速率在 960 Mbit/s 以上;可用来连接 USB 接口的鼠标、键盘、U 盘、移动硬盘、打印机、扫描仪等设备。

(3) RJ45 网卡接口:RJ45 接头根据线的排序不同分为两种,因此使用 RJ45 接头的线也有两种,即直通线、交叉线。

(4) 集成显卡输出接口(DVI、VGA 接口、HDMI、DP):带有集成显卡输出的说明主板支持使用 CPU 的集成显卡,常用的集成显卡输出接口有 VGA 接口、DVI、HDMI 及 DP。

(5) 音频接口:主板集成了声卡,提供了音频输入、输出接口,可输出 5.1 或 7.1 声道。

2) 不常见的接口

(1) 串行通信端口(串口或 COM 口):9 针的接头,遵守 RS-232 标准或 RS-422 标准。

(2) 并行通信端口(并口或 LPT 口):25 针的接头,用来连接针式打印机。

(3) E-SATA 接口:“外置”版的 SATA 接口,通过它可以轻松地将 SATA 硬盘与主板的 E-SATA 接口连接,而不用打开主机箱。需要指出的是,E-SATA 接口是平的,而 SATA 接口是 L 形的,要正确区分。

七、主板的选购

1. 任务目标

(1) 掌握计算机主机内“三大件”(主板、CPU 和内存)之一主板以及它与 CPU 之间的性能协调关系。

(2) 了解主板的技术要点、结构、总线等知识,理解计算机系统的组成。

2. 任务环境

在实践室完成,在实践教师的指导下操作。

设备与器材:主板多块,要求不同档次;支持 Intel 和 AMD 的主流 CPU。

3. 任务内容

（1）主板选购。选择好 CPU 后，选择与之搭配的主板。要注意主板控制芯片和品牌的选择。主板控制芯片确定了，CPU 类型、内存类型和显卡类型就确定了。

（2）主板芯片和接口。认识主板控制芯片、CMOS 芯片、CPU 插槽、内存插槽、显卡插槽、PCI 插槽、SATA 接口、电源接口、CPU 散热器接口、CMOS 供电接口、音频接口、USB 接口、键盘和鼠标接口、网络接口等。

（3）登录中关村在线主板查询网页（http://detail.zol.com.cn/motherboard/），查询最新的主板和最热门的主板（见图 2-1-32），确定主流主板系列，选择好 CPU 并填表 2-1-3、表 2-1-4，完成最佳搭配。

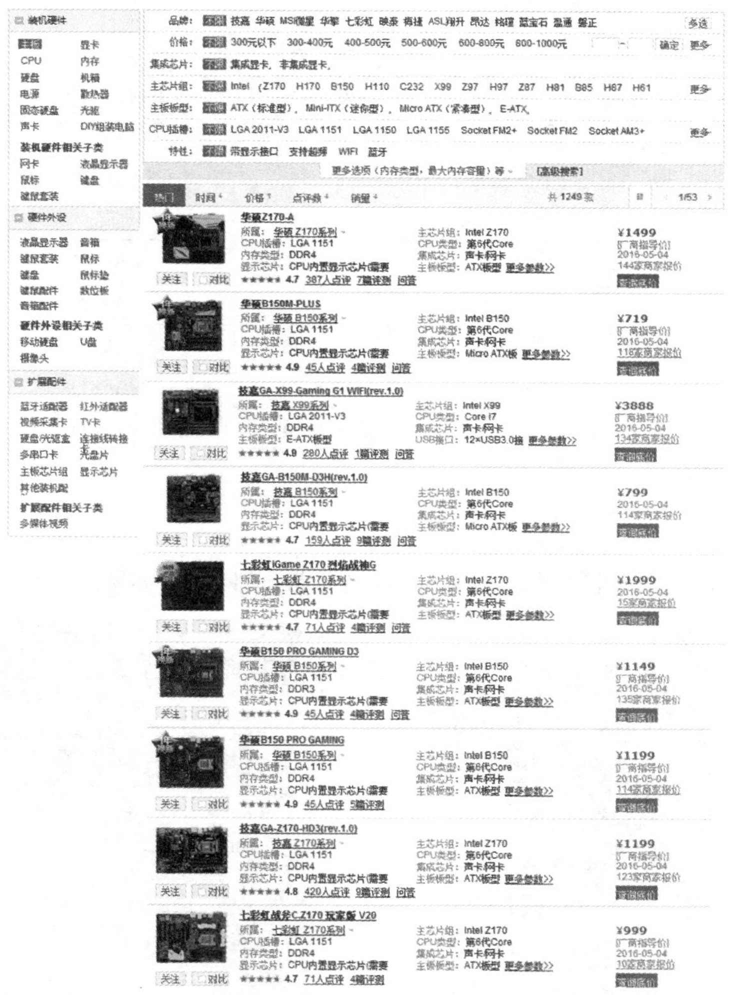

图 2-1-32　登录中关村主板查询网页查询最新的主板和最热门的主板

注意

图 2-1-32 的查询结果是 2016 年 5 月；注意查询方法，注意选择主流配置。

表 2-1-3　Intel 系列

档次	CPU 参数		价格/元	主板控制芯片	价格/元
高	Core i7　6 核 12 线程 Core i7　8 核 16 线程	LGA 2011 CUP 插槽、 22 nm	7 400 4 300	X99	2 000～5 000
高	Core i7　4 核 8 线程	LGA 1151 CPU 插槽、 14 nm	2 000～2 800	Z170　B150	800～3 000
中	Core i5　4 核 4 线程		1 100～1 600	H170　B150	550～1 100
低	Core i3　双核 4 线程		600～900	B150　H110	450～1 000
入门	奔腾　双核 2 线程		400～550	H110	400～700

说明：6 核 CPU 和 8 核 CPU 不集成显卡核心，其他都集成显卡核心。

表 2-1-4　AMD 系列

档次	CPU 参数		价格/元	主板控制芯片	价格/元
中	FX(推土机) 4、6、8 核	Socket AM3 CPU 插槽， 28、32 nm	400～1 400	990，970	800～1 700
	羿龙 II X4		500～1 300		
	APU A10　4 核	Socket FM2＋ CPU 插槽， 28、32 nm	500～1 100	A88X	350～500
入门	APU A8　4 核		400～700	A85X	350～550
	APU A6　双、3、4 核		200～500	A78	260～500
	APU A4　双核		170～300	A68H	300～600
	速龙 II X4　4 核		300～450	A68H	300～600

说明：A68H 是较新的主板控制芯片。

4. 主板测试

用专业测试软件对主板进行测试，查看 CPU 与主板硬件参数，如图 2-1-33 所示。

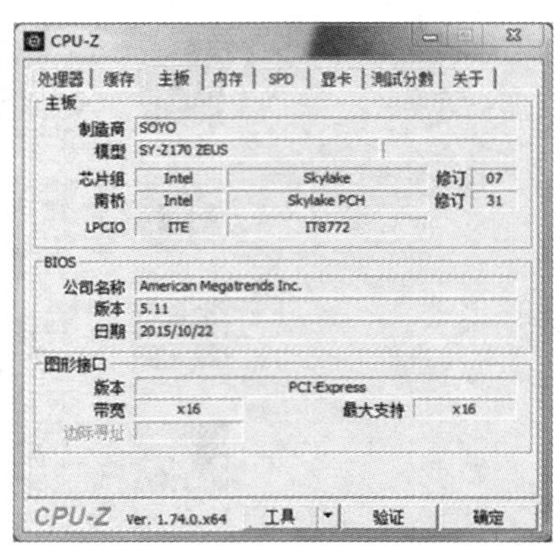

图 2-1-33　CPU 和主板硬件参数测试

八、内存的选购

根据存储器在计算机中处于的位置不同，存储器可以分为主存储器和辅助存储器两种。在主机内部，直接与 CPU 交换信息的存储器称为内部存储器或主存储器(简称内存)。

(一) 内存的结构

内存采用多层 PCB 设计(4 层或 6 层)，其结构如图 2-1-34 所示。

PCB 板上黄色的接触点即金手指是内存与主板内存槽接触的部分。内存固定卡缺口用于保证主板上内存插槽的两个夹子牢固地扣住内存。内存脚缺口用于防止内存插反。

内存的性能、速度、容量都是由内存芯片决定的。不同厂商的内存芯片在速度、性能上不同。

内存上一般标有芯片标志。芯片标志通常包括生产厂商名称、单片容量、芯片类型、工作速度、生产日期、电压、容量系数和一些厂商的特殊标志。

(二) 内存的选购

选购内存的重点是查看 CPU 和主板控制芯片支持的内存类型、频率，然后根据需要选择内存的容量。

DDR4 内存(见图 2-1-35)是 DDR4 类型的内存，其数据传输频率最小为 2 133 MHz，最高可达 4 266 MHz，容量为 4 GB、8 GB 和 16 GB。

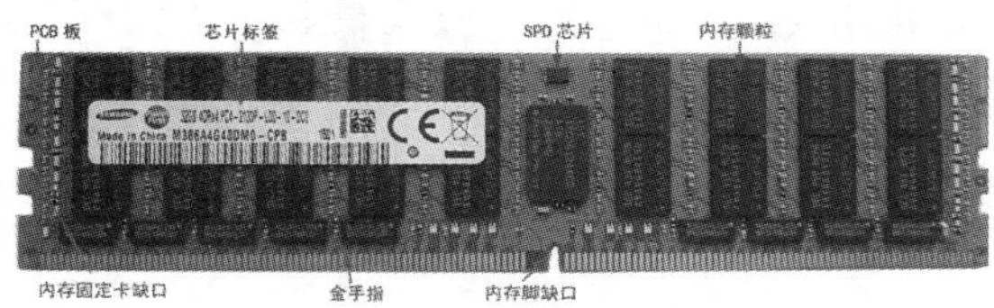

图 2-1-34 内存的结构

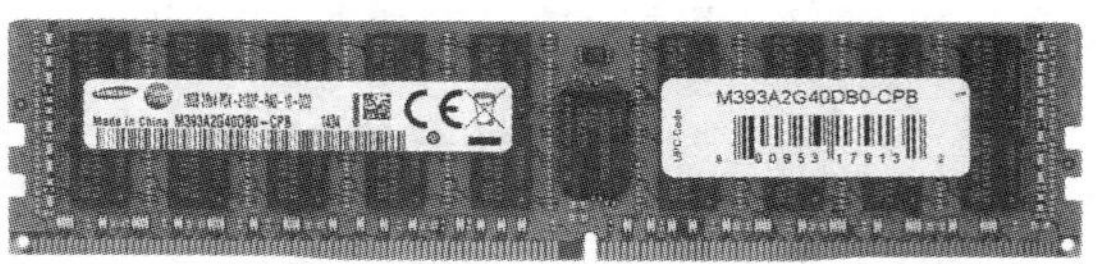

图 2-1-35 DDR4 内存

主板都支持内存双通道，普通配置可选择 2 条规格一样的 4 GB 内存，高配置可选择 2 条或 4 条规格一样的 8 GB 内存。X99 系列主板支持内存四通道，至少选择 4 条规格一样的 8 GB 内存。

九、强化训练(CPU、主板与内存的搭配)

1. 任务目标

(1) 掌握计算机主机内“三大件”(主板、CPU 和内存)之间的性能协调关系。

(2) 了解内存的技术要点、结构等知识，理解计算机系统的组成。

2. 任务环境

在实践室完成，在实践教师的指导下操作。

设备与器材：内存多条，要求是不同档次的内存，最好包括不同频率和不同容量的 DDR4 内存。

3. 任务内容

1) 识别内存

找 1 条内存，指出该内存各部分的名称及其作用，然后根据内存标志辨别生产厂商、容量、频率等。

2) 内存测试

将内存安插到主板上，注意内存与内存插槽的对应关系与安装方法。使用 CPU-Z 等参数测试软件获得内存的真实参数，根据检测结果验证自己的判断是否正确。

DDR4 内存测试如图 2-1-36 所示。

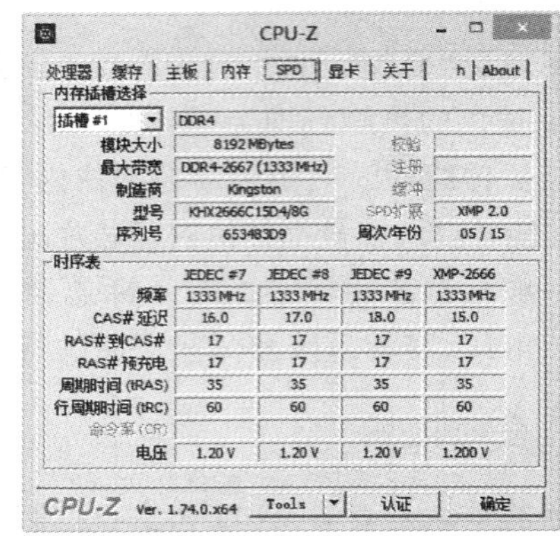

图 2-1-36　DDR4 内存测试

3. 选购内存

登录中关村在线内存查询网页(http://detail.zol.com.cn/memory/)，查询最新主流内存，如图 2-1-37 所示。根据 CUP 和主板控制芯片，选购内存并填表 2-1-5、表 2-1-6。

图 2-1-37　登录中关村在线内存查询网页查询主流内存

 **注意**

本训练表2-1-5、表2-1-6内存选择一栏已填好。 

表 2-1-5 Intel 系列

档次	CPU 参数		主板控制芯片	内存选择
高	Core i7 6核 12线程 Core i7 8核 16线程	LGA 2011 CPU插槽，22 nm	X99	DDR4 2 133 MHz 以上 四通道内存 4条8 GB或8条8 GB
高	Core i7 4核 8线程	LGA 1151 CPU插槽，14 nm	Z170 B150	DDR4 2 133 MHz 双通道 4条4 GB
中	Core i5 4核 4线程		H170 B150	
低	Core i3 双核 4线程		B150 H110	DDR4 2 133 MHz 双通道 2条4 GB
入门	奔腾 双核 2线程		H110	

表 2-1-5 AMD 系列

档次	CPU 参数		主板控制芯片	内存选择
中	FX(推土机) 4、6、8核	Socket AM3 CPU插槽，28、32 nm	990，970	DDR3 1 860 MHz 双通道 4条4 GB
	羿龙 II X4			
	APU A10 4核	Socket FM2+ CPU插槽，28、32 nm	A88X	
入门	APU A8 4核		A85X	DDR3 1 860 MHz 双通道 4条4 GB 2条4 GB
	APU A6 双、3、4核		A78	
	APU A4 双核		A68H	
	速龙 II X4 4核		A68H	

注意：表格中内存选择并不是必须如此的，可根据需要重新选择，建议采用双通道方式。

任务2 计算机外部存储器的选配

任务实施 ①认识硬盘的接口与内部结构；②根据需要选择机械硬盘和固态硬盘；③根据需要选择光驱；④根据需要选择移动存储器。

所需资源 ①台式机(硬件齐全，为安装驱动器用)；②驱动器(硬盘、固态硬盘、光驱)；③拆装工具(十字螺丝刀、尖嘴钳子)；④另一台计算机(用于上互联网，方便查找相关资料)。

一、硬盘的分类与结构

（一）硬盘的分类

按硬盘结构，硬盘分为机械硬盘和固态硬盘两类。机械硬盘的容量大，固态硬盘的数据读取、写入速度快。

机械硬盘内部盘片的直径分为 3.5 in(1 in=25.4 mm)、2.5 in、1.8 in 三种，后两种直径的机械硬盘为笔记本电脑硬盘。

机械硬盘和标准固态硬盘都采用 SATA3 接口，支持 600 Mbit/s 的带宽。

（二）机械硬盘的结构

1. 机械硬盘的外部结构

机械硬盘的外部由盘体、固定盖板、安装螺孔、数据线、控制电路板、电源接口、数据接口等组成。控制电路板用来控制和协调整个硬盘系统的正常工作。固化的软件可以执行硬盘的初始化工作，执行加电和启动主轴电机、初始寻道、定位及故障检测等任务。

采用 SATA 接口的机械硬盘如图 2-2-1 所示。

2. 机械硬盘的内部结构

机械硬盘的内部由盘片、主轴部件、磁头组件和磁头驱动机构组成，如图 2-2-2 所示。盘片是硬盘存储数据的载体，其表面极为平整、光滑且涂有磁性物质的金属或玻璃圆片，盘体由 1～4 个重叠在一起并由垫圈隔开的盘片组成。主轴部件由轴承和电机等构成，用于带动盘片匀速转动。机械硬盘的转速一般为 5 400 r/min、7 200 r/min、10 000 r/min、15 000 r/min 等。磁头组件由读写磁头、传动手臂、传动轴组成。磁头组件用于完成数据信息的记录和读取功能。磁头驱动机构由电磁线圈电动机、磁头驱动小车、防震动装置构成，高精度的轻型磁头驱动机构能够对磁头进行正确的驱动和定位，并能在很短的时间内精确定位系统指定的磁道。硬盘的寻道靠移动磁头进行。

图 2-2-1　采用 SATA 接口的机械硬盘

图 2-2-2　机械硬盘的内部结构

注意

机械硬盘在工作时不能剧烈震动，若震动严重，则会永久性损坏硬盘。

（三）固态硬盘

固态硬盘也称为电子硬盘、固态电子盘，是由控制单元和固态存储单元组成的硬盘。固态硬盘的接口规范和定义、功能及使用方法与机械硬盘的相同。固态硬盘根据外形分为四种类型，即标准2.5英寸的固态硬盘（见图2-2-3）、M-SATA接口的卡片式固态硬盘[见图2-2-4(a)]、NGFF(M.2)接口的卡片式固态硬盘[见图2-2-4(b)]和PCI-E接口的卡片式固态硬盘[见图2-2-4(c)]。其中，M-SATA接口的卡片式固态硬盘和NGFF(M.2)接口的卡片式固态硬盘多用于移动设备。

图2-2-3　标准2.5英寸的固态硬盘

(a) M-SATA接口的卡片式固态硬盘　(b) NGFF(M.2)接口的卡片式固态硬盘　(c) PCI-E接口的卡片式固态硬盘

图2-2-4　固态硬盘

固态硬盘的存储介质分为两种：一种是闪存（FLASH芯片）；一种是DRAM。由于固态硬盘没有机械硬盘所具有的旋转介质，所以固态硬盘的抗震性极佳。固态硬盘芯片的工作温度范围很宽，为－40～85 ℃。

二、硬盘的选购

应根据不同的需要选择硬盘。台式机需要安装3.5英寸的机械硬盘，硬盘容量为1～2 TB即可。

若需要提高速度，可选择标准2.5英寸的固态硬盘，容量为250～512 GB即可。

要想提高数据传输速率，可以用硬盘组磁盘阵列，以达到高速、安全等存储需求。

笔记本电脑可选择固态硬盘，如M-SATA接口的卡片式固态硬盘或M.2接口的卡片式固态硬盘。

不同类型的硬盘为我们的电脑和移动存储提供了方便的存储方案。

登录中关村在线的硬盘查询网页（http://detail.zol.com.cn/hard_drives/）可查询最新的硬盘产品。

三、光驱的结构与选购

根据光盘的存储技术，光驱分为DVD-ROM、DVD刻录机、BD-ROM和BD刻录机等。根据光驱的安放位置，光驱分为内置式光驱和外置式光驱两类（见图2-2-5）。其中，内置式光驱需要安装到台式机主机箱内。光驱的接口分为SATA接口和外置USB接口两种。

(a) 内置式光驱

(b) 外置式光驱

图2-2-5　光驱

（一）光驱的结构

1. 光驱的控制面板

光驱的控制面板（见图 2-2-6），即光驱的前面板，上面有光盘托架（用于放置光盘）、按键、指示灯和强制弹出孔。

2. 光驱的背板

光驱的背板（见图 2-2-7），即光驱的后面板，其上有电源插座、数据线接口等。

图 2-2-6　光驱的控制面板

图 2-2-7　光驱的背板

3. 光驱的内部结构

由于光驱集光、电、机械于一体，所以其内部结构较复杂。从总体上看，光驱主要由激光头组件（见图 2-2-8）、主轴电动机（见图 2-2-9）、光盘托架、启动机构四大部分组成。

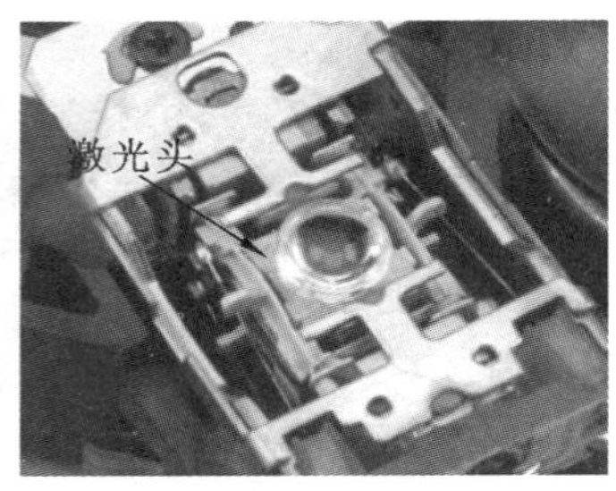

图 2-2-8　光驱的激光头组件

图 2-2-9　光驱的主轴电动机

4. 光盘

光盘分为 DVD 和 BD 两类。DVD 单层容量为 4.7 GB，双层容量为 9.4 GB。BD 单层容量达 22 GB，双层容量在 45 GB 以上。

（二）光驱的选购

由于互联网发展很快，移动存储器容量大、价格低，光盘的使用越来越少了。应根据需要来决定是否要选购光驱，若用不到光盘，可不用选择光驱。

1. DVD 光盘刻录光驱

主流 DVD 光盘刻录机（见图 2-2-10）一般都支持 CD-ROM、CD-R/RW 等多种数据格式。对于 DVD 光盘刻录机，可根据刻录机的类型选购 DVD 光盘刻录光驱。

2. BD 光盘刻录光驱

BD 光盘刻录机（见图 2-2-11）就是刻 BD 光盘的蓝光刻录机。可根据 BD 光盘刻录机的类型选购 BD 光盘刻录光驱。

图 2-2-10　DVD 光盘刻录机

图 2-2-11　BD 光盘刻录机

四、移动存储器的选购

随着手机等移动设备的普及,移动存储器越来越多地为人们所使用。移动存储器可分为移动硬盘、U 盘(闪存盘)和闪存卡三类。

(一) 移动硬盘

移动硬盘如图 2-2-12 所示。计算机可安装不同容量的移动硬盘,并利用 USB 接口进行移动存储。

(二) U 盘

U 盘(见图 2-2-13)采用闪存作为存储器,掉电后保持存储数据。U 盘接口为 USB 3.x 以上的接口,U 盘的容量从 16 GB 到 200 GB 不等。U 盘是非常方便的移动存储器。

U 盘体积小,质量轻,由 USB 接口直接供电,不需要驱动器,不需要外接电源,可热插拔,即插即用,耐高低温,不怕潮,不怕摔,小巧轻盈,便于携带,使用非常方便。

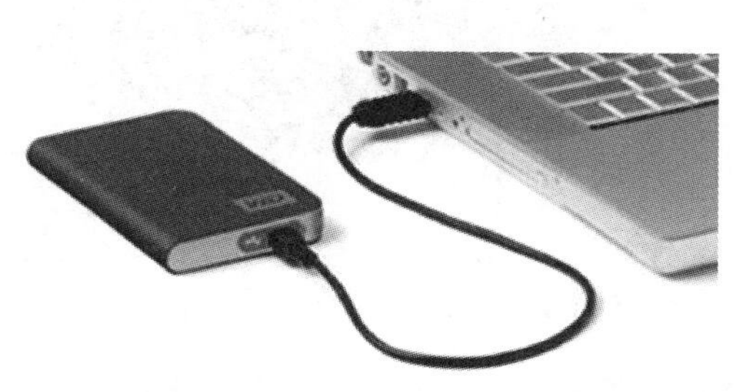

图 2-2-12　移动硬盘

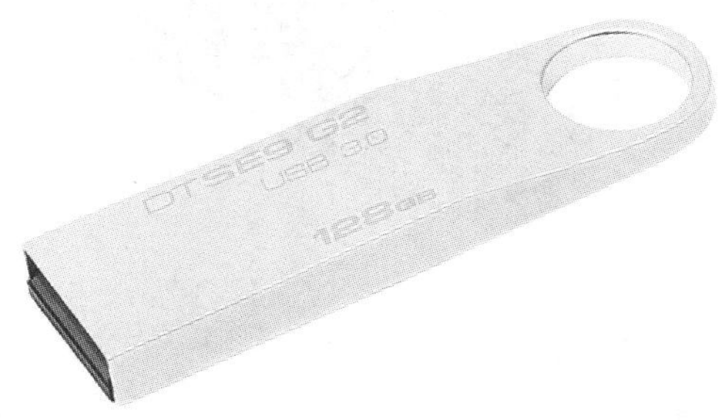

图 2-2-13　U 盘

(三) 闪存卡

闪存卡拥有超凡的便携性(小巧结构),拥有很好的抗震能力(无机械结构),具有低功耗、高可靠性、高存储密度、高读写速度等特点。闪存卡主要有 SD 卡和 TF 卡(见图 2-2-14)两种,容量为 16 MB～200 GB。闪存卡适用于手机、平板、数码相机、便携式音响等产品。

图 2-2-14　TF 卡

任务3　配置计算机显示子系统

任务实施　显示卡(又称显卡)和显示器构成了计算机的显示系统。本部分主要介绍主流的显示卡和显示器选择。通过对本部分的学习,应能够根据需要选择合适的产品,掌握组成显卡的主要部件的名称及在显卡中的作用,能够根据需要选择显卡,掌握显示器的性能参数,能够根据需要选择显示器。

所需资源　①台式机(硬件齐全,为安装显卡用);②显卡(标准接口,NVIDIA 系列和 AMD 系列);③显示器(标准接口,VGA 线、DVI 线、HDMI 线和 DP 线齐全);④拆装工具(十字螺丝刀、尖嘴钳子);⑤另一台计算机(用于上互联网,方便查找相关资料)。

一、显卡的性能指标

(一) 显卡的结构

随着计算机的发展,显卡也在发展。目前主流的显卡为 PCI-E 接口的显卡。它采用 PCI-EX 16 金手指,有着丰富的显示接口。

PCI-E 接口的高性能显卡如图 2-3-1 所示。PCI-E 接口的普通显卡如图 2-3-2 所示。

图 2-3-1　PCI-E 接口的高性能显卡

图 2-3-2　PCI-E 接口的普通显卡

显卡的结构如图 2-3-3 所示。显卡主要由印制电路板、显示芯片、显示内存、BIOS 芯片、RAM-DAC、显示输出插座等组成。

印制电路板是由几层树脂材料黏合在一起构成的,其内部采用铜箔走线。

显示芯片生产厂商有 NVIDIA 公司和 AMD 公司。NVIDIA 公司占据半数以上显卡芯片市场份额和桌面产品市场份额,AMD 公司与 NVIDIA 公司相抗衡。显示芯片是显卡的核心芯片,它的性能好坏直接决定了显卡的性能好坏,它的主要任务就是处理系统输入的视频信息并对其进行构建、渲染等工作。显示芯片在显卡中的地位,就相当于 CPU 在计算机中的地位,是整个显卡的核心。

显示内存也称为显存、帧缓存,它是用来存储要处理的图形数据信息的。显示内存涉及显存的类型、位宽、容量、封装类型、速度、频率等重要硬性指标。目前主流的显存类型是 DDR5 显卡和

DDR6 显卡。显存位宽是显存在一个时钟周期内所能传送数据的位数。位数越大,瞬间所能传输的数据量越大,这是显存的重要参数之一。目前市场上的显存位宽有 128 位、256 位和 512 位三种。显存频率在一定程度上反映着显存的速度,它以兆赫兹(MHz)为单位。

(二) 显卡输出端口

图 2-3-4 所示的显卡输出接口有 DVI-D(上)、DP(左下)、HDMI(中下)、DVI-I(右下)四种。此处,显卡的输出接口还有 VGA 接口。

图 2-3-3　显卡的结构

图 2-3-4　显卡输出接口

1. VGA 接口

VGA 接口是一个有着 15 个插孔的 D 形插座,分 3 排,每排 5 孔,用于显示模拟信号的输出。显卡处理的都是数字信息,因此在把帧缓存数据传给显示器之前必须先经过数/模转换器,把数字信号转换成为模拟信号再传送出去(已有失真)。目前,VGA 接口正逐渐被 DVI-I 取代。

2. DVI

DVI 是数字音视频信号输出接口,分为 DVI-D 和 DVI-I 两种。DVI-D 用于数字信号传输。DVI-I 兼容了 VGA 接口,即 DVI-I 既可以接 VGA 设备,也可接 DVI-D 设备。

3. HDMI

HDMI 为高清晰多媒体接口,提供更高带宽的数据传输速率和数字化无损传送音视频信号,现达到 HDMI 2.x 标准。

4. DP

DP 为数字输出音视频信号接口,它有着更多的优势和更大的传输带宽,标准完全开放。

部分主板采用 mini DP 和 mini HDMI。

(三) 显卡的 DirectX 技术

DirectX 是一种应用程序接口(API),它使游戏或多媒体程序获得更高的执行效率,加强了 3D 图形和声音的效果,并为设计人员提供了一个共同的硬件驱动标准,使游戏开发者不必为每一品牌的硬件写不同的驱动程序,同时降低了用户安装及设置硬件的复杂程度。

DirectX 是由很多 API 组成的。按照性质,DirectX 可以分为四大部分,即显示部分、声音部分、输入部分和网络部分。

显示部分担任图形处理的关键环节，分为 DirectDraw 和 Direct3D(D3D)两种，前者主要负责 2D 图像加速，我们播放视频、看图、玩小游戏等都用的是 DirectDraw；后者则主要负责 3D 效果的显示，比如 CS 中的场景和人物、FIFA 中的人物等的显示，都是使用了 Direct3D。

声音部分中最主要的 API 是 DirectSound，除了播放声音和处理混音之外，声音部分还加强了 3D 音效，并提供了录音功能。

输入部分可以支持很多游戏输入设备，它能够使这些设备充分发挥全部功能。除了键盘和鼠标之外，输入部分还可以连接手柄、摇杆、模拟器等。

网络部分主要就是为了操作网络功能游戏而开发的。网络部分提供了多种连接方式，使游戏玩家可以通过各种联网方式进行对战。此外，网络部分还提供网络对话功能和保密措施。

二、显卡的选择

从用途、品牌、主芯片及厂商、显存类型、容量及位宽、总线接口、显示接口和价格等方面来选择显卡。

1. 用途

选择显卡时要看使用者的用途（可分为办公用、家用、游戏用和专业制图用等）。办公用和家用可以选择低价格的显卡，如 500 元左右的显卡，也可以选择集成显卡。游戏用显卡还要根据所玩游戏的类型来具体选择：对于一般游戏，选择千元以下的显卡就可；若所玩游戏对图像质量要求稍高，则可选择千元以上的中端显卡；若所玩游戏对图像质量要求很高，则可选择高端显卡。若用于专业制图，可选择中高端显卡。

2. 品牌与显示芯片

品牌：选择显卡生产厂商，如七彩虹、影驰、索泰、MSI 微星、小影霸、镭风、ASL 翔升、技嘉、蓝宝石、华硕等。

芯片厂商：主要有 NVIDIA 公司和 AMD 公司。

显卡芯片：主要有 NVIDIA GTX 和 AMD R9 两大系列，NVIDIA GTX 系列又包括 GTX1180、980、970、960、Titan Black 系列，AMD R9 系列包括 FURY X、390X、380X、370X、295X 系列。

3. 显存

显存类型：DDR5。

显存容量(GB)：1、2、3、4、6、8、12。

显存位宽：128 bit、192 bit、256 bit、384 bit、512 bit、768 bit。

4. 总线接口

总线接口：PCI-E 3.x 以上接口，PCI-E 16X 插槽。

散热方式：散热片＋风扇散热、热管散热、巨型涡轮散热器。

显示器接口：DVI-D、DVI-I、HDMI、DP。

注意：当前显存容量一般在 2 GB 以上、位宽在 256 bit 以上的显卡，就属于中高端显卡了。

登录中关村在线的显卡查询网页（http://detail.zol.com.cn/vga/），查询低、中、高端的主流显卡，如图 2-3-5 所示。

图 2-3-5　登录中关村在线的显卡查询网页，查询低、中、高端的主流显卡

三、显示器的选购

（一）显示器的屏幕

显示器是微型计算机中最重要的输出设备，是用户与计算机进行沟通的主要界面。目前主流显示器是 LED 液晶显示器，它由液晶屏的驱动电路板及电源板等构成。液晶显示器的选择关键在于选择液晶面板。

1. 液晶面板

液晶面板分为 IPS 面板、MVA 面板、PLS 面板和 ADS 面板等。其中：MVA 面板色彩柔和，漏光率低，亮度低，响应速度较慢；PLS 面板亮度佳，响应速度较快，漏光率较高；IPS 面板和 PLS 面板大致可归为一类，因为它们的大多数参数都比较接近。

好的液晶屏幕有合适的亮度、对比度、色彩表现力。

2. 显示屏尺寸

显示屏尺寸：19 英寸、21.5 英寸、23 英寸、23.6 英寸、27 英寸等。当前主流显示屏以宽屏为主，建议选择 21.5 英寸的显示屏尺寸。

点距与显示屏尺寸和分辨率是对应的，是固定的。点距并不是越小越好，建议选择点距大一些的显示器，这样文字不至于太小而易造成眼睛疲劳。

常见液晶显示器的类型、分辨率、点距和屏幕比例如表 2-3-1 所示。

表 2-3-1　常见液晶显示器的类型、分辨率、点距和屏幕比例

显示器类型	分　辨　率	点　　距	屏 幕 比 例
19 英寸宽屏	1 440×900	0.285	16∶10
21.5 英寸宽屏	1 920×1 080	0.247 9	16∶9
23 英寸宽屏	1 920×1 080	0.265	16∶9
23.6 英寸宽屏	1 920×1 080	0.285	16∶9
24 英寸宽屏	1 920×1 080	0.27	16∶9
27 英寸宽屏	1 920×1 080	0.303	16∶9

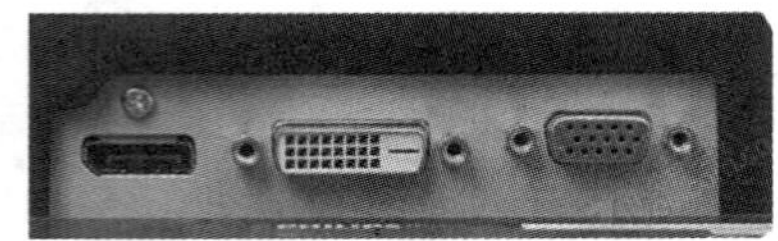

图 2-3-6　显示器的接口

（二）显示器的接口

常见的显示器接口有 DVI、HDMI 和 VGA 接口，如图 2-3-6 所示。VGA 接口正逐渐被替代。另外，也有些显示器接口为 DP。

四、强化训练

1. 任务目标

（1）掌握计算机显示系统的构成，理解计算机系统的组成。

（2）掌握显示卡的技术要点、性能指标等知识。

（3）掌握正确安装显卡组建计算机显示系统的方法。

2. 任务环境

在实践室完成，在实践教师的指导下操作。

设备与器材：PCI-E 显卡主流型号多款；显卡插槽为 PCI-E 插槽的主板多块；液晶显示器（VGA 接口和 DVI，若条件允许，可配置 HDMI 和 DP 的液晶显示器）。

3. 任务内容

1）显卡识别与测试

从品牌、主芯片、显存类型、容量及位宽、总线接口、显示器接口和价格等方面认识显卡，然后对显卡进行测试。用 GPU-Z 测试显卡如图 2-3-7 所示。

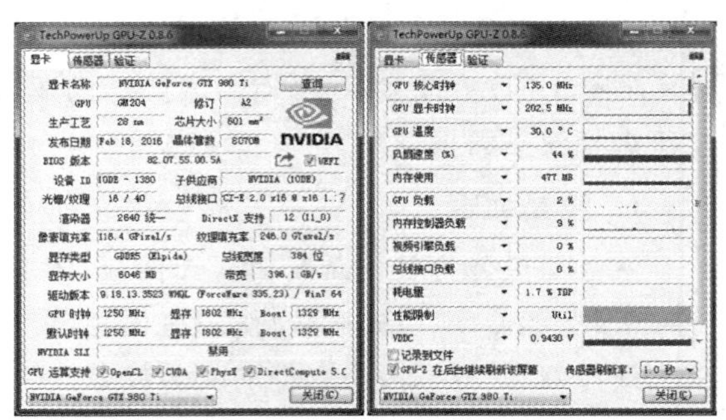

图 2-3-7　用 GPU-Z 测试显卡

将测试软件测试的显卡的参数填入表 2-3-2 中。

表 2-3-2 显卡的参数

品　　牌		显卡芯片	
显存位宽		显存容量	
总线接口		显存类型	
显卡接口			

2）显卡和显示器的选配

选配显卡和显示器并填表 2-3-3。

表 2-3-3 显卡和显示器

显卡参数			
芯片厂商		显卡芯片	
显存位宽		显存容量	
总线接口		显存类型	
显卡接口			
显示器参数			
品牌		最佳分辨率	
屏幕尺寸		面板类型	
亮度		对比度	
响应时间			
视频接口			

可登录中关村在线显卡和显示器查询网页（http://detail.zol.com.cn/lcd/）查询主流配置。可在电子市场中做市场调查，列出主流显卡和显示器的厂商和性能指标，形成总结性报告。

任务 4　配置计算机音频子系统

本任务主要介绍计算机的声卡和音响这两部分配件，主要内容有声卡的技术规范和音响的类型。通过对本任务的学习，要求能够学习如何选择声卡和音响。

任务实施 ①认识声卡的分类和技术指标；②合理选择声卡；③认识音响的分类和用途；④能够根据需要选择音响或耳机；⑤了解高级计算机影音系统。

所需资源 ①台式机（硬件齐全，为安装声卡和连接音响或耳机用）；②声卡（集成声卡，若有条件，可选择独立声卡）；③拆装工具（十字螺丝刀、尖嘴钳子）；④另一台计算机（用于上互联网，方便查找相关资料）。

一、声卡

声卡分为集成声卡（板载声卡）和独立声卡两种。一般情况下，独立声卡就可满足视听要求，若要完成音频采集处理，则可选择高性能的独立声卡。

（一）集成声卡

主板一般都集成了声卡，有些主板还集成了品质不错的音效芯片。

主板集成的声卡、高品质声卡处理芯片如图 2-4-1 所示。

（二）独立声卡

1. 扩展卡型独立声卡

扩展卡型独立声卡有 PCI 接口的独立声卡和 PCI-E 接口的独立声卡（见图 2-4-2）两种。部分独立声卡还带有外置控制盒，方便操作，电脑音乐制作者和追求音质的人多选择这样的独立声卡。

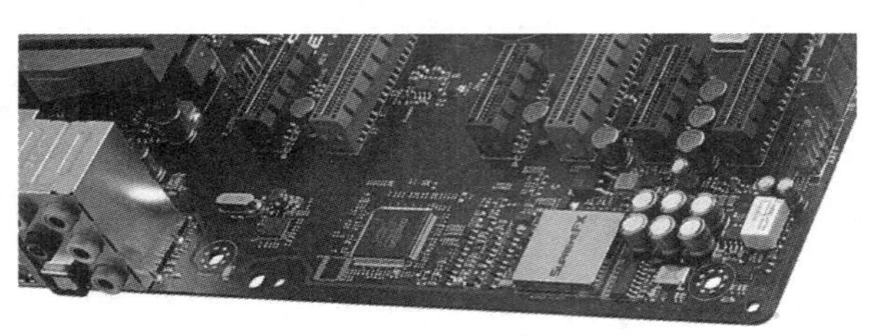

图 2-4-1 主板集成的声卡、高品质声卡处理芯片

图 2-4-2 PCI-E 接口的独立声卡

2. 外置接口独立声卡

外置接口独立声卡（见图 2-4-3）通过 USB 接口与计算机交换声音信号，便于安装，操作方便，适用于音乐制作者和爱好者。

（三）声卡的接口

集成声卡的接口有 3 个（输出接口、音频输入接口、话筒接口）或 6 个（输出接口、音频输入接口、话筒接口、环绕输出接口、中置接口和低音输出接口）。

对于高级的 6 声道或 8 声道的独立声卡，用不同的颜色来区分左右声道接口、环绕声道接口、中置接口和低音接口，以及数字输入输出接口，具体参考主板或声卡说明书。

创新 7.1 声道独立声卡的接口如图 2-4-4 所示。

图 2-4-3 外置接口独立声卡

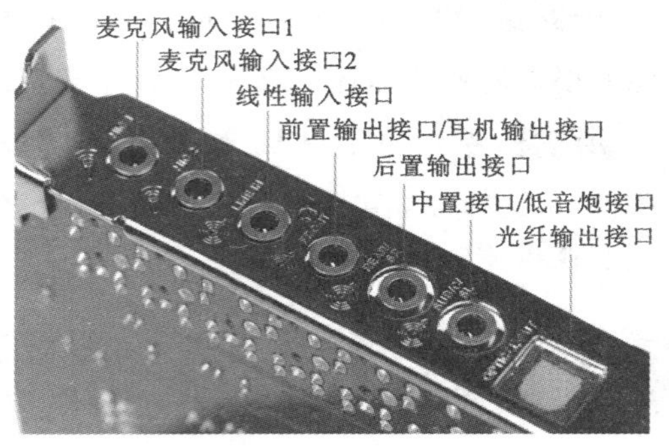

图 2-4-4 创新 7.1 声道独立声卡的接口

二、多媒体音响

（一）有源音响

音响系统包括音源、功率放大器和音响。功率放大器简称为功放，用于将音源输出的微弱信号放大到足够大的功率去推动音响，使音响发出足够音量的声音。

有源音响是指将功放内置，可直接与音源连接并正常工作的音响。有源音响不仅成本低，价格容易被接受，而且连接简单，使用方便，省去了搭配的烦恼。

（二）常见的多媒体音响

图 2-4-5　2.0 多媒体音响

(1) 2.0 多媒体音响（见图 2-4-5）：立体声音响，是目前最常用的多媒体音响，如惠威公司生产的惠威 M200MKIII、惠威 D1080MKIII 等都是 2.0 多媒体音响。

(2) 2.1 多媒体音响：加强了低音效果，如惠威公司生产的惠威 M-20W（见图 2-4-6）和漫步者公司生产的漫步者 E3100 等都是 2.1 多媒体音响。

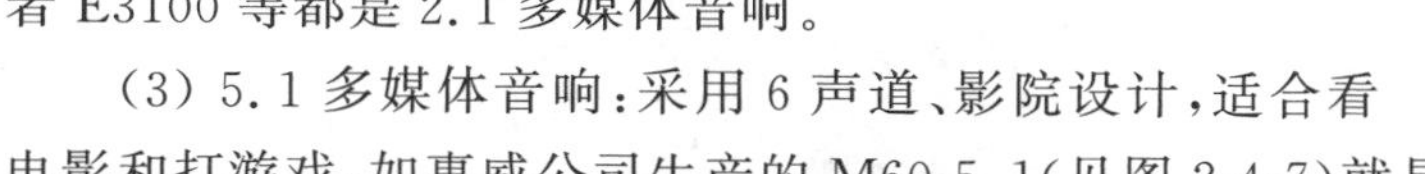

(3) 5.1 多媒体音响：采用 6 声道、影院设计，适合看电影和打游戏，如惠威公司生产的 M60-5.1（见图 2-4-7）就是 5.1 多媒体音响。

图 2-4-6　惠威 M-20W

图 2-4-7　惠威 M60-5.1

三、耳机

图 2-4-8　常见的有线耳机和无线耳机

耳机利用贴近耳朵的扬声器将音源输出的微弱信号转化成可以听到的音波。耳机的好处是不影响旁人，能隔开周围环境的声响，对处在录音室、旅途、运动等环境下的人很有帮助。随着可携式电子装置的盛行，目前耳机多用于手机、移动平板电脑、收音机等设备。

耳机根据其外形可分为耳塞式耳机、头戴式耳机和挂耳式耳机三种，连接计算机的头戴式耳机还有话筒。耳机根据连接方式可分为有线耳机和无线耳机两种，无线耳机通过蓝牙和蓝牙设备连接。常见的有线耳机和无线耳机如图 2-4-8 所示。

四、强化训练

1. 任务目标

(1) 掌握计算机音频系统的构成,理解计算机系统的组成。

(2) 掌握声卡的技术要点、性能指标等知识。

(3) 掌握正确安装声卡、连接音响组建计算机音频系统的技能。

2. 任务环境

在实践室完成,在实践教师的指导下操作。

设备与器材:主流型号 PCI 接口的声卡、USB 接口的声卡多款;集成声卡的主流主板多块;若有条件,准备 2.0 多媒体音响、2.1 多媒体音响、5.1 多媒体音响各一套;耳机(有线耳机与无线耳机)。

3. 任务内容

1) 声卡的选择

根据需要决定是否另选择独立声卡。独立声卡的常见品牌有创新和华硕等,声道有 5.1 声道、7.1 声道和双声道,独立声卡分为内置接口独立声卡和外置接口独立声卡两种,接口又分为 PCI-E 接口和 USB 接口两种。

2) 音响或耳机的选择

品牌:漫步者、惠威、麦博、慧海、JBL 等。

音响系统:2.0 多媒体音响、2.1 多媒体音响、5.1 多媒体音响。

音响材质:木质、金属、塑料。

耳机:有线与无线、耳塞式或头戴式。

登录中关村音响和声卡等信息在线查询网页(http://detail.zol.com.cn/speaker/),查询音响和声卡信息。

实践教师指导学生到电子市场做市场调查,列出主流声卡和音响的生产厂商和性能指标,最后形成总结性报告。

任务 5 选择计算机主机箱、电源、键盘和鼠标

任务实施 ①认识主机箱的分类和电源的技术指标;②选择适合的主机箱;③学会根据硬件配置选择合适的电源;④了解鼠标和键盘的分类;⑤认识其他输入设备。

所需资源 ①台式机(硬件齐全,为安装电源和安装主机箱用);②硬件(电源、主机箱、键盘和鼠标);③拆装工具(十字螺丝刀、尖嘴钳子);④另一台计算机(用于上互联网,方便查找相关资料)。

一、计算机主机箱和电源的选购

(一) 计算机的主机箱

计算机主机箱是配件的承载体,提供了开关、指示灯、前置 USB 接口与音频接口。在选择计算机的主机箱时,要注意以下几点。

1. 散热性能

在炎炎夏日，若主机箱不能有效散热，则极易使箱内的 CPU、板卡和硬盘等过热从而导致计算机运行不稳定。因此，是否有良好的散热性能是检验主机箱优劣的一个要点。主机箱需要具有相对较多的散热孔和散热风扇，具有前后通风散热结构以便顺利地排出热量。散热性能好的主机箱还为风扇额外安装了过滤网，不仅使电磁屏蔽性能提高了，而且避免了风扇积灰。

2. 做工和用料

做工和用料好的主机箱所用的钢板和外表喷涂十分讲究。做工和用料好的主机箱采用优质镀锌钢板，采用折边设计，可以避免用户在拆装主机箱时受伤。做工和用料好的主机箱所采用的板材、塑料等是健康环保的。

3. 电磁屏蔽性能

电磁屏蔽性能是衡量主机箱的健康的标准之一。优质主机箱的机架构采用 EMI 凸点设计，扩展位用屏蔽钢片密封，能有效防止电磁泄漏。

4. 类型

主机箱可分为标准 ATX 主机箱、M-ATX 主机箱和迷你 ITX 主机箱三种。某品牌标准 ATX 主机箱如图 2-5-1 所示。

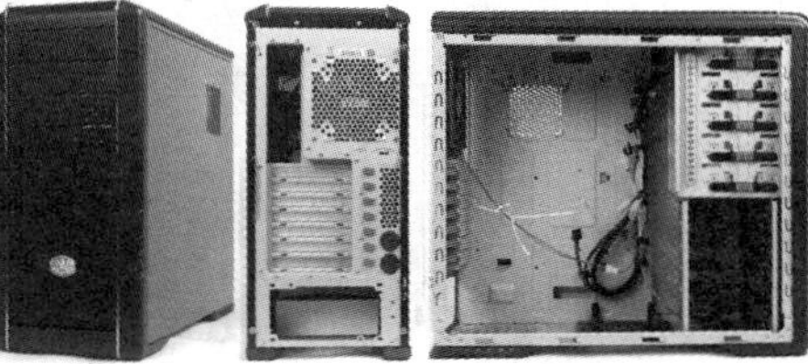

图 2-5-1　某品牌标准 ATX 主机箱

（二）计算机的电源

电源是计算机的重要组成部分之一。电源的质量对计算机系统本身有很大的影响。熟悉计算机的用户都知道，电源的质量直接关系到系统的稳定和硬件的使用寿命。

电源质量的优劣通过其设计、用料和做工水平来进行判断。电源通常由 EMI 滤波电路、高压整流滤波、开关变压电路、低压整流滤波、PWM 控制保护电路和待机电路六大模块组成，每个模块都有其各自的功能，都不能缺少。长城公司多核 CPU 电源的参数如图 2-5-2 所示。某品牌多核 CPU 电源的内部结构如图 2-5-3 所示。

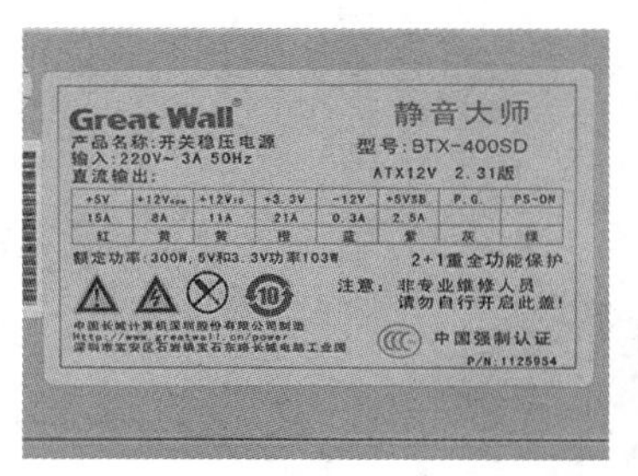

图 2-5-2　长城公司多核 CPU 电源的参数

图 2-5-3　某品牌多核 CPU 电源的内部结构

二、计算机输入设备的选购

输入设备是人们和计算机系统之间进行信息交换的主要装置之一。键盘、鼠标、扫描仪、手写输入板、游戏杆、语音输入装置、光电阅读器等都属于输入设备。通过输入设备，我们可以将外部信息（如文字、数字、声音、图像、程序、指令等）转变为数据输入到计算机中，以便进行加工、处理。计算机常用的输入设备有键盘和鼠标。

（一）键盘和鼠标

1. 键盘

键盘是计算机常用的输入设备。通过键盘，可以将信息转换为数据输入到计算机中。

比较好的键盘都采用激光印字工艺，可以保持长时间不褪色。键盘要具有防水设计，最重要的是手感、舒适度要好，应选择击键力比较小的、软一点的键盘，这样不仅会提高打字速度，而且不易使手疲劳。

2. 鼠标

光电鼠标是市场上的主流鼠标，其内部有红外光发射和接收装置。光电鼠标极富个性化，而且其体积可大可小。现在很多的厂商都在鼠标样式上做文章，但选择鼠标时主要还是考虑手感。

3. 选择

现在键盘和鼠标通常以套装的形式出售，其品牌主要有双飞燕、雷柏、富勒、罗技、新贵等，其他品牌也有性价比不错的键盘和鼠标。键盘和鼠标的接口有标准的 PS/2 接口、USB 接口，也有采用无线连接方法的鼠标。如果没有特殊需要，一般选择有线的键盘和鼠标。选购键盘和鼠标时，在考虑价格后选择适合使用的、手感舒适的就可以了。

某品牌的键盘和鼠标套装如图 2-5-4 所示。

（三）手写绘图输入设备

手写绘图输入设备对于计算机来说是一种输入设备，最常见的手写绘图输入设备是手写板和数位板。

手写板一般是使用一只专门的笔书写文字，或者是手指在特定的区域内书写文字。手写板通过各种方法将笔或者手指走过的轨迹记录下来，然后识别为文字。对于不喜欢使用键盘或者不习惯使用中文输入法的人来说，手写板是非常有用的，因为它不需要使用输入法。手写板还可以用于制图，例如可用于电路设计、CAD 设计、图形设计、自由绘画以及文本和数据的输入等。

数位板更适合专业绘图人员，它由一块板子和一支压感笔组成，就像画家的画板和画笔。利用数位板可以绘制出电影中常见的逼真的画面和栩栩如生的人物，这也是键盘和手写板无法媲美之处。数位板主要面向设计、美术相关专业师生、广告公司与设计工作室以及 Flash 矢量动画制作者。

某品牌的手写绘图输入设置如图 2-5-5 所示。

图 2-5-4　某品牌的键盘和鼠标套装

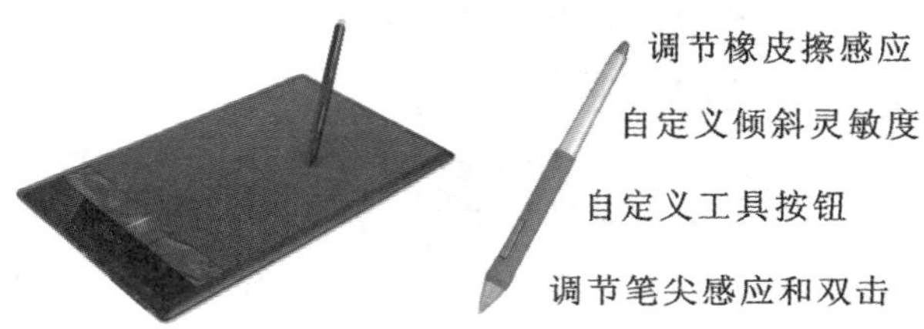

图 2-5-5　某品牌的手写绘图输入设备

三、强化训练

1. 任务目标

（1）掌握计算机主机箱和电源的性能指标和选购。

(2) 掌握键盘、鼠标的主流配置。

(3) 了解数位板等其他输入设备。

2. 任务环境

在实践室完成,在实践教师的指导下操作。

设备与器材:标准 ATX 主机箱和 M-ATX 主机箱;Intel、AMD 等双核、4 核和多核 CPU 配套电源;标准 PS/2 接口的键盘、鼠标,USB 接口的键盘、鼠标,无线键盘、鼠标;有条件的话,可配置手写板或数位板。

3. 任务内容

1) 主机箱的选择

从品牌、结构、样式等方面认识主流主机箱。

主机箱品牌:航嘉、多彩、爱国者、金河田、新战线、Tt、技展、酷冷至尊等。

主机箱结构:ATX 结构、M-ATX 结构、ITX 结构。

主机箱类型:台式机、HTPC 机箱。

2) 电源的选择

从以下方面认识电源。

电源品牌:航嘉、长城、多彩、金河田、It 等。

电源类型:台式机类、台式机类/服务器类、服务器类。

额定功率:250~300 W、300~350 W、350~400 W、400~500 W。

3) 输入设备的选择

对于键盘、鼠标,从下面几个方面来识别。

品牌:罗技、Microsoft、新贵、双飞燕、森松尼、多彩。

键盘类别:有线、无线。

键鼠套装接口:PS/2 接口、USB 接口。

登录到中关村在线主机箱和电源查询网页(http://detail. zol. com. cn/power/),查找合适的电源。

登录到中关村在线键盘、鼠标查询网页(http://detail. zol. com. cn/keyboards_mouse/),查询键盘、鼠标信息。

实践教师指导学生到电子市场做市场调查,列出主流主机箱、电源和键盘与鼠标套装的生产厂商和性能指标,最后形成总结性报告。

综合训练 计算机硬件配置

1. 计算机硬件配置方案

根据客户使用计算机的目的和客户的个人需求拟订硬件配置方案。

要求:根据项目 2 学习内容,完成 1 到 3 套计算机硬件配置,分别满足常见的需求。

注意:可登录中关村在线模拟攒机(http://zj. zol. com. cn/)或太平洋自助装机(http://mydiy. pconline. com. cn/),来查询最主流配置和价位,完成表 2-5-1 所示配置单。

表 2-5-1 配置单

配 置	品 牌 型 号	数 量	单 价
CPU			
主板			
内存			
机械硬盘			
固态硬盘			
显卡			
声卡			
光驱			
显示器			
主机箱			
电源			
键鼠套装			
散热器			
音响			
打印机			
合计			

2. 计算机硬件配置方案

确定计算机硬件的配置方案,并记录各参数于表 2-5-2 中。

表 2-5-2 计算机硬件配置参数

(1) CPU、主板选配。			
CPU 说明:			
CPU 内核		主频	
核心数量		插槽类型	
热设计功耗		L2 缓存	
制作工艺		L3 缓存	
主板说明:			
主芯片		支持 CPU	
音频芯片		CPU 插槽	
网卡芯片		显卡插槽	
支持内存		SATA 接口	
I/O 接口			

续表 2-5-2

(2)内存选配。			
内存类型		内存容量	
内存频率		内存厂商	
(3)显卡选配。			
芯片厂商		显卡芯片	
显存位宽		显存容量	
显卡接口			
(4)机械硬盘选配。			
硬盘接口		转速	
硬盘容量		缓存	
(5)固态硬盘选配。			
硬盘接口		类型	
硬盘容量		闪存架构	
(6)主机箱与电源选配。			
主机箱品牌		主机箱类型	
前置接口			
电源品牌		额定功率	
+5 V 电流		+12V1 电流	
+3.3 V 电流		+12V2 电流	
(7)显示器选配。			
品牌		最佳分辨率	
屏幕尺寸		面板类型	
视频接口			
(8)鼠标和键盘选配。			
类型		接口	
特殊设计			
(9)其他外部设备。			
音响			
打印机			
数码摄像头			
移动存储器			

项目3　计算机软件系统安装

学习目标

- 熟悉计算机软件系统的安装盘制作、操作系统安装、常用软件安装和基本设置。
- 熟悉计算机组装的基础知识。
- 熟悉计算机组装的规范操作及注意事项。
- 熟悉计算机组装的基本步骤。
- 能够独立组装计算机。
- 能够独立完成计算机软件系统的安装。
- 能够对计算机硬件、软件系统进行测试。

工作任务

- 小组制订工作计划。
- 学习计算机硬件组装。
- 掌握计算机硬件的安装、调试。
- 能够根据不同的需求选择不同的操作系统和应用软件。
- 能够根据计划进行计算机软件系统的安装、测试。
- 重点掌握计算机硬件系统和计算机软件系统的安装。
- 根据教师的讲解，通过小组讨论完成不同需求分析及项目报告。

任务1　制作操作系统安装盘

任务实施　①掌握操作系统安装盘的制作；②完成硬盘的分区与格式化；③下载操作系统镜像（也可称为映象）文件；④了解文件系统类型。

所需资源　① 一台台式机（硬件齐全，供安装操作系统和软件用）；② 另一台台式机（用于连接互联网，方便查找相关资料与下载文件）。

一、准备操作系统安装盘

操作系统有微软公司的 Windows 操作系统、苹果公司的 iOS 操作系统、Google 公司的 Android 操作系统，以及 Linux 操作系统等。计算机常用的操作系统是 Windows 操作系统。我们可以从官方商城购买操作系统安装盘，也可以从官方网站处下载操作系统镜像文件并制成操作系统安装盘。

（一）下载操作系统镜像文件

操作系统分为正版操作系统和克隆版操作系统两种，正版操作系统可以到其官方网站上下载。克隆版操作系统是通过修改原版的系统，利用 GHOST 软件做成的系统，其特点是安装快（约 20 分钟）、集成部分软件、集成驱动程序。这样的系统一般在安装完成后就可以用了。如果是正版操作系统，不仅安装需要耗时半个小时以上，而且还要用户自己装驱动程序、装其他软件，完成全部安装至少需要 2 小时。

部分克隆版操作系统做得不好，系统可能不稳定，甚至可能嵌有用于达到非法目的的木马或流氓软件。

目前做得比较好的克隆版操作系统有：电脑公司的特别版操作系统、雨林木风公司的克隆版操作系统和番茄花园公司的克隆版操作系统等。

1. 下载正版操作系统镜像文件

在浏览器输入微软官方网址（https://www.microsoft.com/zh-cn），搜索需要的操作系统，就会显示其镜像文件的下载地址。注意提示信息，以确保是在正规网站下载、获取操作系统镜像文件。

如图 3-1-1 所示为 Windows 10 操作系统的微软官方网站。

图 3-1-1　Windows 10 操作系统的微软官方网站

注意

安装需要向微软购买序列号，以保证正常使用。

2. 下载克隆版操作系统镜像文件

克隆版操作系统方便了普通用户的使用，所以大多数用户选择了克隆版操作系统。用户可以到系统之家（http://www.ghost580.com/）下载克隆版操作系统镜像文件。

图 3-1-2 所示的为系统之家克隆版操作系统网站。

图 3-1-2　系统之家克隆版操作系统网站

声明：克隆版 Windows 操作系统及软件版权属各自产权人所有，仅允许用于个人封装技术研究、交流，不得用于商业用途；下载仅为测试和操作系统安装练习使用，在试用后 24 小时内删除，并购买正版 Windows 操作系统软件。

注意

根据需要下载适合的 ISO 文件，并注意操作系统的类型。

3. 制作正版操作系统安装盘

下载的操作系统镜像文件的扩展名是ISO,桌面中的压缩软件会识别它,但不要将其压缩,而是要将其刻录到光盘或用UltraISO(软碟通)写入U盘中。使用光盘的优点是能防止病毒传播,使用U盘优点是方便。下面分别介绍这两种方法。

1) 刻录光盘

采用刻录光盘的方法制作正版操作系统安装盘时,需要有刻录功能的光驱和空光盘,需要安装刻录软件(推荐光盘刻录大师)。采用刻录光盘的方法制作正版操作系统安装盘,操作简单。

步骤1:安装光盘刻录大师,安装成功后打开软件,找到"刻录光盘映像"选项,如图3-1-3所示。

步骤2:点击"映像文件路径"后的文件夹按钮,弹出如图3-1-4的新窗口,在新窗口选择刻录的文件。

图3-1-3　找到刻录光盘映像选项

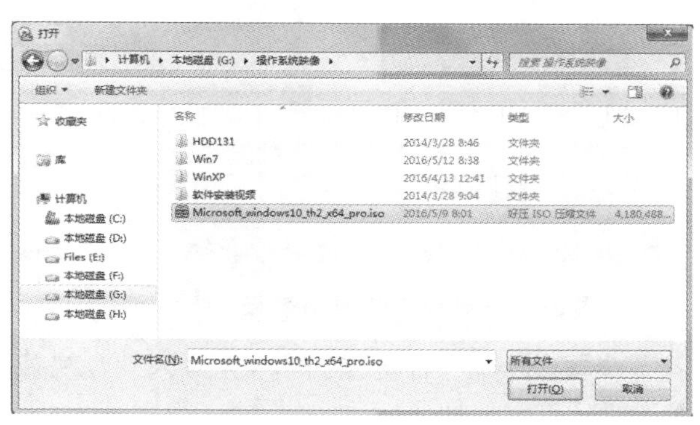

图3-1-4　选择要刻录的文件

步骤3:等待软件扫描可用的DVD驱动器和可用光盘,图3-1-5所示的为正在扫描光盘。

步骤4:扫描完成之后会出现提示"就绪"(见图3-1-6),如果出现"就绪"的地方出现其他的提示,则表示有异常情况,有可能光盘不可用或者第一步的安装选项选错了。

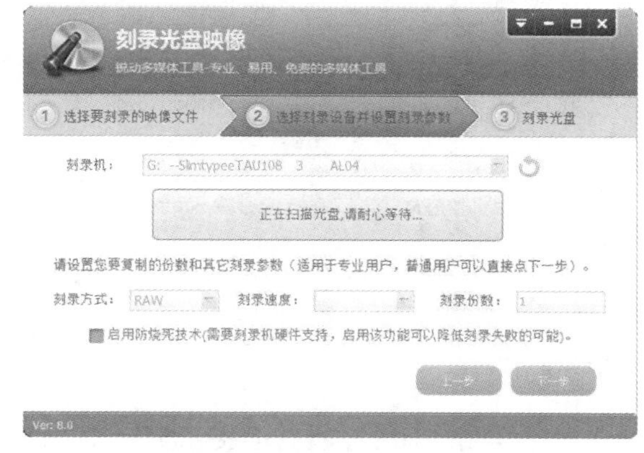

图3-1-5　正在扫描光盘

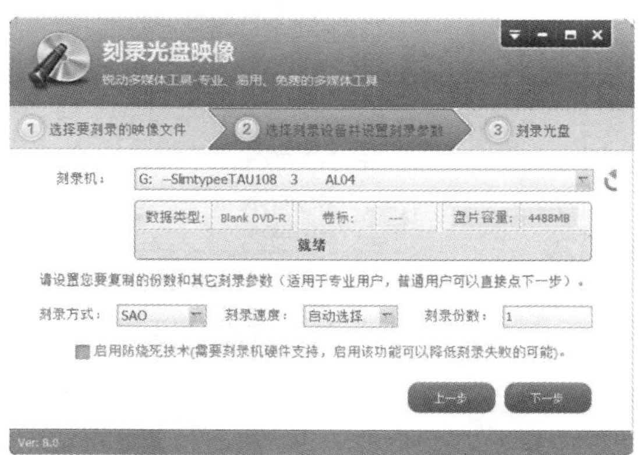

图3-1-6　扫描完成之后会出现提示"就绪"

步骤5:开始刻录,在刻录过程中会显示刻录进度。

步骤6:刻录完成之后会验证光盘(见图3-1-7),以保证光盘数据的完整性。

步骤7:刻录完成后出现提示,此时光盘自动弹出,整个刻录过程完成。

注意

刻录软件还有 Nero 等，刻录时选择“映像刻录到光盘”的操作方法，不要选择“映像刻录到数据盘”的操作方法，否则就不能用光盘启动计算机了，也就不能安装操作系统了。

2）制作正版操作系统安装 U 盘

制作正版操作系统的安装 U 盘，需要用 UltraISO，也可用 ISO to USB。

步骤 1：插入 U 盘，运行 UltraISO，点击“文件”菜单，在展开的“文件”菜单下点击“打开”按钮，或者直接点击工具栏上的第二个按钮“打开”会弹出“打开光盘映像文件”对话框，选择已下载好的操作系统镜像文件，如 Windows10. ISO，打开后会显示 ISO 文件的内容，如图 3-1-8 所示。

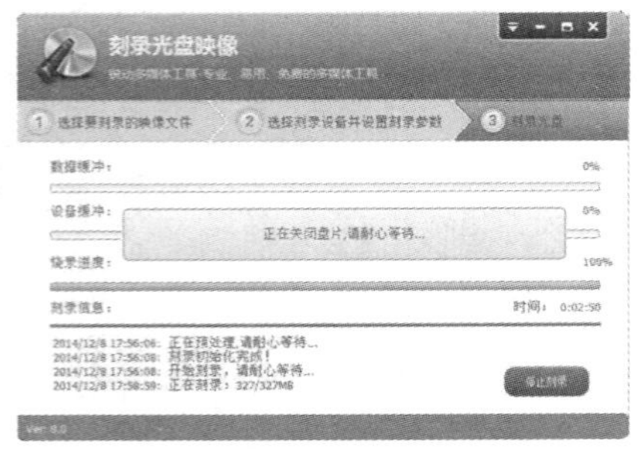

图 3-1-7　刻录完成，正在验证

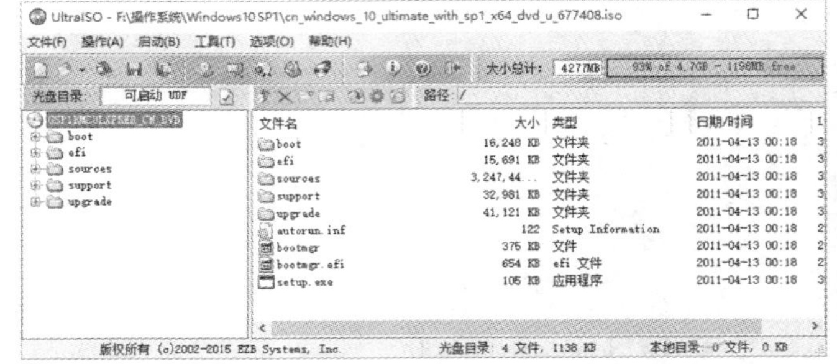

图 3-1-8　打开光盘映像文件

步骤 2：执行“启动”菜单下的“写入硬盘映像…”命令（见图 3-1-9），会弹出如图 3-1-10 所示的窗口。

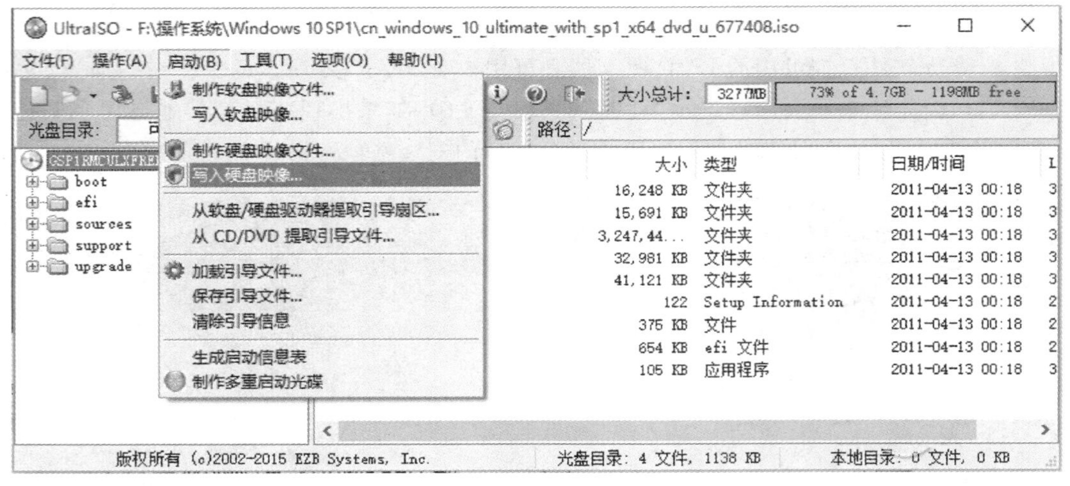

图 3-1-9　执行“写入硬盘映像…”命令

步骤 3：在图 3-1-10 中，选择写入方式为“USB-HDD+”，点击“写入”按钮，会提示删除 U 盘中的文件，所以若 U 盘有重要文件，则需要将其提前复制出来，然后在提示删除 U 盘的文件窗口点击“确定”按钮，开始写入。

步骤 4：系统镜像文件写入 U 盘完成后，正版操作系统的安装 U 盘也就制作完成了，此时就可用 U 盘安装正版操作系统了。

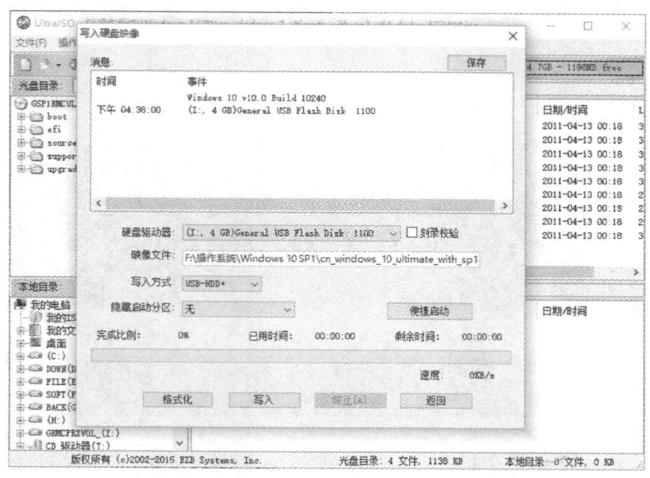

图 3-1-10　写入硬盘映像窗口

注意

克隆版操作系统下载的也是ISO文件，所以文件也可以采用此方法写入U盘，但一般采用下面的方法来制作克隆版操作系统安装盘。

3. 制作克隆版操作系统安装盘

制作克隆版操作系统安装盘的重点是用WinPE制作工具制作启动U盘和将克隆版操作系统ISO文件中的GHO文件解压后复制到U盘。

1）用WinPE制作工具制作启动U盘

WinPE制作工具是可独立运行在U盘、光盘或硬盘上的简易系统，可用来维护计算机。

步骤1：下载Win PE制作工具，百度搜索即可找到，下载完成后对其进行解压。

步骤2：运行Win PE制作程序，插入U盘，识别后，点击“一键制作USB启动盘”按钮，提示会删除U盘数据，且不可恢复，所以需要提前将U盘中的数据复制出来。

制作启动U盘的过程如图3-1-11所示。

2）解压操作系统镜像(ISO)文件

将ISO中GHO文件(如Windows10. GHO)解压出来(见图3-1-12)，然后复制到U盘上。

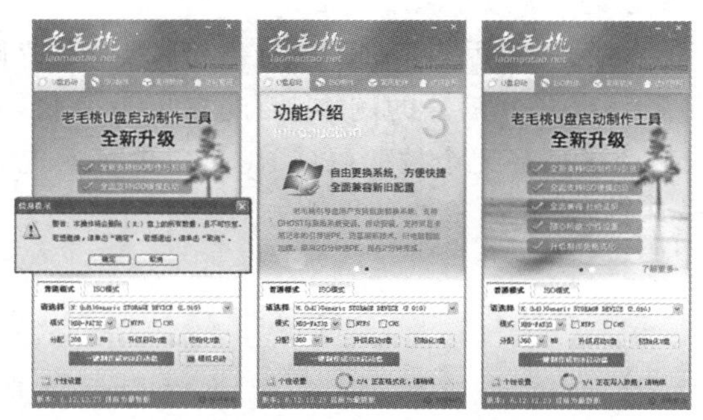

图 3-1-11　制作启动U盘的过程

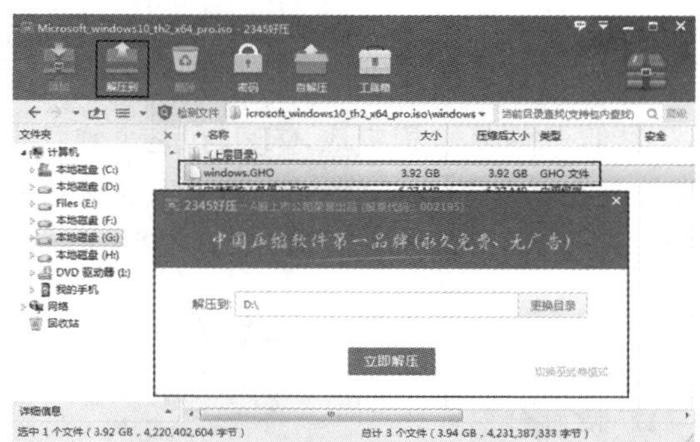

图 3-1-12　解压ISO中的GHO文件

这样克隆版操作系统安装盘就做好了。在制作克隆版操作系统安装盘时，建议准备几个版本的 GHO 文件。

注意

GHO 文件体积比较大，如 64 位 Windows 10 操作系统的 GHO 文件在 4 GB 左右；ISO 文件中还有其他的 GHO 文件，这些 GHO 文件是用于快速分区的，不需要解压和复制到 U 盘中。

64 位 Windows 10 及以上操作系统的 GHO 文件达到 4 GB 或 4 GB 以上，不能直接存入 U 盘，需要将 U 盘格式化成 NTFS 格式的再将其存入。

二、进行硬盘的分区和格式化

新硬盘只有先分区再格式化，才能安装操作系统和存放文件。分区信息包含分区从哪里开始的信息，只有通过分区信息，操作系统才知道哪个扇区是属于哪个分区的，以及哪个分区是可以启动的。已分区和格式化的硬盘不需要再进行分区和格式化，若想对其重新分区，需要先删除掉原分区，再进行分区和格式化。

硬盘的分区有两种形式，即 MBR（主引导记录）分区和 GPT（GUID 分区表）分区（也称为 GUID 分区）。GPT 分区是一种新的分区形式，并在逐渐取代 MBR 分区。GPT 分区并不是 Windows 操作系统专用的分区形式，Mac OS X、Linux 等操作系统同样可使用 GPT 分区。在硬盘上创建分区时，必须在 MBR 分区和 GPT 分区之间做出选择。

MBR 存在于驱动器开始部分的一个特殊的启动扇区。这个扇区包含了已安装的操作系统的启动加载代码和驱动器的逻辑分区信息。如果安装的是 Linux 操作系统，则位于 MBR 里的通常会是 GRUB 加载代码。

MBR 分区最大支持 2 TB 硬盘，无法处理大于 2 TB 容量的硬盘。MBR 分区只支持最多 4 个主分区（也称为主磁盘分区），如果想要更多分区，需要创建扩展分区（也称为扩展磁盘分区），并在其中创建逻辑分区。

GPT 和 UEFI 相辅相成，UEFI 用于取代传统的 BIOS，而 GPT 则取代传统的 MBR。在驱动器上的每个分区都有一个随机生成的全局唯一的标识符，可以保证为地球上的每一个 GPT 分区都分配完全唯一的标识符。

GPT 分区的硬盘驱动器的容量可以很大，支持无限个分区数量，分区数量只受限于操作系统。Windows 操作系统支持最多 128 个 GPT 分区，不需要创建扩展分区。

MBR 容易受损坏出问题，引导代码丢失或者硬盘分区丢失，因为 MBR 没有备份，只能专业修复，不能自我修复。相应地，GPT 在整个硬盘上保存多个这部分信息的副本，因此它更为健壮，并可以恢复被破坏的这部分信息。GPT 还为这些信息保存了循环冗余校验码（CRC），以保证其完整性和正确性，如果数据被破坏，则 GPT 会发觉这些破坏，并从硬盘上的备份地方对其进行恢复。

（一）硬盘的分区与文件系统

1. 硬盘分区

可以通过“磁盘管理”查看硬盘的分区情况：右击“计算机”在弹出菜单中选择“管理”，在左侧选择“磁盘管理”即可。

在传统 BIOS 的计算机系统中对容量在 2 TB 以下的硬盘进行分区时候采用 MBR 分区形式，即分区由基本分区（主分区）和扩展分区构成，基本分区和扩展分区的总数不能大于 4 个，扩展分区最多 1 个，在扩展分区中再划分多个逻辑分区。

在基于 UEFI 的计算机系统上或者对容量 2 TB 以上的硬盘进行分区时采用 GPT 分区形式，硬盘可分为 128 个主分区。

“磁盘管理”下硬盘的 MBR 分区和 GPT 分区如图 3-1-13 所示。

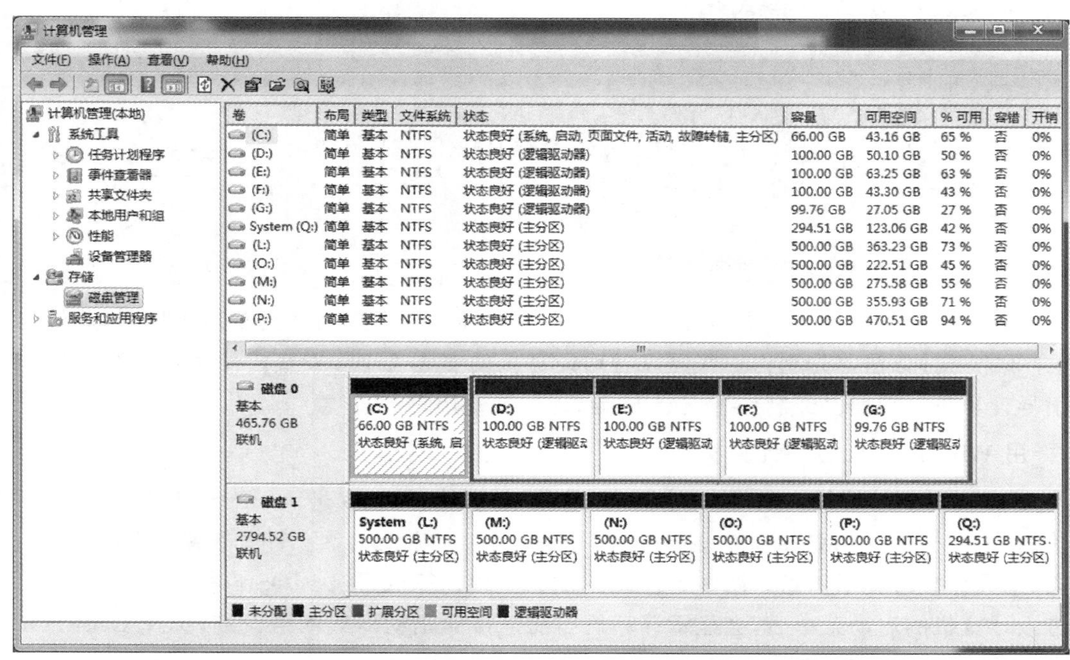

图 3-1-13 “磁盘管理”下硬盘的 MBR 分区与 GPT 分区

2. 文件系统类型

文件系统又称为文件管理系统，它是指操作系统中负责管理和存储文件信息的软件机构。从系统角度来看，文件系统是对文件存储器空间进行组织和分配，负责文件的存储并对存入的文件进行保护和检索的系统。具体来说，文件系统负责为用户建立文件，存入、读出、修改、转储文件，当用户不再使用时撤销文件等工作。

硬盘分好区后要进行格式化，进行格式化会创建分区的文件系统。常见的文件系统有以下五种。

1）FAT32 文件系统

FAT32 文件系统采用 32 位的文件分配表，硬盘的管理能力大大增强，可以支持大到 2 048 GB 的分区，以 4 KB 簇为单位存储文件，支持的最大单个文件的大小为 2 GB，不支持单个文件大小达到和超过 4 GB，硬盘利用效率高，可更有效地保存信息。

2）NTFS

NTFS 也以簇为单位来存储数据文件，但 NTFS 中簇的大小并不依赖于硬盘或分区的大小。NTFS 支持文件加密管理功能，可为用户提供更高层次的安全保证。

3）exFAT 文件系统（扩展 FAT 文件系统）

exFAT 文件系统，也称为扩展 FAT 文件系统、FAT64 文件系统，即扩展文件分配表文件系统，可适合于闪存，为了解决 FAT32 文件系统等不支持 4 GB 及其更大的文件而推出。对于闪存，NTFS 不适用，exFAT 更为适用。

4）Ext 文件系统和 Swap 文件系统

Ext 文件系统是 Linux 操作系统的标准的文件系统，它存取文件的性能极好。Swap 文件系统是 Linux 操作系统中一种专门用于交换分区的文件系统。

（二）硬盘的分区与格式化

注意

重新分区会删除掉分区的文件，需要谨慎。硬盘分区的格式化可以采用以下方法。

（1）安装操作系统时，可完成硬盘分区与格式化。

（2）用操作系统的磁盘管理来划分分区与进行格式化。

（3）用专业的分区软件来完成分区与格式化。

第一种方法在下个任务中说明，此处不赘述，第二种方法在数据恢复项目中说明，此处也不赘述，先介绍第三种方法。先制作一张可以启动计算机的安装 U 盘，或直接使用带有系统启动的光盘来引导计算机。前面已经制作了安装 U 盘，现在是使用它的时候。

1. 用 WinPE U 盘启动计算机

将 U 盘插入到计算机 USB 接口中，打开电源，启动计算机，在进入 BIOS 自检时，屏幕下出现提示信息“Press F11 to MENU”时，按下 F11 键，即可进入启动菜单。每个品牌的主板提示信息略有不同，请具体参考提示信息。图 3-1-14 所示的为华硕计算机开机 BIOS 自检。

进入计算机的启动菜单后，会显示计算机当前连接的驱动器或网络设备，选择 USB-HHD，就会进入 U 盘的启动菜单，如图 3-1-15 所示。

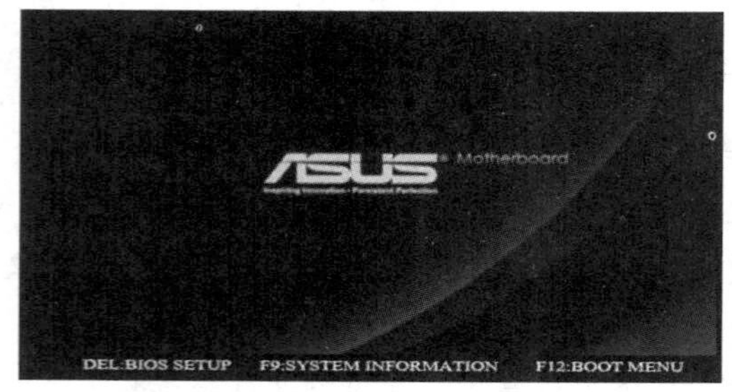

图 3-1-14　华硕计算机开机 BIOS 自检

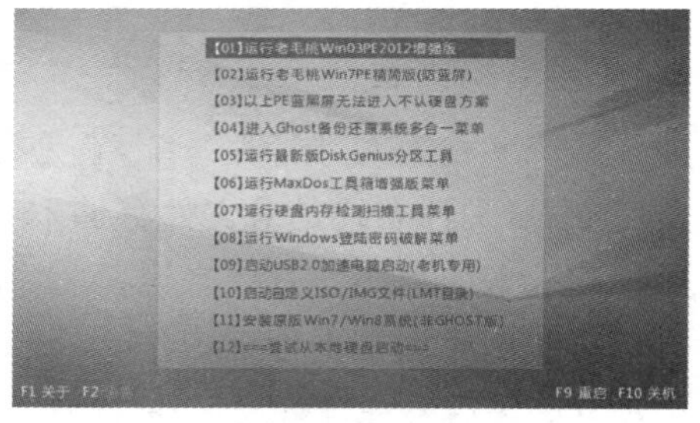

图 3-1-15　U 盘的启动菜单

选择其中的 WinPE 项(一般位于前两项)，就会进入 WinPE 系统，如图 3-1-16 所示。

对图 3-1-15 中的其他一些工具项做如下介绍。

（1）Ghost 备份还原系统多合一菜单：集合了 Ghost 克隆工具类，若已分区，可直接用 Ghost 来安装克隆版操作系统。

（2）分区工具：集合了常用的分区工具，一般有 DiskGenius 和 Partition Manage，可直接用对硬盘进行分区和格式化。

（3）MaxDos 工具箱：集成了常用的 Dos 工具命令，在检测与维护硬盘方面有用。

还有其他一些工具。不同版本的 WinPE 所含有的工具有所不同。

2. 创建 MBR 分区

进入 WinPE 后，可以运行里面的分区工具，专业的分区工具有 DiskGenius 和 Partition Manager。它们除了能分区外，还有实用的功能：DiskGenius 能在分区出错或丢失时通过查找分区来恢复分区，Partition Manager 可在不破坏分区原数据的情况下调整相邻分区的大小。这里以 DiskGenius 为例说明分区操作。

1）创建分区

步骤 1：运行 DiskGenius 工具，可以看到硬盘没有划分，若有多个硬盘，注意在左侧选择要分区的硬盘。DiskGenius 界面如图 3-1-17 所示。

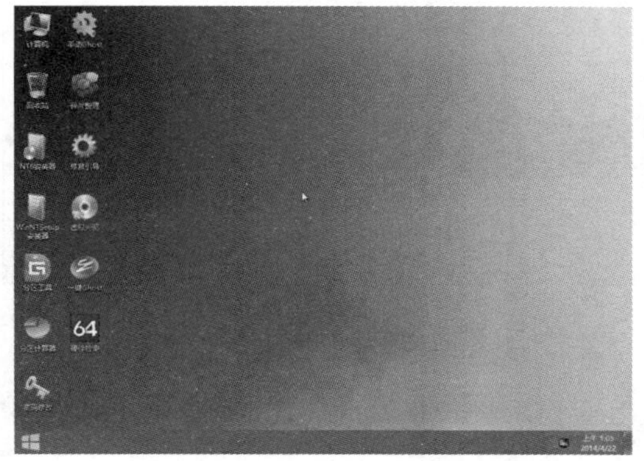

图 3-1-16 进入 WinPE 系统

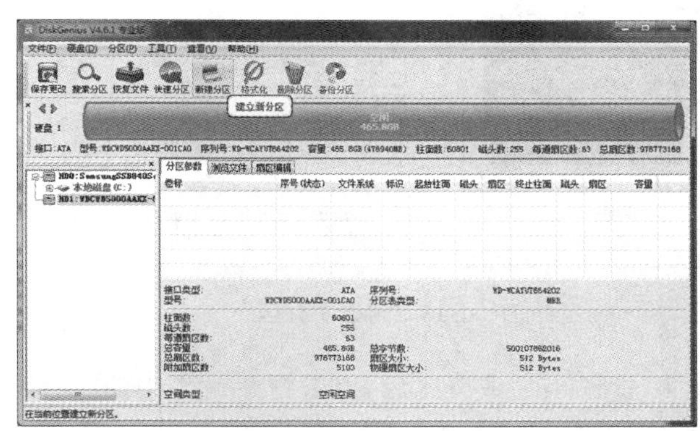

图 3-1-17 DiskGenius 界面

注意

DiskGenius 在启动时，会出现一个界面显示“数据无价，谨慎操作”，提醒大家删除分区会丢失文件，要谨慎操作。

步骤 2：点击“新建分区”按钮，弹出分区划分窗口，或在硬盘上点击右键，在弹出的菜单中选择新建分区。

先创建主分区（也称为基本分区），如图 3-1-18 所示，主分区用来装操作系统，文件系统类型推荐选择 NTFS，新分区大小推荐选择 100 GB 以上，勾选“对齐到下列扇区的整数倍”，然后默认 2048 扇区，就可以实现对齐，点击“确定”即完成第一个分区。

此时，并没有对分区进行执行到硬盘，当分好区后，需要点击图 3-1-17 中的“保存更改”将分区执行到硬盘上。

步骤 3：继续分区，已经分了一个主分区，现在来创建扩展分区，分区大小不变，即主分区后面的容量都给扩展分区，这是习惯。有的软件越过这一步直接创建逻辑分区。创建扩展分区如图 3-1-19 所示。

步骤 4：创建逻辑分区如图 3-1-20 所示。逻辑分区的容量根据需要设定，文件系统类型推荐选择 NTFS。

步骤 5：重复步骤 4，按需求创建多个逻辑分区，在对最后一个逻辑分区划分时不必改容量了。这样，分区就完成了，如图 3-1-21 所示。

图 3-1-18 创建主分区

图 3-1-19 创建扩展分区

步骤 6:完成分区后,点击图 3-1-21 中的“保存更改”,会提示进行格式化,点击“是(Y)”完成格式化,如图 3-1-22 所示。

图 3-1-20 创建逻辑分区

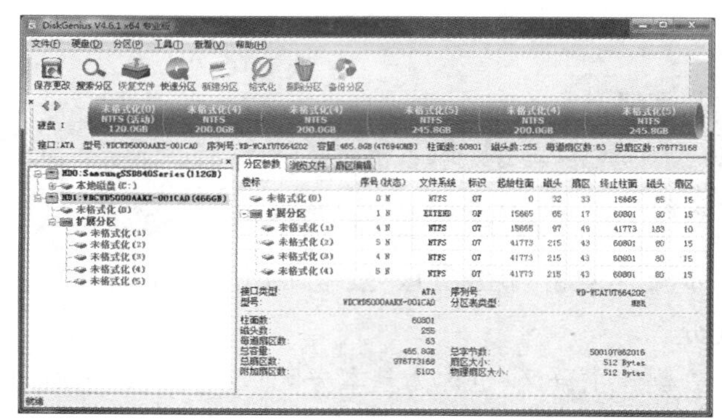

图 3-1-21 分区完成

完成硬盘的分区与格式化操作后,接下来就可以安装操作系统了。

2) 删除分区

当不想要硬盘的原分区时,可以删除分区。利用专业的分区软件完成删除分区非常方便:选择要删除的分区,点击“是(Y)”按钮(见图 3-1-23)即可删除,可依次选择后逐个删除分区。此时分区的删除并没有执行到硬盘上,当点击图 3-1-12 中的“保存更改”后,删除结果才执行到硬盘上。

注意

分区全部删除后保存后数据会丢失,须谨慎操作。

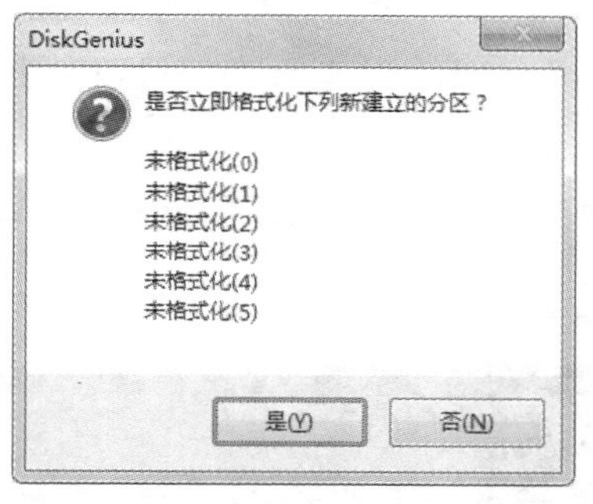

图 3-1-22　格式化分区

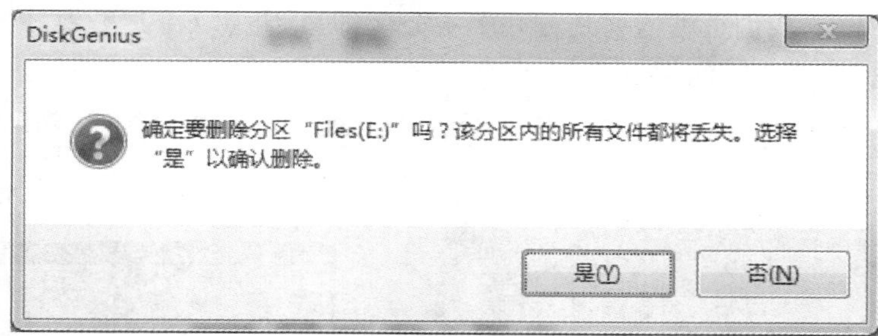

图 3-1-23　删除分区提示

若多年没有重新分区和格式化硬盘，建议先进行数据备份后再重新分区，这样可保证分区的管理更高效，在数据恢复方面也会有更多的帮助。

3. 创建 GPT 分区

对于 2 TB 以上硬盘或 Windows 10 以上操作系统，推荐使用 GPT 分区，在创建 GPT 分区时注意选择 GPT 分区即可。对于集成磁盘阵列(RAID)的计算机，更推荐采用 GPT 分区。

步骤 1：启动 DiskGenius(见图 3-1-24)，点击“建立新分区”按钮。

步骤 2：点击“建立新分区”按钮后，会显示建立 ESP、MSR 分区对话框(见图 3-1-25)，为了适合 Windows 10 及以上操作系统，要选择“创建 ESP 分区”。

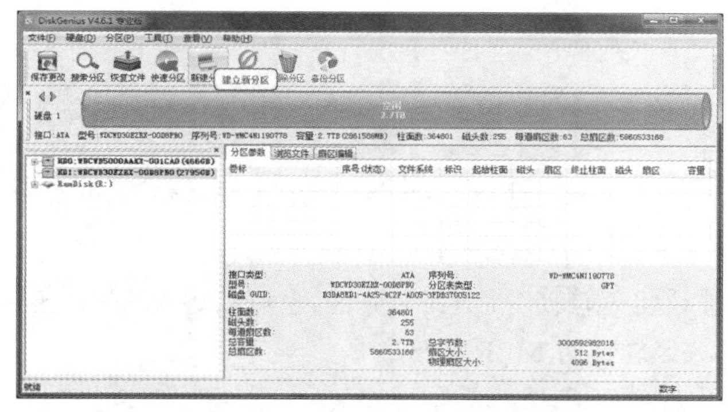

图 3-1-24　DiskGenius

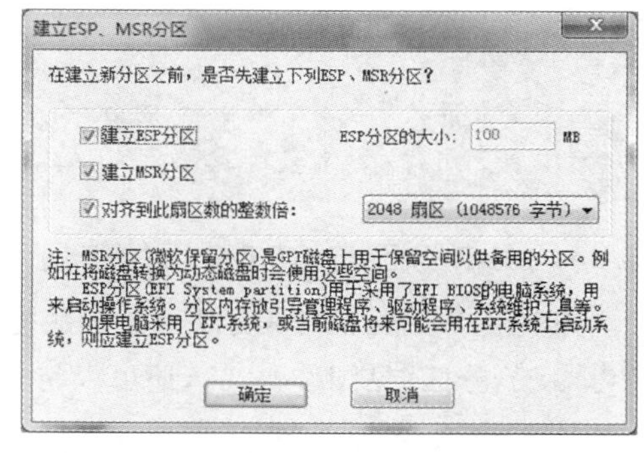

图 3-1-25　建立 ESP、MSR 分区对话框

下面对 ESP、MSR 分区和“对齐到此扇区数的整数倍”进行说明。

MSR 分区是 GPT 硬盘上用于保留空间以供备用的分区，如将硬盘转换为动态硬盘时会使用这部分空间。

ESP 分区用于采用 EFI BIOS 的计算机，用来启动操作系统。ESP 分区内存放引导管理程序、驱动程序、系统维护工具等。如果计算机采用了 EFI 系统，或当前硬盘将来可能会用在 EFI 系统上启动系统(如 Windows 10 就用 EFI 启动)，就应建立 ESP 分区。

对齐到此扇区数的整数倍：大容量硬盘的存储块大小是 4 KB，而不是传统的 512 字节，文件系统的簇默认大小是 4 096 字节，为了使簇与存储块相对应，要将物理硬盘分区与计算机使用的逻辑分区对齐，以保证硬盘读写效率，所以也就有了“4 K 对齐”的概念，在对这样的硬盘分区时要选中“对齐到此扇区数的整数倍”。

步骤3：建立ESP、MSR分区后，即开始创建主分区，GPT在Windows操作系统下可分128个主分区，我们根据需要划分几个主分区即可，注意GPT不划分扩展分区。创建GPT分区中的主分区如图3-1-26所示。

步骤4：多次重复创建主分区并点击"保存更改"，完成所有GPT分区的创建，如图3-1-27所示。

图 3-1-26 创建 GPT 分区中的主分区

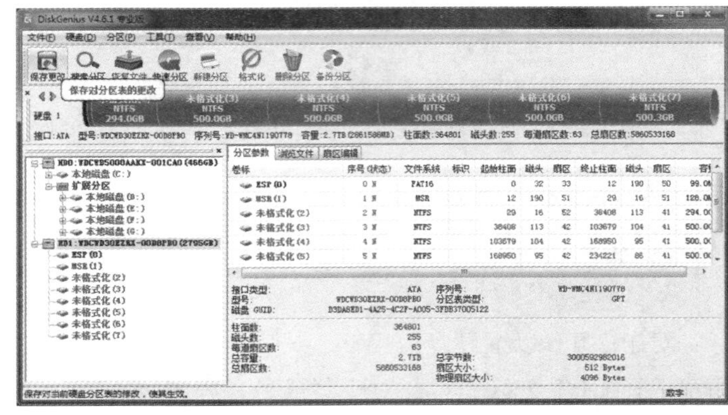

图 3-1-27 完成 GPT 分区的创建

步骤5：最后点击"保存更改"，弹出对话框(见图3-1-28)，要求对分区进行格式化，点击"是(Y)"完成对各分区的格式化。

注意

删除分区的方法与前面MBR分区的一致，重新分区会清除原分区的数据，若想保留原分区数据，需要提前将数据复制到其他硬盘或U盘上。

4. MBR分区与GPT分区的转化

当安装Windows 10及以上操作系统时，建议将硬盘划分成GPT分区，也可以将MBR分区转换为GPT分区(见图3-1-29)，还可以将GPT分区转换为MBR分区。

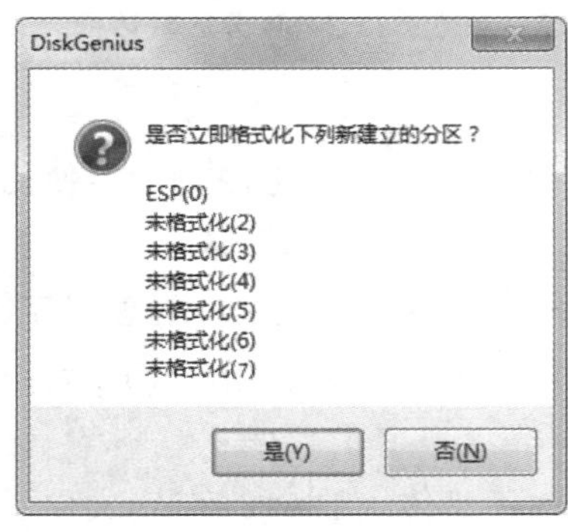

图 3-1-28 格式化分区对话框

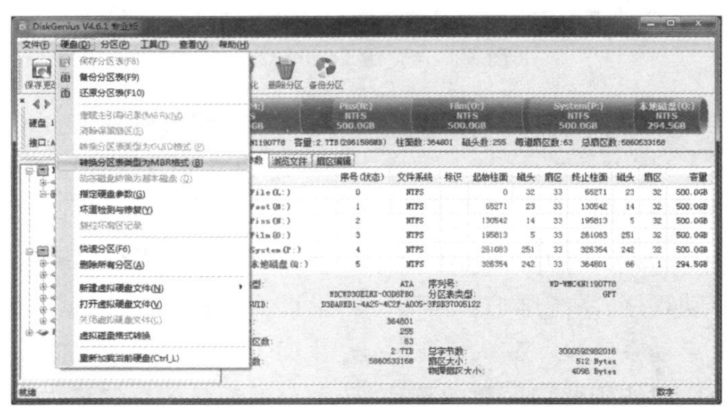

图 3-1-29 MBR 分区转换成 GPT 分区

 **注意**

转化不并十分安全，最安全的方式是重新分区，分区前需要将数据备份到其他硬盘上。超过 2 TB 以上的 GPT 分区不能转化为 MBR 分区。

MBR 分区、GPT 分区转换提示如图 3-1-30 所示。

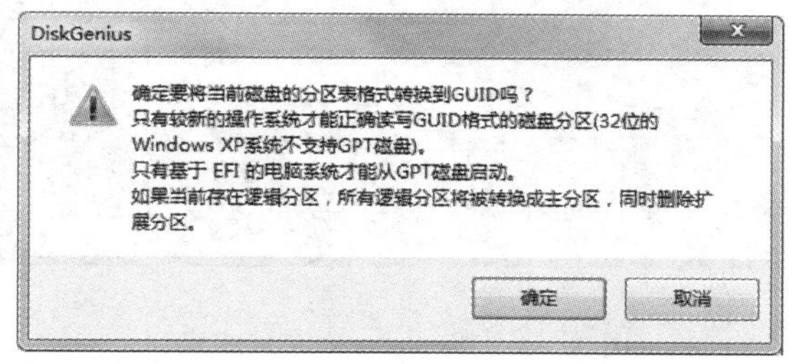

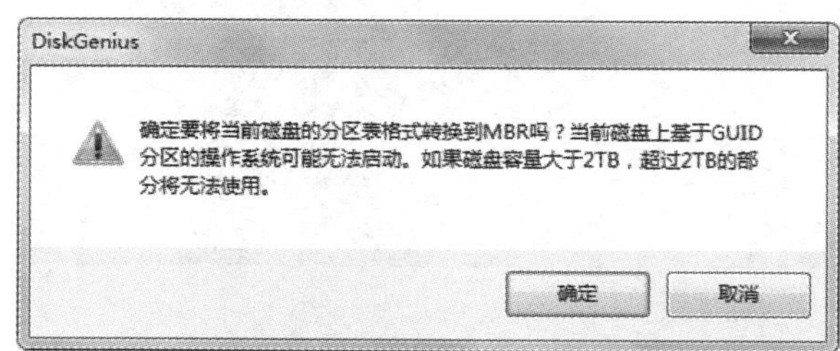

图 3-1-30　MBR 分区、GPT 分区转换提示

任务 2　计算机操作系统安装

任务实施　①掌握操作系统的安装；②掌握主板、显卡、声卡、网卡的驱动程序的安装；③了解其他驱动程序的安装。

所需资源　①一台台式机(硬件齐全，安装操作系统和软件用)；②另一台计算机(用于上互联网，方便查找相关资料与下载文件)。

一、安装正版操作系统

Windows 操作系统提供了三种安装方法：一是用安装盘引导启动安装；二是在现有的操作系统上升级安装；三是在现有的操作系统上用虚拟光驱安装。

主流 Windows 操作系统是 Windows 8/10，本文以 Windows 10 操作系统的安装为例来讲解正版操作系统的安装。

(一) 用安装盘安装操作系统

下面以用安装 U 盘引导启动安装为例讲解正版 Windows 10 操作系统的安装过程。

步骤 1：将做好 Windows 10 操作系统的安装 U 盘插入计算机 USB 接口，打开电源启动计算机，显示器显示 BIOS 自检(见图 3-2-1)，会有类似“F12：BOOT MENU”等信息，按快捷键进入选择驱动器启动的菜单，请迅速地按下该快捷键，否则系统将按 BIOS 中设置的驱动器启动顺序进行启动。

在启动菜单中选择操作系统安装 U 盘，按回车键确认，启动 U 盘后，系统自动读取刻录在 U 盘中的系统启动信息。

步骤 2：出现 Windows 安装程序窗口（见图 3-2-2），选择要安装的语言、时间和货币格式、键盘和输入方法，选择完成后直接点击“下一步(N)”。

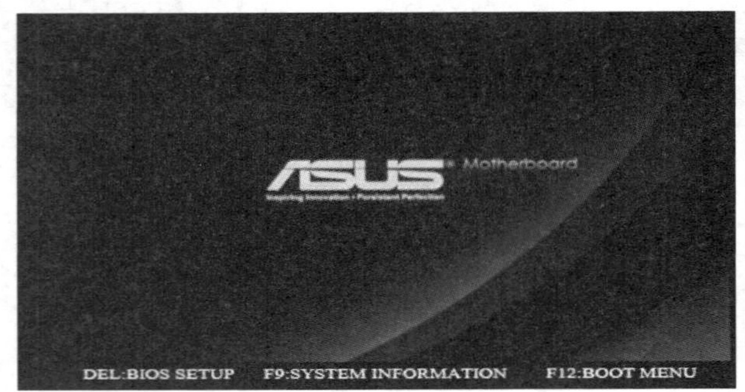

图 3-2-1　系统 BIOS 自检提示

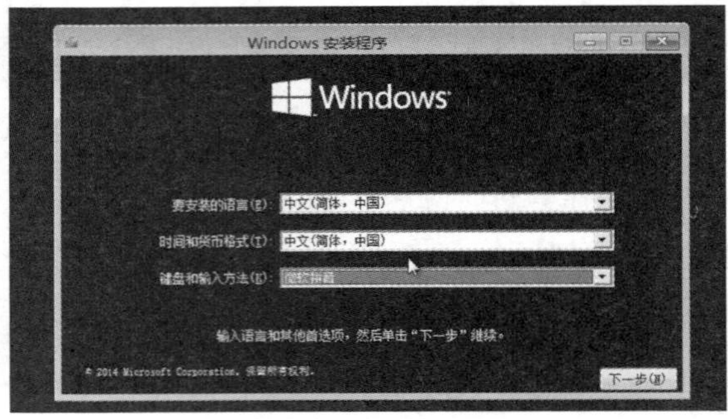

图 3-2-2　Windows 安装程序窗口

步骤 3：弹出 Windows 安装程序，点击“现在安装”。在图 3-2-3 中，左下角的“修复计算机”用于对已安装 Windows 10 操作系统的计算机进行系统修复。

注意

如果出现鼠标无法使用的情况，则需要将鼠标更换为无须驱动的鼠标或无线鼠标。

步骤 4：出现微软软件许可条款，在了解相关事项后勾选“我接受许可条款(A)”，点击“下一步(N)”按钮，如图 3-2-4 所示。

图 3-2-3　Windows 安装程序，点击“现在安装”按钮

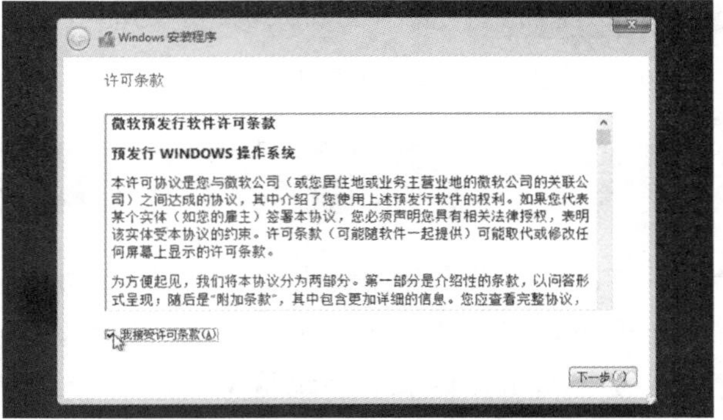

图 3-2-4　接受许可条款

步骤 5：Windows 10 操作系统和以前的 Windows 操作系统一样提供了升级安装和自定义安装两种安装方式（见图 3-2-5），升级安装即在保留 Windows 设置的前提下直接升级安装，自定义安装则是完全重新安装新的系统，建议选择自定义安装。

步骤 6：选择主分区，Windows 10 操作系统需要安装到主分区，不能安装到逻辑分区，选择系统分区后点击“格式化”按钮，格式化完毕后点击“下一步(N)”按钮，如图 3-2-6 所示。

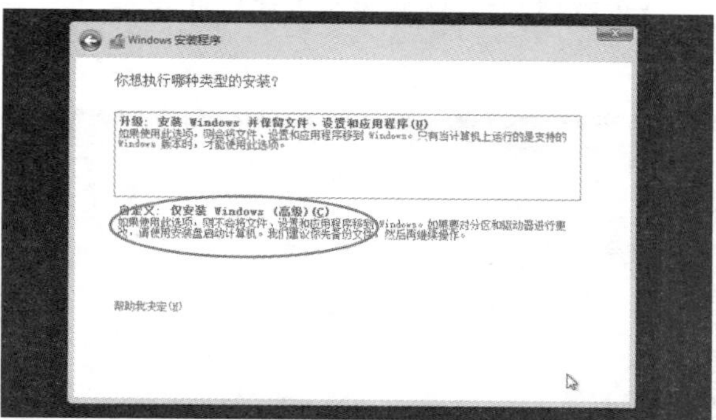

图 3-2-5　选择安装类型

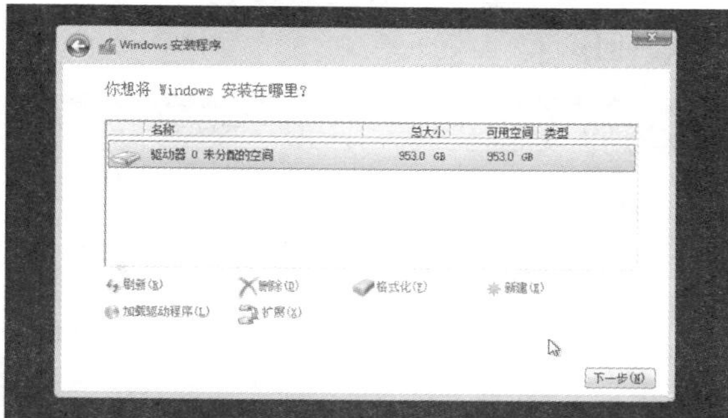

图 3-2-6　选择主分区

注意

在 Windows 操作系统下可以对硬盘进行分区操作，点击“删除”按钮可完成分区的删除，点击“格式化”按钮可完成分区的格式化，点击“新建”按钮可完成创建分区，建议新硬盘用操作安装 U 盘分区，这样会创建系统保留区(用来存放系统引导文件，这个分区不分配盘符，即在系统下看不到该分区)；若先前已分好区，则选择第一分区即可；若先前没有分好区，则需要进行全新分区(见图 3-2-7)。

步骤 7：选择第一分区，点击“格式化”按钮，进行格式化，会弹出格式化警告(见图 3-2-8)，确定分区选择正确，点击“确定”继续。

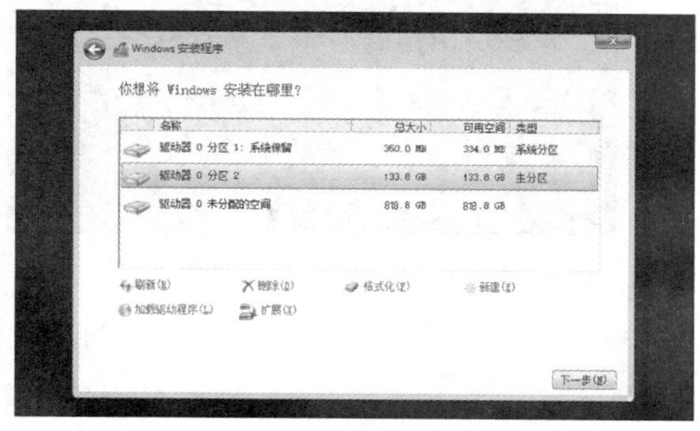

图 3-2-7　全新分区

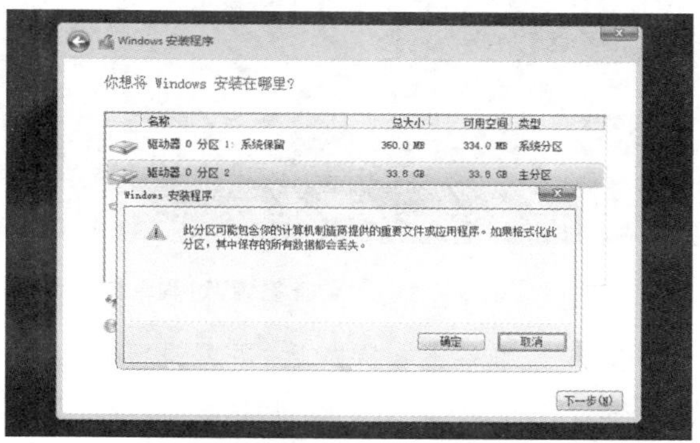

图 3-2-8　格式化警告

注意

因操作系统仅安装在第一分区，即 C 分区，所以在全新分区时，只分出第一个分区即可，不必将整个硬盘的所有分区都完成，等安装好操作系统后，可以在操作系统下对硬盘进行再分区，这样做，操作会更方便。

步骤 8：格式化完成后，点击“下一步(N)”，进入正在安装 Windows 操作系统的准备阶段，开始复制 Windows 文件，如图 3-2-9 所示。

注意

复制 Windows 文件是将 Windows 安装 U 盘中的文件复制到硬盘分区中，这个过程可能需要一段时间，请耐心等待。

复制 Windows 文件完成后，进入“正在准备要安装的文件”过程(见图 3-2-10)，此过程也需要一点时间。

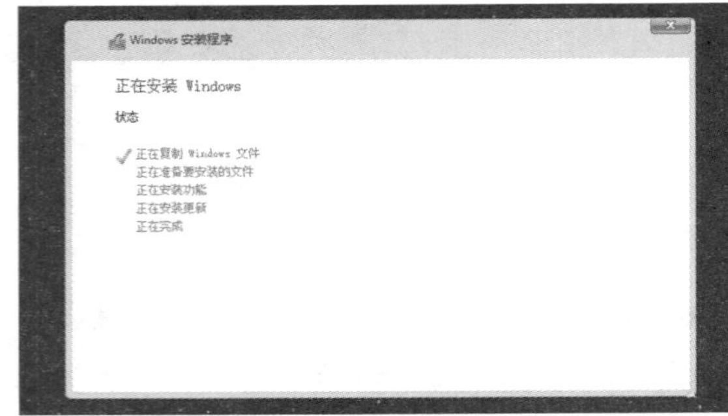

图 3-2-9　正在复制 Windows 文件

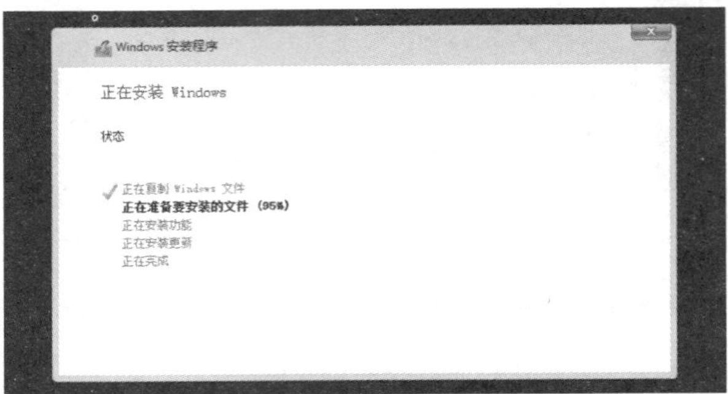

图 3-2-10　“正在准备要安装的文件”过程

接下来依次完成“正在安装功能”“正在安装更新”“正在完成”，完成安装后，会提示自动重启计算机，重启完毕后先进入“准备就绪”过程(见图 3-2-11)，再进入“正在准备设备”过程(见图 3-2-12)。

图 3-2-11　“准备就绪”过程

图 3-2-12　“正在准备设备”过程

步骤 9：准备设备完成后，进入设置界面(见图 3-2-13)，点击“使用快速设置(E)”后，会出现检查网络连接界面(见图 3-2-14)。

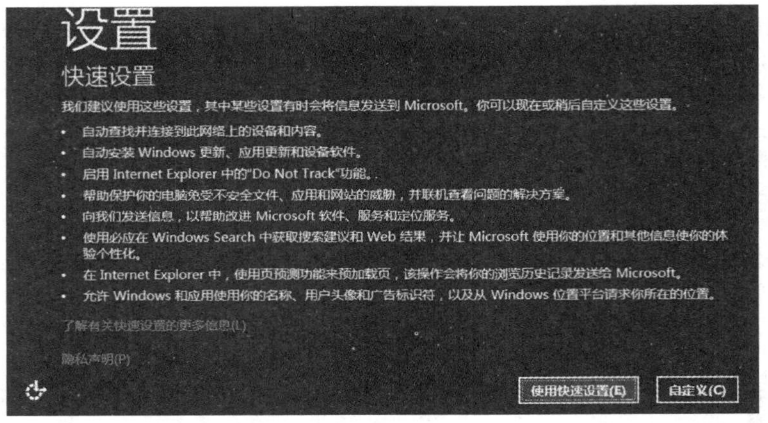

图 3-2-13　设置界面

说明：快速设置包括网络连接设置和账户设置，若需要设置 IP 等才能上网，可跳过网络连接直接点击“下一步”按钮。

步骤 10：创建在线/本地账户。从 Windows 8 起，Windows 操作系统就提供了本地账户和在线账户两种微软账户，上一步骤若已连接了 Internet，则可设置在线账号，若未连接 Internet，则只能点击图 3-2-15 中的“创建本地账户(L)”来创建本地账号，在线账号可在系统安装完毕后再去创建和登录。

图 3-2-14 检查网络连接界面

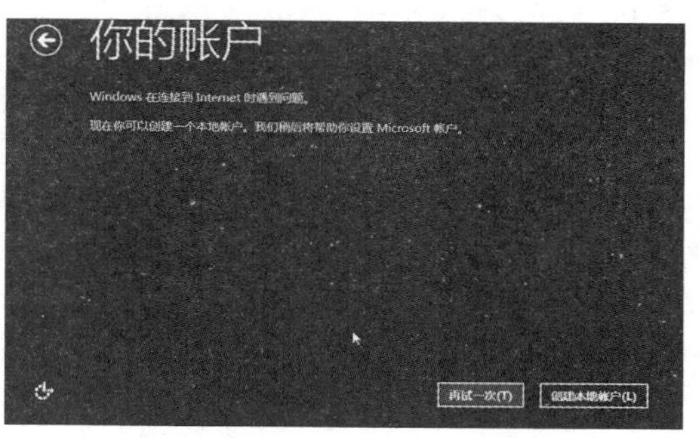

图 3-2-15 创建在线/本地账户

步骤 11：进入账户设置界面(见图 3-2-16)，输入用户名和密码，点击“完成(F)”，系统完成配置(见图 3-2-17)。

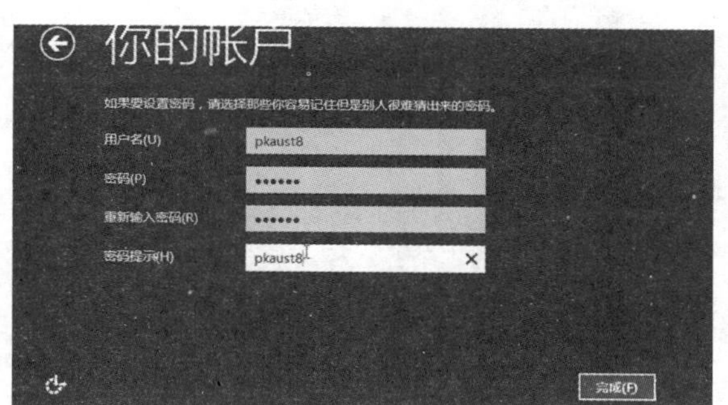

图 3-2-16 账户设置界面

图 3-2-17 完成设置

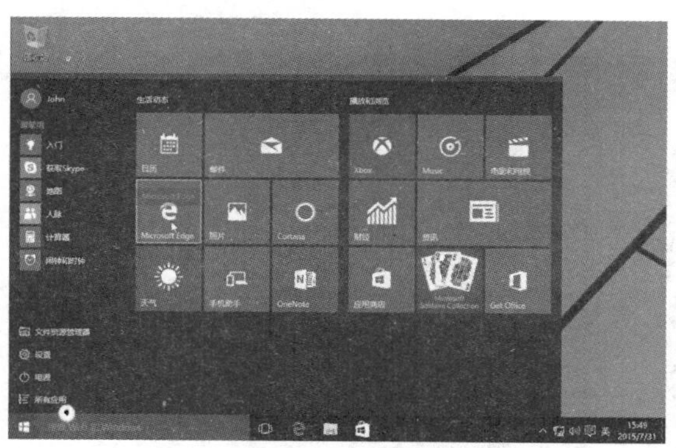

图 3-2-18 进入 Windows 桌面

说明：微软账号是用于 Windows 8 以上操作系统中的网络账户；通过微软账户登录操作系统后，用户可以进行多设备之间资料和设置的共享；在 Windows 10 操作系统中，大量的内置应用都必须通过微软账户登录系统才能使用；当前，部分用户升级后出现的无法使用邮件、联系等问题，就是因为没有登陆微软账户。

完成最后的设置后，计算机进入 Windows 桌面，至此 Windows 10 操作系统成功安装完毕，点击图 3-2-18 左下角菜单图标可看见 Windows 10 操作系统独具风格的开始菜单。

说明：Windows 桌面有回收站图标，若想添加计算机等图标，可在桌面上点击鼠标右键，在弹出的菜单中选择“个性化”，在个性化界面，点击“主题”下的“桌面图标设置”按钮，在弹出的桌面图标设置对话框中勾选“计算机”“用户的文件”等，最后点击“应用”和“确定”，“计算机”和“用户的文件”就添加到桌面上了。

注意

用户可以根据需要安装双系统，即第一个系统安装在第一分区，第二个系统安装其他分区上，在计算机启动的时候选择系统。

(二) 安装操作系统升级安装

Windows 操作系统的安装方法除了下载完整版进行全新安装之外，还可以在低版本 Windows 操作系统(如 Windows 8)的基础上直接升级安装，若在使用的过程发现升级后的操作系统不适合或有问题，还可以进行 ROLLBACK 回滚，返回到以前的 Windows 操作系统。在对操作系统进行升级安装之前，需要登录官网下载升级安装的程序。

步骤 1:登录微软的官方网站 https://www.microsoft.com/zh-cn/Windows，找到要下载的升级程序，点击“立即下载”，下载升级程序，如图 3-2-19 所示。

图 3-2-19　从微软官方网站上下载升级程序

步骤 2:运行升级程序，进入 Windows 安装程序，选择“下载并安装更新(推荐)”，如图 3-2-20 所示。

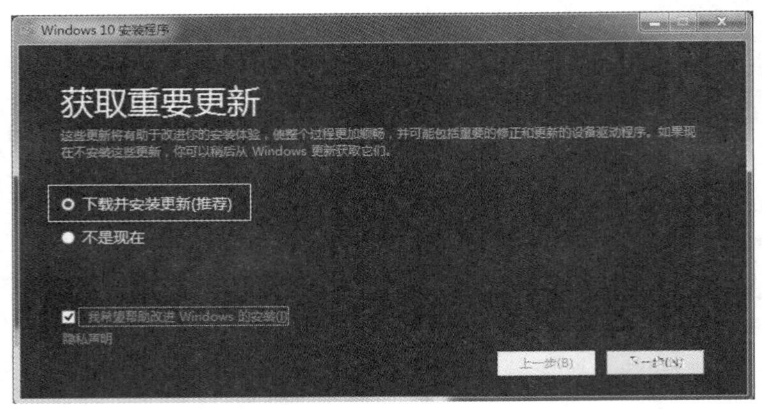

图 3-2-20　获得重要更新

步骤 3：下载更新，完成后点击“下一步(N)”，如图 3-2-21 所示。

步骤 4：更新完成后，输入产品密钥，激活 Windows，如图 3-2-22 所示。

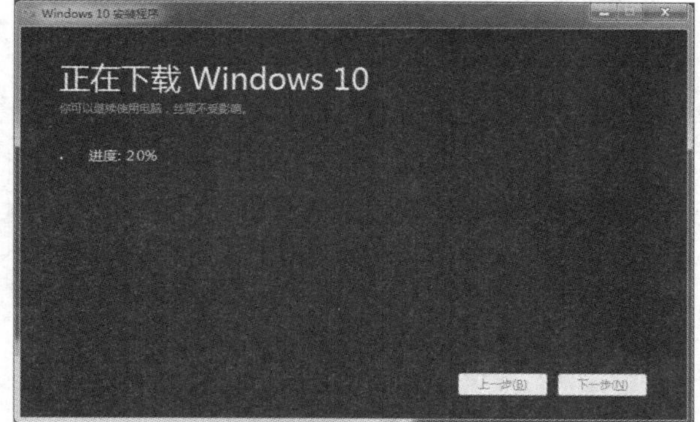

图 3-2-21　下载更新

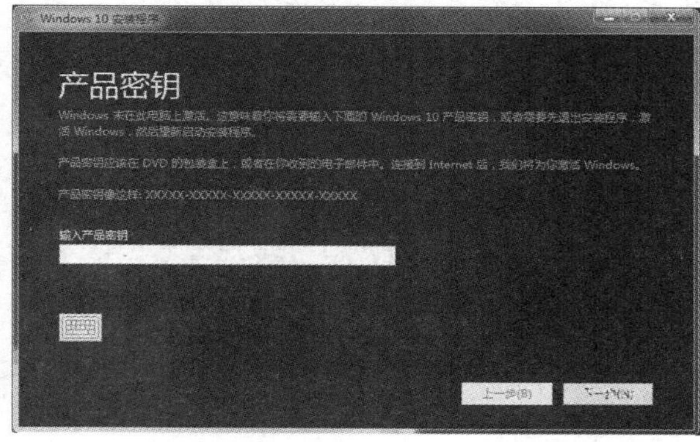

图 3-2-22　激活 Windows

步骤 5：出现许可条款，选择接受许可条款后，就会检查安装环境。如果没有需要注意的事项，则会出现图 3-2-23 所示的结果。

注意

检查安装环境可能需要一段时间。时间的长短主要取决于你当前使用的系统中软件数量的多少；检查完成后，安装程序会列出需要注意的事项，如系统功能的缺失或现有软件的兼容性等。

步骤 6：在图 3-2-24 中选择要保留的内容。

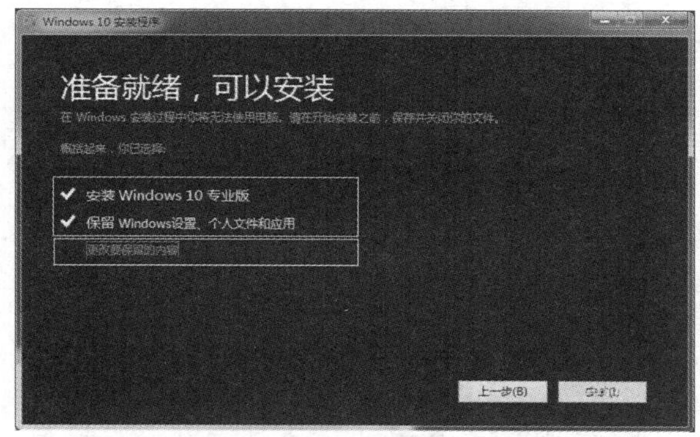

图 3-2-23　检查系统，进行安装

图 3-2-24　选择要保留的内容

 **注意**

个人文件指用户文件夹下的内容；若选择不保留任何内容，则操作系统升级后个人文件仍会被保存下来，只是被移至名为 Windows.old 的文件夹中了。

步骤 7：检查空间，确保满足安装条件，如图 3-2-25 所示。

步骤 8：系统重新评估安装条件后，会再次进入“准备就绪”页面，此时点击“安装”即可出现图 3-2-26 所示的界面。

图 3-2-25　检查空间

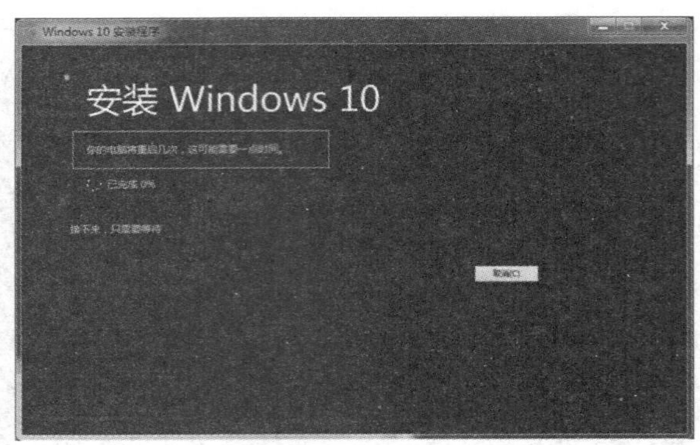

图 3-2-26　进行安装

注意

具体哪些应用可以保留取决于这些应用在新系统中的兼容性，如果选择保留所有内容进行升级，这将可能是一个比较耗时的过程，其间电脑会自动重启 2 次以上。

步骤 9：首次重启，升级 Windows。升级安装界面如图 3-2-27 所示。

步骤 10：数次重启计算机后将完成系统主体升级安装，进入后续设置阶段。

步骤 11：主体升级安装完成之后，系统会识别出原系统账户，输入密码后点击“下一步”继续。

步骤 12：进行个性化设置，可直接点击“使用快速设置(E)”来使用默认设置(见图 3-2-28)，也可以点击屏幕左下角的“自定义设置”来逐项设置。应用个性化设置(见图 3-2-29)不会花很长的时间。

步骤 13：完成设置后，会进入到用户登录界面，在该界面输入原来操作系统的登录信息后，会进入到桌面，至此 Windows 升级安装完毕。

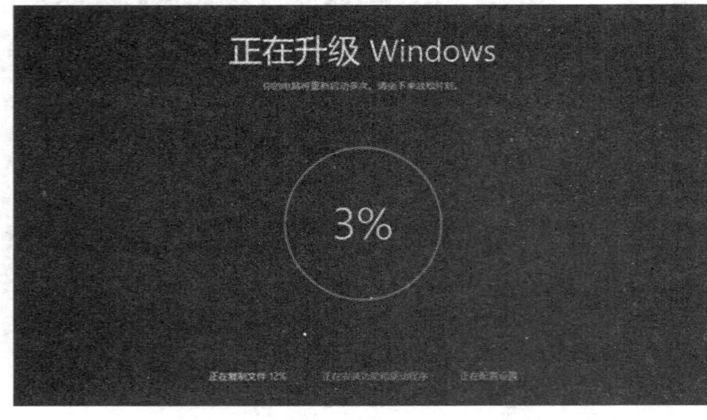

图 3-2-27　升级安装界面

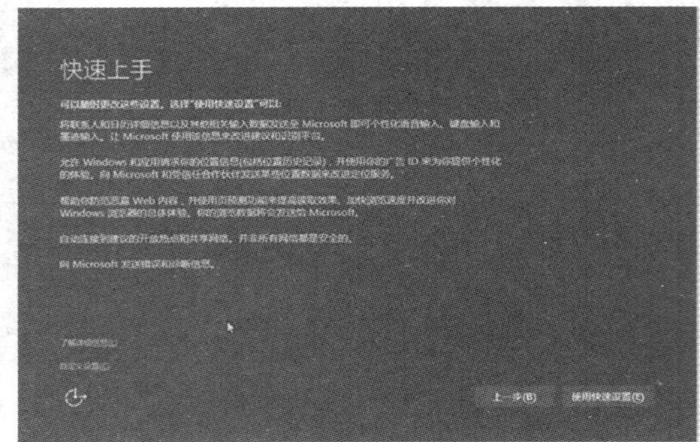

图 3-2-28　个性化设置

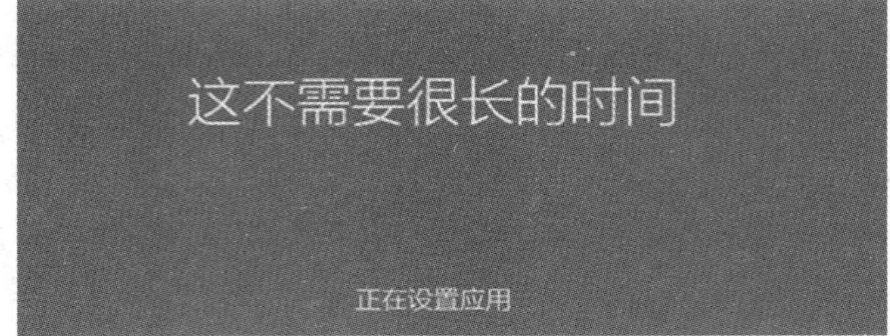

图 3-2-29　应用个性化设置

注意

可以根据需要选择安装操作系统的方法；在光盘下分区并安装系统可以阻止原系统的病毒；用U盘安装系统方便、快捷；本地安装系统可不用启动盘。

二、安装克隆版操作系统

一般来说，克隆版操作系统是个人计算机用户最常用的操作系统。克隆版操作系统的安装方便、快捷，省略了部分驱动程序和部分软件的安装。克隆版操作系统非常适合普通用户使用。

克隆版 Windows 操作系统提供了以下三种安装方法。

(1) 用安装光盘引导启动安装。

(2) 用 WinPE 启动 U 盘安装。

(3) 在现有操作系统上直接升级安装(即本地安装系统)。

克隆版操作系统最常用的安装方法是后两种。

(一) 用 WinPE 启动 U 盘安装操作系统

前提：已准备好 WinPE 启动 U 盘，并在 U 盘中复制了 Windows 操作系统的 GHO(克隆)文件，操作方法参考前面的制作克隆版操作系统安装盘部分内容。

步骤1：将做好的 WinPE 启动 U 盘插入计算机 USB 接口，打开电源，启动计算机，当显示器显示自检，会有类似“F12:BOOT MENU”信息出现，按快捷键进入选择驱动器启动的菜单，请迅速地按下该快捷键，进入启动菜单，否则系统则按 BIOS 中设置的驱动器启动顺序进行启动。

步骤2：在 U 盘 WinPE 系统启动界面中选择第一项，启动 WinPE。

步骤3：运行 WinPE 桌面上的“PE 一键装机”(见图 3-2-30)，启动安装克隆版操作系统界面，在 Ghost 镜像文件路径中选择需要安装的 GHO 文件，还原分区默认选择 C 分区。

步骤4：完成步骤3后，点击“确定”按钮，进行安装，安装过程中会出现克隆过程，即 Ghost 将 GHO 文件还原到 C 分区的过程(见图 3-2-31)。

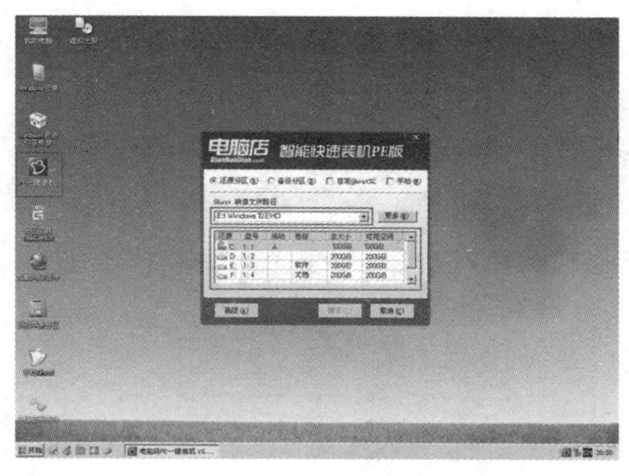

图 3-2-30　运行 WinPE 桌面上的“PE 一键装机”

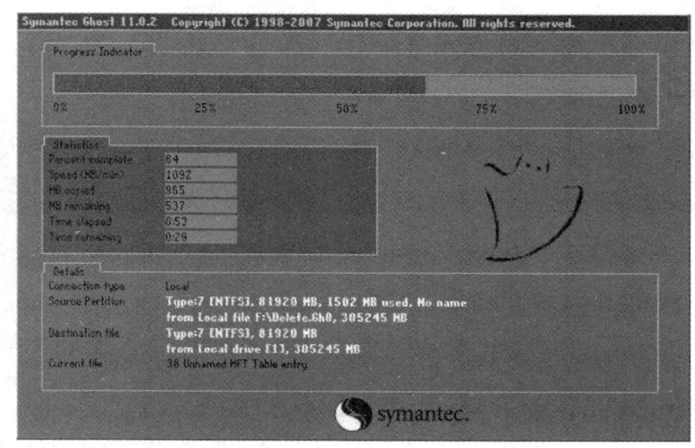

图 3-2-31　Ghost 将 GHO 文件还原到 C 分区

还原完成后，WinPE 提示需要重启计算机，点击“确定”按钮重启计算机。

注意

当计算机重启进入黑屏时，可以拔下 U 盘了，因为此时 GHO 文件已还原完成，不再需要使用 U 盘启动计算机。

步骤 5：启动计算机后，不必再按快捷键进入启动菜单了，即不必做任何操作，计算机自动进入安装操作系统的第二阶段。Ghost 版 Windows 操作系统安装第二阶段如图 3-2-32 所示。

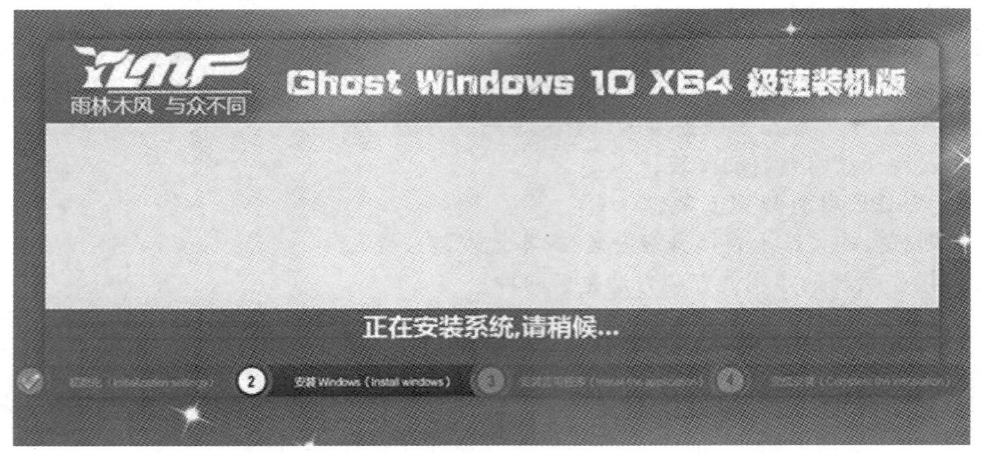

图 3-2-32　Ghost 版 Windows 操作系统安装第二阶段

注意

第二阶段分为四个过程，基本不需要我们操作；第二阶段结束后，会再次重启计算机，进入安装操作系统的第三阶段。

步骤 6：进入安装操作系统的第三阶段，即进入 Windows 桌面，此时操作系统安装并没有完成，需要一点时间来完成最后的配置，最后的配置完成后即可进行驱动程序和常用软件的安装了。

注意

克隆版操作系统的安装，包含大部分驱动程序的默认安装，所以有时不需要再安装驱动程序了，若计算机的硬件较新或较高端，则建议再安装如显卡等的驱动程序。

声明：克隆版 Windows 操作系统及软件版权属各自产权人所有，只可用于个人封装技术研究、交流，不得用于商业用途。

至此，Ghost 版 Windows 操作系统的安装就全部完成了，如图 3-2-33 所示。

（二）本地安装操作系统

1. 正版操作系统本地安装

步骤 1：获取操作系统镜像 IOS 文件。到微软官方网站下载操作系统镜像 IOS 文件，操作方法参考本项目任务 1 准备操作系统安装 U 盘。

步骤 2：下载并安装虚拟光驱软件。

步骤3:运行虚拟光驱软件,右击“添加映像”按钮,在弹出的对话框中选择前面下载的操作系统镜像ISO文件,完成添加。

步骤4:用虚拟光驱软件创建虚拟光驱。选中刚才目录中的镜像ISO文件,点击“载入”按钮创建一个虚拟光驱,此时查看计算机,就会看见一个新的光驱盘符。这时候就可以像使用物理光驱一样使用此虚拟光驱了。

步骤5:双击运行虚拟光驱,即可弹出安装提示界面,安装过程与前面的相同,此处不再赘述。

2. 克隆版操作系统本地安装

步骤1:下载操作系统镜像ISO文件并解压,然后把它放在C分区以外的分区内。解压操作系统镜像ISO文件如图3-2-34所示。

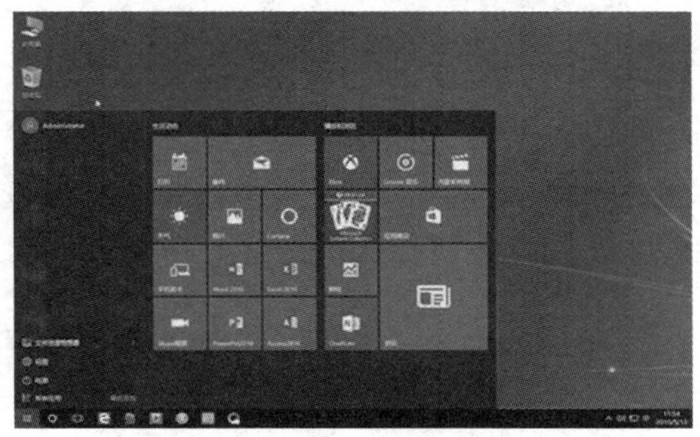

图 3-2-33　Ghost 版 Windows 操作系统安装完成

图 3-2-34　解压操作系统镜像 ISO 文件

步骤2:打开解压出来的文件夹,运行安装系统工具,如图3-2-25所示。

步骤3:如图3-2-36所示,选择操作系统映像路径,还原分区选择默认的C分区,点击“确定(Y)”。

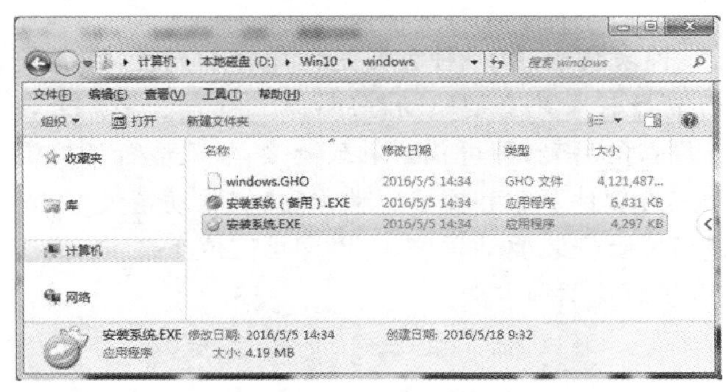

图 3-2-35　运行安装系统工具

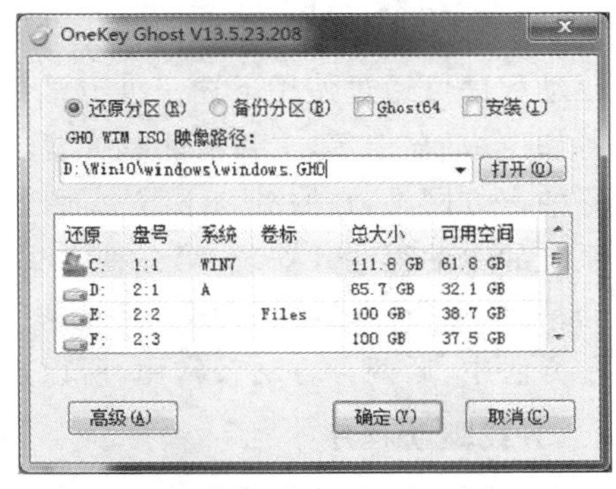

图 3-2-36　选择操作系统映像路径,选择还原分区

步骤4:点击“确定(Y)”按钮后,会提示重启计算机,进入自动安装过程,在这一过程中基本不需要操作;再经过一次重启后,会进入Windows桌面,进行最后的部署,几分钟后即可使用系统了;可根据需要安装驱动程序,如显卡的驱动程序,常用软件根据需要进行安装,这部分在后面任务中说明,此处不做介绍。

 **注意**

解压出来的文件夹不能放到C盘;解压出来的文件夹不能放到中文文件夹中,不然无法进行操作系统的安装。

任务3 驱动程序的安装

任务实施 ①常见驱动程序的安装;②根据系统选择驱动程序;③下载驱动程序并完成安装;④按照正确的程序完成驱动程序的安装。

所需资源 ①一台台式机(硬件齐全,安装驱动程序用);②另一台计算机(用于上互联网,方便查找相关资料与下载驱动文件)。

一、获取并安装驱动程序

计算机由硬件和软件构成,硬件设备需要正确地安装驱动程序才能最大限度地发挥效能。然而,在安装驱动程序的过程中,我们总是会遇到这样、那样的问题,怎么才能正确地安装硬件设备的驱动程序呢?另外,我们在安装驱动程序的过程中,应该注意一些什么问题呢?下面就来讲解有关安装驱动程序及其技巧的一些知识。

(一)驱动程序的类型

驱动程序主要包括主板芯片组驱动(简称主板驱动)程序、显卡驱动程序、声卡驱动程序和网卡驱动程序。除此之外,笔记本电脑还包括特定功能的驱动程序。另外,外部设备如打印机也需要安装驱动程序。外部设备驱动程序的安装在后面任务中专门讲解,此处不做介绍。

(二)驱动程序的安装

驱动程序可通过使用下述三种方法中的任一种来获取:第一种方法是使用驱动光盘,购买硬件设备如主板、显卡等,会带有驱动光盘,可通过光盘获取并安装驱动程序;第二种方法是登录硬件设备的官方网站,在服务与下载页面搜索硬件设备的型号,即可找到下载链接,下载适合计算机操作系统的驱动程序并安装;第三种方法是用第三方软件下载和安装驱动程序,如驱动精灵,先安装驱动精灵,运行驱动精灵即会找到哪些硬件设备需要安装驱动程序,一键即可完成下载并安装。这三种方法中,后两种方法较常用,所以这里主要讲解这两种方法。

1. 下载驱动程序

先了解硬件设备的生产厂商和型号,如主板的包装盒、说明书和主板表面标签都注明了型号,显卡的包装盒、说明书和显卡标签也注明了型号,声卡和网卡集成在主板上,所以它们的驱动程序在主板驱动页面下载。下面以主板为例演示说明如何下载驱动程序。

步骤1:登录主板生产厂商的官方网站,如华硕主板,登录 http://www.asus.com.cn/Motherboards/网站。

步骤2:在搜索栏输入型号,会找到一系列型号的主板,如在搜索栏输入“Z170”,就会出现如图3-3-1所示的页面。

步骤3:找到你的主板并点击,进入到主板说明页面,在该页面上点击“服务与支持”,进入另一个页面,在该页面上有驱动程序和工具软件的链接,点击该链接进入驱动程序和工具软件的选择页面。

图 3-3-1　登录官方网站搜索主板型号

步骤 4：在驱动程序和工具软件的选择页面中，展开操作系统选择栏（见图 3-3-2），选择你的操作系统，就会显示供下载的驱动程序和工具软件，如图 3-3-3 所示。

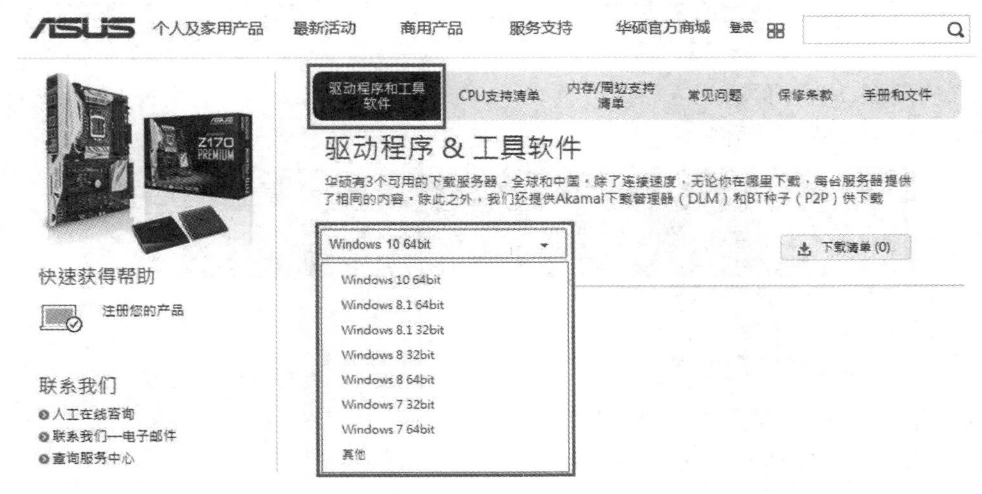

图 3-3-2　展开操作系统选择栏

步骤 5：根据需要选择要下载的驱动程序，建议依据所使用的操作系统来下载驱动程序，然后参考使用手册有选择性地安装驱动程序，下载、安装完成后建议保留驱动程序，以备重装系统时使用。

图 3-3-3　供下载的驱动程序和工具软件

注意

下载的驱动程序多数是英文的，如 Chipset 表示主板芯片驱动程序、Graphics 表示显卡驱动程序、Audio 表示声卡驱动程序、Ethernet 表示网卡驱动程序、BIOS 表示用来刷 BIOS 的驱动程序；每个主板的英文会有所不同，下载时要注意查看。

2. 用第三方软件安装驱动程序

用第三方软件安装驱动程序时，建议优先选择官方驱动程序，因为官方驱动程序具有电子签名，相对安全、可靠一些。使用第三方软件下载驱动程序有一个前提，即此计算机网卡驱动正常，计算机能上网。

可用来安装驱动程序的第三方软件有很多，如驱动精灵、驱动人生等，用户可随意选择一款第三方软件来安装驱动程序，如图 3-3-4 所示为驱动精灵软件界面。

图 3-3-4　驱动精灵软件界面

（三）查看当前操作系统驱动程序的安装情况

通过操作系统的设备管理器可以查看驱动程序是否已安装了，具体的操作是用鼠标右键点击桌面上的计算机图标，在弹出的菜单中选择“管理”项，在管理窗口点击“设备管理器”，中间部分就会显示当前驱动程序安装情况，如图 3-3-5 所示。

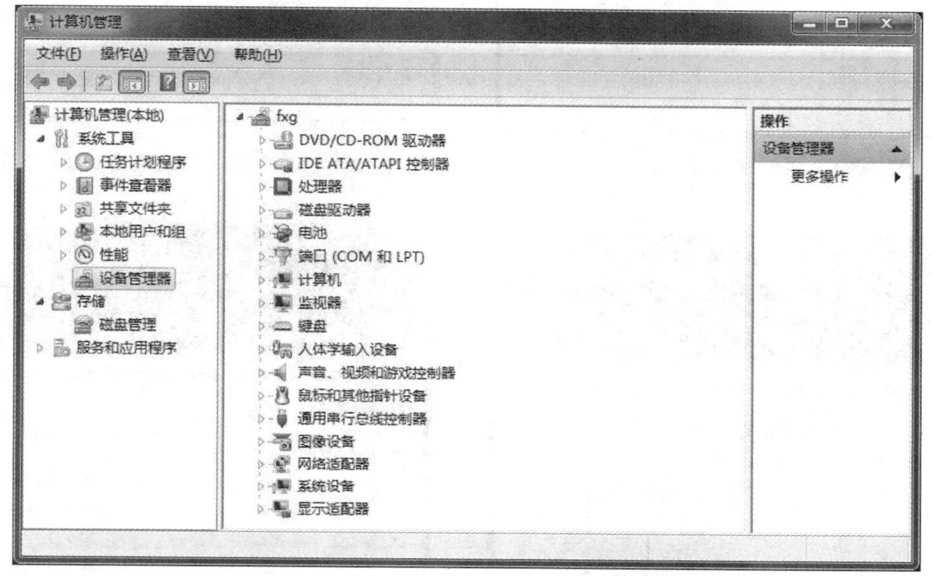

图 3-3-5　查看当前操作系统的驱动安装情况

图 3-3-5 中所示的是已正常安装驱动程序后的结果，若没有正常安装，则会显示未知设备，在设备名称前标注有问号。

 **注意**

一般情况下，安装完操作系统后，大部分硬件设备都能被识别，但建议还是正常安装官方驱动程序，以保证计算机系统的正常运行。

二、主板驱动程序的安装

建议在安装驱动程序的时候，先安装主板驱动程序。不少主板，特别是采用 INTEL 芯片组的主板，都要求在安装主板驱动程序之后安装别的驱动程序。所以，还是先安装主板驱动程序为佳。主板驱动程序即芯片组驱动程序，安装时直接执行安装程序，然后依次点“下一步”按钮即可。

步骤 1：解压主板驱动程序包，打开解压后的主板驱动程序包（见图 3-3-6），找到 Setup. exe，双击 Setup. exe 进行安装。

步骤 2：进入欢迎使用安装程序页面（见图 3-3-7），在该页面中有一个提示，并建议先退出所有程序，然后再继续安装；退出所有正在运行的程序后，点击“下一步(N)”，弹出如图 3-3-8 所示的窗口。

步骤 3：需要接受许可协议，在图 3-3-8 中所示的窗口中点击“是(Y)”，弹出如图 3-3-9 所示的窗口。

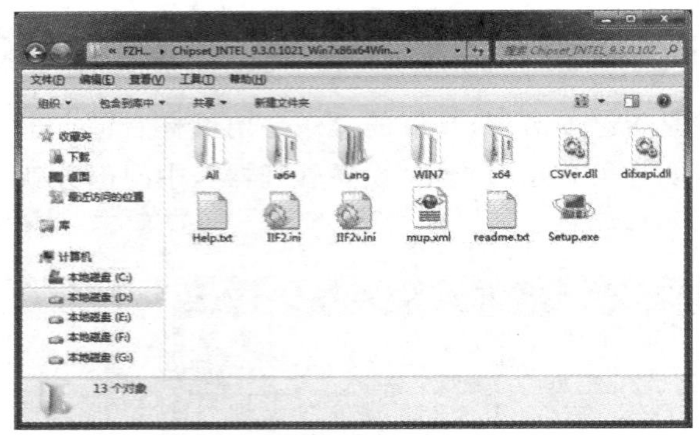

图 3-3-6　主板驱动程序包

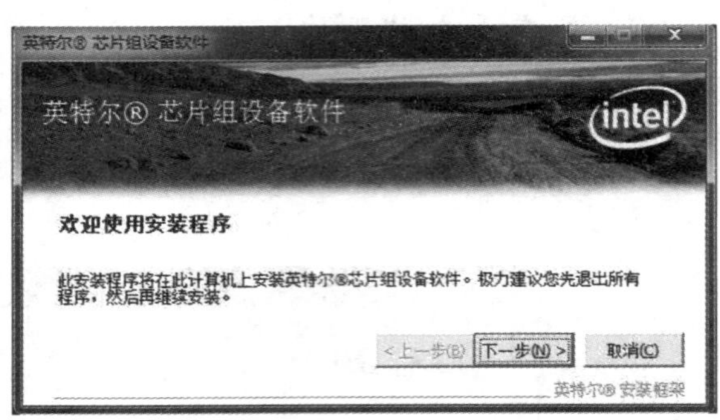

图 3-3-7　进入欢迎使用安装程序页面

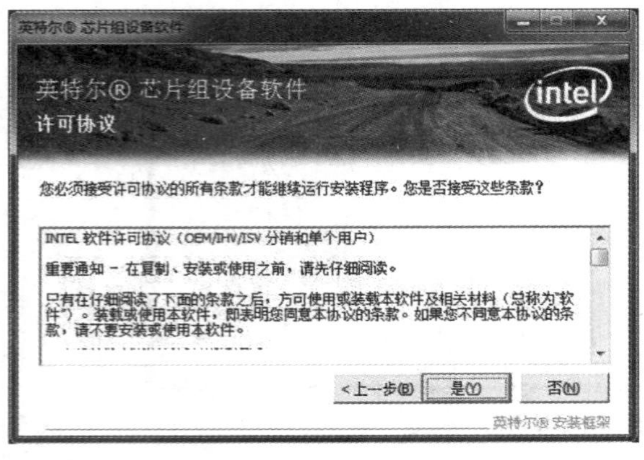

图 3-3-8　主板驱动程序协议

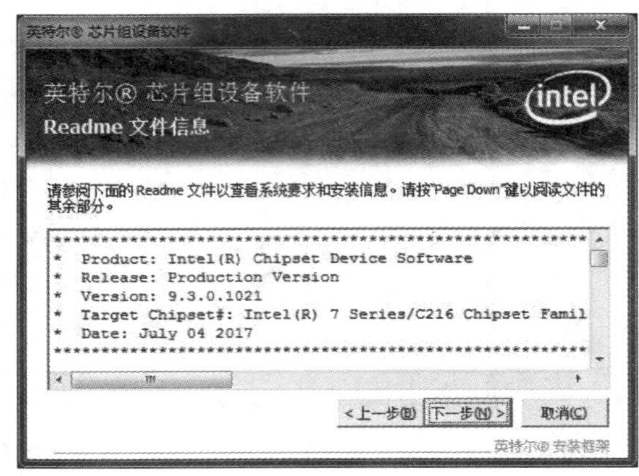

图 3-3-9　主板驱动程序安装中

步骤 4：图 3-3-9 所示的窗口显示驱动程序安装的系统要求，只要是之前选择的是适合当前操作系统的驱动程序，就不会有问题，所以点击"下一步(N)"继续。

步骤 5：驱动程序安装很快，主板驱动安装完成后提示重启计算机（见图 3-3-10），建议立即重启，然后安装后面的驱动程序。只有重启后，计算机才开始应用新安装的驱动程序。

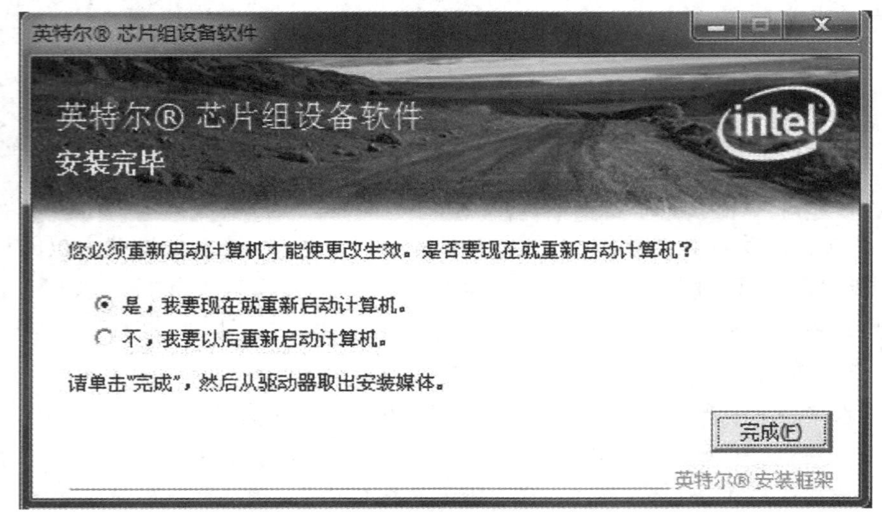

图 3-3-10　主板驱动安装完成提示重启计算机

> **提示**:为了节省时间等,有些人往往想所有程序都安装完成后再重启计算机,这种做法是不科学的,因为主板是计算机较底层的一个部件,重启计算机后驱动程序才开始起作用,之后再安装其他驱动程序较妥当,其他驱动程序安装完成后也要按提示立即重启计算机。

三、显卡驱动程序的安装

显卡分为集成显卡和独立显卡两种。集成显卡的驱动程序由主板生产厂商提供,主板驱动程序下载页面中的显卡驱动程序即是。独立显卡的驱动程序在购买显卡时所带的光盘中或可以从显卡生产厂商的官方网站下载,最好安装通过微软认证的独立显卡驱动程序。显卡的芯片生产厂商有NVIDIA公司和AMD公司两家,所以显卡也分两大类,两大类显卡驱动程序的安装方法相似。

显卡驱动程序的安装步骤如下。

步骤1:获取驱动程序,从显卡生产厂商的官方网站下载适合操作系统的驱动程序,双击驱动程序,驱动程序开始自解压,如图3-3-11所示。

步骤2:启动安装程序,开始检查系统的兼容性,如图3-3-12所示。

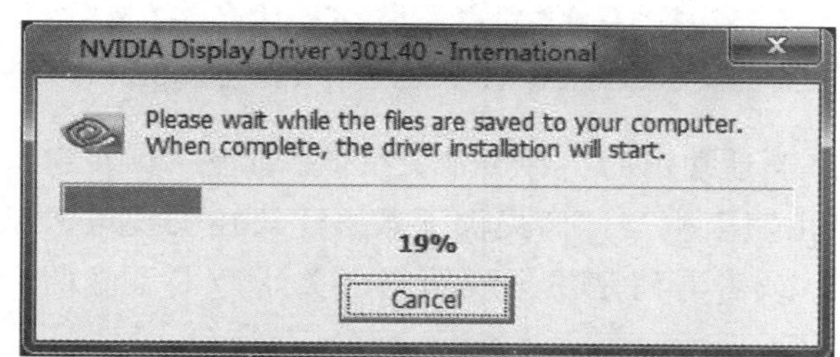

图3-3-11 显卡驱动程序自解压

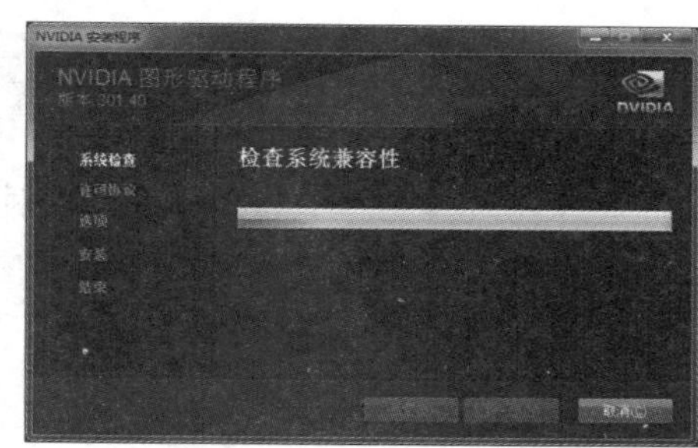

图3-3-12 启动安装程序,开始检查系统的兼容性

步骤3:阅读软件许可协议(见图3-3-13),点击“同意并继续(A)”,继续安装。

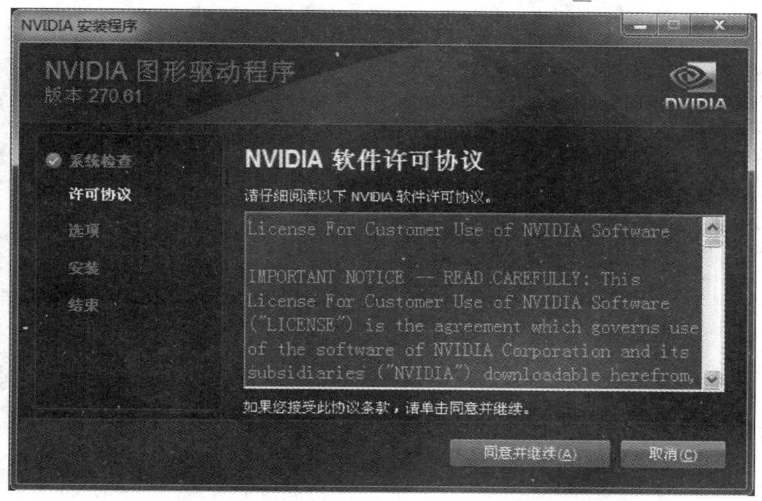

图3-3-13 软件许可协议

步骤 4：对于安装选项（见图 3-3-14），推荐选择精简安装并点击“下一步（N）”。

步骤 5：进行安装，中间会安装显卡的组件，如图形驱动程序等，如图 3-3-15 所示，由于显卡也集成了声卡芯片，所以中间会有安装声卡驱动程序的过程。需要提醒注意的是，此声卡是集成在显卡内的，不是主板上的声卡，主板的声卡也需要安装驱动程序。

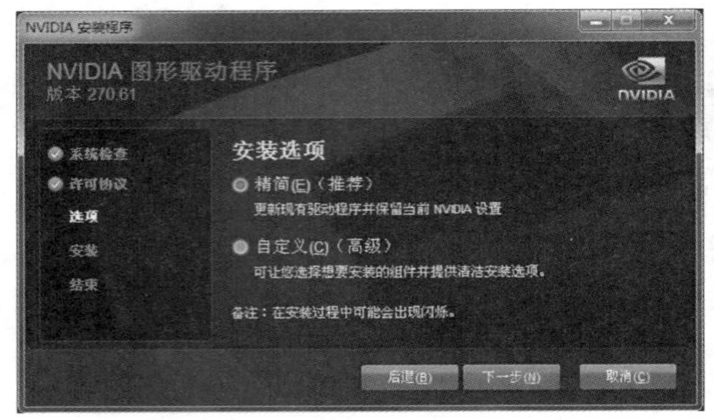

图 3-3-14 驱动程序安装选项

图 3-3-15 安装进行中

步骤 6：安装完成，提示重启计算机，建议立即重启计算机，然后再安装其他的驱动程序。

四、声卡驱动程序的安装

声卡也分为集成声卡和独立声卡两种。集成声卡是常用的一种声卡，它的驱动程序可在主板驱动程序的下载页面中下载，独立声卡的驱动程序由声卡生产厂商提供下载。建议在安装声卡驱动程序之前，最好先看清楚主板上声卡芯片的型号，或者看清楚主板说明书上关于声卡型号的标注，然后再安装相应的驱动程序。

声卡驱动程序的安装步骤如下。

步骤 1：获取驱动程序包，解压后（见图 3-3-16）找到安装程序 Setup. exe，双击 Setup. exe 进行安装。

步骤 2：运行安装程序，开始安装，如图 3-3-17 所示。

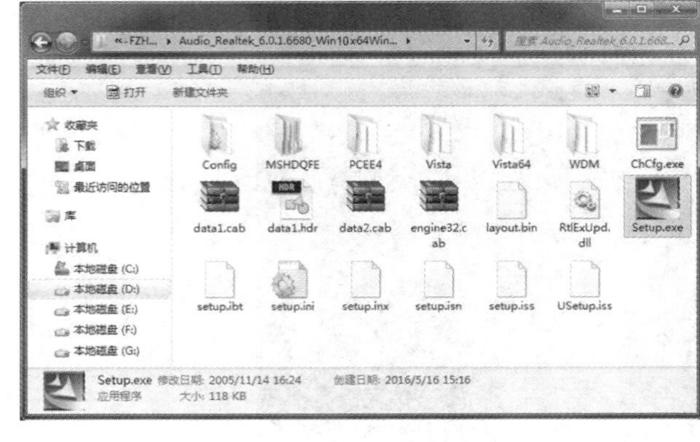

图 3-3-16 解压后的声卡驱动程序包

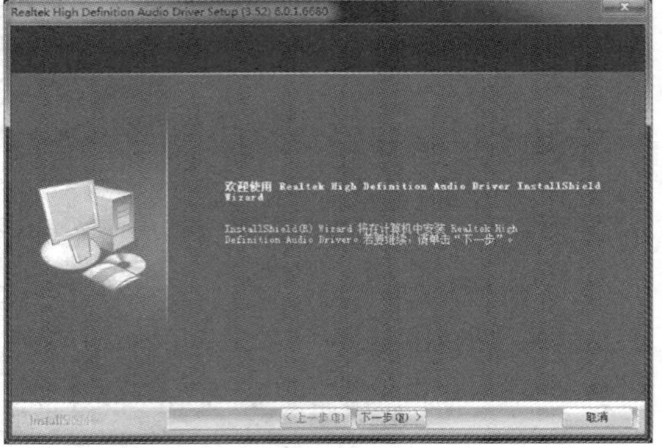

图 3-3-17 声卡驱动程序安装

步骤 3：点击图 3-3-17 中的“下一步（N）”，进入安装进程，如图 3-3-18 所示。

步骤 4:完成安装后提示重启计算机,建议立即重启计算机(见图 3-3-19),以正常使用声卡驱动程序。

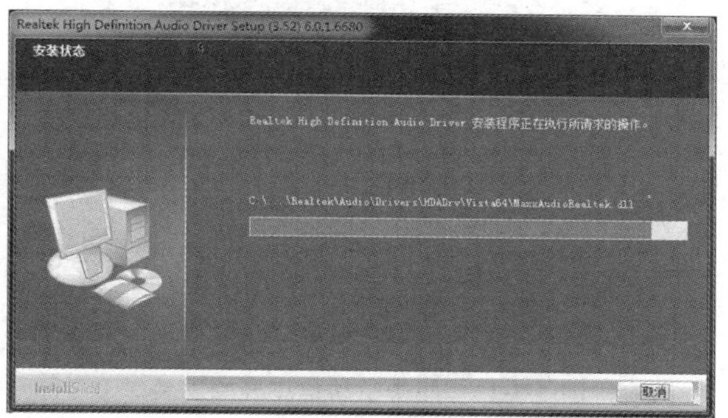

图 3-3-18 声卡驱动程序安装中

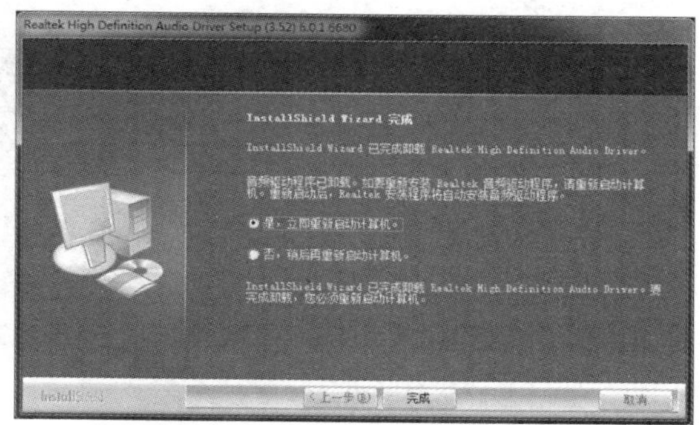

图 3-3-19 完成声卡驱动安装

五、网卡驱动程序的安装

主板都集成了网卡,网卡驱动程序的安装比较容易。Windows 操作系统基本都能正常识别并安装网卡驱动程序。

步骤 1:网卡驱动程序文件如图 3-3-20 所示,双击 setup. exe,此时会弹出一个如图 3-3-21 所示的窗口。

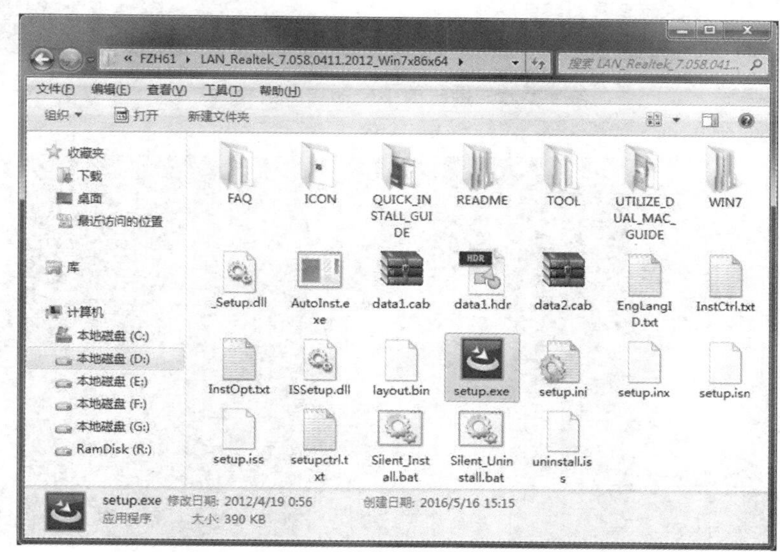

图 3-3-20 网卡驱动程序文件

步骤 2:点击"下一步(N)",准备开始安装(见图 3-3-22),点击"安装",开始安装。

步骤 3:进行安装,如图 3-3-23 所示。

步骤 4:完成安装,如图 3-3-24 所示。网卡驱动程序安装完成后一般不需要重启计算机。没有提示重启计算机,就不必重新启动计算机。

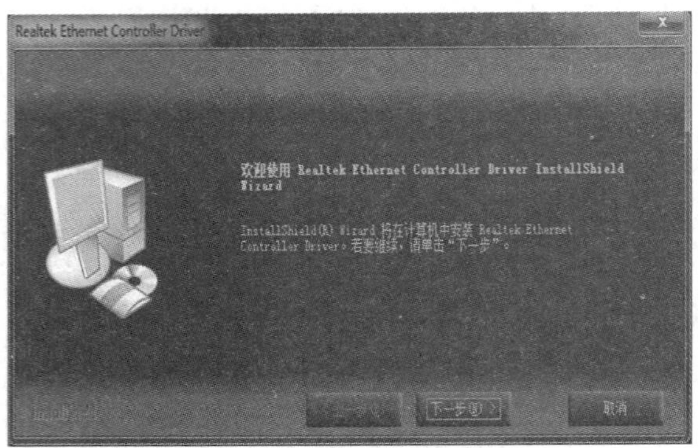

图 3-3-21 网卡驱动程序开始安装一

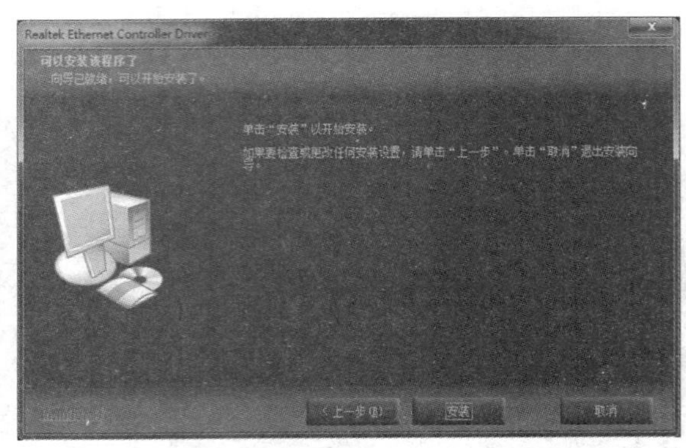

图 3-3-22 网卡驱动程序开始安装二

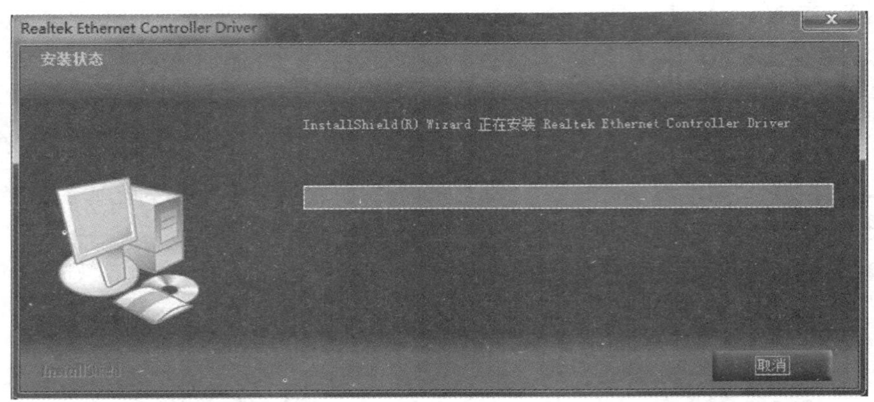

图 3-3-23 进行网卡驱动程序的安装

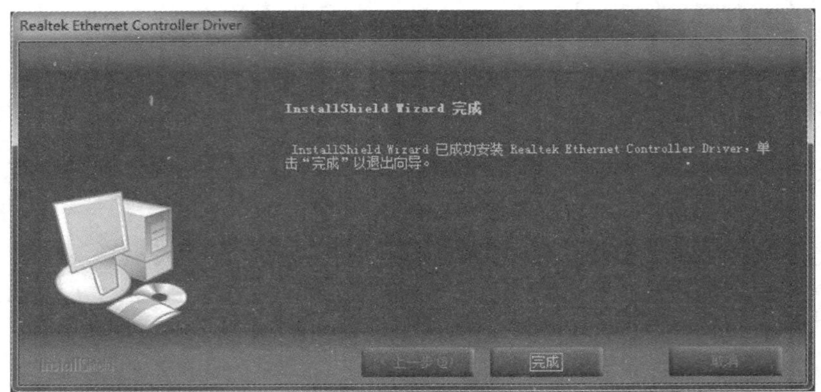

图 3-3-24 网卡驱动程序安装完成

六、其他硬件驱动的安装

在主板驱动程序下载页面中还有很多其他驱动程序，以适应不同操作系统的使用，建议根据主板说明书的要求进行这些驱动程序的安装，这些驱动程序包括 BIOS 驱动程序、USB 接口驱动程序、SATA 驱动程序和蓝牙驱动程序等，并不是所有主板都有这些驱动程序，建议根据实际情况操作。

(1) BIOS 驱动程序：针对不同操作系统的需求，主板厂家提供了不同版本的 BIOS 驱动程序，实际操作时可参考主板说明书。

(2) USB 接口驱动程序：针对不同的操作系统，厂家提供相应的 USB 接口驱动程序，以使计算机达到最佳状态。

(3) SATA 驱动程序：针对不同操作系统对磁盘阵列的需求，厂家提供相应的驱动程序。

(4) 蓝牙驱动程序：用于支持不同操作系统下的蓝牙无线传输。

七、打印机等外部设备驱动程序的安装

打印机、多功能一体机等外部设备都需要安装驱动程序才能使用，这些外部设备的驱动程序需要到设备生产厂商的官方网站上下载。在安装外部设备驱动程序时，要先连接外部设备，并打开电源，再运行驱动程序进行安装，否则会出现无法安装的问题。如果发现安装错误，则建议在设备管理器中删除安装错误的设备，然后重新安装。外部设备驱动程序的安装在外部设备的使用任务中有说明，此处不赘述。

任务4 常用软件的安装

任务实施 ①常见软件类型；②下载软件；③常用软件的安装；④软件的卸载。

所需资源 ①一台台式机（硬件齐全，安装常用软件用）；②另一台计算机（用于上互联网，方便查找相关资料与下载软件文件）。

一、常用软件的下载

常用软件主要有可分为安全软件、日常办公软件、输入法、压缩解压缩软件、网页浏览软件、聊天软件、下载工具、视频播放软件、音乐播放软件、图像浏览软件、图像处理软件、手机助手、金融证券软件，以及专业性的软件，如网页制作软件、3D 建模软件、动画制作软件等。对于上述软件，这里不一一做详细介绍。本任务主要介绍最常用的常规软件 Office、压缩解压缩软件、输入法、视频播放软件、音乐播放软件和下载工具等的下载和安装。常用软件推荐如表 3-4-1 所示。

表 3-4-1 常用软件推荐

软件类型	软件推荐	描　　述
安全软件	安全卫士、杀毒软件	阻挡网络攻击、查杀入侵病毒
日常办公软件	Office	应用广泛，包含如 Word、Excel 和 PowerPoint 等
输入法	拼音输入法、五笔输入法	提供灵活的、个性化的输入
压缩解压缩软件	好压、WinRAR	用于文件压缩上传和解压压缩文件
网页浏览软件	360 浏览器、百度搜索	提供网络搜索和服务

续表

软件类型	软件推荐	描述
聊天软件	QQ、旺旺	方便异地文字、图形、语音和视频聊天及文件的传输
下载工具	迅雷	是网络下载工具
视频播放软件	QQ 影音、暴风影音	支持所有本地视频格式，支持在线视频播放
音乐播放软件	QQ 音乐、酷我音乐	支持本地 MP3 音乐格式，支持网络音乐播放
图像浏览软件	ACDSee、看图王	支持所下载图片的查看和用数码设备所拍摄的照片的查看
图像处理软件	Photoshop	是专业图像处理和制作软件
网络视频	PPTV、爱奇艺	有着丰富的影视内容，可随意搜索和跳转

步骤 1：在浏览器中打开百度，搜索“软件”或“常用软件”会找到软件网站并打开，如 ZOL 软件下载(http://xiazai.zol.com.cn)、华军软件园(http://www.onlinedown.net/)和太平洋下载中心(http://dl.pconline.com.cn/)等专业网站。常用软件下载页面如图 3-4-1 所示。

图 3-4-1　常用软件下载页面

步骤 2：点击需要的链接，即可进入下载页面，如下载 360 浏览器安装程序(见图 3-4-2)。

图 3-4-2　下载 360 浏览器安装程序

步骤 3：点击“高速下载”等这样的明显的下载按钮，即可启动如迅雷（见图 3-4-3）等下载工具，若没有下载工具，则会启动系统自带的下载窗口，选择好下载的位置（建议放在 C 分区以外），点击“确定”（在图 3-4-3 中则点击“立即下载”）进行下载。下载需要的时间与文件的大小及网速有关。一般来说，小软件几秒或几分钟就可下载完成。

图 3-4-3　常用下载工具迅雷

步骤 4：360 浏览器安装程序下载完成（见图 3-4-4）后，点击运行进行安装。

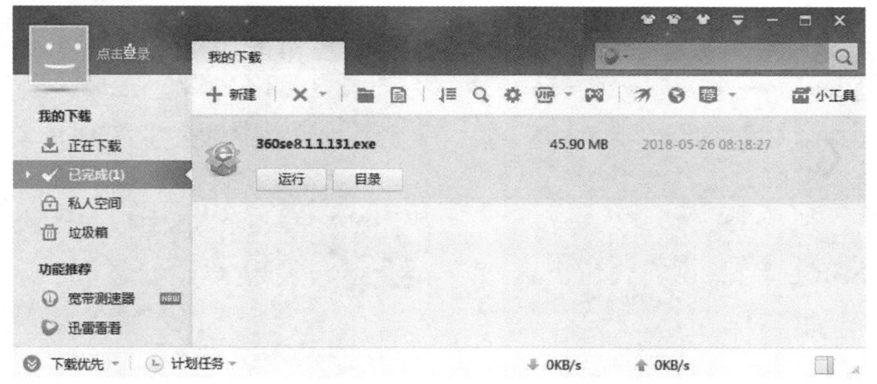

图 3-4-4　360 浏览器安装程序下载完成

注意

计算机没有正常接入互联网时，是不能下载软件的，若无法联网，则可用能正常上网的计算机下载安装程序，用 U 盘将安装程序复制到要安装软件的计算机中。安全软件、Office 等最好从官方网站上下载。

二、安全软件的安装

计算机必须安装安全软件。为了防范网络安全问题，安全软件分为安全卫士和杀毒软件两类。安全卫士集合了电脑加速、系统清理、木马查杀和软件卸载等功能。常见的安全卫士有百度卫士、360 安全卫士、金山卫士和 QQ 电脑管家，如图 3-4-5 所示。杀毒软件结合云计算、反病毒引擎能力，保证计算机系统安全。常见的杀毒软件有 360 杀毒软件、金山毒霸、百度杀毒、瑞星杀毒、小红伞和 avg 杀毒软件，如图 3-4-6 所示。除上述的以外，安全软件还有针对移动设备如手机的安全卫士和杀毒软件，如百度手机卫士、360 手机卫士等。

图 3-4-5 常见的安全卫士

图 3-4-6 常见的杀毒软件

1. 安全卫士安装过程

步骤 1：登录官方网站，下载适合计算机操作系统的安全卫士安装程序，如登录 360 安全卫士官方网站 http://www.360.com/（见图 3-4-7）。

步骤 2：点击“免费下载”进行下载，一般来说，免费下载的是直接安装文件，双击安装程序即可

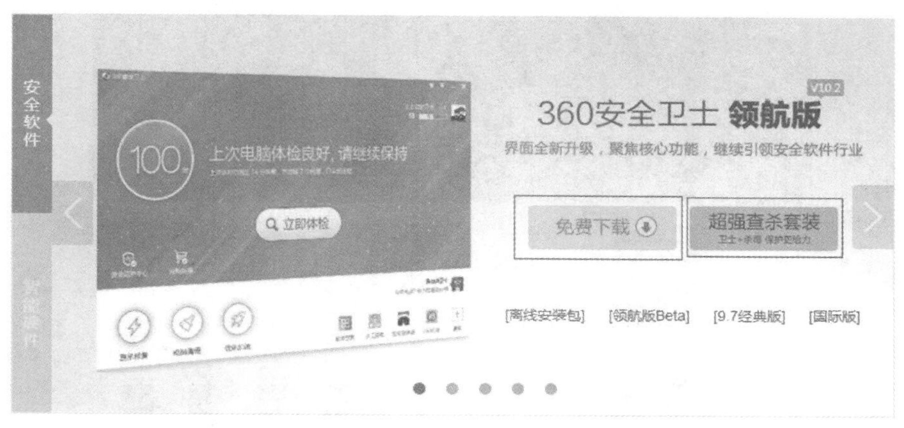

图 3-4-7　360 安全卫士官方网站

进入安装过程，但若下载的是压缩包，则在安装前需要对压缩包进行解压。

步骤 3：需要勾选许可协议，点击“立即安装”进行安装。

步骤 4：安装完成后，启动安全卫士（见图 3-4-8），对系统进行维护。

图 3-4-8　启动安全卫士

注意

安全卫士还有查杀修复、电脑清理、优化加速和软件管家等实用功能，可根据需要对计算机进行病毒查杀、垃圾清理和优化加速。

2. 杀毒软件安装过程

杀毒软件的安装方法与安全卫士的相同，可参考安全卫士的安装来安装杀毒软件。如图 3-4-9 所示为完成了安装的 360 杀毒软件。

图 3-4-9 完成了安装的 360 杀毒软件

注意

建议对经常上网和使用移动存储器的计算机定期进行病毒查杀，以保证个人信息安全和计算机运行安全。

三、办公软件的安装

Windows 操作系统下应用最广的办公软件是 Office。

Office 是微软公司的一个庞大的办公软件集合，包括了 Word、Excel、PowerPoint、OneNote、Outlook、Skype、Project、Visio 和 Publisher 等组件和服务，用户在不同平台和设备之间都能获得非常相似的体验。

Office 2016 各版本及其描述如表 3-4-1 所示。

表 3-4-1 Office 2016 名版本及其描述

版　本	描　述
Windows 版本	要求用于 Windows 7 SP1、Windows 8.1、Windows 10 以及 Windows 10 Insider Preview 操作系统
Mac 版本	要求用于 OS X 10.10.3、OS X 10.11 以及 OS X Server 10.10 操作系统
iOS 版本	要求用于 iOS 7 及以上操作系统，其中 OneNote 2016 的"指纹记事"功能用于安装iOS 8 及以上操作系统并需要搭配 Touch ID 的所有 iPhone、iPad，所有组件的笔画功能均需要 iOS 9 操作系统以及 iPad Pro 搭配 Apple Pencil 使用
Windows Phone 版本	需要 Windows Phone Insider Preview 10.10.10525 及更新版本内置 Office 2016 Insider Preview 版本

对于办公来说，Office 2016 还是较适合的，下面以安装 Office 2016 为例来说明 Office 的安装。

步骤 1：下载 Office 安装镜像文件并解压。解压后的 Office 2016 镜像文件如图 3-4-10 所示。

步骤 2：若已经安装了 Office 2016 之前的某个版本，需要用工具安装包内的卸载工具将这个

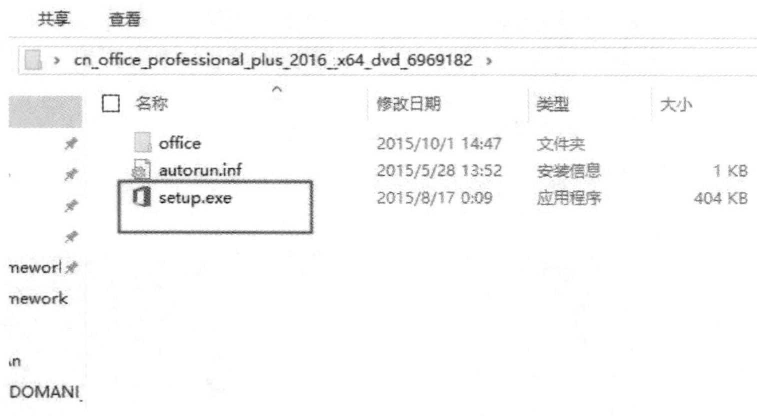

图 3-4-10　解压后的 Office 2016 镜像文件

版本直接卸载，然后再安装 Office 2016。图 3-4-11 所示的为用卸载工具卸载 Office 2013。

步骤 3：准备安装 Office 2016，如图 3-4-12 所示。

图 3-4-11　卸载工具卸载 Office 2013

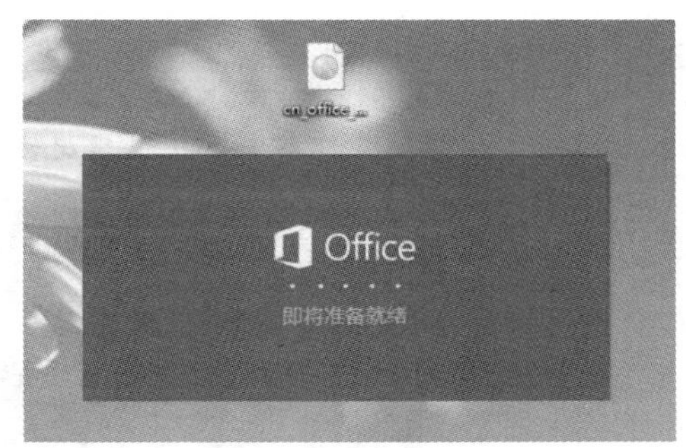

图 3-4-12　准备安装 Office 2016

步骤 4：正在安装（见图 3-4-13），安装时可以选择自定义安装，这样可以根据需要选择安装其中的组件，一般情况只安装 Word、Excel、PowerPoint、OneNote 即可。

步骤 5：完成安装。完成安装后需要对软件进行激活，即输入获取的密钥，如图 3-4-14 所示。

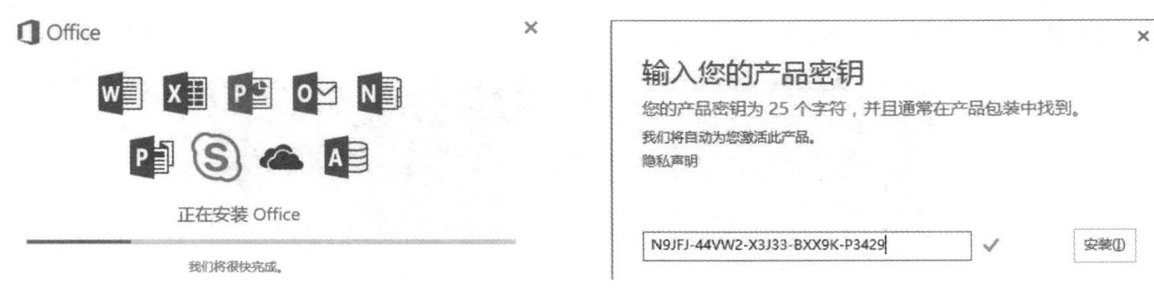

图 3-4-13　Office 2016 安装中　　　图 3-4-14　Office 2016 激活

注意

现有大部用户在使用 Office 2010、Office 2013 等版本，用户在不同的版本间编辑 Office 文件时要注意兼容性，低版本可以通过安装高版本的插件来完成正常读取和编辑工作。

四、压缩解压缩软件的安装

这里以安装 2345 好压为例来讲解压解压缩软件的安装。

步骤 1:下载 2345 好压应用程序到计算机中。

步骤 2:运行该应用程序,打开安装向导,如图 3-4-15 所示。

图 3-4-15　2345 好压安装向导

步骤 3:选择接受协议,点击一键安装,开始安装 2345 好压,如图 3-4-16 所示。

图 3-4-16　2345 好压安装中

步骤 4:安装程序给出最后的安装信息,如图 3-4-17 所示,单击“安装完成”按钮,安装程序结束。

图 3-4-17　2345 好压安装完成

注意

安装程序中常带有广告等垃圾软件，在安装中可选择不安装垃圾软件。

五、输入法的安装

常见的输入法有拼音输入法、五笔输入法、手写输入法等，部分输入法实现了三种输入的结合，如搜狗输入法、QQ输入法和万能五笔输入法等，用户可根据需要下载并安装。

输入法的安装步骤如下。

步骤1：输入法安装程序下载完成后，运行该安装程序，出现如图3-4-18所示的对话框。

步骤2：点击“下一步(N)”进行安装，同意许可证协议，如图3-4-19所示。

图3-4-18　输入法软件安装步骤1

图3-4-19　输入法软件安装步骤2

步骤3：同意许可证协议后，进入组件选择安装，如图3-4-20所示。

步骤4：在图3-4-21所示的窗口中选择安装位置，一般来说默认安装位置即可，点击“安装(I)”进行安装。

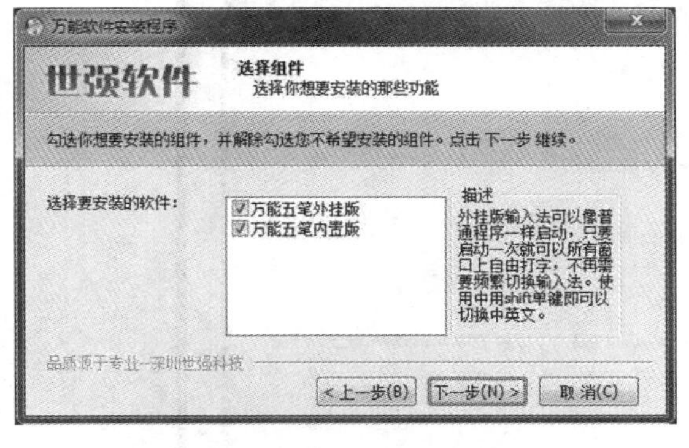

图3-4-20　输入法软件安装步骤3

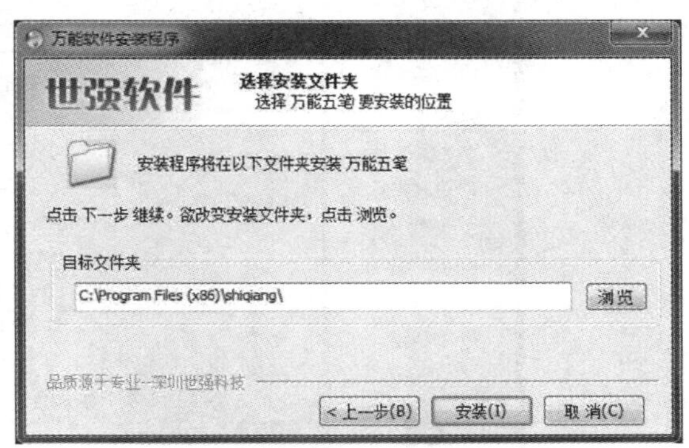

图3-4-21　输入法软件安装步骤4

步骤5：完成安装，此时可同时按下“Ctrl”键和“Shift”键来选择输入法，同时按下“Ctrl”键和空格键在英文输入法和汉字输入法间切换，在汉字输入法下，单独按“Shift”键可以在该输入法下切换中、英输入。

六、下载工具的安装

常用的下载工具有迅雷、BitComet、QQ旋风等。使用下载工具可以提高下载速度并在下载中断后从中断的位置继续下载。大多数下载工具属于免费软件，有些甚至是开源软件，但有些则是收费软件。下载工具利用网络，通过HTTP、FTP、ed2k、torrent等协议，可以下载数据(电影、软件、图片等)到计算机上。这里以迅雷为例来讲解下载工具的安装过程。

步骤1：登录迅雷产品中心(http://dl.xunlei.com/)，在产品中心会看到迅雷的产品。

步骤2：根据计算机所用系统，选择下载适合的迅雷安装程序。

步骤3：迅雷安装程序下载完成后，启动安装，如图3-4-22所示，勾选"已阅读并同意迅雷软件许可协议"并点击"快速安装"即可安装迅雷。

步骤4：迅雷开始进行安装(见图3-4-23)，然后点击"确定"按钮，完成安装。

图3-4-22　迅雷安装步骤3

图3-4-23　迅雷安装步骤4

步骤5：安装完成后会启动迅雷，点击"配置"，可设置下载的目录，如图3-4-24所示。

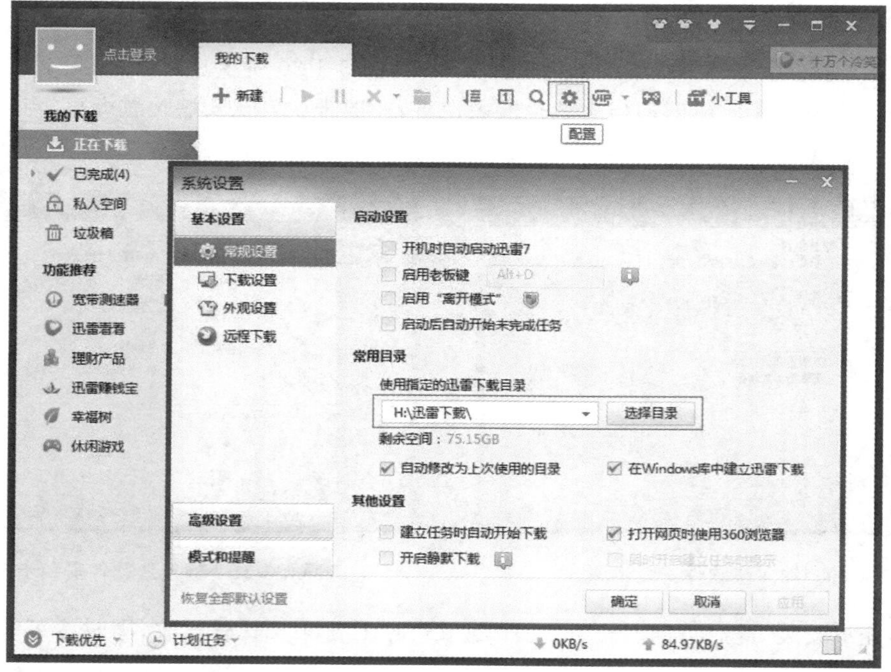

图3-4-24　迅雷设置

七、浏览器的安装

常用的浏览器有百度浏览器、360 浏览器、遨游浏览器、腾讯浏览器等，用户可根据爱好和需要选择浏览器。这里以百度浏览器安装为例来演示浏览器的安装过程。

步骤 1：下载百度浏览器安装程序，计算机会自动运行已安装好的迅雷来下载。

步骤 2：百度浏览器安装程序下载完成，运行百度浏览器安装程序，如图 3-4-25 所示。

步骤 3：点击“立即安装”进行安装，如图 3-4-26 所示。

图 3-4-25　安装浏览器步骤 2

图 3-4-26　安装浏览器步骤 3

步骤 4：安装完成后计算机会自动运行百度浏览器，进入默认首页，如图 3-4-27 所示，默认首页可以通过浏览器右上角的设置进行更改。

图 3-4-27　进入百度浏览器默认首页

 **注意**

不同浏览器的页面有所不同，但都有搜索栏、常用工具、设置等。

八、聊天软件的安装

常用的聊天软件有QQ、旺旺和微信等。这里以QQ的安装来讲解聊天软件的安装。

步骤1:登录腾讯官方网站 http://www.qq.com/,选择要下载的QQ安装程序,进入下载页,点击“立即下载”按钮,若已安装迅雷,则计算机可启动迅雷来下载QQ安装程序。

步骤2:QQ安装程序下载完成后,直接运行进入安装界面,如图3-4-28所示。

步骤3:点击“立即安装”进入安装过程(见图3-4-29),若计算机安装过QQ,则计算机会先自动卸载再安装新版本QQ。

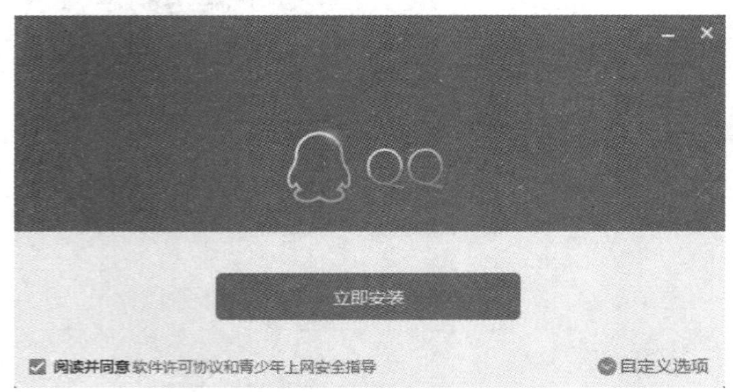

图3-4-28 安装QQ步骤2

图3-4-29 安装QQ步骤3

步骤4:安装完成,如图3-4-30所示,提示可安装腾讯公司的其他软件,用户可以根据需要选择,若不需要安装则不选择。

步骤5:安装完成后计算机会启动QQ(见图3-4-31),提示用户登录,若没有QQ号,则用户需要先注册账号。

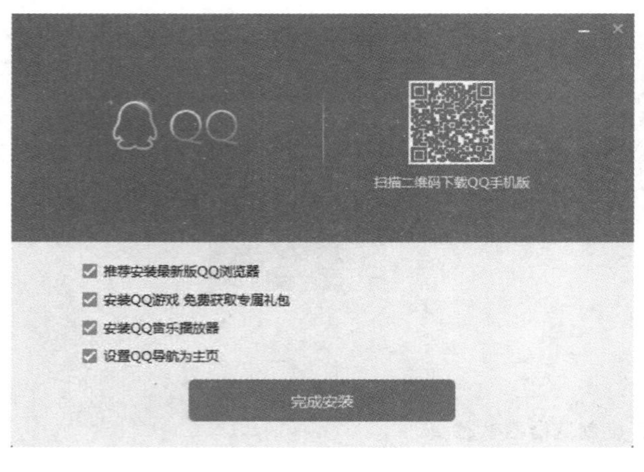

图3-4-30 QQ安装完成

图3-4-31 启动QQ

QQ和旺旺等都有电脑版、安卓版和iOS版不同版本,它们也可以安装到手机或平板电脑上。

九、图像浏览软件的安装

图像浏览软件有 ACDSee、美图看看、看图王等，常用的图像浏览软件是 ACDSee。ACDSee 简单易用，它集合了各种省时、省力的工具，用 ACDSee 管理用户规模日益增长的相片集，非常方便。

这里以 ACDSee 的安装为例来讲解图像浏览软件的安装过程。

步骤 1：下载 ACDSee 安装程序。

步骤 2：运行 ACDSee 安装程序，出现安装向导，如图 3-4-32 所示。

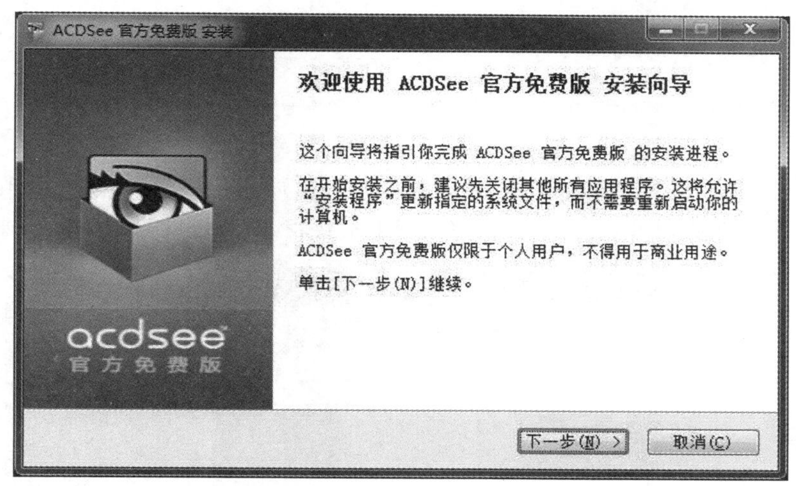

图 3-4-32　ACDSee 安装向导

步骤 3：点击"下一步(N)"，进行安装，会出现许可证协议（见图 3-4-33），点击"我接受(I)"，继续进行安装。

图 3-4-33　接受许可证协议

步骤 4：在图 3-4-34 所示窗口中选择安装方式，可选择自定义以有选择性地安装 ACDSee、取消不需要的部分，确定后点击"下一步(N)"，继续进行安装。

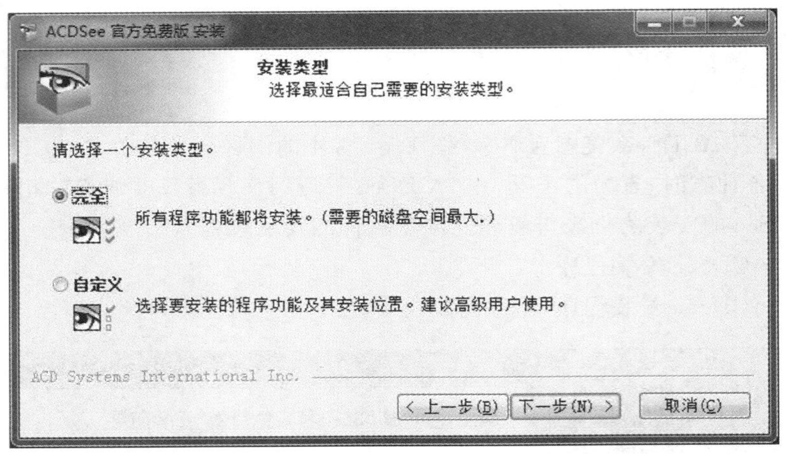

图 3-4-34 选择安装方式

步骤 5:上一步骤完成后会弹出如图 3-4-35 所示的窗口,用户可以在该窗口中选择安装路径,一般情况下安装路径默认即可,点击“下一步(N)”按钮安装,安装进度界面如图 3-4-36 所示。

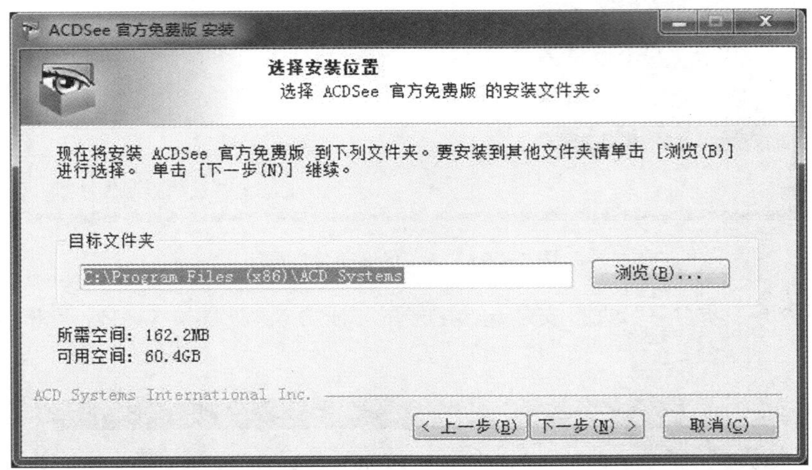

图 3-4-35 选择安装位置

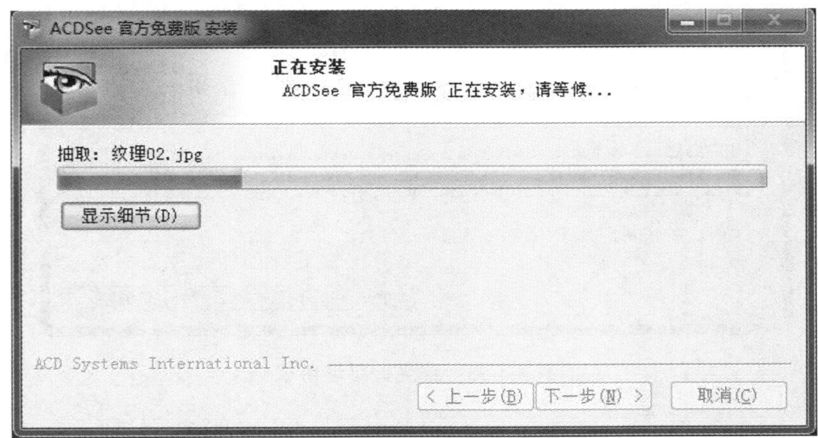

图 3-4-36 安装进度界面

步骤 6:安装完成,计算机可启动 ACDSee。

十、音频播放软件、视频播放软件的安装

常用的音频播放软件有 QQ 音乐、酷狗音乐(见图 3-4-37)等。常用的视频播放软件有 QQ 影音(见图 3-4-38)、暴风影音等。如 QQ 音乐和 QQ 影音可以到腾讯官方网站上下载,安装采用向导方式,过程简单,所以这里不再演示说明。

目前,音频播放软件不但可以查看本要歌曲,还可以播放网络上的音乐,非常方便。视频播放软件主要播放本地视频,有的视频播放软件也可以播放网络视频。

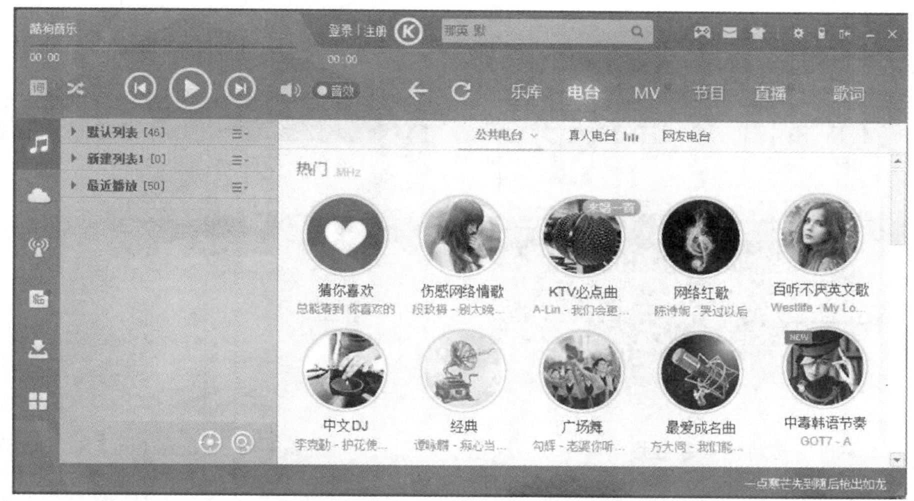

图 3-4-37 酷狗音乐

图 3-4-38 QQ 影音

十一、图像处理软件的安装

图像处理软件不仅可以处理照片和图片的修改,而且还可以设计平面装饰图案。Photoshop

是常用的图像处理软件，用于对图像进行编辑加工处理以及运用一些特殊效果。平面设计是 Photoshop 应用最为广泛的领域，无论是图书封面上的图像，还是招贴、海报上的图像，通常都需要使用 Photoshop 进行处理。

Photoshop 的版本是 CS 版，用户可搜索中文免费版来安装、使用。

步骤 1：登录 Adobe 官方网站 http://www.adobe.com/cn/，下载 Photoshop CS6 安装程序，也可以从前文介绍的网站上下载 Photoshop CS6 安装程序。

步骤 2：Photoshop 安装程序下载完成后对其解压，双击 Set-up.exe，即可初始化安装程序，如图 3-4-39 所示。

步骤 3：初始化安装程序完成后出现如图 3-4-40 所示的窗口，用户可以在该窗口中选择安装或试用。

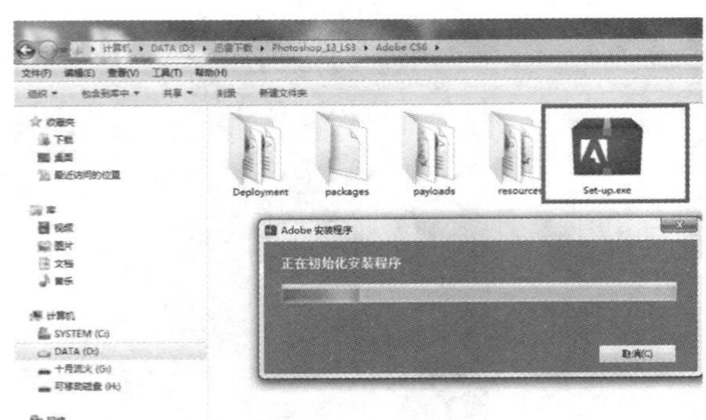

图 3-4-39　初始化安装程序

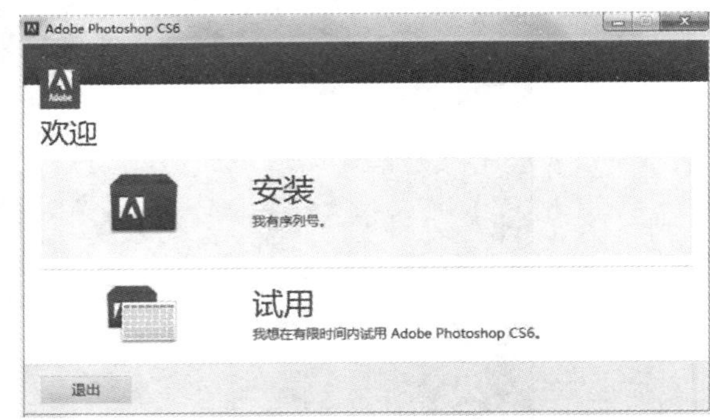

图 3-4-40　Photoshop CS6 安装选项

步骤 4：选择安装，即正常安装，此时会出现许可协议(见图 3-4-41)，点击“接受”继续安装。

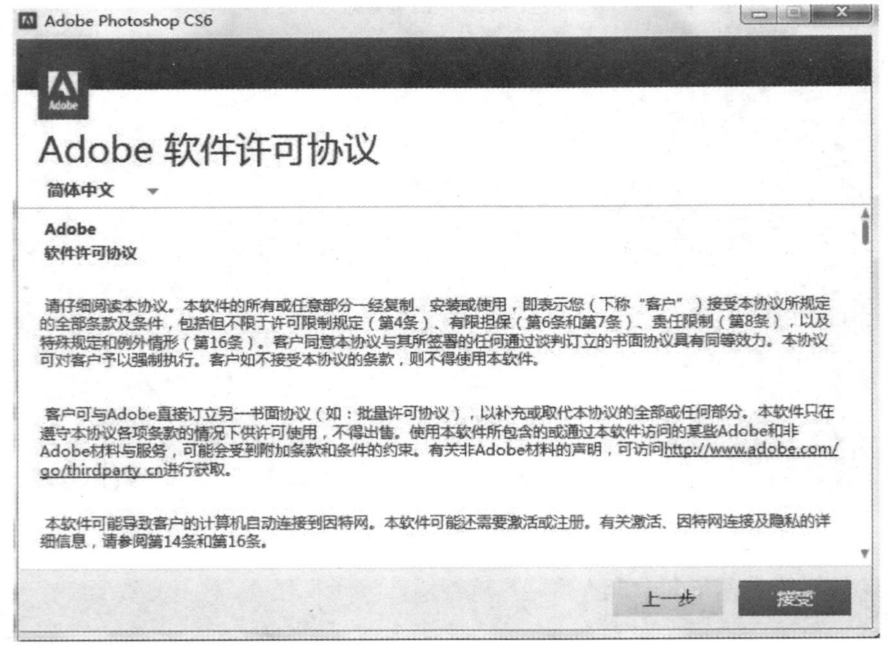

图 3-4-41　Photoshop CS6 安装许可协议

步骤 5：在图 3-4-42 所示的窗口中选择安装版本，若是 64 位操作系统，并且内存容量达到 8 GB以上，则推荐安装 Adobe Photoshop CS6(64 Bit)，点击“安装”。

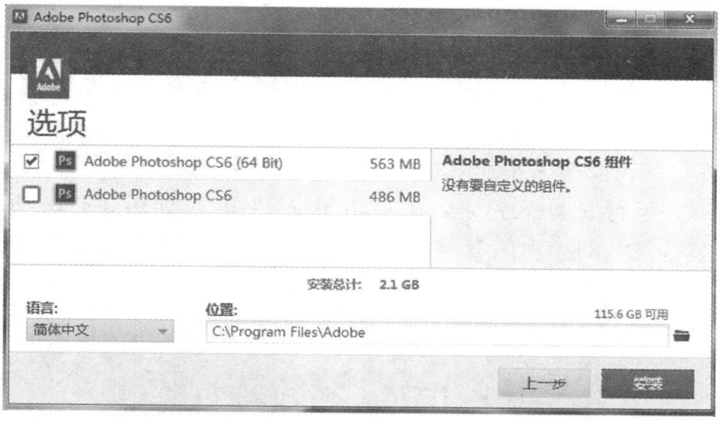

图 3-4-42 选择 Photoshop CS6 安装版本

步骤 6：安装完成后，会出现输入产品序列号的窗口，在该窗口输入获取的序列号，如图 3-4-43 所示，点击“下一步”继续安装。

步骤 7：安装完成，如图 3-4-44 所示。

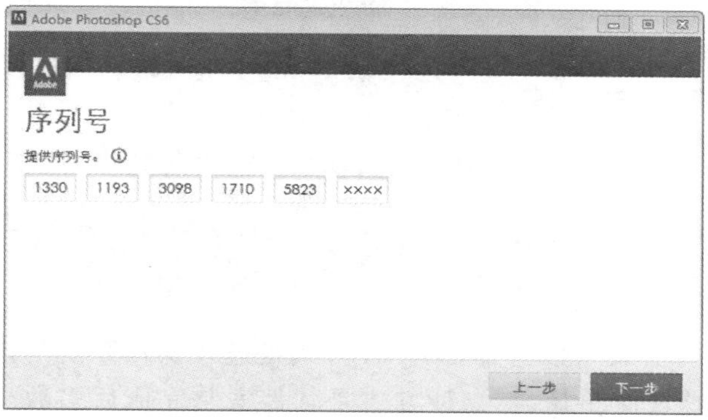

图 3-4-43 Photoshop CS6 安装密钥

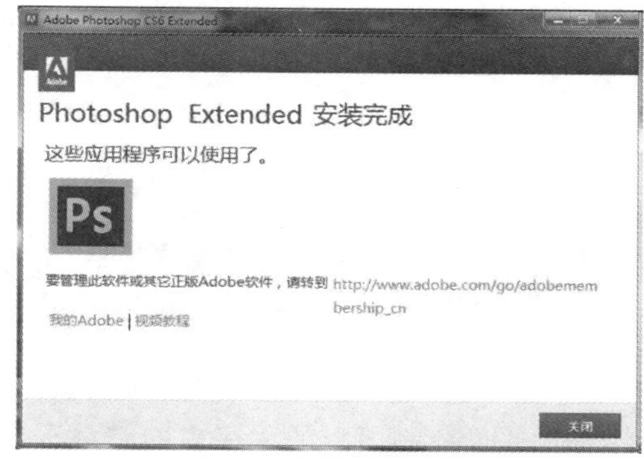

图 3-4-44 Photoshop CS6 安装完成

启动 Photoshop，会显示个性化的 Logo(见图 3-4-45)。

图 3-4-45 Photoshop CS6 的 Logo

十二、网络视频软件的安装

网络视频软件有PPTV、爱奇艺、腾讯视频等，用户可通过百度搜索到官网，从官网上下载网络视频软件客户端。客户端可安装插件，以提供更快捷的网络反应和缓冲能力。与网页版相比，客户端有着更丰富的界面和资源。

这里以爱奇艺客户端的安装来讲解网络视频软件的安装过程。

步骤1：首先下载并运行安装程序.exe文件，出现安装向导，如图3-4-46所示。

步骤2：选择安装目录并阅读和同意使用本软件的用户服务协议，点击"立即安装"继续安装。

图3-4-46　爱奇艺客户端安装向导

步骤3：此后，连续单击"下一步"，直到安装完成，完成后计算机会自动启动爱奇艺客户端。

十三、软件的卸载

可以卸载不再需要的软件。卸载软件有三种方式可以选择：第一种方式是进入操作系统的控制面板，通过控制面板的程序中的卸载程序完成软件卸载；第二种方式是软件安装完成后多数会在开始菜单中生成目录，目录中有卸载的项，点击该项即会出现卸载向导；第三种方式是用安全卫士中的软件管家来对软件进行卸载。

图3-4-47　控制面板

1. 用控制面板中的程序项卸载软件

步骤1：展开开始菜单，菜单右侧有控制面板，点击进入，如图3-4-47所示。

步骤2：点击控制面板的程序中的"卸载程序"，进入程序和功能，如图3-4-48所示。

步骤3：选择要卸载的软件，点击上面的"卸载/更改"项，开始卸载软件(见图3-4-49)，卸载完成后点击"下一步(N)"就会出现程序卸载向导，如图3-4-50所示，点击"完成(F)"，完成软件的卸载。

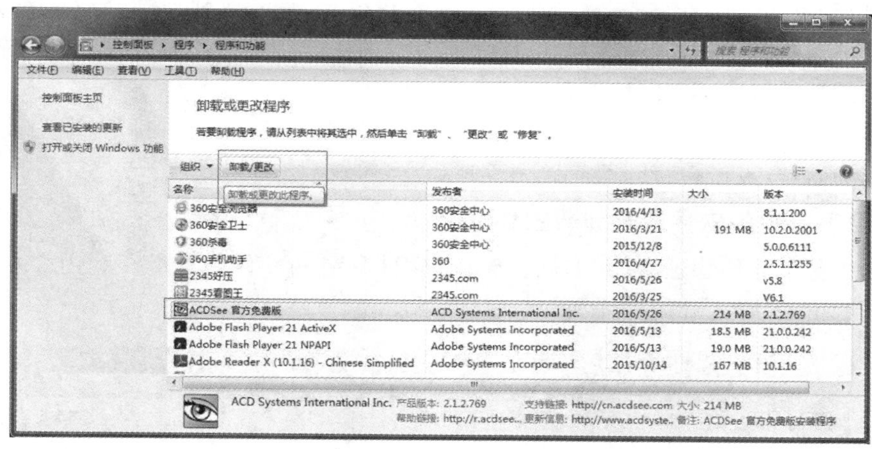

图 3-4-48　程序和功能

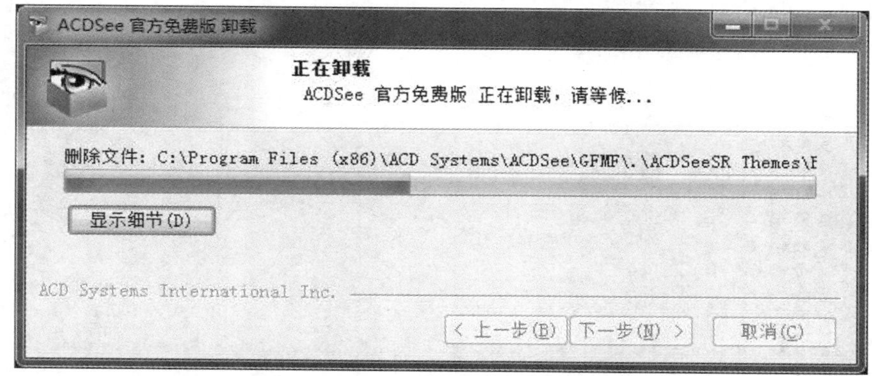

图 3-4-49　卸载软件

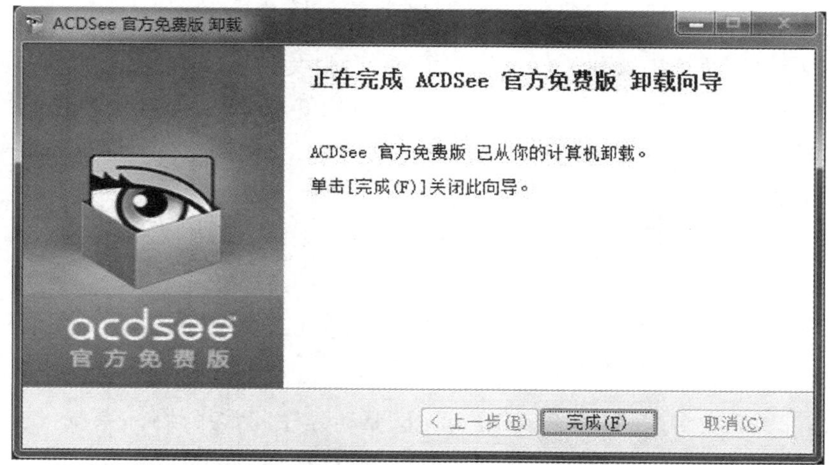

图 3-4-50　程序卸载向导

2. 用软件自带卸载项卸载软件

部分软件安装后在开始菜单加入了菜单项，如浏览器、播放器等，可以通过菜单项启动该软件，菜单项中也会有卸载项，点击该项会进入软件的卸载向导，完成软件的卸载。需要说明的是，并不是所有软件都有卸载项，若没有，可以用上面讲解的用控制面板中的程序项卸载软件，或者通过安全卫士中的软件管家来完成软件卸载。

用软件自带卸载项卸载软件的操作方法是：打开开始菜单，进入所有程序（即安装的软件），点击展开要卸载的软件，点击执行卸载向导完成卸载。

3. 用安全卫士中的软件管家卸载软件

安全卫士中包括软件管理功能，如软件管家、软件升级和软件卸载等。利用 360 安全卫士中的软件管家就能下载软件、升级软件和卸载软件（见图 3-4-51）。

图 3-4-51　用软件管家卸载软件

用安全卫士中的软件管家卸载软件的操作方法是：先关闭要卸载的软件，打开安全卫士软件管家并进入软件卸载页面，然后点击软件后面的卸载按钮卸载，或者勾选要卸载的软件，点击下面的“一键卸载”进行卸载。通过勾选要卸载的软件然后点击“一键卸载”，可以批量卸载软件。

任务 5　计算机系统维护及优化

任务实施　①硬盘的数据备份；②硬盘的数据还原；③计算机系统测试；④系统的优化；⑤系统安全检测与杀毒。

所需资源　①一台台式机（已安装操作系统、驱动程序和常用软件，系统维护与优化使用）；②另一台计算机（也可用同一台；用于上互联网，方便查找相关资料与下载软件文件）。

一、硬盘数据的备份与还原

在安装完操作系统、驱动程序和常用软件后，是需要对硬盘的数据进行备份的，尤其是安装正版操作系统后，因为正版操作系统的安装过程复杂、时间长等。在一般情况下，将操作系统和软件都安装在 C 分区，所以只需要备份 C 分区的数据即可，若系统出错、感染病毒等，则都可以用备份的数据还原，以省去重装系统的烦琐过程。

备份与还原需要用到软件，如易数一键还原、一键 GHOST 等。易数一键还原操作简单，它采用全中文向导式操作界面，支持增量备份与多时间点还原。使用该软件备份了一次系统之后，再次备份系统时，可以只备份系统中改变了的部分，可提高备份速度并节约硬盘空间。另外，采用易数一键还原，进行还原系统操作时可以将系统还原到之前备份的任意的时间点。

易数一键还原是易数科技自主研发的系统备份与还原软件。不同于一键 Ghost、一键还原精灵等基于 Ghost 核心的软件，易数一键还原基于 DiskGenius 内核开发，支持多种还原模式：支持在 Windows 操作系统正常运行时的系统还原；支持在 Windows 操作系统启动时，通过菜单选项还原系统；支持在计算机开机时，按 F11 键还原系统；支持制作启动 U 盘，通过启动 U 盘启动还原系统。

（一）安装备份还原软件

步骤 1：下载一键还原软件安装程序，如易数一键还原安装程序。

步骤 2：双击安装程序（若需要解压，则先对其进行解压，然后双击 Setup. exe），安装一键还原软件。一键还原软件的安装过程简单，在安装向导中完成。易数一键还原的安装如图 3-5-1、图 3-5-2、图 3-5-3 所示。

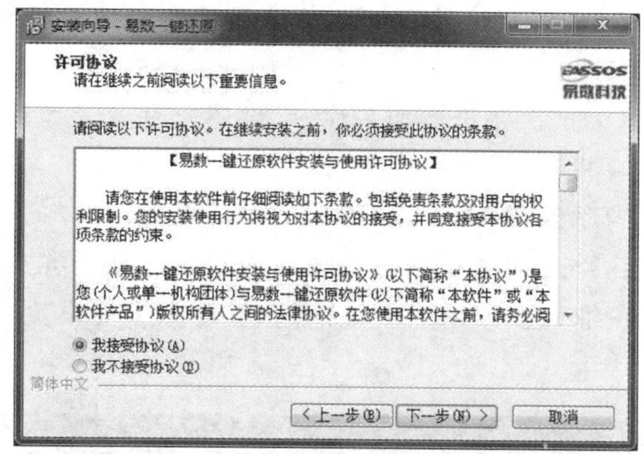

图 3-5-1　易数一键还原的安装一

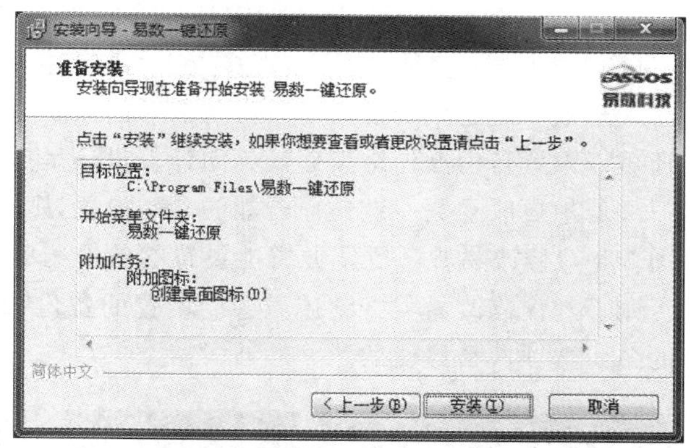

图 3-5-2　易数一键还原的安装二

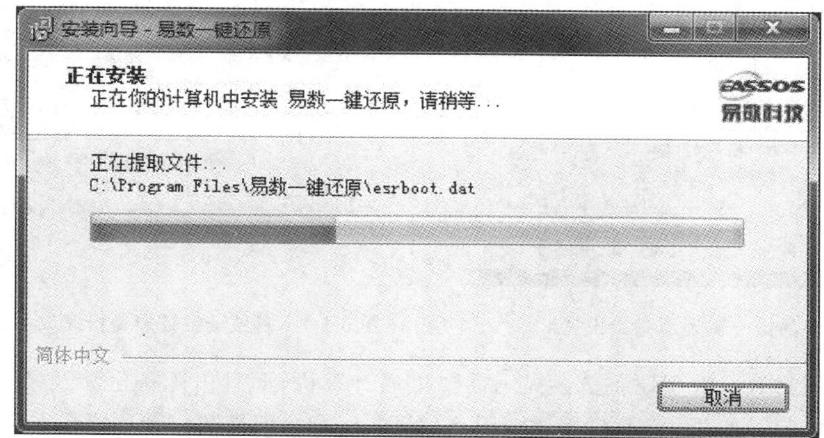

图 3-5-3　易数一键还原的安装三

（二）备份系统

步骤 1：运行易数一键还原，在其主界面（见图 3-5-4）中，点击“备份（F7）”按钮，进入备份系统的操作。

此外，第一次运行易数一键还原时，软件会提示备份系统（见图 3-5-5），如果选择“是（Y）”，则易数一键还原也会开始备份系统的操作。

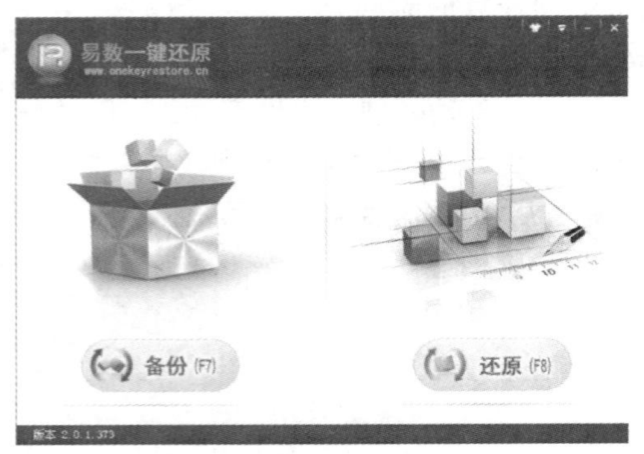

图 3-5-4　易数一键还原的主界面

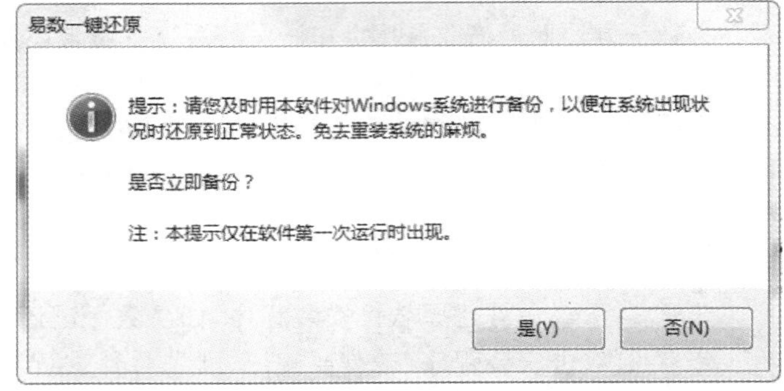

图 3-5-5　易数一键还原首运行备份提示

步骤 2：参数设置。易数一键还原会根据电脑的硬盘使用状况，智能地选择最优的参数设置（见图 3-5-6），大多数情况下，直接点击“开始”按钮即可。

易数一键还原支持增量备份与多时间点还原，可以为本次备份添加备注，以供还原时做参考，还可以设置备份操作结束后是关闭计算机还是重启计算机。

若想更改易数一键还原智能的参数设置，则点击“高级选项”按钮，在弹出的备份选项窗口（见图 3-5-7）修改易数一键还原智能设置的备份选项，不过，除非对系统备份与还原的知识非常了解，否则不建议修改易数一键还原智能设置的备份选项，在绝大多数情况下，易数一键还原智能设置的备份选项都是最优的。

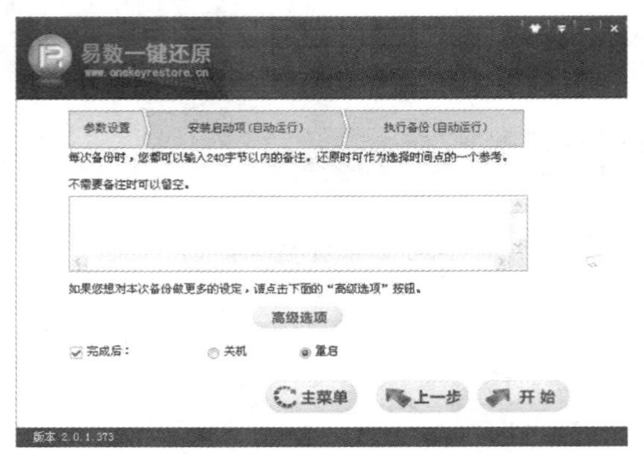

图 3-5-6　易数一键还原参数设置

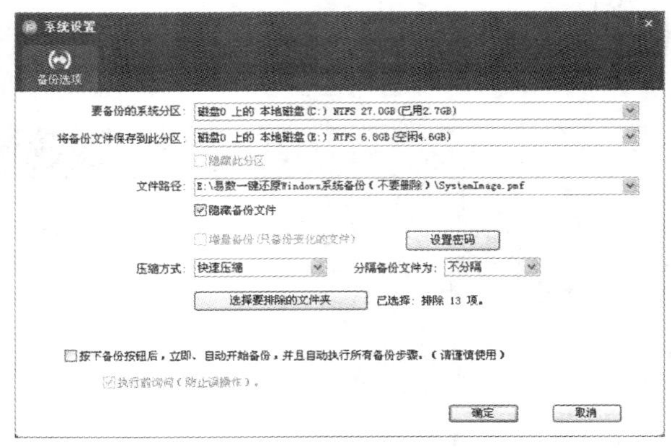

图 3-5-7　易数一键还原备份完成后备份选项窗口

步骤 3：使用易数一键还原备份会提示需要重启计算机，而且由于备份涉及硬盘底层，所以接下来的操作有可能会被防病毒软件警告或阻止（见图 3-5-8），但易数一键还原是安全的。

备份时易数一键还原会自动重启系统，进入到 DOS 模式，执行系统分区的备份操作。

易数一键还原的备份速度是非常快的,通常都能够达到 1 GB/min 以上。使用易数一键还原备份一个 Windows 10 操作系统,只需要几分钟。如果没有修改备份时默认的备份完成后的操作选项,则易数一键还原备份完系统后,又会自动重新启动到 Windows 桌面。

易数一键还原备份系统的过程如图 3-5-9 所示。

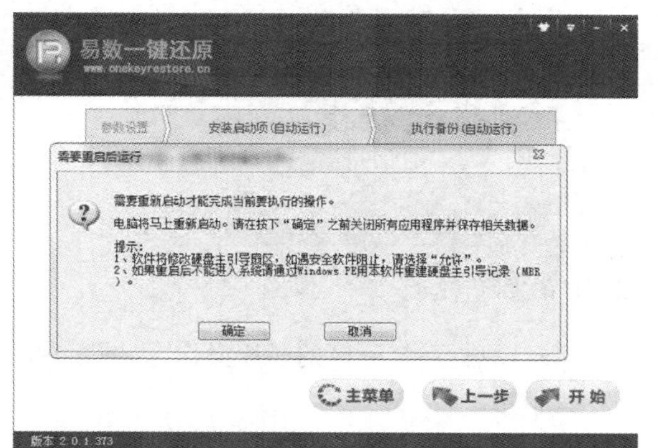

图 3-5-8　易数一键还原提示

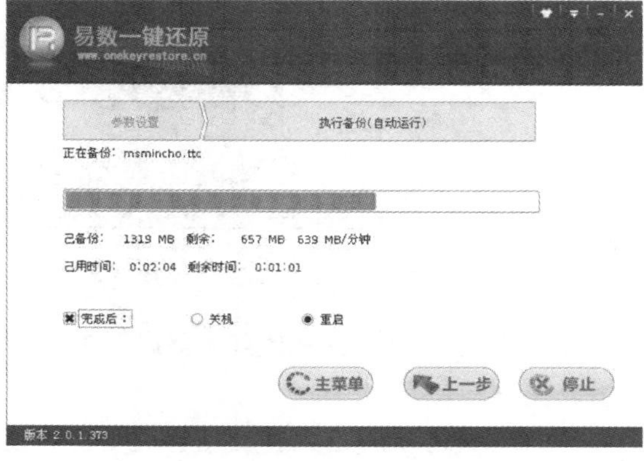

图 3-5-9　易数一键还原软件备份系统的过程

（三）还原系统

还原系统一般有三种方式:第一种方式是在 Windows 桌面运行一键还原软件;第二种方式是开启计算机时在 Windows 操作系统尚未启动时按热键(如 F3 键)运行一键还原软件;第三种方式是创建一键还原启动 U 盘,进入到易数一键还原中。

本文介绍的是在 Windows 操作系统能够正常运行的情况下,如何使用易数一键还原还原系统。

步骤 1:运行易数一键还原,在其主界面中,点击“还原”按钮,进入还原系统的操作。

易数一键还原软件会提示用户选择还原的时间点即还原点(见图 3-5-10),用户在每次备份时输入的备注也会在这里显示出来。

步骤 2:点击“下一步”按钮,软件会显示还原的信息请用户确认请求,如图 3-5-11 所示。

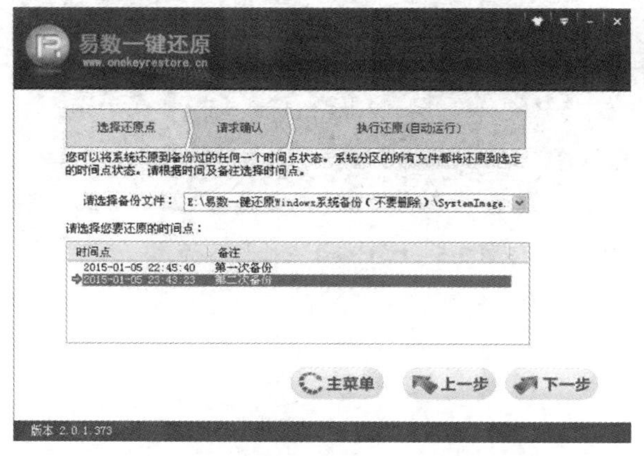

图 3-5-10　选择还原点

图 3-5-11　一键还原软件系统的确认请求

步骤 3:使用易数一键还原还原会提示用户需要重新启动计算机,以及因为涉及硬盘底层,接下来的操作有可能会被防病毒软件警告或阻止一键还原，注意取消阻止，如图 3-5-12 所示，点击“确定”开始还原系统。

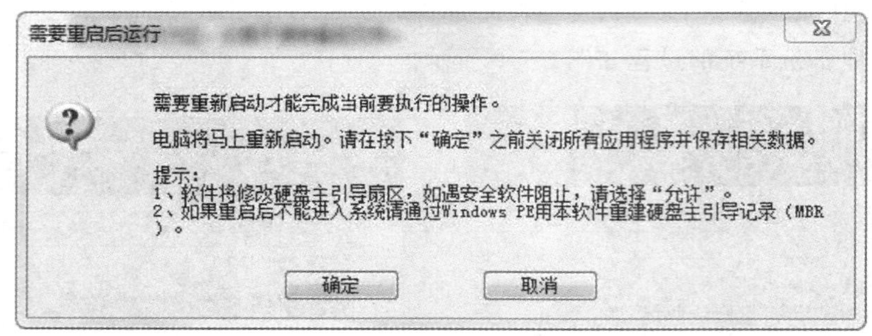

图 3-5-12　易数一键还原的提示

步骤 4：易数一键还原会自动重启系统，进入到 DOS 模式，执行系统分区的还原操作，如图 3-5-13 所示。

易数一键还原的还原速度比它的备份速度要快。还原完系统后，计算机又会自动重新启动到 Windows 桌面。

（四）Ghost 备份与还原系统

经典的系统备份与还原软件是 Ghost（克隆软件），WinPE 的启动盘中都有该软件。Ghost 的主要功能是以硬盘的一个分区或整个硬盘为单位完成硬盘与硬盘之间的克隆、硬盘分区之间的克隆、整个硬盘或一个分区的数据压缩备份成镜像文件、将备份的镜像文件恢复到硬盘或硬盘的一个分区等操作。

运行 Ghost 后，首先会出现软件的版权信息界面，然后出现的是 Ghost 主操作界面（见图 3-5-14）。

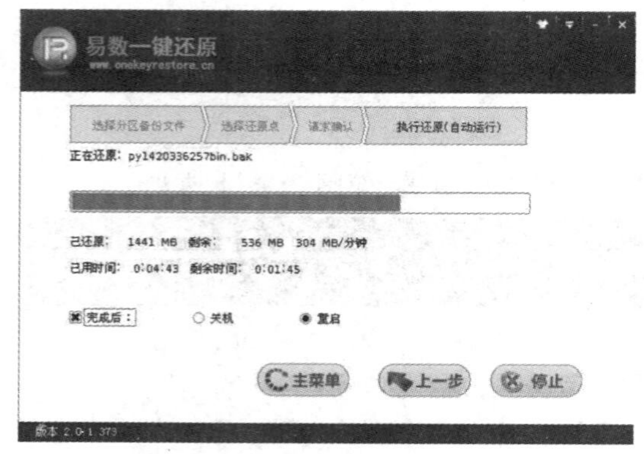

图 3-5-13　一键还原软件系统的还原操作

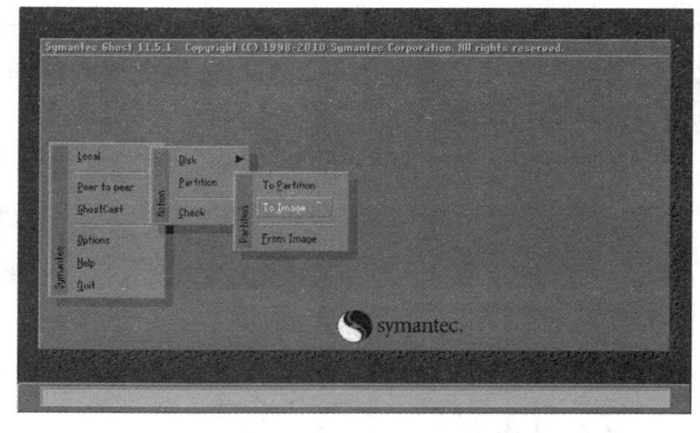

图 3-5-14　Ghost 主操作界面

主操作界面中共有以下几个选项。

（1）Local：操作本地硬盘。

（2）Disk：对整盘操作，至少要两个硬盘。

①To Disk：从一个硬盘复制到另一个硬盘，又称为整盘复制。

②To Image：将硬盘的整盘数据备份压缩成镜像文件。

③From Image：选择一个镜像文件来恢复整盘数据。

(3)Partition:对分区进行操作,至少要两个分区。

①To Partition:将一个分区的内容完整地复制到另一分区中。

②To Image:将一个分区的内容备份压缩成镜像文件。

③From Image:选择一个镜像文件来恢复分区数据。

(4)Check:数据检测。

①Check Image:当镜像文件有损坏时,用来检测和修复镜像文件。

②Check Disk:当硬盘出现错误时,用来检测和修复硬盘。

(5)NetBios:建立局域网连接。

(6)Options:参数设置,用来完成一些更高级的功能。

(7)Quit:退出程序。

注意:以上功能中,Local 是免费使用的,其他功能只有注册后才能使用。

1. 系统分区的数据备份

系统分区即安装操作系统的分区。

步骤 1:首先用启动盘将计算机启动到纯 DOS 模式下,执行 Ghost. exe 文件,在显示出 Ghost 主操作界面后,选择 Local—Partition—To Image,屏幕显示出硬盘选择画面和分区选择画面(见图 3-5-15),根据需要选择所需要备份的硬盘即源盘,若只有一块硬盘,则按回车键即可。

步骤 2:选择硬盘后,选择需要备份的分区,如图 3-5-16 所示,按回车键继续。

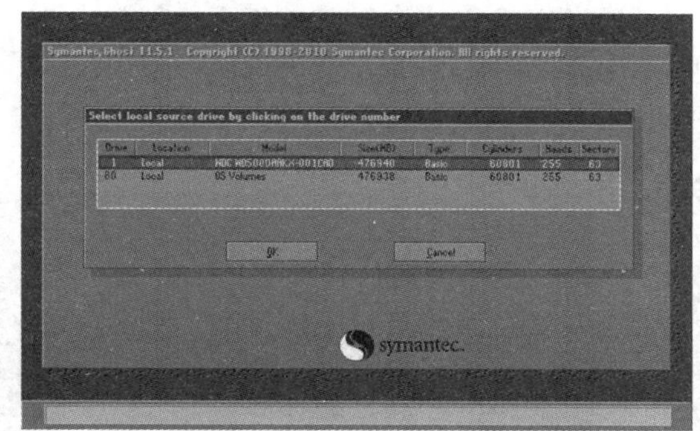

图 3-5-15　硬盘选择画面和分区选择画面

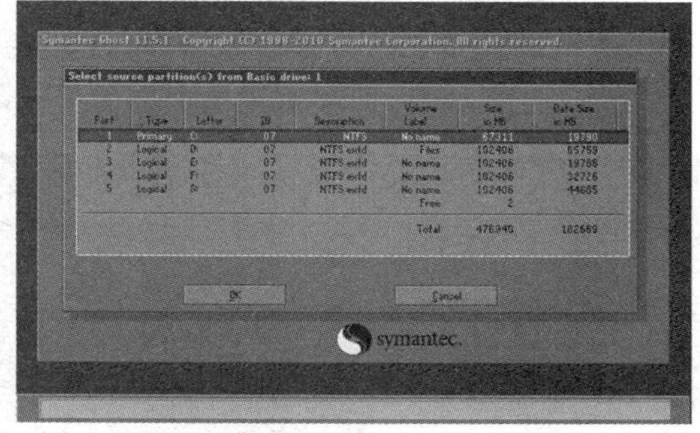

图 3-5-16　选择要备份的分区

步骤 3:屏幕显示出存储镜像文件的画面,选择相应的目标盘(见图 3-5-17),输入文件名(见图 3-5-18),默认扩展名为 GHO。

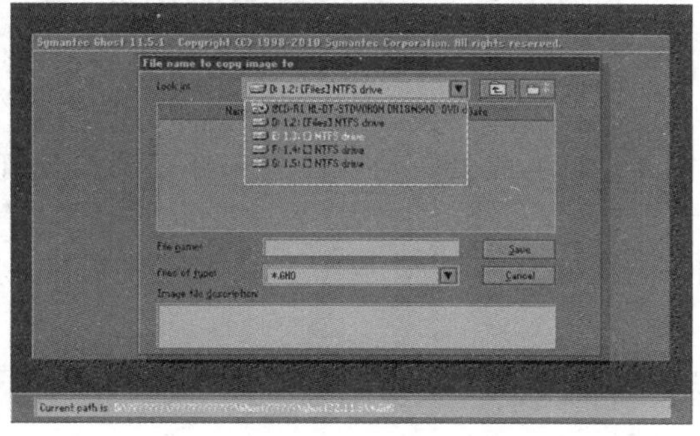

图 3-5-17　选择目标盘

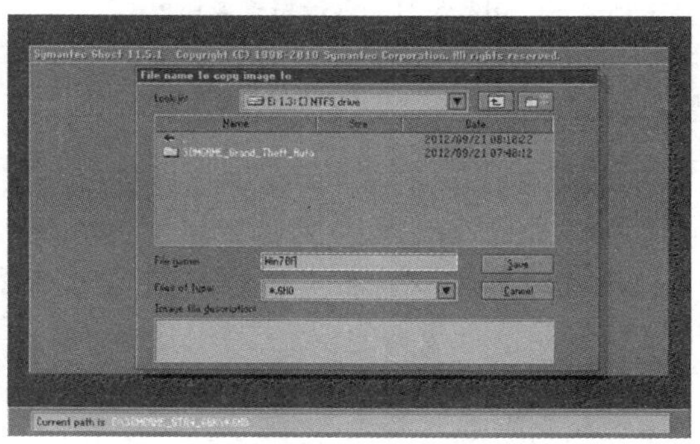

图 3-5-18　输入文件名

步骤 4:在压缩镜像文件的对话框(见图 3-5-19)中进行选择 No(不压缩)、Fast(低压缩比)或 High(高压缩比),推荐选择 High。

步骤 5:在确认的对话框中选择“Yes”按钮后,Ghost 将开始生成镜像文件,如图 3-5-20 所示。

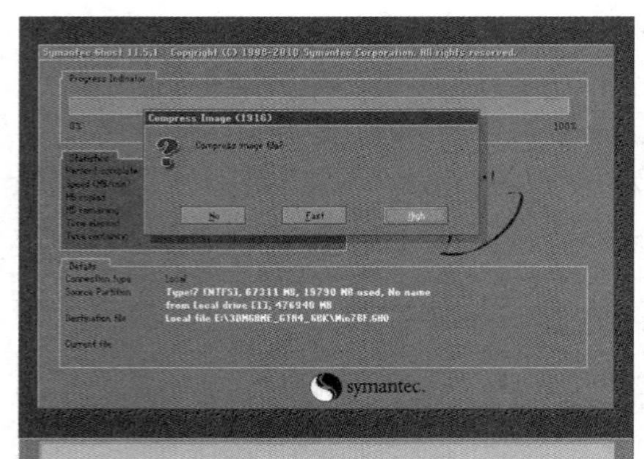

图 3-5-19 压缩镜像文件的对话框

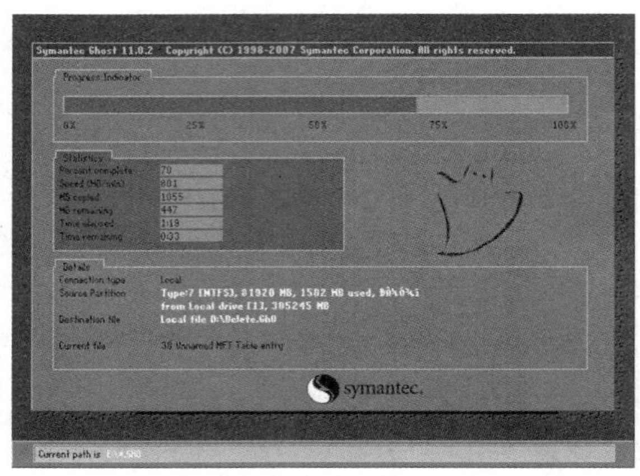

图 3-5-20 生成镜像文件

备份完成后,Ghost 会出现提示,此时可以关闭计算机或重启计算机。

2. 系统分区的数据还原

计算机的软件系统在使用中出现了软件故障时,可通过镜像文件将系统恢复至原始状态。

步骤 1:进入 Ghost 主操作界面,选择 Local—Partition—From Image,如图 3-5-21 所示。

步骤 2:选择源盘,即存储镜像文件的分区(见图 3-5-22),然后选择镜像文件(见图 3-5-23)。

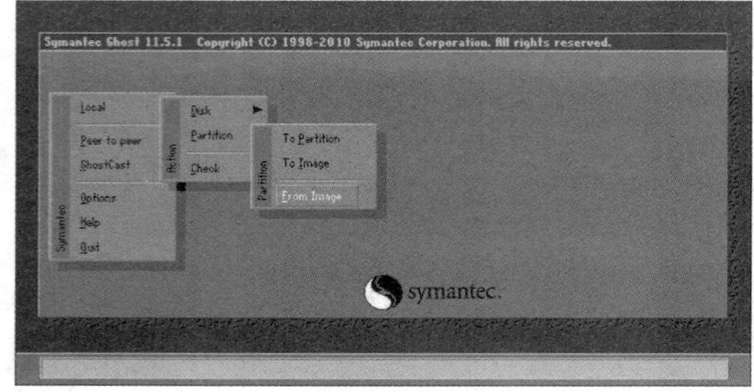

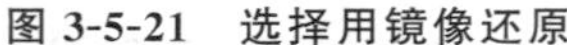
图 3-5-21 选择用镜像还原

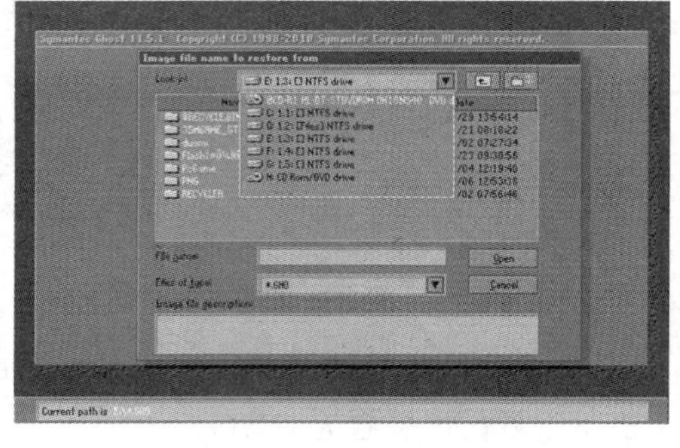

图 3-5-22 选择存储镜像文件的分区

步骤 3:在接下来的对话框中选择目标盘(见图 3-5-24),目标盘要选择正确,若错误则会造成数据丢失。

步骤 4:在接下来的对话框中选择目标分区(见图 3-5-25),此处一定要注意选择正确的盘符,如果选择错误,则此分区所有的资料都将被全部覆盖。

步骤 5:目标分区选择完成后,会出现会覆盖文件,是否进行的提示(见图 3-5-26),选择“Yes”,Ghost 将开始进行数据的恢复工作(见图 3-5-27)。

步骤 6:还原工作结束后,软件会提示要重新启动计算机(见图 3-5-28),点击“Reset Computer”重启计算机,完成还原。

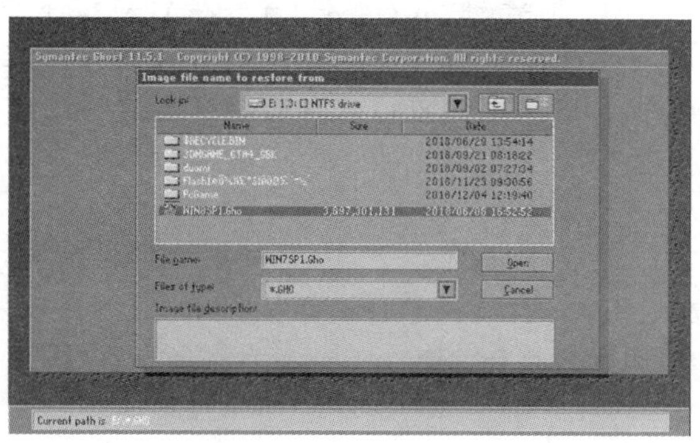

图 3-5-23　选择镜像文件

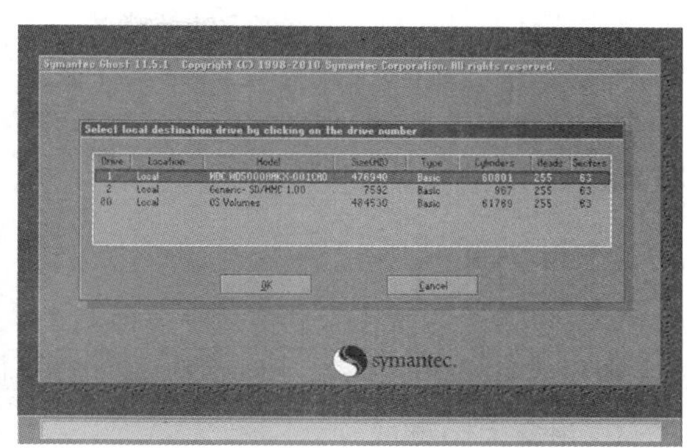

图 3-5-24　选择目标盘二

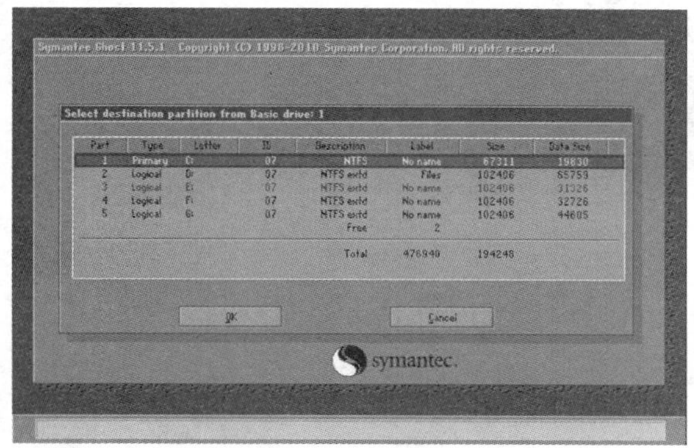

图 3-5-25　选择目标分区

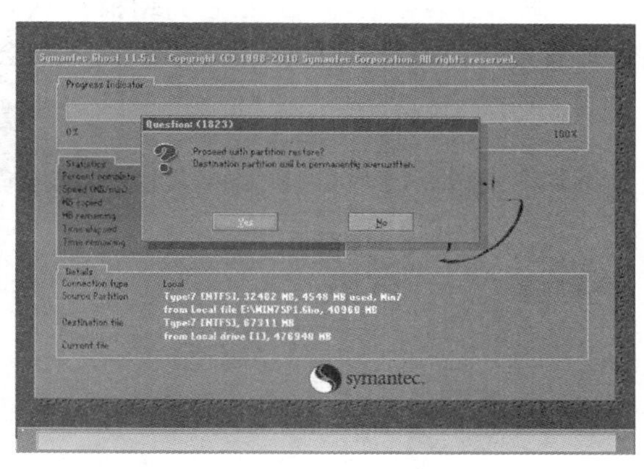

图 3-5-26　提示是否进行还原

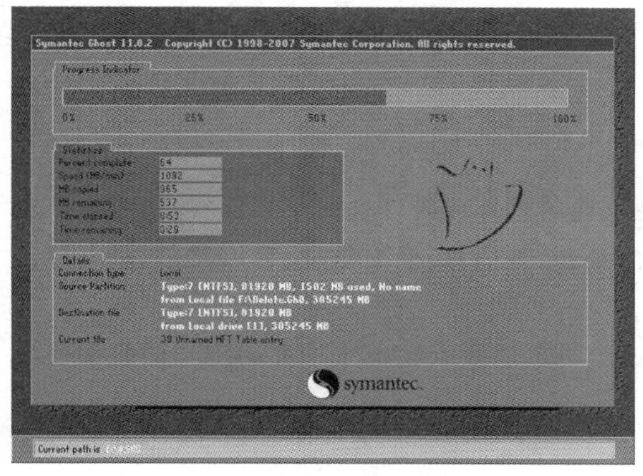

图 3-5-27　进行还原

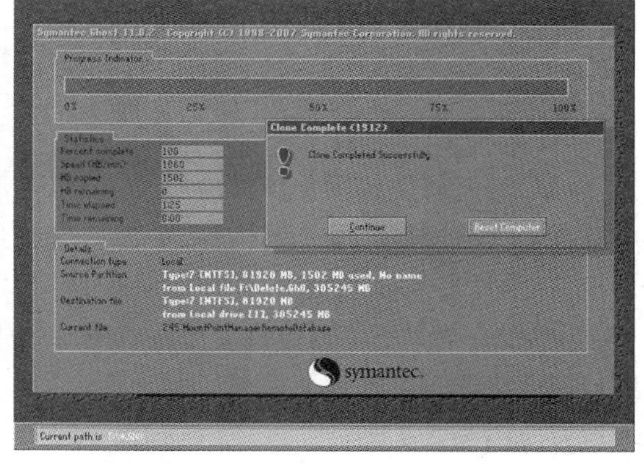

图 3-5-28　还原完成提示重启计算机

二、计算机系统测试

计算机系统测试包括基本测试与性能测试两大类。基本测试用鲁大师和 CPU-Z 即可。性能测试包括 CPU 处理能力、显卡图形处理能力、内存、硬盘性能等测试，测试软件有 3DMark 系列软件(是主要针对显卡以及部分 CPU 性能的专业测试软件)、PCMark 系列软件(是主要针对整体平台运算性能的专业测试软件)、MemTest 软件(是对内存进行监测以及性能测试的辅助软件)、FurMark软件(是针对显卡图形能力的重负载测试软件,同时可监测重负载时的显卡温度)和 HD Tune 软件(是针对硬盘的磁盘性能测试软件)。

(一) 基本测试

计算机系统基本测试主要是对硬件系统的性能进行测试,测试软件有鲁大师和 CPU-Z 等。鲁大师测试包括硬件体检、硬件检测、温度管理和性能测试等几个方面。

1. 用鲁大师测试

这里只说明用鲁大师进行硬件体检和硬件检测,其他几个方面不做介绍。

下载并安装鲁大师,首先进行硬件体检(见图 3-5-29),包括进行硬件信息、清理优化、硬件防护、硬件故障等检测,硬件体检完成后,鲁大师会提供系统硬件、软件情况报告。

图 3-5-29 计算机硬件体检

然后进行硬件检测。硬件检测完成后,点击硬件检测可查看硬件检测结果,硬件检测结果以电脑概览、硬件健康、处理器信息、主板信息、内存信息、硬盘信息、显卡信息、显示器信息、其他信息、功耗结算形式分类显示,如图 3-5-30 所示。

说明:安全卫士中也包含了硬件检测功能或软件,也可以在安全卫士的界面中找到检测模块进行硬件检测。

2. 用 CPU-Z 测试

步骤 1:下载并安装 CPU-Z。需要提醒的是,有的 CPU-Z 是绿色版的,不必安装,可直接运行。

步骤 2:运行 CPU-Z,CPU-Z 界面是 Windows 常规窗口,由处理器、主板、内存、SPD、显卡等几个页构成,点击即可切换。

步骤 3:检测处理器(CPU)和处理器缓存,如图 3-5-31 所示。

步骤 4:检测主板参数,如图 3-5-32 所示。

步骤 5:检测内存参数和 SPD 内存信息,如图 3-5-33 所示。

图 3-5-30　计算机硬件检测

步骤 6：检测显卡参数和传感器(见图 3-5-34)。CPU-Z 对显卡参数的检测过于简单，显卡是一个复杂的硬件设备，要想对其参数进行更深一步的检测，可用 CPU-Z 推出 TechPowerUP GPU-Z，这是一款检测显卡信息的专业软件。

(a) 检测处理器

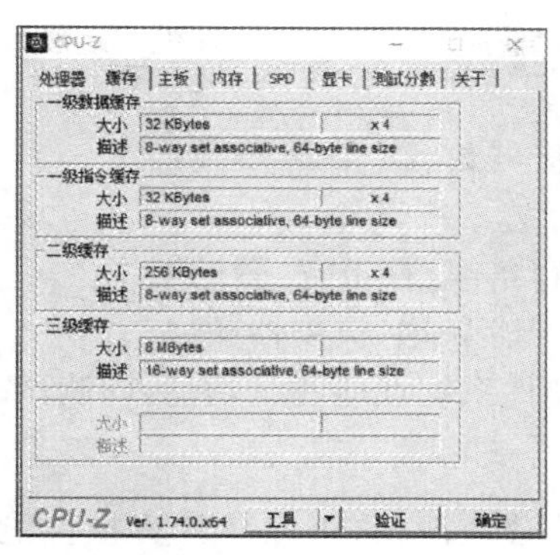

(b) 检测处理器缓存

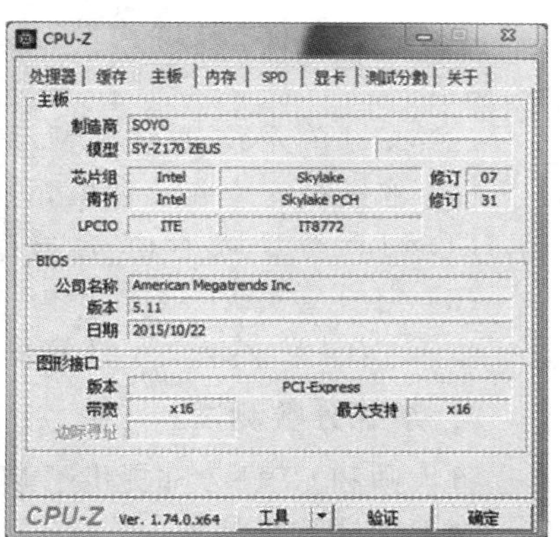

图 3-5-31　检测处理器和处理器缓存

图 3-5-32　检测主板参数

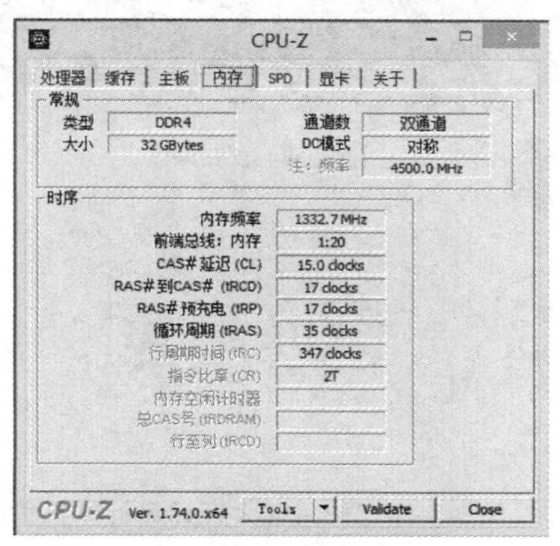

(a) 检测内存参数

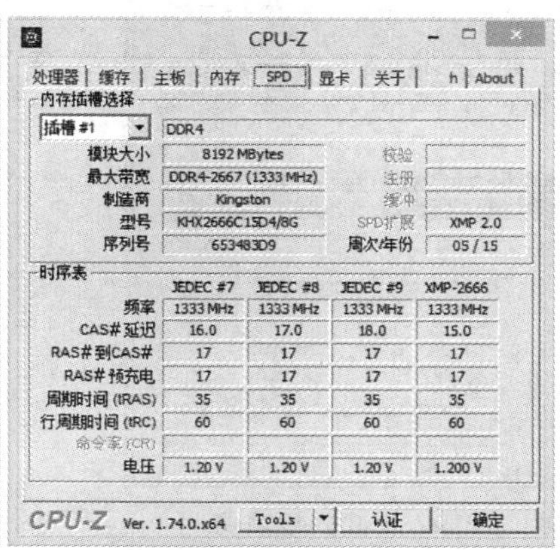

(b) 检测SPD内存信息

图 3-5-33　检测内存参数和 SPD 内存信息

(a) 检测显卡参数

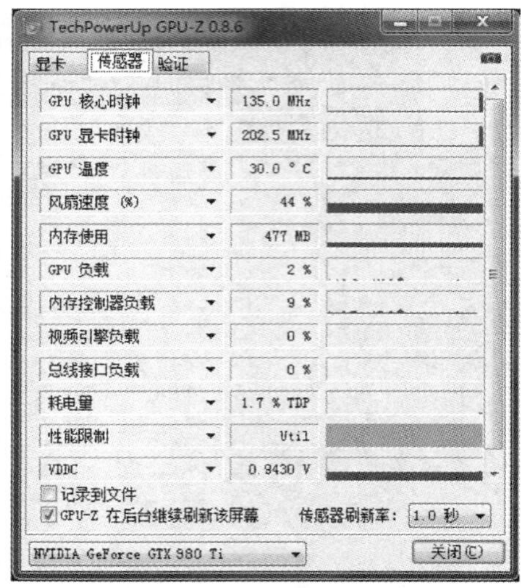

(b) 检测传感器信息

图 3-5-34　检测显卡参数和传感器信息

TechPowerUP GPU-Z 能够检测内容如下。

(1) 设备名称、GPU 代号、步进、制造工艺、核心面积、发布日期、晶体管数、BIOS 版本、设备 ID、制造商。

(2) 光栅单元数、总线类型、渲染器数、DirectX 支持版本。

(3) 像素填充率和纹理填充率。

(4) 显存类型、显存位宽、显存容量、显存带宽、驱动版本。

(5) 当前及默认的 GPU 频率、显存频率、渲染器频率。

步骤 7:CPU-Z 增加了计算机硬件系统性能测试功能,即测试分数功能,如图 3-5-35 所示。

3. 系统分数测试

鲁大师和 CPU-Z 都提供了系统分数测试,可以对计算机性能进行评分。如图 3-5-36 为使用鲁大师评测计算机性能。

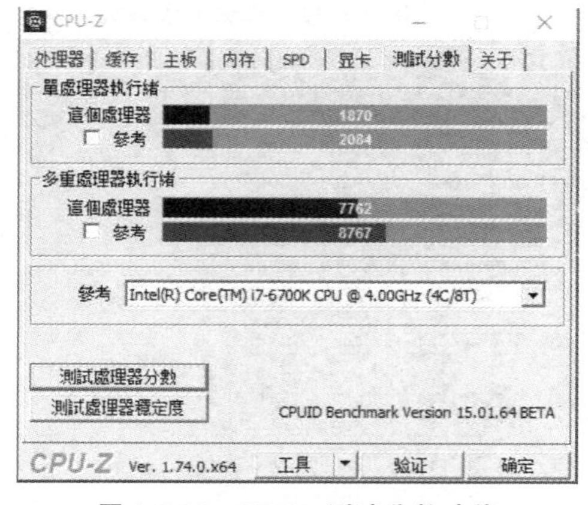

图 3-5-35　CPU-Z 测试分数功能

图 3-5-36　使用鲁大师评测计算机性能

性能测试的分数仅供参考,可以搜索专业的测试软件对计算机性能进行测试、评分。

（二）专业性能测试

专业性能测试包括 CPU 性能测试、内存性能测试、显卡性能测试、游戏性能测试、SSD 性能测试等。计算机是一个整体，其硬件和软件是协调工作的，某硬件的测试是离不开其他硬件、操作系统和驱动程序的支持的。在这里对专业性能测试只做简单要介绍。

1. CPU 性能测试

可用 3DMark 11 和 Fritz 国际象棋等测试 CPU 的理论性能，用 GTA5、孤岛惊魂等测试 CPU 的游戏性能。由于 CPU 都集成了显卡，所以可用 3DMark 测试集成显卡的性能。

2. 内存性能测试

内存的性能与 CPU 的性能是分不开的，可采用 Fritz 国际象棋、CineBench、FHD BenchMark 等测试内存的性能。

3. 显卡性能测试

显卡的性能和游戏的性能是分不开的，可用 3DMark 11 等对 DX11 测试，若采用的是 DX12，需要用 3DMark 12 对其进行测试，再结合游戏性能测试。

4. 游戏性能测试

游戏性能测试是对 CPU、内存、显卡、主板等硬件和操作系统等软件系统进行的综合测试。

5. SSD 性能测试

可用 ATOO Disk Benchmark 或 CrystalDiskMark 对 SSD 进行读写性能测试。

6. 网络性能测试

可通过下载和上传文件测试网络性能。

7. 功耗测试

功耗分为待机时平台功耗、游戏功耗和满载时平台功耗三种，可用 FurMark 和 Prime 测试功耗，测试前应使 CPU 和 GPU 满负载工作，温度升至最高。功耗测试对 CPU、显卡有害，不要经常测试和长时间测试功耗。

三、计算机安全检测与杀毒

现在病毒几乎无处不在，只要访问过 Internet 或使用过不安全移动存储器，在无形之中一些恶意流氓软件就可能入侵了，现在查杀恶意软件的工具很多，比如超级兔子、瑞星卡卡、360 安全卫士等。它们在查杀不同病毒的时候有其各自的长处。

（一）计算机病毒

计算机病毒是指编制者在计算机程序中插入的破坏计算机功能或者破坏数据，影响计算机使用并且能够自我复制的一组计算机指令或者程序代码。

计算机病毒与医学上的病毒不同，计算机病毒不是天然存在的，是人利用计算机软件和硬件所固有的脆弱性编制的一组指令集或程序代码。它能潜伏在计算机的存储介质（或程序）里，条件满足时即被激活，它通过修改其他程序的方法将自己的精确拷贝或者可能演化的形式放入其他程序中，从而感染其他程序，对计算机资源进行破坏。

计算机病毒传播的主要途径有网络浏览或下载、U 盘等移动存储器的使用、电子邮件和局域网传播等四个。计算机病毒恶意与杀毒软件对抗，破坏杀毒软件，隐藏文件和进程，使开启端口受控于黑客。黑客通过网购木马实现网购交易支持，篡改交易信息，转移支付。盗号木马通过捆绑软件中下载传播，生成透明窗体，覆盖登录框实现盗号，盗取个人信息。浏览器应劫持病毒能够强制推广与病毒合作的网站，提高指定网站流量。现在，针对个人计算机的病毒以获利为最终目的，隐藏性、潜伏性、针对性、自毁性强，不易被发现，获取所要信息后自我销毁，使用户无察觉；针对移动设备如手机、网络设备、服务器的病毒都有其各自的特点，安装完操作系统和驱动程序后，应该首先安装安全卫士和杀毒软件以保证计算机的安全。

注意：若安装操作系统前，计算机已经中毒，可用光盘重新分区并格式化硬盘，若硬盘内有文件需要保留，可以将硬盘拆下，安装到已安装安全卫士和杀毒软件的计算机上进行杀毒，当然这样也有可能将病毒传染给该计算机。

（二）安全卫士的使用

在查杀病毒前，先用安全卫士对系统进行体检，检测并修复系统漏洞。

步骤 1：进入 360 安全卫士主界面（见图 3-5-37），该界面提示电脑有多少天没有进行体检了，点击“立即体检”进行体检，也可以点击“查杀修复”进入扫描界面。

步骤 2：扫描界面（见图 3-5-38）提示上次扫描在哪一天，建议立即扫描。扫描有三种方式，即快速扫描、全盘扫描和自定义扫描，若系统出现了安全问题的可能，则建议选择全盘扫描。

图 3-5-37　360 安全卫士主界面

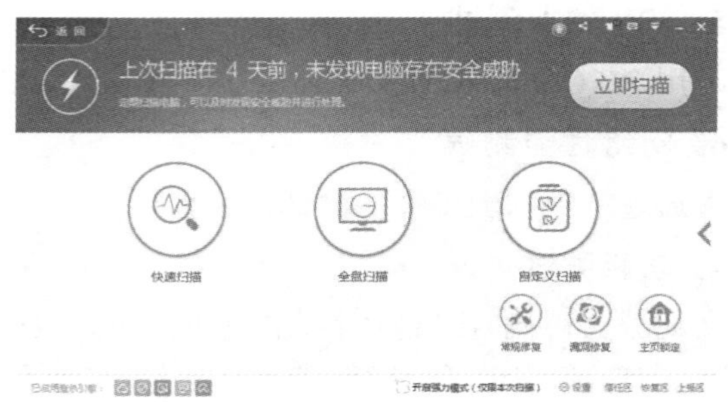

图 3-5-38　360 安全卫士扫描界面

步骤 3：一般情况下，点击“立即扫描”进行系统扫描检查，如图 3-5-39 所示。

图 3-5-39　360 安全卫士正在扫描

步骤 4：扫描完成后，会提示如何操作，若有问题会给出处理建议，如图 3-5-40 所示。

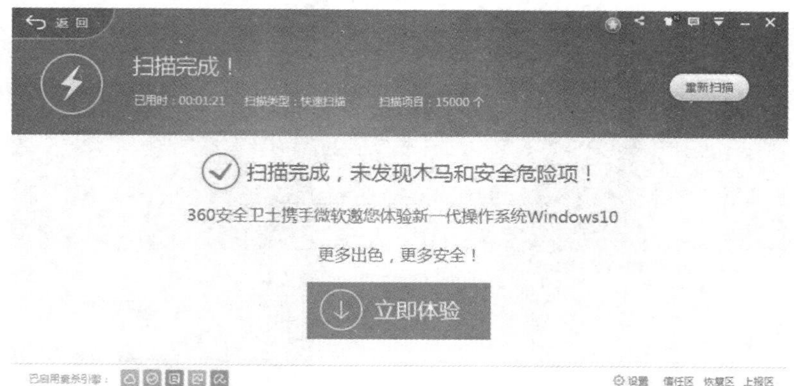

图 3-5-40　360 安全卫士体检完成

步骤 5：若扫描检测出系统出现问题(见图 3-5-41)，则选择一键修复。

图 3-5-41　360 安全卫士体检发现问题

步骤 6：安全卫士修复出现的问题，如图 3-5-42。

图 3-5-42　360 安全卫士修复问题

步骤 7:安全卫士成功修复出现的问题(见图 3-5-43)后,有时会提示重启计算机以保证处理完整。

图 3-5-43　360 安全卫士修复成功

注意

若体检检测出需要修复系统漏洞,则由于系统有漏洞会给病毒打开方便入侵之门,所以需要对系统漏洞进行修复,修复完成时,对计算机进行杀毒,会使计算机更安全。

（三）杀毒软件的使用

系统除了要安装安全卫士以外,还需要安装杀毒软件,如 360 杀毒。完成了系统的漏洞修复后即可进行杀毒。

步骤 1:点击 360 杀毒,进入其主界面,如图 3-5-44 所示。

图 3-5-44　360 杀毒主界面

步骤 2:根据需要选择扫描方式,若系统安全出了问题,可选择全盘扫描,如图 3-5-45 所示。

图 3-5-45　360 杀毒进行全盘扫描

步骤 3：扫描包括系统设置、常用软件、内存活跃程序开机启动项和硬盘文件，整个过程相对较长，需要耐心等待。

步骤 4：扫描过程中会显示检测出的问题，如图 3-5-46 所示。

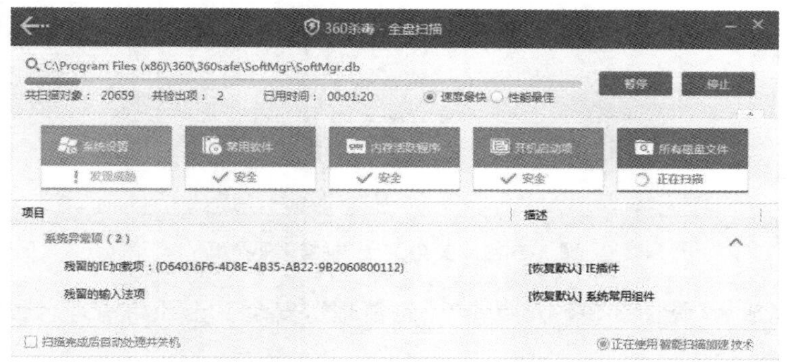

图 3-5-46　显示检测出的问题

步骤 5：扫描完成后，360 杀毒给出处理建议，按建议完成操作(见图 3-5-47)，可能完成后需要重启计算机。

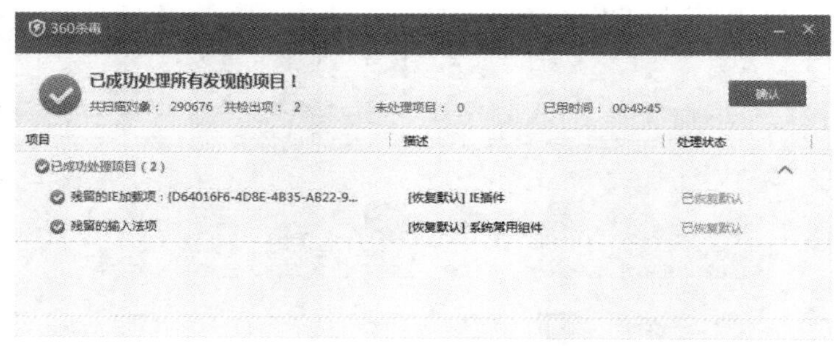

图 3-5-47　扫描完成并成功处理了发现的项目

四、计算机性能优化

计算机性能优化包括系统清理和系统性能优化(优化加速)两个部分。系统清理即清理进行中或软件卸载后产生的垃圾文件、冗余 DLL 等,系统性能优化一般包括文件系统优化、网络系统优化、开机速度优化、系统安全优化和后台服务优化等。建议先进行系统清理再进行系统性能优化。

(一) 系统清理

长时间使用计算机,系统会产生大量的垃圾文件,经常清理系统可以提升计算机的运行速度和浏览网页的速度。

步骤 1:启动 360 安全卫士进入其主界面,点击“电脑清理”进入系统清理。

步骤 2:360 安全卫士会建议清理垃圾、清理痕迹、清理注册表、清理插件、清理软件等(见图 3-5-48),点击“一键扫描”进行扫描。

图 3-5-48　安全卫士电脑清理界面

步骤 3:扫描完成后(见图 3-5-49),点击“一键清理”,安全卫士开始清理,清理完成后会给出处理提示。

图 3-5-49　360 安全卫士扫描完成

步骤 4：如图 3-5-50 所示，可根据需要对建议项进行选择操作，一般情况下可不做选择，直接进行一键清理。

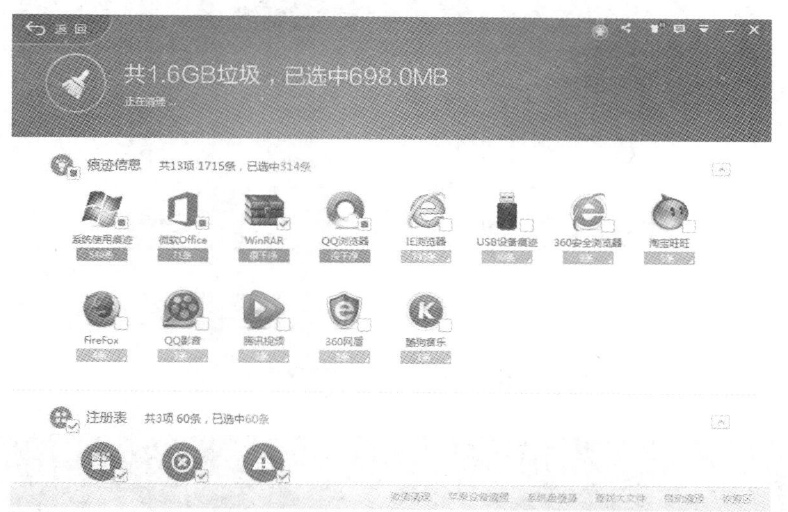

图 3-5-50　选择清理项

步骤 5：清理完成后，360 安全卫士会给出清理结果，如图 3-5-51 所示。

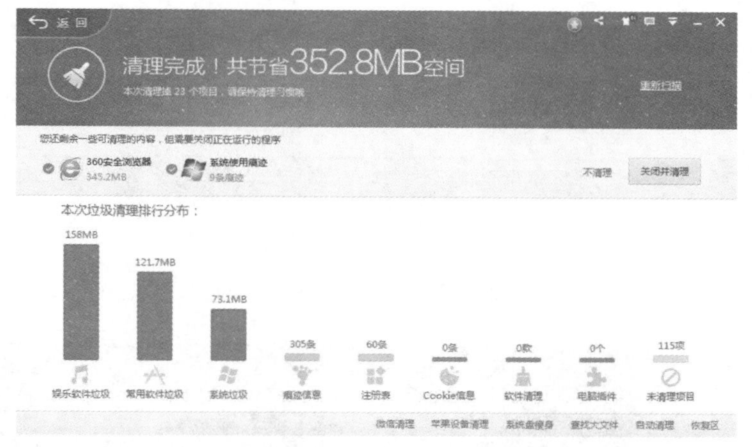

图 3-5-51　清理结果

（二）优化加速

通过优化加速，可达到计算机干净整洁、运行速度提升的效果。建议系统清理完成后再进行优化加速。

进行优化加速的步骤如下。

步骤 1：启动 360 安全卫士进入其主界面，点击优化加速图形按钮进入优化加速界面（见图 3-5-52）。

步骤 2：在优化加速界面点击“开始扫描”，开始对系统进行扫描（见图 3-5-53）。

步骤 3：安全卫士进行系统扫描，这需要些时间。

步骤 4：扫描完成后，会提示立即优化（见图 3-5-54），点击“立即优化”。

图 3-5-52　优化加速界面

图 3-5-53　安全卫士优化扫描

图 3-5-54　安全卫士优化扫描完成后，提示立即优化

步骤5：优化完成后，会提示优化结果（见图3-5-55），用户根据需要是否再次进行优化。

图3-5-55　安全卫士优化完成

注意

为了保证系统安全，可根据计算机使用情况和时间进行杀毒、清理和优化，以保证系统安全、稳定地运行。

项目4　小型实用网络组建

学习目标

- 识别组建小型局域网需要的网络设备。
- 掌握小型交换机、无线网卡、无线 AP 和无线路由器的功能。
- 能够熟练组建家庭网络和小型办公网络。
- 能够熟练组建小型无线网络。

工作任务

- 学习实用的小型网络设备。
- 掌握计算机网络设备的选择和搭配。
- 会根据不同的需求配置不同的网络。
- 能够根据计划选择网络设备并安装调试。
- 组建小型有线网络和无线网络。

任务1　计算机网络设备

任务实施　①如何选择网卡；②如何选择小型交换机和无线路由器；③会组建家用无线网络；④会组建办公室办公网络。

所需资源　①台式机(两台，配置集成网卡和无线网卡)；②办公用交换机；③无线路由器；④双绞线。

一、网卡

随着计算机网络技术的飞速发展，为了满足各种应用环境和应用层次的需求，出现了许多不同类型的网卡。按网卡的使用方式，网卡可分为集成网卡和无线网卡两类。

(一) 集成网卡

集成网卡在台式机和笔记本电脑上应用得相当普遍。集成网卡是目前最主流的一种网卡。它采用 RJ45 接口，通过所带的两个指示灯颜色可初步判断其工作状态。图 4-1-1 所示为主板上的集成网卡芯片以及集成网卡的网络接口。

(a) 主板上的集成网卡芯片

(b) 集成网卡的网络接口

图 4-1-1　主板上的集成网卡芯片以及集成网卡的网络接口

（二）无线网卡

无线网卡是终端无线网络的设备，是在无线局域网的覆盖下通过无线连接网络上网所使用的无线终端设备。具体来说，无线网卡就是使计算机可以利用无线来上网的一个装置。如果用户的家里或者所在地有无线路由器或者无线 AP（无线访问接入点）的覆盖，用户就可以通过无线网卡以无线的方式连接网络。无线网卡可分为 PCI-E 接口的无线网卡（即主机内置式无线网卡）和 USB 接口的无线网卡两类，如图 4-1-2 所示。

只有无线网卡在无线路由器或无线 AP 可以覆盖的区域内，并对无线路由器或无线 AP 进行适当的设置，计算机或其他设备才能连接无线网络。无线网卡相当于接收器，无线路由器（无线猫）相当于发射器。无线路由器是需要通过有线的 Internet 线路接入的，它用于将有线的信号转化为无线的信号发射出去。发射出去的无线信号由无线网卡接收。

(a) PCI-E接口的无线网卡　(b) USB接口的无线网卡

图 4-1-2　PCI-E 接口的无线网卡和 USB 接口的无线网卡

一般无线路由器可以连接多个无线网卡，工作距离在 50 m 以内工作效果较好，工作距离大于 50 m，通信质量就会很差。严格地说，这种无线方案就只是无线布网，工作环境必须紧挨着有线网络。

二、网线

网络中常用的网线有双绞线和光纤两种。双绞线是局域网设备互连的主要线缆。双绞线用于短距离传输，光纤用于长距离传输。双绞线可以根据长度需要购买或自己制作。用网线连接网络时，使用双绞线连接只需要用到网线钳，使用光纤连接需要用到切割设备和熔接设备。

（一）双绞线

双绞线通过采用两根互相绝缘的金属导线按一定密度互相绞合的方式来抵御一部分外界电磁波的干扰，“双绞线”的名字也是由此而来。常用的双绞线是超五类非屏蔽双绞线。与光纤相比，双绞线在传输距离、信道宽度和数据传输速率等方面均受到一定限制，但其价格较为低廉。

双绞线及其内部结构如图 4-1-3 所示。

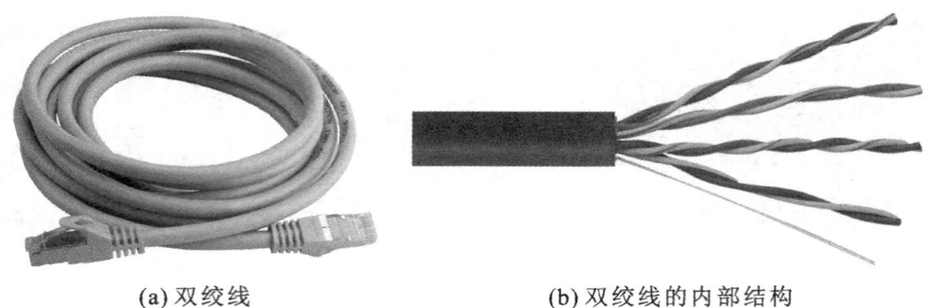

(a) 双绞线　　(b) 双绞线的内部结构

图 4-1-3　双绞线及其内部结构

（二）光纤

通常光纤与光缆两个名词会被混淆，光纤一般是指单根单模光纤或多模光纤，其玻璃芯外面包围着一层折射率比玻璃芯的折射率低的玻璃封套，再外面的是一层薄的塑料保护封套。光缆是多束光纤由几层保护结构包覆成一组，多组再包覆后构成的缆线。光纤没有网状屏蔽层，中心部分是玻璃芯，多模光纤玻璃芯的直径范围是 15～50 μm，大致与人头发的粗细相当，单模光纤玻璃芯的直径范围为 8～10 μm。

常用的光纤是单模光纤，单模光纤只用于发送信号或接收信号，若想既发送信号，又接收信号，可用两根单模光纤。单模光纤还可分为很多类型。图 4-1-4 所示的是单模 3 mm 光纤，图 4-1-5 所示的为单模皮线光纤。

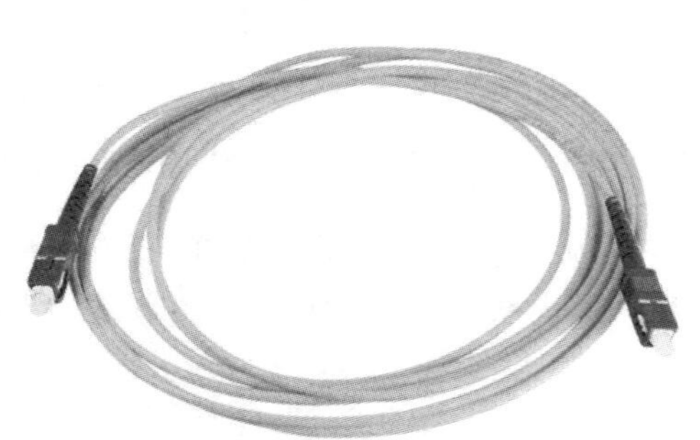

图 4-1-4　单模 3 mm 光纤

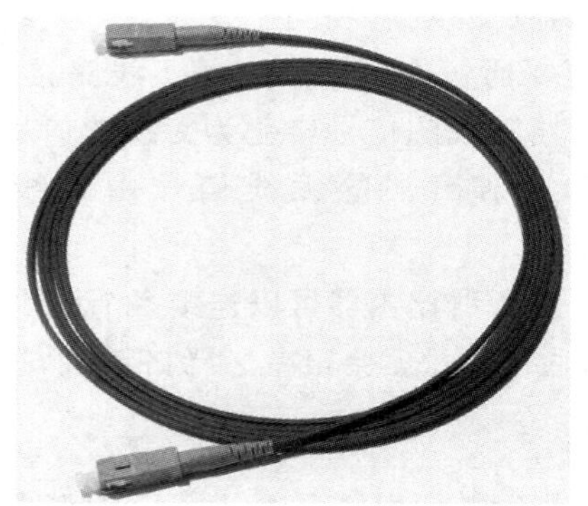

图 4-1-5　单模皮线光纤

（三）网线接口

网线接口根据网线种类可分为双绞线接口和光纤接口两种。

双绞线接口为 RJ45 接口，双绞线接头俗称“水晶头”（见图 4-1-6），它是一种固定方向插入防脱落塑料接头。双绞线的两端必须都安装 RJ45 接头，以便将双绞线插在网卡、交换机或路由器的 RJ45 接口上，进行网络通信。

单模光纤用得最多的接头是 SC 方形卡接接头（见图 4-1-7），即模塑插拔耦合式单模光纤接头，设备上的是母口，光纤两端的都是公头。

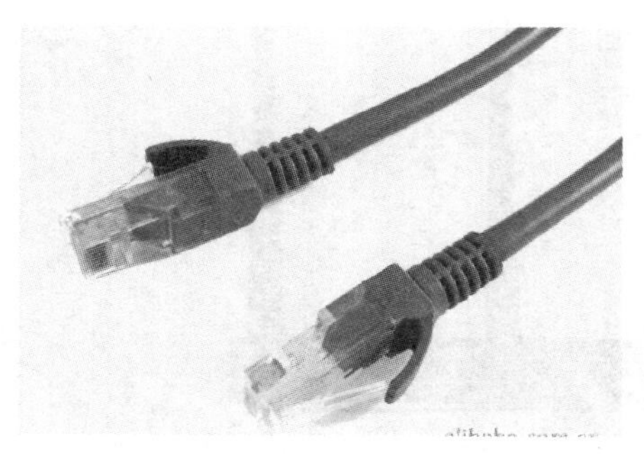

图 4-1-6 “水晶头”

图 4-1-7 SC 方形卡接接头

双绞线的水晶头和光纤的 SC 方形卡接接头都可以自己制作，水晶头的制作需要用专用网线钳，SC 方形卡接接头的制作需要用光纤钳和熔接器。水晶头的制作相对简单，SC 方形卡接接头的制作需要经过专业训练后才能完成。

三、家用或办公用网络设备

（一）家用或办公用交换机

家用或办公用小型交换机称为 SOHO(小型家居办公室)交换机(见图 4-1-8)。SOHO 交换机基本不需要设置即可用双绞线连接，组成家庭网络或小型办公网络。

图 4-1-8 SOHO 交换机

（二）路由器

路由器是一种典型的网络层设备，完成网络层中继或第三层中继的任务。路由器用于连接多个逻辑上分开的网络。路由器的主要工作就是为经过路由器的每个数据帧寻找一条最佳传输路径，并将数据有效地传送到目的站点。

常用于家庭网络和办公用网络的路由器是无线路由器，无线路由器带有无线覆盖功能。无线路由器(见图 4-1-9)可以看作一个转发器，将宽带网络信号通过天线转发给附近的无线网络设备(笔记本电脑，支持具备 Wi-Fi 功能的手机、平板电脑，以及其他所有带有 Wi-Fi 功能的设备)。

无线路由器一般都支持专线 XDSL、专线 Cable、动态 xDSL、PPTP 等四种接入方式。无线路由器还具有其他一些网络管理的功能，如 DHCP 服务、NAT 防火墙、MAC 地址过滤、动态域名等功能。无线路由器一般只能支持 15～20 个设备同时在线使用，信号范围为半径 50 m，部分达到了半径 300 m。

图 4-1-9　无线路由器

任务 2　网线的制作

任务实施　①认识双绞线制作工具及光纤切割工具和熔接工具；②掌握双绞线水晶头的制作；③了解单模光纤的切割与熔接技术；④根据需要选择双绞线和光纤。

所需资源　①工具：网线钳(制作双绞线水晶头用)，光纤切割器，光纤熔接机；②耗材：超五类非屏蔽双绞线、水晶头、单模光纤 SC 端子、热缩管；③计算机(用于上互联网，方便查找相关资料)。

一、双绞线水晶头的制作

双绞线的两端是水晶头，用来插入计算机、路由器或交换机的网络接口。插入双绞线水晶头的线有两种：一种是广泛使用的直连接线；一种是在特殊情况下使用的交叉线。在计算机连接交换机等，或是在其他连接的双方地位不对等的情况下，都使用直连接线，而如果连接的两台设备是对等的，例如连接的两台设备是两台计算机、两台笔记本电脑等，就要使用交叉线了。这两种线的差别是线序不一致，它们的接口是一样的。

双绞线水晶头线序国际标准有两个，如图 4-2-1 所示。

(1) T568A 标准：绿白、绿、橙白、蓝、蓝白、橙、棕白、棕。

(2) T568B 标准：橙白、橙、绿白、蓝、蓝白、绿、棕白、棕。

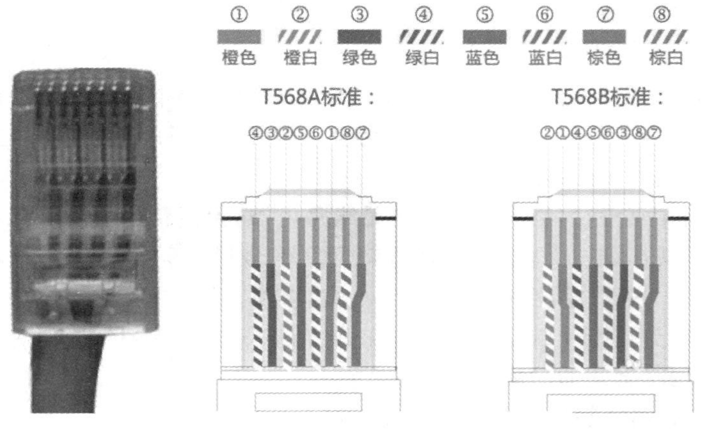

图 4-2-1　双绞线水晶头线序国际标准

说明：将水晶头的弹片压下，即可看到线的顺序；常用的插入水晶头的线是直连接线，即两端都用 T568B(交叉线一端是 T568A，另一端是 T568B)规定的线序。

双绞线水晶头需要使用网线钳(见图 4-2-2)制作。

制作双绞线水晶头所需的材料有双绞线、水晶头。

双绞线水晶头的制作过程如下。

步骤 1：剥皮(见图 4-2-3)。将双绞线插入网线钳的剥线位缺口，稍紧握网线钳旋转一周，将网线头 3 cm 左右的外皮剥掉，剪断加强拉力的丝线。

步骤 2：排线(见图 4-2-4)。把缠绕在一起的 4 组 8 根线分开并捋直，按线序排好线，并拢紧，用网线钳的平刀将排好的线的末端切平。

步骤 3：放线(见图 4-2-5)。将水晶头弹片压下，使金属针脚端向上，将整齐的 8 根线插入水晶头，并使线紧紧顶在水晶头顶端。

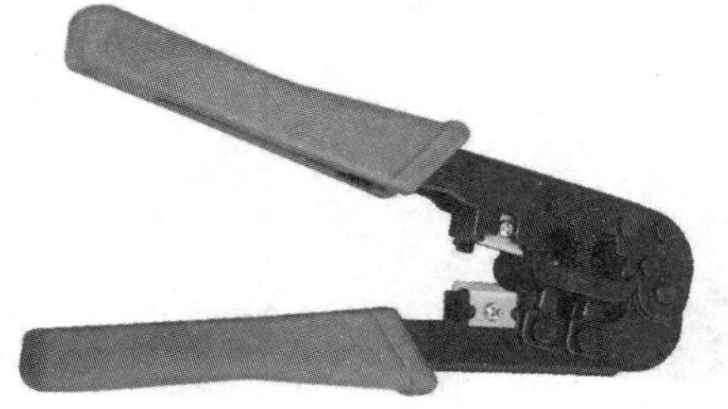

图 4-2-2　网线钳

图 4-2-3　剥皮

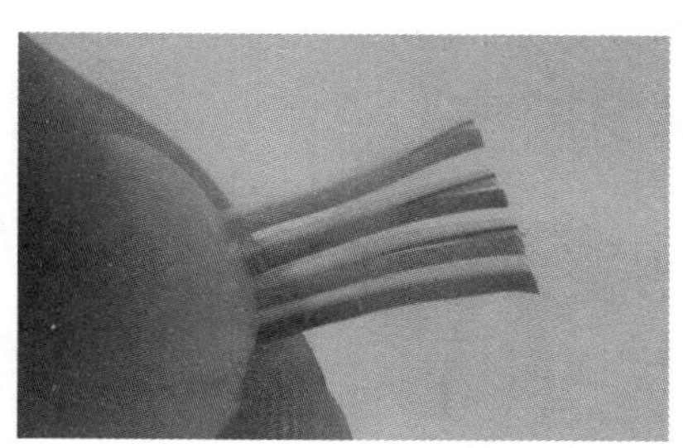

图 4-2-4　排线

步骤 4：压线(见图 4-2-6)，将水晶头放入网线钳的压线槽内，用力压紧，水晶头制作完成。

步骤 5：按相同方法制作双绞线另一端水晶头，完成后，用测线仪测量双绞线的连通情况(见图 4-2-7)。

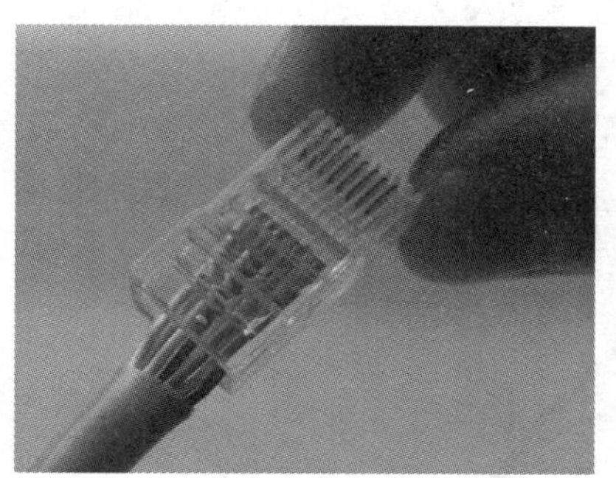

图 4-2-5　放线

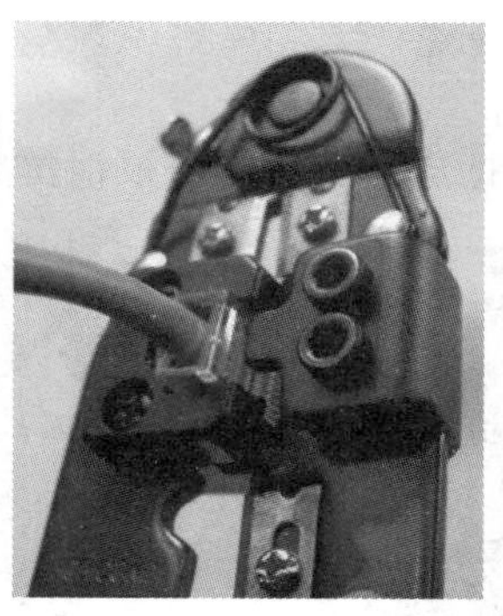

图 4-2-6　压线

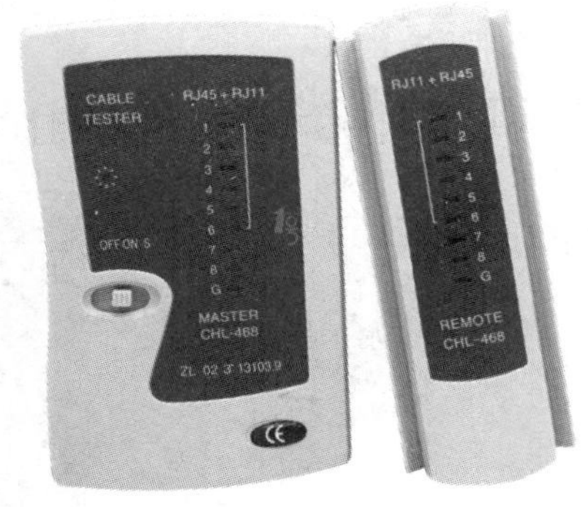

图 4-2-7　测量双绞线是否连通

 **注意**

线位排好后，一定要剪齐，网线要插到位，压线要压到位。线要充分插入(以在水晶头的顶部看到双绞线的铜芯为标准)，然后用网线钳夹到位。

若使用百兆以下的网络，一般只将图 4-2-1 中的①、②、③、⑥这 4 根线通就可以了。若使用千兆网络，则要用到所有的线，保证 8 根线全部连通，若有的线没有连通，则需要重新制作水晶头，直到 8 根线全部连通。

二、光纤的冷接与熔接

常用的室内光纤是单模光纤。光纤要接入网络设备，如路由器，所以光纤需要制作接头。通过接头连接网络，即冷接，除了要制作接头外，还需要有耦合器，这个前面进行了介绍。光纤的熔接也称为光纤热熔，即将两芯光纤通过特定的光纤熔接机进行连接。冷接和热接的区别是：冷接操作起来更简单、快速、方便，对环境、技术要求低，便于工作人员操作；熔接设备较贵，对技术要求高，传输质量较冷接的要可靠得多。

（一）光纤的冷接

（1）工具：光纤冷接工具箱（包括斜口钳、米勒钳、红光笔、皮线开剥器、酒精瓶、定长开剥器、光纤切刀）和光功率计，如图 4-2-8 所示。其中，光功率计用来测试光波的功率损耗，光纤冷接工具箱一般不配置光功率计。

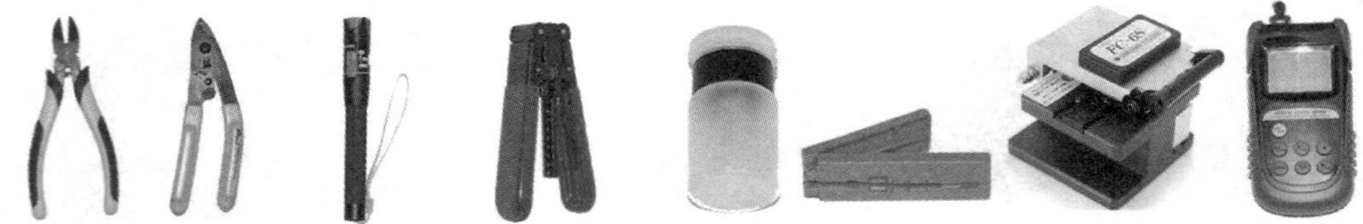

(a) 斜口钳 (b) 米勒钳 (c) 红光笔 (d) 皮线开剥器 (e) 酒精瓶 (f) 定长开剥器 (g) 光纤切刀 (h) 光功率计

图 4-2-8　光纤冷接工具

（2）耗材：单模皮线光纤、冷接端子、酒精和丝棉。

（3）制作过程。

步骤 1：打开冷接头包装（包括端子主体、外壳和尾帽），将光纤套入冷接头的尾帽（见图 4-2-9）。

步骤 2：剥开外保护层，用斜口钳把皮缆里面的两根钢丝剪断，如图 4-2-10 所示。

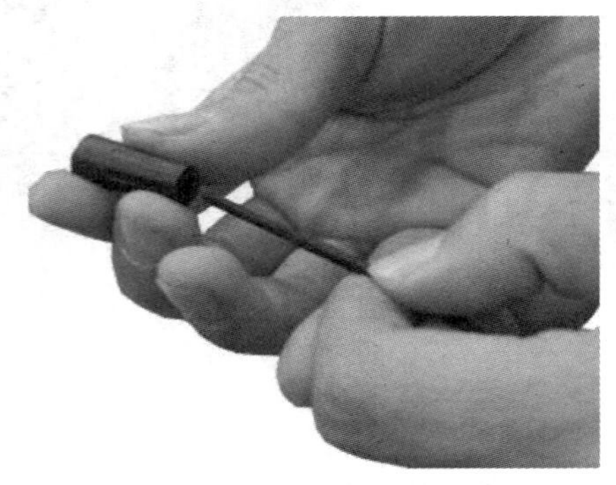

图 4-2-9　将冷接头的尾帽套入光纤

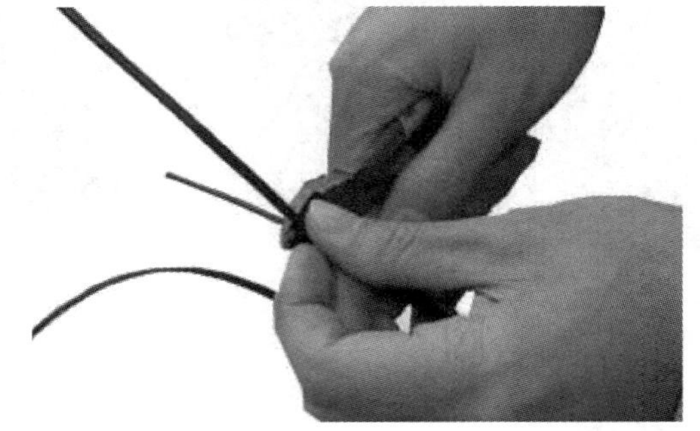

图 4-2-10　剥开外保护层，剪断钢丝

步骤 3：用皮线开剥器剥开皮缆（见图 4-2-11），露出光皮线（内部是光纤玻璃芯，注意露出的长度）。

步骤 4：将光皮线放入定长开剥器导槽，使外保护套剥除边与定长开剥器内底部的标线对齐，用米勒钳剥除光皮线表面塑胶，如图 4-2-12 所示，露出的就是裸纤了。

图 4-2-11 用皮线开剥器剥皮缆

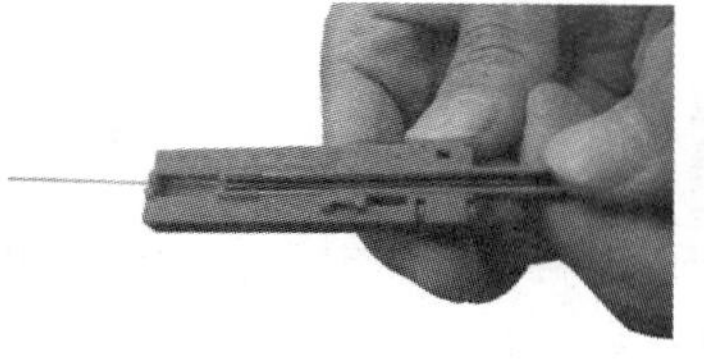

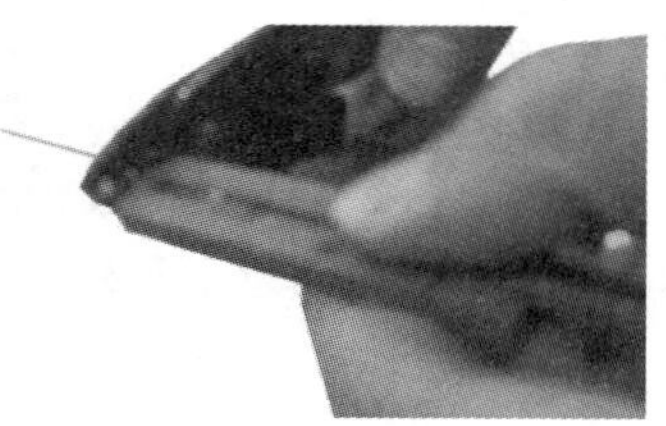

图 4-2-12 剥开外保护层，剪断钢丝

步骤 5：用丝棉蘸酒精擦净裸纤，如图 4-2-13 所示。

步骤 6：把裸纤放入带导轨槽的光纤切刀内，由内（靠自己身体一边）往外推光纤切刀，切除多余裸纤，如图 4-2-14 所示。

步骤 7：安装冷接端子。如图 4-2-15 所示，将光纤切割好的裸纤插入冷接头内，当光纤外皮到达限位处时，停下来，再轻轻进一步插入，直到看到有涂覆盖层的光纤弯曲了，表明光纤已经插到位，此时不再进入，锁紧冷接端子，即将黄色的地方往前压。

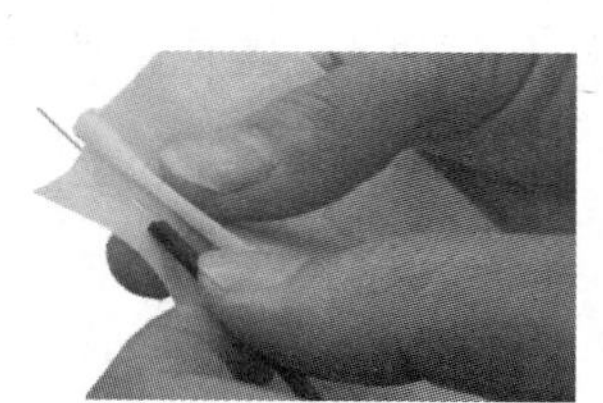

图 4-2-13 擦净裸纤

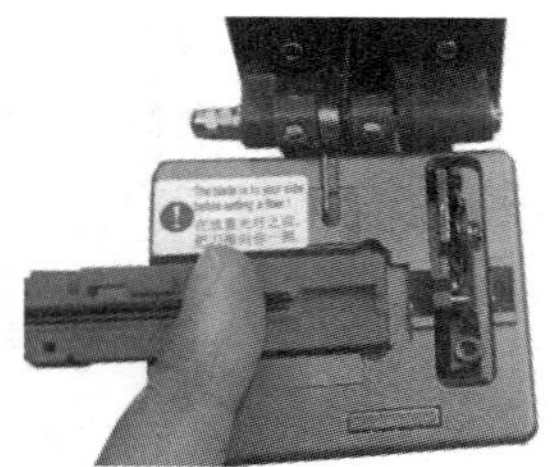

图 4-2-14 切除多余裸纤

图 4-2-15 将裸纤插入冷接头内

步骤 8：旋紧尾帽，将冷接端子主体插入端子外壳，如图 4-2-16 所示。

步骤 9：按上面相同的步骤冷接光纤另一端，完成制作。

步骤 10：进行测试。如图 4-2-17 所示，将光纤另一端的冷接端子安在红光笔上，打开红光笔，看到另一端有红光传输出来，说明制作成功，若不成功，需要重新按上面的步骤制作。

图 4-2-16 安装好尾帽和外壳

图 4-2-17 测试光纤头

 **注意**

光纤内的裸纤是透明的；要避免光纤玻璃芯刺入皮肤，因为裸纤很细且透明，刺入皮肤后是看不见的，人们只感觉疼痛，较难处理。

（二）光纤的熔接

光纤熔接工具如下。

(1) 光纤冷接工具箱。

(2) 光纤熔接机(见图 4-2-18)：利用高压电弧将两光纤断面熔化、融合以实现光纤模场的耦合。

光纤熔接需要用到的材料有单模皮线光纤、热缩管、酒精和丝棉。

光纤熔接过程如下。

步骤 1：若是熔接由多组光纤组成的光缆，先去掉其外层护套，选择光纤组管，去除管保护套，即可看到几束光纤。若是单模光纤，除去光纤外皮，剪断加强钢丝。

步骤 2：用皮线开剥器剥开皮缆，露出光皮线(内部是光纤芯)。注意露出的长度。

步骤 3：将光皮线放入定长开剥器导槽，使外保护套剥除边与定长开剥器内底部的标线对齐，用米勒钳剥除光皮线表面塑胶，露出的就是裸纤了。

步骤 4：把裸纤放入光纤切刀内，由内往外推光纤切刀，切除多余光纤。

步骤 5：按前面的步骤处理光纤另一端。

步骤 6：一端光纤套上热缩管，用丝棉蘸酒精擦净裸纤。

步骤 7：将光纤放到光纤熔接机(见图 4-2-19)，位置是 V 形槽端面直线与电极棒中心直线中间约 1/2 的地方，然后放好光纤压板，放下压脚，另一侧同样操作，盖上防风盖，避免使光纤沾到灰尘。

图 4-2-18 光纤熔接机

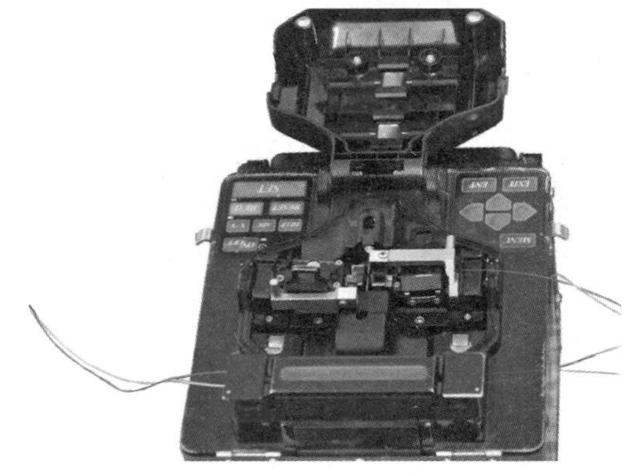

图 4-2-19 将光纤放入光纤熔接机

步骤 8：按光纤熔接机 SET 键，开始熔接。

整个过程需要 15 秒左右的时间(不同光纤熔接机所需时间不一样，但大同小异)，屏幕上出现两个光纤的放大图像，经过调焦、对准一系列的位置、焦距调整动作后开始放电熔接。

步骤 9：熔接完成后，把热缩管放在需要固定的部位，把光纤的熔接部位放在热缩管的正中央，给光纤一定的拉力(注意不要使光纤弯曲)，将光纤压放到加热槽中，盖上盖，按键 HEAT，下面指示灯会亮，持续 90 秒左右，机器会发出警告加热过程完成，同时指示灯也会不停地闪烁，拿出并冷却，熔接过程完成。

步骤 10：进行测试，将光纤另一端的冷接端子安在红光笔上，打开红光笔，看到另一端有红光传输出来，说明制作成功，若不成功，需要重新按上面的步骤切割光纤再熔接。

在光纤熔接的过程中,需要注意以下几点。

(1) 清洁光纤熔接机的内外部、光纤的本身,尤其是 V 形槽、光纤压脚等部位。

(2) 光纤要先清洁后切割,端面不要接触任何地方,若接触了则需要重新清洁后再切割。

(3) 光纤在光纤熔接机内的位置是 V 形槽端面直线与电极棒中心直线中间约 1/2 处。

(4) 在熔接的整个过程中,不要打开防风盖。

(5) 加热热缩管,光纤熔接部位一定要放在正中间,加一定张力,防止加热过程出现气泡、固定不充分等现象,加热过程和光纤的熔接过程可以同时进行,加热后拿出时,不要接触加热后的部位(温度很高),避免发生危险。

(6) 整理工具时,注意碎光纤头,避免发生危险,光纤很细且很硬,容易刺入皮肤。

任务 3 计算机实用小型网络组建

任务实施 ①组建家庭宽带网络;②组建小型办公网络;③组建小型无线网络。

所需资源 ①网络设备:宽带 ADSL、光纤 ADSL、SOHO 交换机、无线路由器;②耗材:超五类非屏蔽双绞线、单模光纤;③计算机与手机(用于调试网络设备与测试连接)。

一、单机上网

主流的 Windows、iOS、Android、Linux 等操作系统都是高度集成的网络环境,不需要任何客户端软件即可登录到局域网和 Internet 等网络。网络系统由客户、适配器、协议和服务四大组件构成,它对现有的硬件设备、网络协议、网络服务系统有很好的支持,可以提供多种服务。常见的网络环境是局域网和家庭宽带网络两种。

(一) 接入局域网

办公室都分配了网址段和网络接口,若接口少可用交换机扩展出来,即用双绞线连接原网络接口到交换机上,再用双绞线连接交换机到计算机的网络接口。网络 IP 分配情况需要询问该网络管理人员。连接好网线后,若网络地址采用的是动态分配,则不需要在操作系统中对网络进行设置,若是分配确定 IP 地址的,则需要设置 IP 地址、子网掩码、网关和 DNS 服务器地址,设置过程如下。

步骤 1:鼠标点击任务栏右下角的网络图标(见图 4-3-1),会出现窗口显示当前网络连接(见图 4-3-2),点击“打开网络和共享中心”。

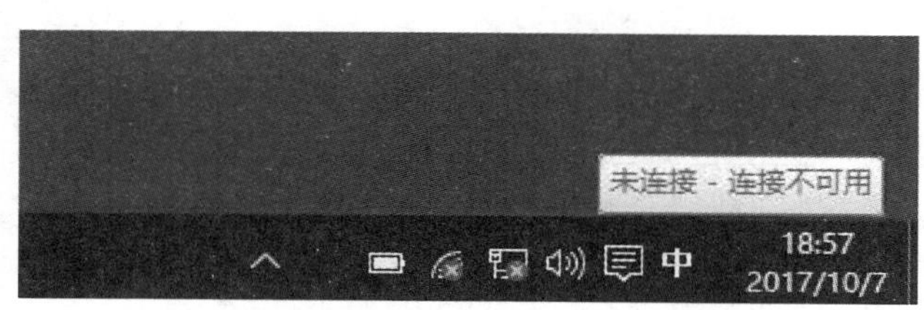

图 4-3-1 Windows 任务栏网络图标

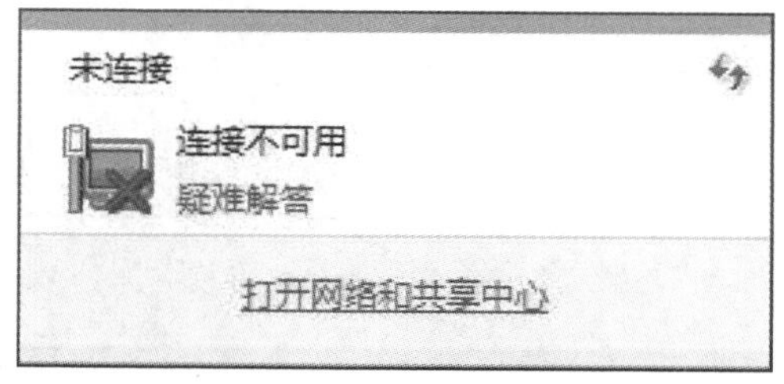

图 4-3-2 网络连接提示

步骤 2：如图 4-3-3 所示，在“网络和共享中心”显示当前网络连接状态，点击中间位置的“本地连接”，进入本地连接状态窗口（见图 4-3-4）。

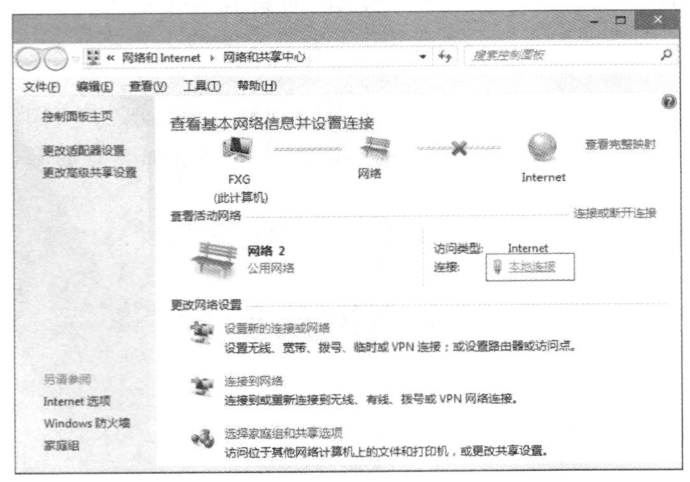

图 4-3-3　网络和共享中心

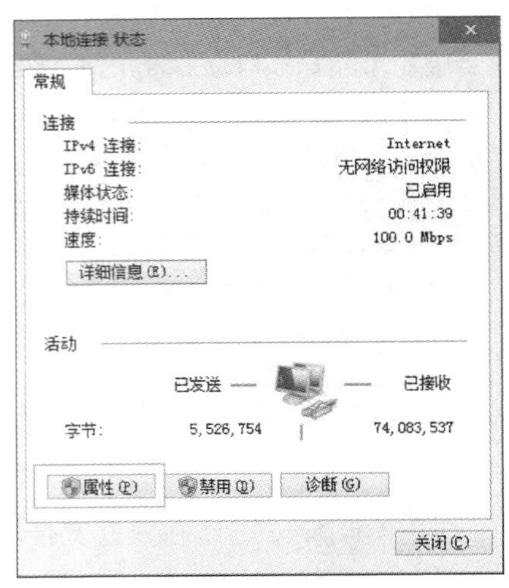

图 4-3-4　本地连接状态窗口

步骤 3：在本地连接状态窗口中点击下方的属性按钮，进入网络设置。要设置 IP 地址等要先选择 Internet 协议版本再点击属性按钮进入设置。

说明：IP 地址等设置有 IPv4 和 IPv6 两种类型（见图 4-3-5），事先需要询问网络管理员来确定使用哪一种，下面来对比说明一下。

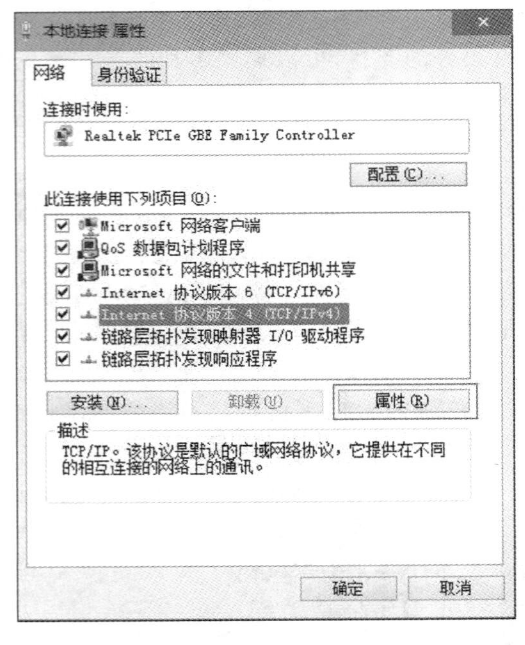

(a) IPv4

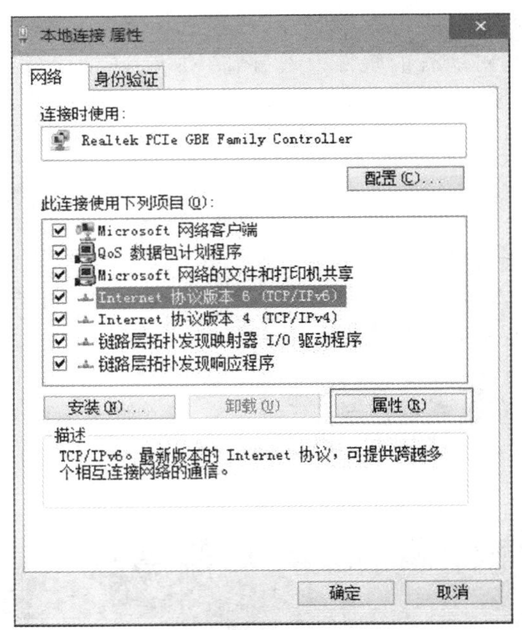

(b) IPv6

图 4-3-5　IP 地址等设置

步骤 4：选择好协议版本后，点击属性按钮，进入 IP 地址、子网掩码、网关和 DNS 服务器地址设置，如图 4-3-6 所示。

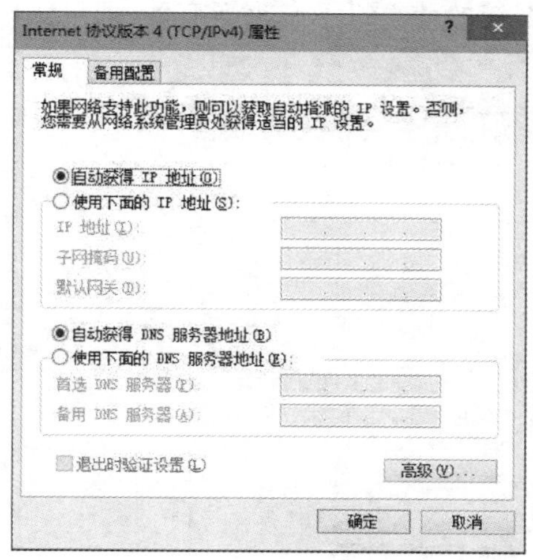

(a) IPv4

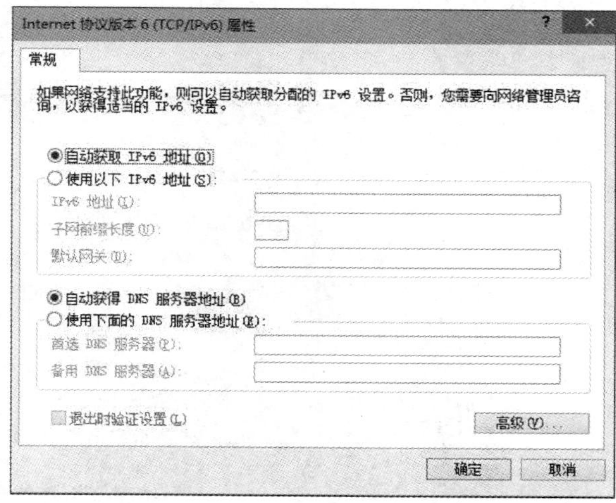

(b) IPv6

图 4-3-6 IPv4 和 IPv6 默认自动获取 IP 地址

步骤 5：点击图 4-3-6 中“使用下面的 IP 地址(S)”“使用以下 IPv6 地址(S)：”项，即可设置 IP 地址、子网掩码、网关和 DNS 服务器地址了。

IPv4 地址是 32 位二进制数，为了方便，用 4 个十进制数表示，中间用小数点分开，数的大小是 0 到 255，0 和 255 不能作为计算机地址，所以 IPv4 能表示的主机地址是有限的，并且这 4 个数前面 3 个数表示网络，用以区分不同的局域网，每个局域网中主机数更是有限的，最多 254 台。

随着移动设备的迅速增多，移动互联网用户迅增，IPv4 的有限地址资源将被耗尽，加之 IPv4 不能满足物联网的需要，所以需要采用 IPv6。IPv6 是第六代互联网协议，采用 128 位地址，地址数量惊人，用 8 个十六进制的数表示，中间有“：”分隔，完整的地址如 2001：A480：bbbc：512：a1：b2：c3：d4，若连续出现 0，则可以省略，如 2001：A480：：a1：b2。

步骤 6：如图 4-3-7 所示，按要求设置 IP 地址、子网掩码、网关和 DNS 服务器地址，完成点击“确定”。

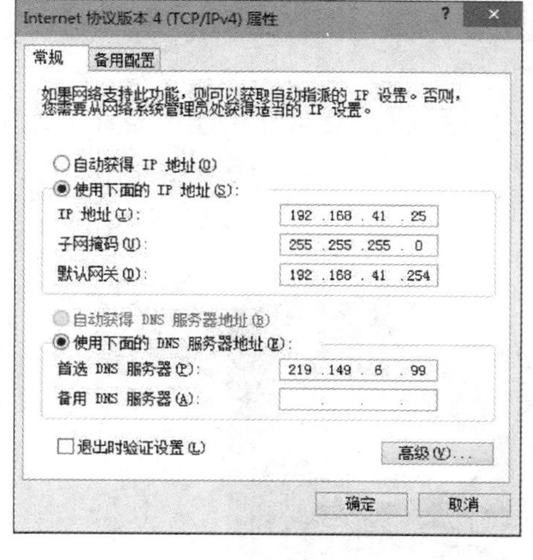

(a) IPv4

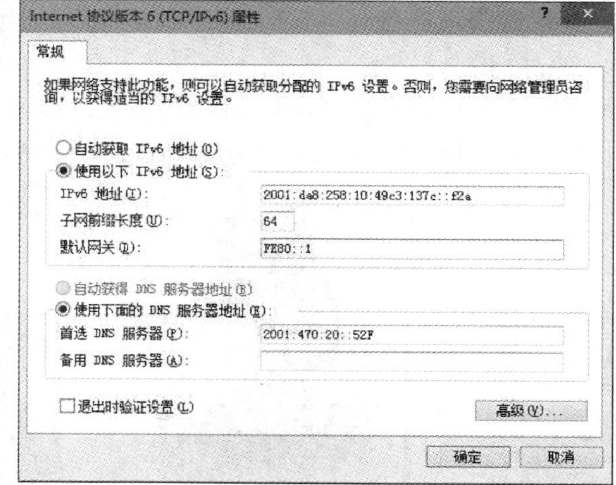

(b) IPv6

图 4-3-7 设置 IP 地址等

完成网络设置(见图 4-3-8)后,使用 Windows 操作系统的计算机不必重新启动,即可访问互联网。

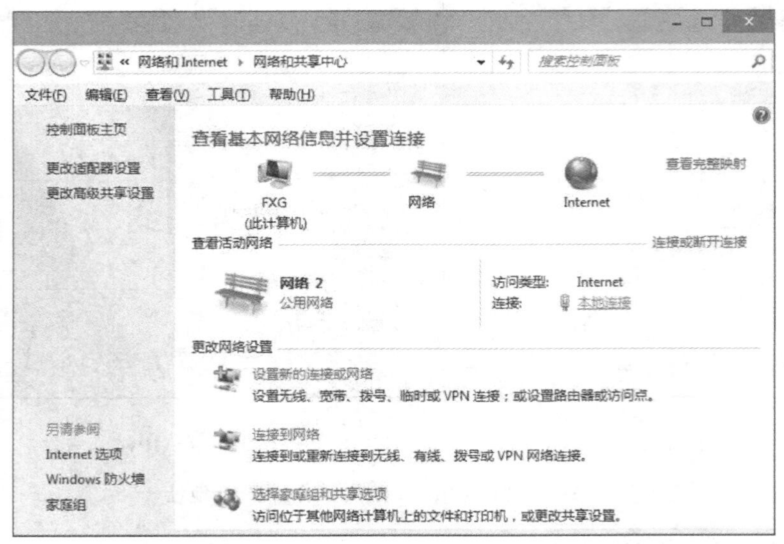

图 4-3-8　完成网络设置

(二) 接入宽带网络

宽带接入的方式一般有光纤接入和电话线接入两种,城市小区已经由光纤接入替代电话线接入,光纤接入方式又称为光纤宽带接入。

宽带接入所需要的硬件设备为宽带入户的光纤猫或 ADSL 猫(由宽带供应商提供,输出接口为 RJ45 接口)。

宽带接入所需的线材有宽带入户线(光纤或电话线,由宽带供应商或房屋开发商提供)和双绞线。

另外,电话宽带的宽带供应商应提供语音低通滤波器(用于分离出网络信号)。

宽带接入的操作过程如下。

1. 宽带供应商服务

(1) 光纤猫。

如图 4-3-9 所示,用光纤连接光纤插座与光纤猫的光纤输入孔,用双绞线连接光纤猫的 LAN 口和计算机的网络接口,用电话线将固话话机和光纤猫的 Phone(语音)口相连。

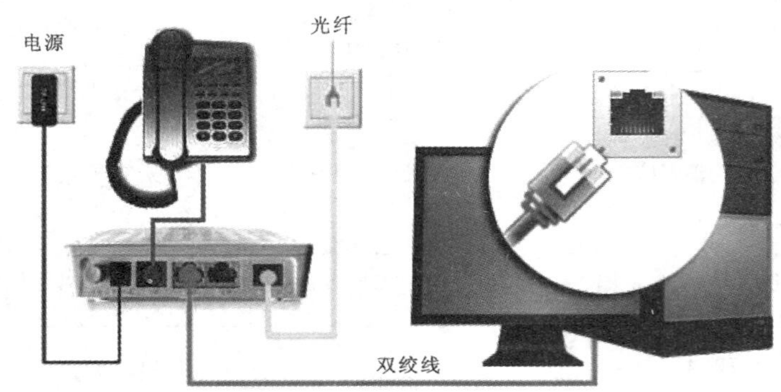

图 4-3-9　光纤宽带接入

注意

不同的光纤猫的输出接口不同，一般光纤猫都有2～4个网口，1～2个固定电话输出口，有的还有ITV数字电视接口和USB接口。

(2) ADSL猫。

如图4-3-10所示，用电话线连接固话话机与语音低通滤波器的Line In，用电话线将固话话机与语音低通滤波器的Phone口相连，用电话线将ADSL终端的电话线接口与语音低通滤波器的ADSL端口相连，用双绞线连接ADSL终端的LAN口和计算机的网络端口。

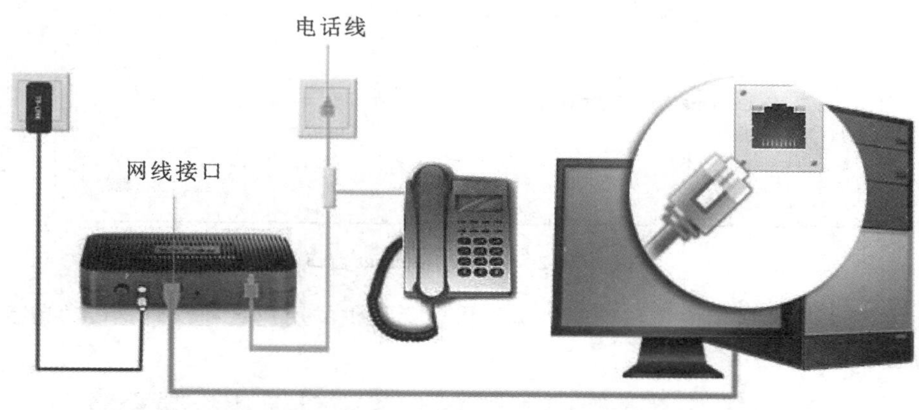

图 4-3-10 电话线宽带接入

2. 计算机建立连接

宽带接入Internet主要采用虚拟拨号方式，而且首先要建立宽带连接。

步骤1：鼠标点击任务栏右下角的网络图标，会出现窗口，点击“打开网络和共享中心”。

步骤2：网络和共享中心窗口显示当前网络连接状态，点击中间位置的“设置新的连接或网络”，进入设置连接或网络窗口(见图4-3-11)。

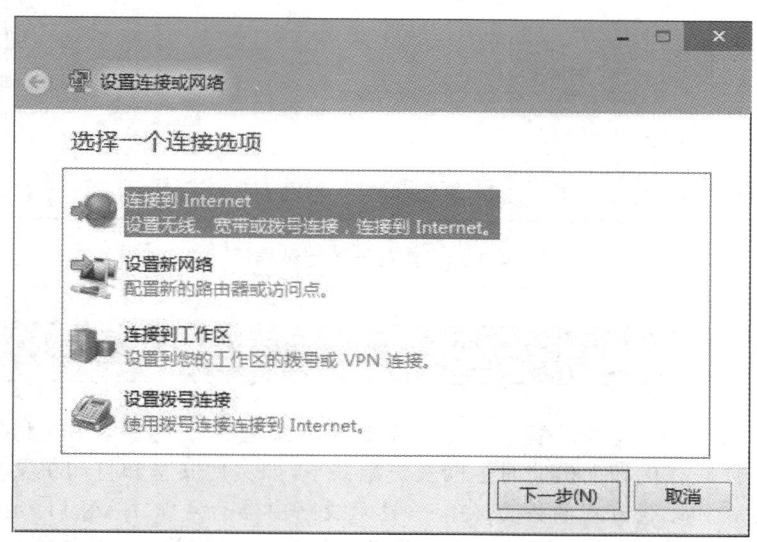

图 4-3-11 设置连接或网络窗口

步骤3:选择“连接到 Internet”,进行宽带设置,完成后点击“下一步(N)”。

步骤4:出现连接到 Internet 窗口(见图4-3-12),点击“宽带(PPPoE)(R)”。

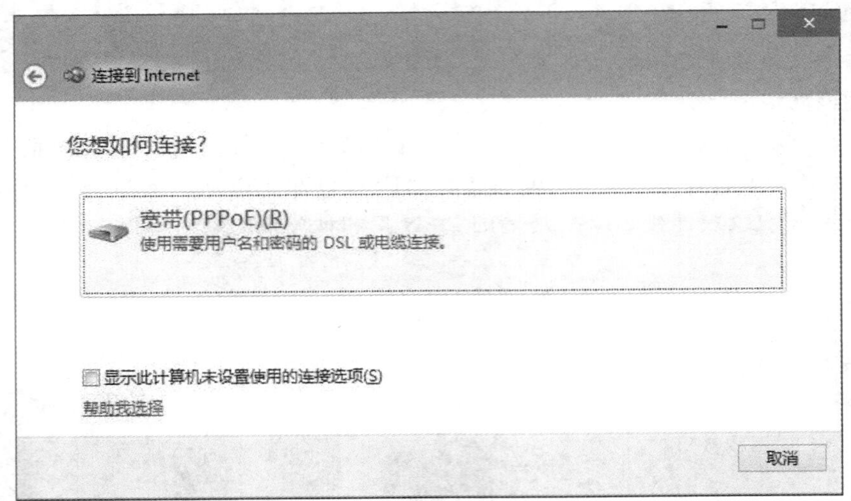

图4-3-12 连接到 Internet 窗口

步骤5:在图4-3-13所示的窗口中输入宽带供应商提供的用户名和密码,点击“连接(C)”完成宽带连接的创建。

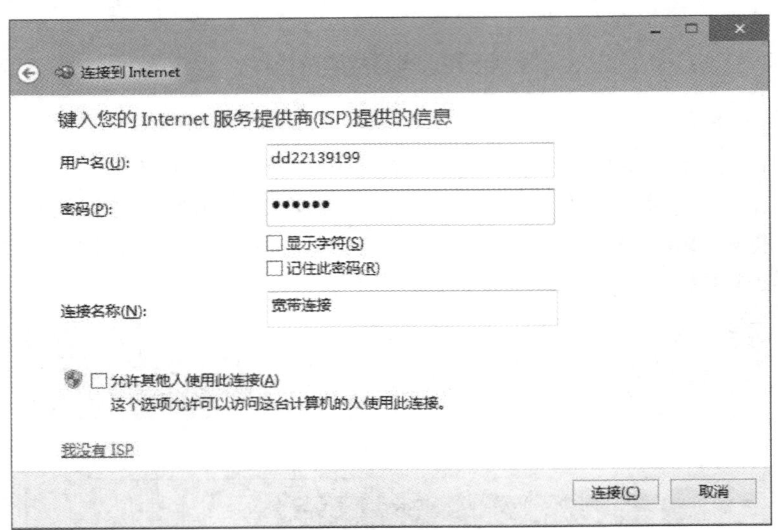

图4-3-13 宽带连接登录界面

二、组建宽带无线网络

不少家庭有2台计算机、多部智能手机,需要组建家庭无线网络,可以利用一条线路接入 Internet,来实现多台计算机和手机同时上网及资源共享,如文件共享和打印机共享。

上网有有线方式和无线方式两种方式。一般无线路由器有4个 LAN 口,足够家庭使用有线方式上网使用,无线路由器的无线方式提供给手机和笔记本电脑使用,所以在单机宽带上网的基础上仅需要1台无线路由器即可实现无线上网。另外，有线方式需要用双绞线连接各房间的计算机，所以需要布线。

宽带无线网络的特点是：组建容易，成本低，网上各台计算机有相同的功能权限，无主从之分，无线路由器用宽带方式拨号上网，计算机出现故障不会影响整个网络的运行。

1. 准备设备工具及材料

准备宽带设备与线缆（宽带办理提供）、无线路由器、双绞线（有线方式连接电脑）。

2. 组建网络过程

步骤1：宽带组建，可参考前文的任务进行，一般由宽带供应商完成。

步骤2：将无线路由器放置所有房间都方便连接到网络的位置，可考虑放置在客厅，因为客厅方便无线网络的覆盖。

步骤3：布线。以无线路由器这个点为中心在墙壁埋双绞线，要连接ADSL猫和各房间的计算机。一般情况下，布线是在房屋装修时完成的，但网络通信发展比较快，网络设备的传输方式在改变，布线方式也在变化。所以若不想布线，可以采用无线方式。

宽带无线网络拓扑结构图如图4-3-14所示。

图4-3-14 宽带无线网络拓扑结构图

说明：在图4-3-14中，中心设备是无线路由器，1个输入口（WAN口）用双绞线连接宽带猫的LAN口，4个输出口（LAN口）用双绞线连接计算机，其他设备（笔记本电脑、手机、平板电脑、网络机顶盒）通过无线方式连接到无线路由器。

3. 设置无线路由器

将无线路由器连接到ADSL猫后，即可设置无线路由器。

步骤1：启动计算机上的浏览器，输入无线路由器标签上标的IP地址（如192.168.1.1），即可进入路由器设置页面，为了保证网络安全，防止外人入侵，需要设置登录路由器的密码，如图4-3-15所示。

步骤2：进入设置向导（见图4-3-16），设置上网的基本网络参数，单击“下一步”进入设置。

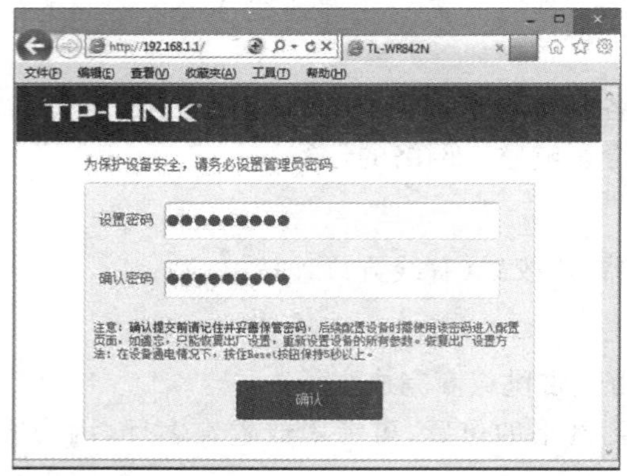

图 4-3-15　无线路由器密码的设置

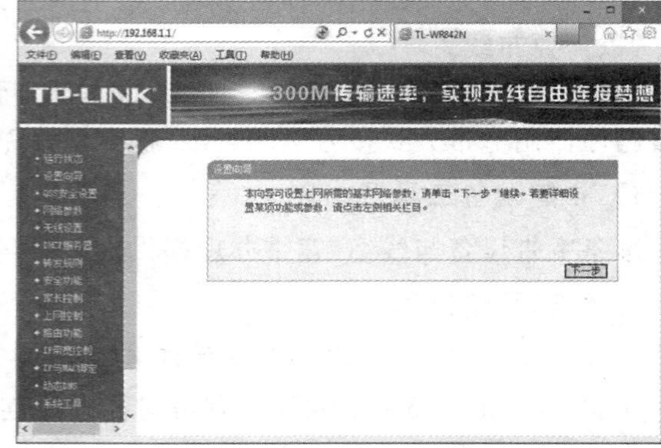

图 4-3-16　无线路由器设置向导

说明：路由器设置页面左侧有详细的参数设置项，能满足一般无线网络的设置需要。

步骤 3：进入到上网方式设置窗口（见图 4-3-17），路由器提供了 3 种常见的上网方式，宽带采用 ADSL 虚拟拨号方式，图 4-3-17 所示的后两种为有 IP 地址的方式。若不是很清楚，此处可选择让路由器自动选择上网方式。

步骤 4：输入网络服务商提供的 ADSL 上网账号与上网口令，如图 4-3-18 所示。

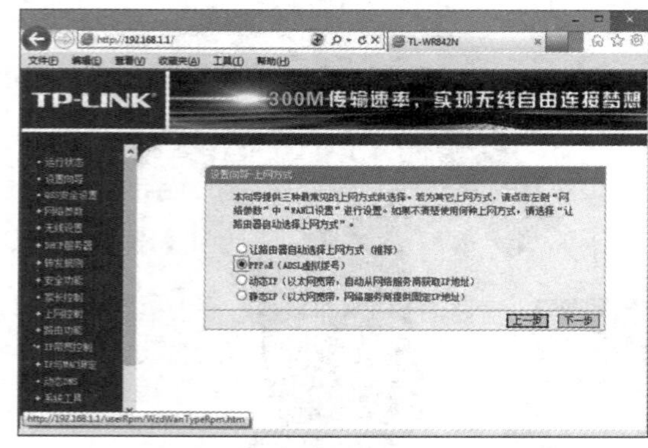

图 4-3-17　上网方式设置窗口

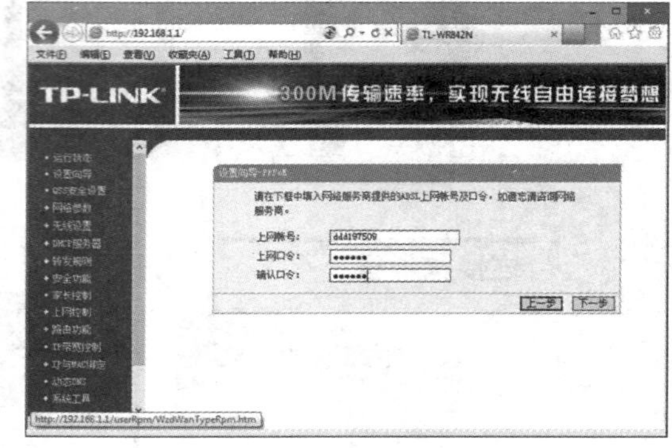

图 4-3-18　输入上网账号与口令

步骤 5：如图 4-3-19 所示，设置无线安全选项，建议输入密码（用来作为无线方式登录密码）。

步骤 6：如图 4-3-20 所示，设置完成，单击“完成”。

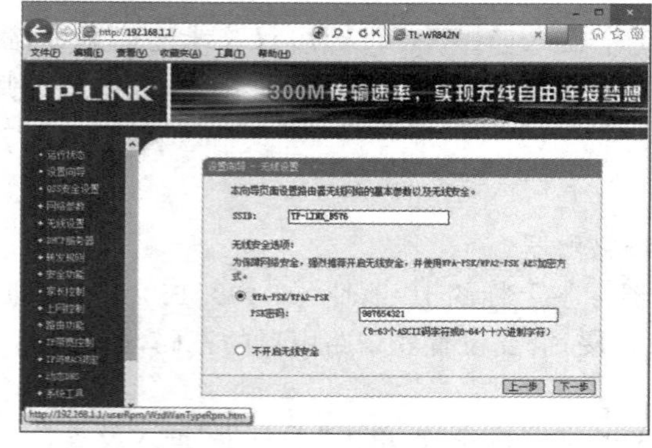

图 4-3-19　设置无线安全选项

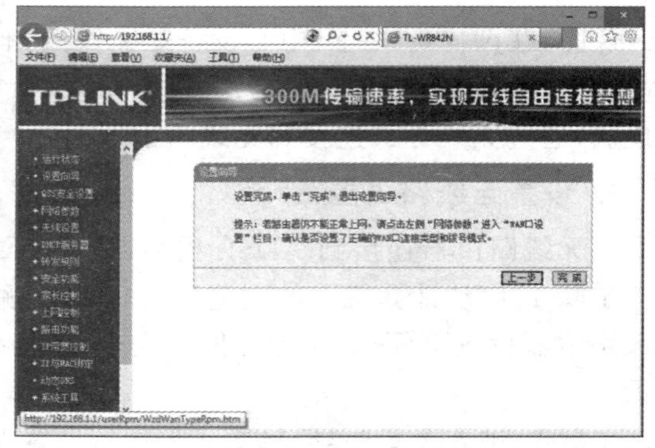

图 4-3-20　设置完成

步骤 7:设置完成后,会进入到运行状态页面(见图 4-3-21),显示路由器信息、LAN 口状态、无线状态、WAN 口状态等信息。

图 4-3-21　无线路由器运行状态页面

提示:若通过上面的设置仍不能正常上网,点击路由器设置页面左侧的“网络参数”进入“WAN 设置”项,来确认是否设置了正确的 WAN 口连接类型和拨号模式。

以后若想设置路由器,可在浏览器中输入无线路由器标签上标的 IP 地址(如 192.168.1.1),进入路由器设置页面,这次就需要输入登录密码了,如图 4-3-22 所示。

若忘记登录密码,则可以直接按一下路由器后面接口边的 Rest(重置)按钮,清除路由器设置参数,再按上面步骤重新设置。

若想重置路由器,在没有忘记登录密码的情况下,则可以通过在路由器左侧系统工具中选择“恢复出厂设置”来清除设置信息。

说明:正确设置路由器的上网方式和无线密码后,计算机、手机就可以通过路由器上网了,计算机可根据路由器的设置来调整 IP 地址、子网掩码、网关和 DNS 服务,由于路由器采用了默认设置,所以计算机也采用自动获取方式,手机只要打开 Wi-Fi,就会找到路由器,输入登录密码,即可上网。

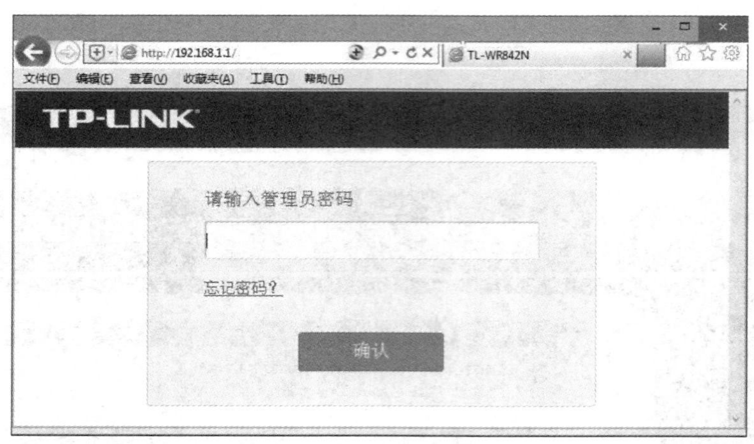

图 4-3-22　输入登录密码

三、组建办公无线网络

办公室或学生公寓室内都适合组建无线网络。在一般情况下，室内已布线，并分配了 IP 地址，根据墙面的网络接口和 IP 地址分配的条件不同，办公无线网络可分为以下三种类型。

1. 多网络接口办公无线网络

在几面墙壁有多个网络接口，分配多个 IP 地址，计算机数量不多，接口或 IP 地址够用的情况下，不必使用交换机，只要使用无线路由器即可，路由器单独用一个网络接口，路由器应尽可能少地连接计算机，因为在办公环境下提供的网络接口的带宽是有限的，即每个接口的网速是受限的，在路由器下面连接多个计算机的情况下，这几台计算机和无线上网计算的整体速度都受限于一个网络接口的网速，上网速度就慢得多。

计算机增多，墙壁的网络接口不够用时，可增加一台交换机，将多出的计算机连接入交换机。多网络接口办公无线网络拓扑结构图如图 4-3-23 所示。

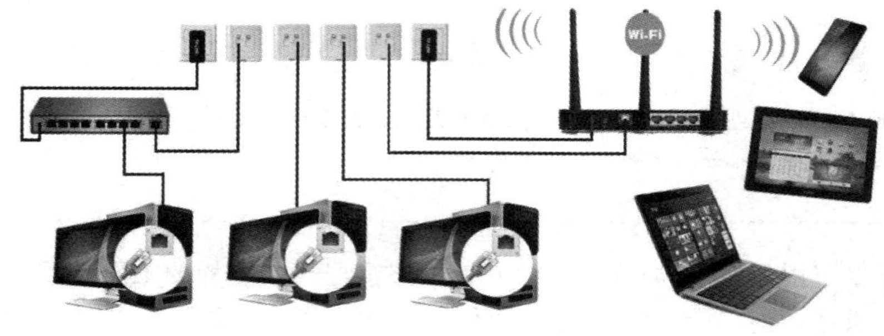

图 4-3-23　多网络接口办公无线网络拓扑结构图

2. 网络接口少、IP 地址多的办公无线网络

若墙壁的网络口有限，分配的 IP 地址够用，但计算机数量多，则需要另外使用交换机，将采用有线方式连接的计算机连接到交换机上，路由器也是尽可能地单独接入一个网络接口，下面少连接计算机。

网络接口少、IP 地址多的办公无线网络拓扑结构图如图 4-3-24 所示。

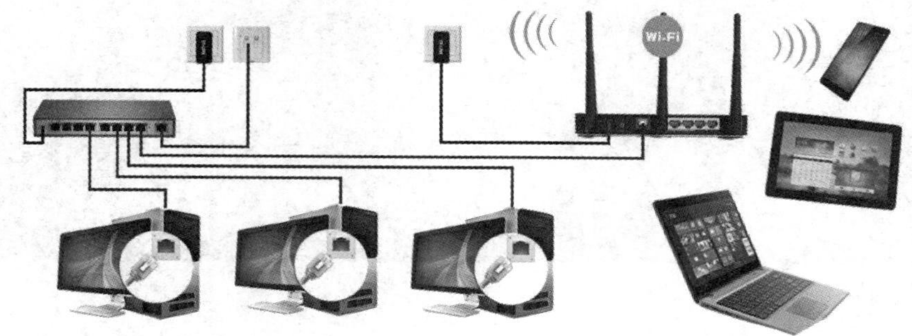

图 4-3-24　网络接口少、IP 地址多的办公无线网络拓扑结构图

3. 单网络接口、单 IP 地址办公无线网络

若每个房间仅分配了一个 IP 地址，则网络结构与上面的办公无线网络结构大致相同，无线路由器直接接入墙壁网络接口，在路由器下连接一台交换机，交换机下和路由器下连接的这几台计算机，能够同时上网。

单网络接口、单 IP 地址办公无线网络拓扑结构图如图 4-3-25 所示。

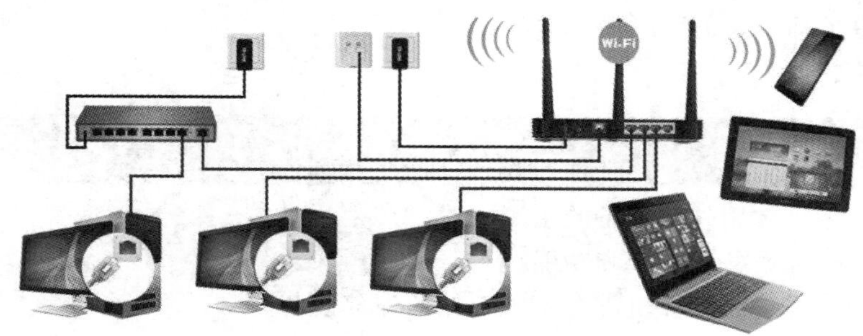

图 4-3-25　单网络接口、单 IP 地址办公无线网络拓扑结构图

组建办公无线网络，需要用到的设备与耗材有 SOHO 交换机(8 口或 8 口以上)、无线路由器、双绞线(有线方式连接计算)。

组建无线办公网的过程如下。

采用星型结构组建办公无线网络，星型结构的局域网所用的线缆是超五类非屏蔽双绞线 (UTP)。

步骤 1：计算机设备全部到位后，应合理选择交换机与路由器的摆放位置，交换机应尽量与每台联网计算机的距离靠近，无线路由器要覆盖整个范围。

步骤 2：根据场地实施布线，制作双绞线。

步骤 3：设置交换机。

步骤 4：设置路由器。若路由器单独连接到网络接口，则设置路由器的入网方式。

步骤 5：配置计算机操作系统的网络选项，根据网络管理分配的 IP，设置 TCP/IP、IPX 等协议的 IP 地址、子网掩码、网关和 DNS 服务器，参考本项目任务 1 中的相关内容，完成后即可在“网上邻居”中找到局域网中的其他计算机了。

注意

若是计算机连接在无线路由器下，则计算机的 IP 地址和 DNS 需要设置为自动获取方式。

项目5　计算机常用外部设备

学习目标

通过综合实践，使学生掌握常用外部设备的选配、安装和使用，尤其是打印机、扫描仪和多功能一体机的选择、安装和使用，通过做任务提高学生分析问题和解决问题的能力。

- 掌握打印机的选择、安装和使用。
- 掌握使用扫描仪扫描文档、图像和进行文档转换（OCR）的方法。
- 掌握多功能一体机的使用，会复印。
- 了解移动存储器、数码产品等外部设备。
- 了解 3D 打印机。

工作任务

- 认识计算机主机常用外部设备的主流配置。
- 掌握计算机外部设备的类型和功能。
- 会根据不同的需求为计算机配置不同性能的外部设备。
- 掌握外部设备的安装、调试与使用。
- 熟练掌握打印机、扫描仪和多功能一体机的选配。

任务1　打　印　机

随着打印技术的发展，打印机已形成击打式打印机和非击打式打印机两大类。击打式打印机即针式打印机、点阵打印机，非击打式打印机主要是指喷墨打印机和激光打印机。目前，针式打印机、喷墨打印机、激光打印机三种打印机占据了整个打印机行业，并且各有其特点和市场。

针式打印机的优点是结构简单、技术成熟、消耗小、费用低，在票据打印方面有着不可替代的作用，缺点是打印速度较慢、噪声大、不能色彩打印等。

喷墨打印机的优点是整机价格低、工作噪声低、很容易实现色彩打印，缺点是打印速度慢、打印成本较为昂贵。

激光打印机的优点是打印速度快、工作噪声低、打印成本低。激光打印机的价格比喷墨打印机的价格高。

除了上述打印机外还有针对不同用途的标签打印机、证卡打印机、行式打印机等，以及吸引人的打印机新宠 3D 打印机。在本任务中，将主要介绍针式打印机、喷墨打印机和激光打印机。

一、针式打印机

针式打印机分为普通针式打印机、平推票据针式打印机、存折证卡针式打印机和微型针式打印机四类，如图 5-1-1 所示。一般情况下，根据需要选择购买哪一类针式打印机。普通针式打印机往往用来打印一般的材料或单据。

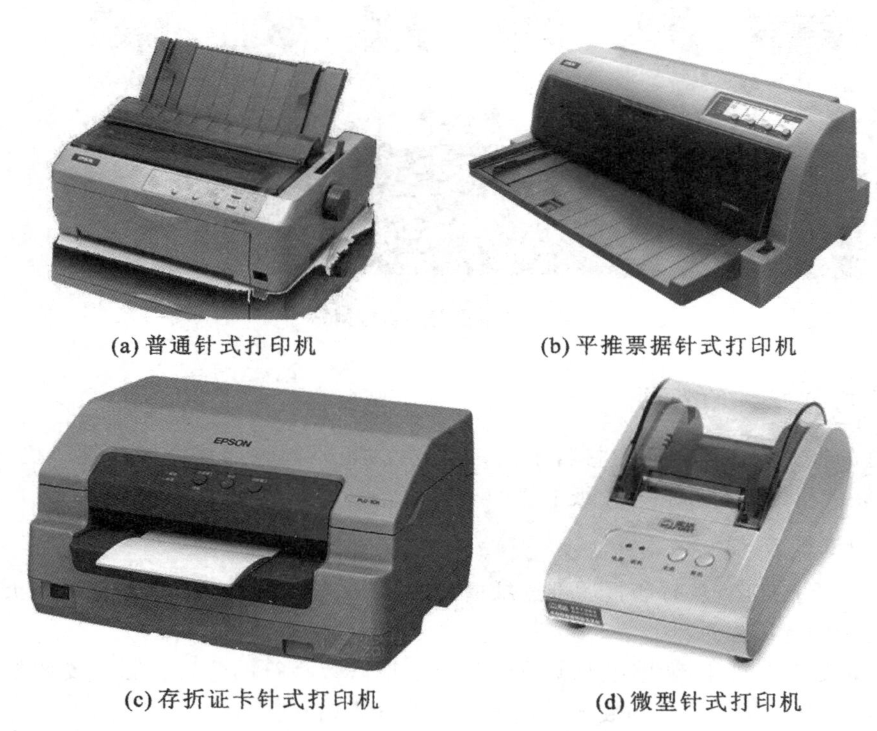

(a) 普通针式打印机　(b) 平推票据针式打印机

(c) 存折证卡针式打印机　(d) 微型针式打印机

图 5-1-1 针式打印机

（一）针式打印机的安装

1. 连接线缆

针式打印机与计算机连接的线缆一般是并行线缆和 USB 线。对于并行线缆连接，并行线缆端口一端插入打印机并行连接端口，另一端插入计算机后面的并行打印输出端口；对于 USB 线连接，USB 线一端插入打印机 USB 接口，一端插入计算机后面的 USB 输出接口（为了保证连接线路最短，一般不插到前面）。

2. 驱动程序的安装

步骤 1：登录打印机品牌的官方网站，如爱普生官方网站（http://www.epson.com.cn/），点击“服务支持”链接，找到“驱动及手册证书下载”，如图 5-1-2 所示。

步骤 2：点击“驱动及手册证书下载”，选择针式打印机的类型，再选择针式打印机的型号，可以看到其相关下载中有适合计算机操作系统的驱动程序，下载适合计算机当前版本操作系统的驱动程序。

步骤 3：安装驱动程序。双击下载的 exe 文件，即可自行安装驱动程序。

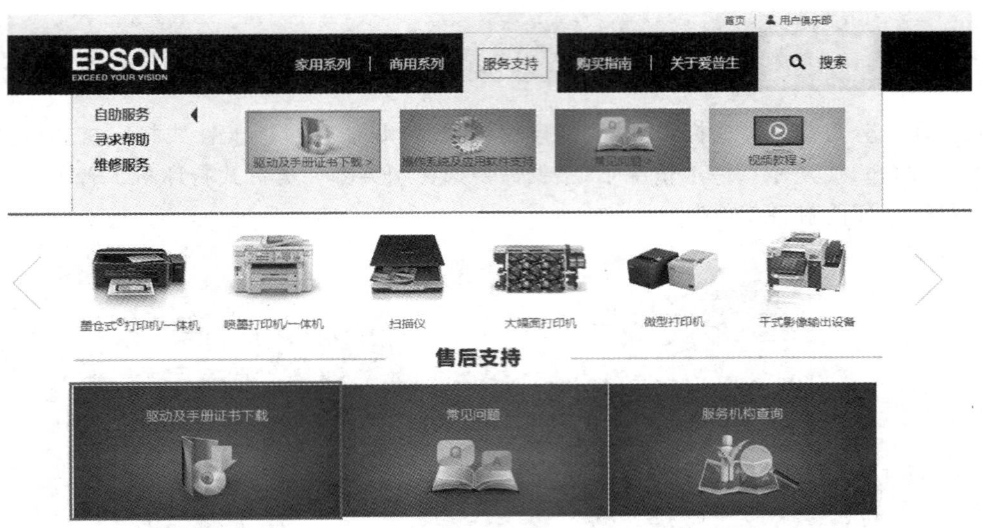

图 5-1-2　爱普生官方网站

（二）针式打印机的使用

不同类型的针式打印机打印的材料不同，进纸方式也不同。如普通针式打印机，可进行单页纸上打印、多联表格纸上打印和连续纸上打印。

1. 不同的进纸方式

（1）在单页纸上打印：从打印机后部进纸槽一次装入一张普通单页纸（不包括单页多联表格），使用打印机附带的导纸器进纸。

（2）多联表格纸上打印：调整纸厚调节杆到与表格联数相符的位置。除了要调整纸厚调节杆以外，装入连续多联表格的方式与装入普通连续纸的方式相同。

（3）单页多联表格上打印：需要使用带有前部托纸板的前部进纸槽，并且在打印机上安装前部导纸器，因为对于像五联多联表格一样的厚纸，需要平直的进纸路径以避免夹纸。

（4）连续纸上打印：在使用连续纸之前，确保按图 5-1-3 所示进行操作，将连续纸和导纸器对齐，保证打印纸可以平滑地送入打印机中。

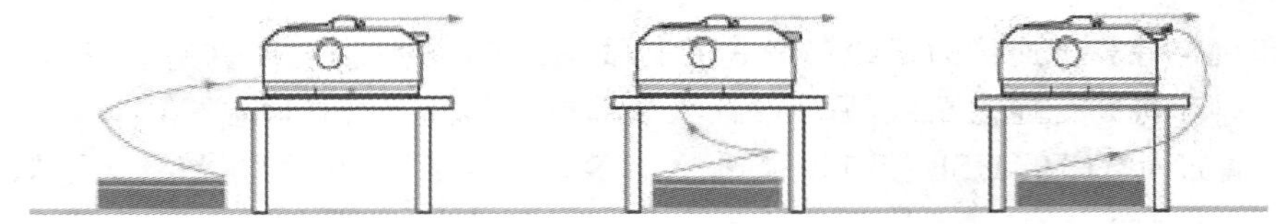

图 5-1-3　装入连续纸示意图

2. 打印设置

在程序中设置好页面，纸的大小和类型与装入打印机的纸的大小和类型一致，通过文件菜单下的“页面设置”菜单来打开页面设置，将纸张、版式、页边距设置正确，再进入“打印…”菜单项，查看打印机的名称是否是所安装的打印机的名称，再选择打印全部还是具体页、打印份数等，设置完成后，即可进行打印了，如图 5-1-4 所示。

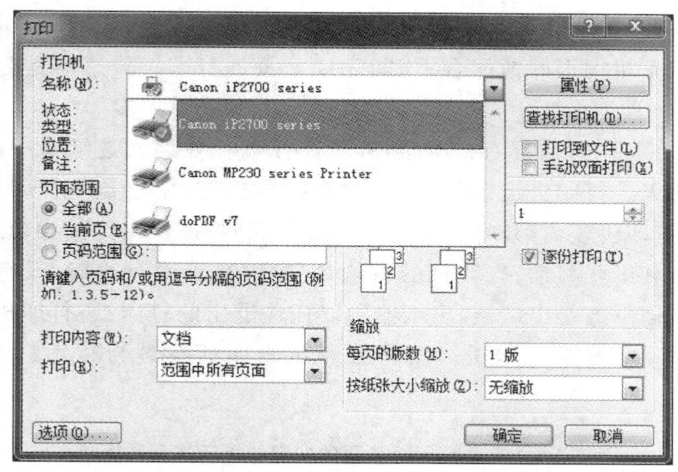

图 5-1-4　打印设置

二、喷墨打印机

喷墨打印机(见图 5-1-5)根据用途可分为家用喷墨打印机、办公用喷墨打印机、商用喷墨打印机等,根据墨盒的类型分为一体式墨盒喷墨打印机、分体式墨盒喷墨打印机,根据墨盒颜色的数量可分为四色墨盒喷墨打印机、六色墨盒喷墨打印机等。对于一般的用途,选择四色墨盒喷墨打印机即可。喷墨打印机一般都是内置墨盒的,爱普生公司在近几年推出了外置墨仓式喷墨打印机[见图 5-1-6(a)],使用该款喷墨打印机时,可以直接添加墨水而不必更换墨盒[见图 5-1-6(b)]。

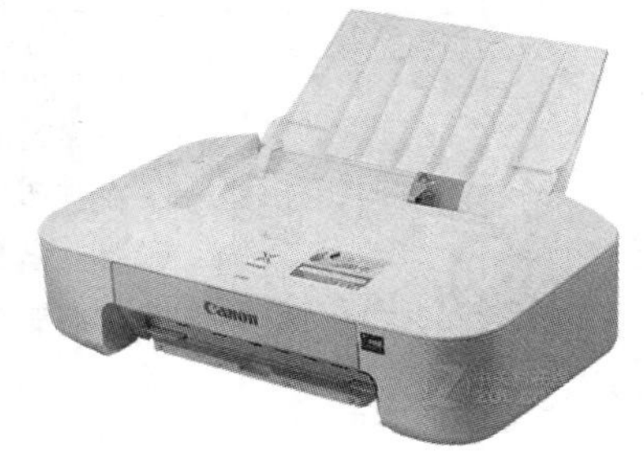

图 5-1-5　喷墨打印机

(一) 喷墨打印机的结构和喷墨原理

1. 喷墨打印机的结构

喷墨打印机由机械部分和电路部分两大部分组成。其中,机械部分通常包括墨盒和喷头、清洗系统、字车机构、输纸机构和传感器等。

墨盒和喷头有两种结构:一种是二合一的一体化结构;另一种是分离式结构。这两种结构各有好处。

(a) 外置墨仓式喷墨打印机的外观

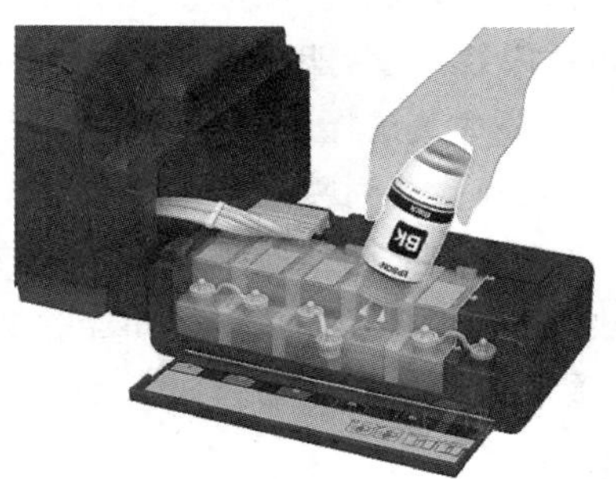

(b) 给外置墨仓式喷墨打印机加墨水

图 5-1-6　外置墨仓式喷墨打印机

清洗系统是喷头的维护装置。字车机构用于实现打印位置定位。输纸机构提供纸张输送功能,运动时它只有和字车机构很好地配合,才能完成全页的打印。传感器是为检查打印机各部件工作状况而特设的。

如图5-1-5所示,在打印机后部有托纸架,托纸架用以托住装入进纸器中的打印纸;托纸架下面是进纸器,进纸器用以为打印进纸;打印机上面有打印机盖,用以盖住打印机的机械装置,在安装或更换墨盒时打开打印机盖,打开打印机盖后,可以看到打印机内部的导轨和齿形带,它们属于机械装置,控制打印车和纸张移动;打印机的右侧是墨盒舱,上面有舱盖,只有安装或更换墨盒时才打开舱盖;打印机前面下方是出纸器,出纸器用以托住退出的打印纸;打印机表面有按键和指示灯,通过按键和指示灯,可控制打印机。喷墨打印机表面的按键与指示灯及其功能如表5-1-1所示。

表5-1-1 喷墨打印机表面的按键与指示灯及其功能

按键与指示灯	功能
电源	①按下此按键,可打开和关闭打印机电源; ②打印机打开时此指示灯亮; ③在打印机接收数据、打印、更换墨盒、充墨或清洗打印头时,此指示灯闪烁
维护 墨水	①打印机缺纸时此指示灯亮,装入打印纸按下此键,可继续打印; ②当夹纸时,此指示灯闪烁,按下此按键,可退出打印纸; ③在打印作业时,按下此按键取消打印 ④墨盒已到使用寿命时,此指示灯亮; ⑤当需要更换墨盒时,按下此按键可移动打印头到墨盒更换位置; ⑥当检测到墨盒已到使用寿命时,按下此按键,可移动打印头到墨水检查位置; ⑦在更换墨盒之后,按下此按键,可将打印头返回到初始位置; ⑧当 · 指示灯灭时,按住此按键3秒钟可清洗打印头。

2. 喷墨打印机的喷墨原理

简单来说,喷墨打印机的喷墨原理是将吸入喷嘴的墨喷到纸张上,完成打印工作。喷墨技术可分为气泡式热喷墨技术(佳能和惠普多采用)与液体压电式喷墨技术(爱普生采用)两种。

气泡式热喷墨技术是这样的一种技术:通过加热喷嘴,使墨水产生气泡,这个气泡以极快的速度扩展开来,迫使墨滴从喷嘴喷到打印介质上;当气泡消逝,喷嘴的墨水便缩回,接着表面张力会产生吸力,拉引新的墨水补充到墨水喷出区中。由于墨水在高温下易发生化学变化,性质不稳定,所以采用气泡热喷墨技术打出的色彩的真实性会受到一定程度的影响。另一方面,由于墨水是通过气泡喷出的,墨水微粒的方向与体积大小不好掌握,打印线条边缘容易参差不齐,在一定程度上影响了打印质量。

液体压电式喷墨技术是这样的一种技术:将许多小的压电陶瓷放置到喷墨打印机的打印头喷嘴附近,利用它在电压作用下会发生形变的原理,适时地把电压加到它上面;压电陶瓷随电压产生伸缩,在常温状态下稳定地将墨水喷出。液体压电式喷墨技术有着对墨滴控制能力强的优点,容易实现 1 440 dpi 的高精度打印质量，且压电喷墨时无须加热，墨水不会因受热而发生化学变化，大大降低了对墨水的要求。

（二）喷墨打印机的安装

根据墨盒的放置不同，喷墨打印机分为内置墨盒式喷墨打印机和外置墨仓式喷墨打印机。这两种喷墨打印机的安装方式有所不同。

1. 内置墨盒式喷墨打印机墨盒的安装

内置墨盒式喷墨打印机的墨盒是没有安装入打印机的，独立放置在包装袋中。

步骤 1：从包装中取出墨盒后，不要手摸芯片，不要弄破下面出墨孔的塑料密封（安装时由墨盒车的注墨柱刺破塑料密封），也不要撕下墨盒顶部的表示墨盒颜色的密封贴。

步骤 2：连接打印机供电，按下开关按钮，启动打印机，打印机会运行，若检测不到墨盒，红灯提示，按，墨盒车会移到开阔的方便更新墨盒的位置，打开墨盒盖，依次将墨盒按入（见图 5-1-7），并压到位（注意颜色标志），盖上墨盒盖。

步骤 3：盖上墨盒盖子后，再按，打印机开始检测墨盒，进行充墨，充墨需要几分钟的时间，充墨期间请不要断电。

2. 外置墨仓式喷墨打印机墨仓的安装

外置墨仓式喷墨打印机的墨盒和外置墨仓已经安装好，只需要注入墨水即可。注入墨水时，需要将墨仓按说明从打印机侧面取下，打开墨水瓶盖向墨盒内注入墨水（见图 5-1-8）（注入墨水时须注意颜色标签）。完成墨水注入后将墨仓挂好，将墨仓的运输锁转到打印位置，接通电源，启动打印机，按 3 秒，打印机开始充墨，充墨需要 20 分钟左右的时间，在充墨期间不能关机，不能断电。

图 5-1-7 内置墨盒式喷墨打印机安装墨盒

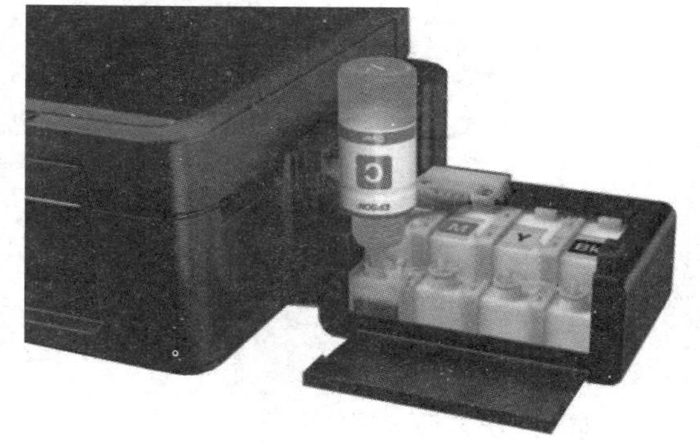

图 5-1-8 外置墨仓式喷墨打印机注入墨水

3. 驱动程序的安装

喷墨打印机驱动程序的安装需要将打印机与计算机连接并接通电源。大多数喷墨打印机采用的线缆是 USB 线，部分打印机采用了网络接入方式，即不必用 USB 线连接计算机，而是通过双绞线连接到交换机上，其他计算机通过网络方式应用打印机；还有的打印机采用 Wi-Fi 方式连接，方便采用无线方式进行打印作业。喷墨打印机 USB 线接头和方形 USB 接口（下）如图 5-1-9 所示。

驱动程序非常重要，许多先进的打印技术都和配套的技术有密切关系。需要强调的是，一定要使用打印机厂商原配的驱动程序，并随时注意更新。驱动程序安装完成后才能进行打印作业。

步骤 1：用 USB 线连接打印机和计算机，再连接打印电源线，接入电源。

(a) USB线接头

(b) 方形USB接口（下）

图 5-1-9　喷墨打印机 USB 线接头和方形 USB 接口（下）

步骤 2：从打印机品牌的官方网站上下载驱动程序。如为佳能喷墨打印机，登录佳能官方网站（http://www.canon.com.cn/），先选择“服务与支持”，再选择其中的“下载与支持”，即可选择驱动程序和软件下载，如图 5-1-10 所示。

图 5-1-10　下载佳能喷墨打印机驱动程序

步骤 3：安装驱动程序。

用鼠标左键双击驱动程序，根据提示一步步进行操作，完成驱动程序的安装。图 5-1-11 所示的为喷墨打印机驱动程序自解压，图 5-1-12 所示的为喷墨打印机居住地设置和许可协议。

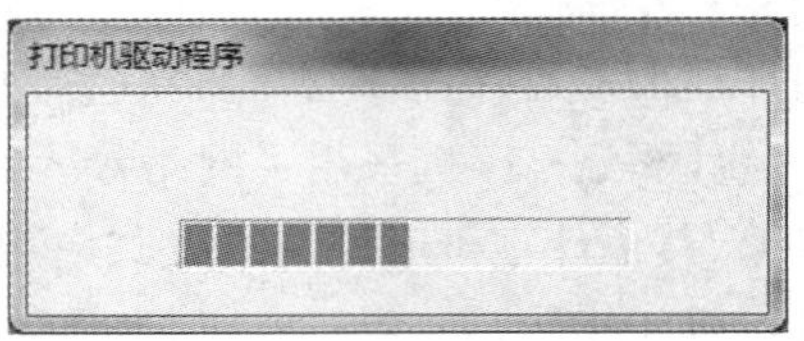

图 5-1-11　喷墨打印机驱动程序自解压

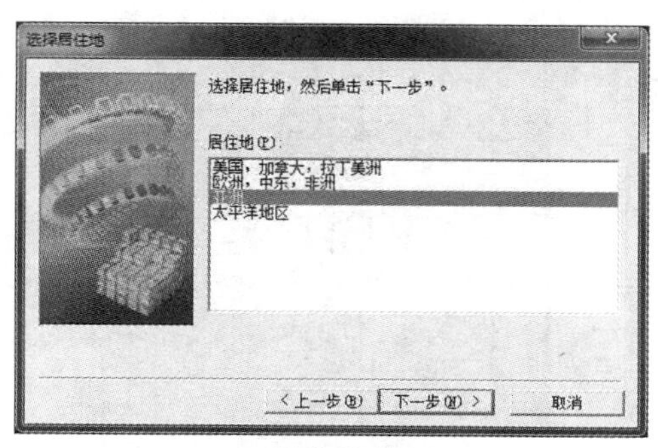

(a) 居住地设置

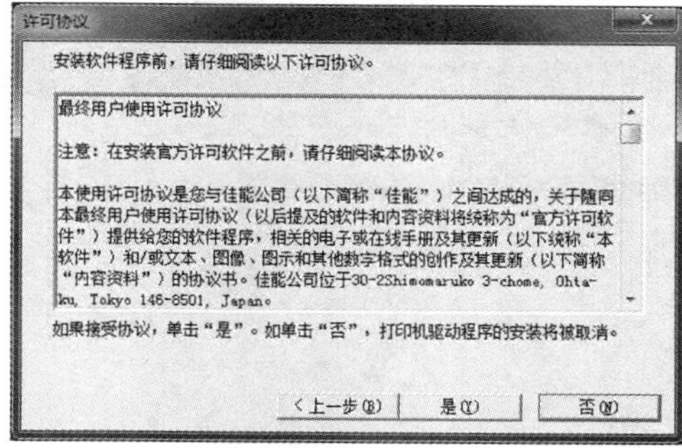

(b) 许可协议

图 5-1-12　喷墨打印机居住地设置和许可协议

（三）喷墨打印机的使用

1. 装入打印纸

喷墨打印机在其上面进纸，按照图 5-1-13 所示装入打印纸：滑动定纸卡子至两边，放入多页纸，打印面朝上，沿着进纸器装入打印纸，然后滑动卡子，使其靠着打印纸的边缘，但不能太紧。

2. 普通打印

喷墨打印机驱动程序安装完成后，默认的打印方式是彩色的普通打印方式。根据需要，可在打印前，对打印属性进行设置，如仅想进行灰度打印，则只使用黑色。

步骤 1：打开要打印的文档，点击“文件”菜单下的“打印(P)…”，弹出打印窗口，如图 5-1-14 所示。

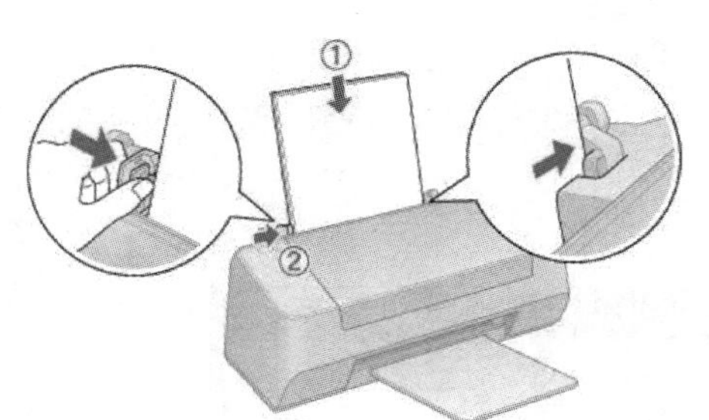

图 5-1-13　喷墨打印机装入打印纸

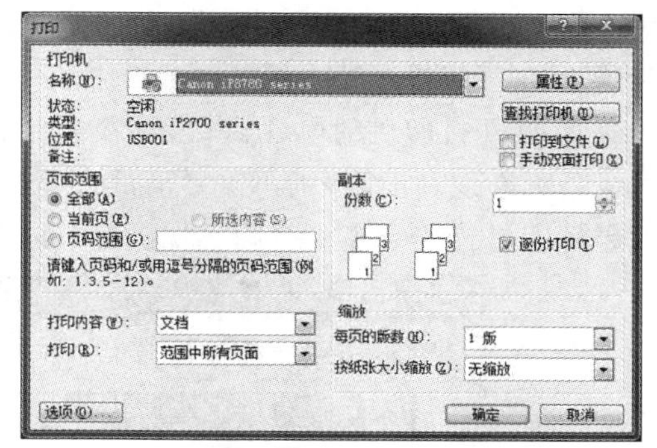

图 5-1-14　打印窗口

步骤 2：选择所连接的喷墨打印机后，点击“属性”按钮，进入喷墨打印属性设置，如图 5-1-15 所示。

说明：常规设置分为标准、照片打印、业务文档和节省纸张等；在附加功能项，可选择灰度打印、自最末页打印等；应选择正确的介质(打印纸)类型；可自定义打印机纸张尺寸；选择纵向或横向，可以更改打印输出的方向。

3. 照片打印

在打印机属性窗口选择照片或优质照片可打印照片。照片打印和优质照片打印的区别在于优质照片打印能提供较好的质量和速度。每种品牌的打印机设置界面略不相同，如图 5-1-16 所示的是 EPSON 喷墨打印机打印设置界面。

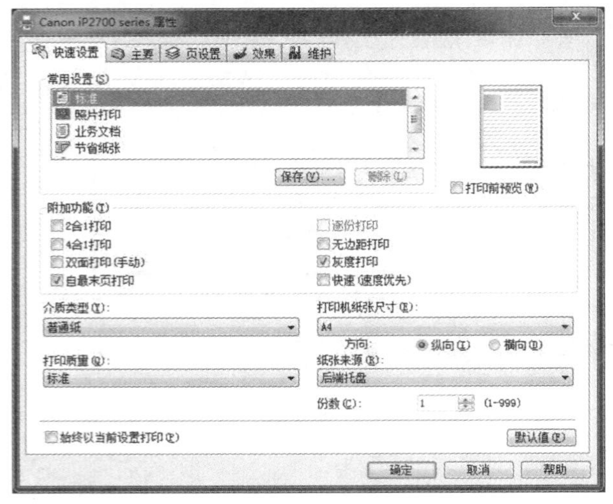

图 5-1-15　喷墨打印机打印属性设置

图 5-1-16　EPSON 喷墨打印机打印设置界面

（四）喷墨打印机的维护

与其他打印机相比，喷墨打印机需要更加细心的照顾。

1. 检查并清洗打印头

打印的图像意外地出现条纹、偏色等，说明打印头出现了故障。此时，可通过清洗打印头来解决这个问题。可以使用打印机属性中的打印头清洗功能来清洗打印头，也可以按打印机的按键来进行清洗。

步骤 1：在打印机中装入纸。

步骤 2：打开打印机的属性窗口，切换到维护标签，点击“喷嘴检查”按钮，会打印喷嘴检查图案。若线条无断线并清晰，则不需要清洗打印头。

喷墨打印机打印喷嘴检查图案如图 5-1-17 所示。

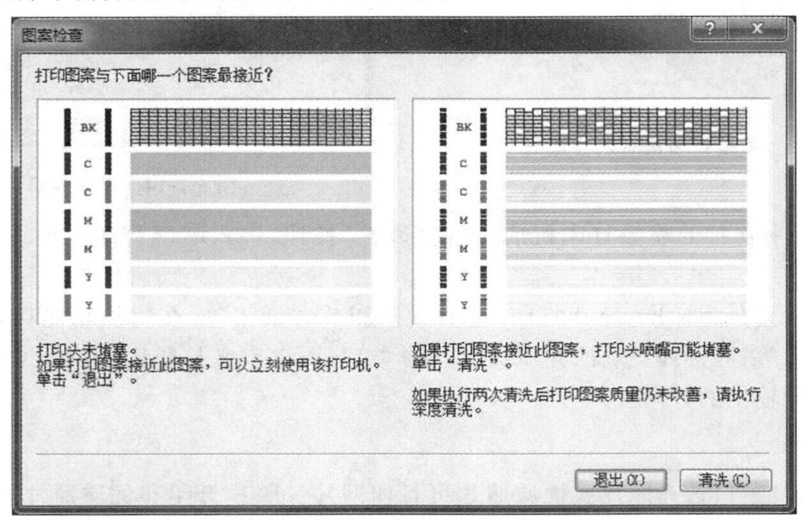

图 5-1-17　喷墨打印机打印喷嘴检查图案

步骤 3:若图案出现条纹,则需要清洗打印头,点击“清洗”按钮进行清洗。清洗时电源指示灯闪烁,此时切勿关闭打印机,否则会损坏打印机。

步骤 4:再次打印喷嘴检查图案,确认打印头是否已清洗干净。

步骤 5:若图案还是断续的,则再次清洗打印头。如果在重复此过程 4 次之后打印质量仍未改善,则关闭打印机,将其停放至少 6 小时,然后再进行喷嘴检查,如有需要,可手动进行打印头清洗工作。

提示:对于按打印机的按键来完成打印头清洗,由于打印机不同,按键方式也会不同。

注意

请只有仅在打印质量下降时(例如打印输出模糊、色彩不正确或丢失等)才清洗打印头;首先使用喷嘴检查应用工具确认打印头是否需要清洗,这样做可以节省墨水;错误指示灯闪烁或亮时,不能清洗打印头。

2. 更换墨盒

当墨用尽时,打印机的墨水标志灯变红,提示需要更换墨盒,可以使用打印机上的按键或计算机中的打印机驱动程序来更换墨盒。

这里讲解如何使用按键来更换墨盒。请按以下步骤操作。

步骤 1:确认电源指示灯亮但不闪烁,即打印机没有工作任务。

步骤 2:打开打印机盖。

步骤 3:找到墨尽的墨盒。按 · 按键,打印头移至墨盒检查位置,电源指示灯开始闪烁,说明已找到墨尽的墨盒,如图 5-1-18 所示。

步骤 4:取下墨尽的墨盒。按 · 按键,打印头移到更换墨盒位置(见图 5-1-19),打开墨盒舱盖(见图 5-1-20),取下墨尽的墨盒。

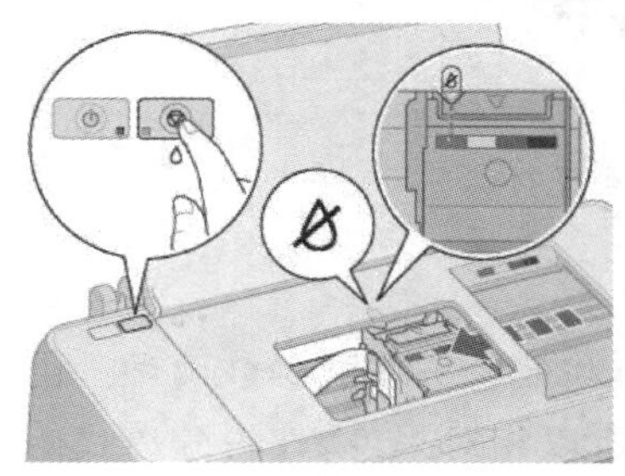

图 5-1-18　找到墨尽的墨盒

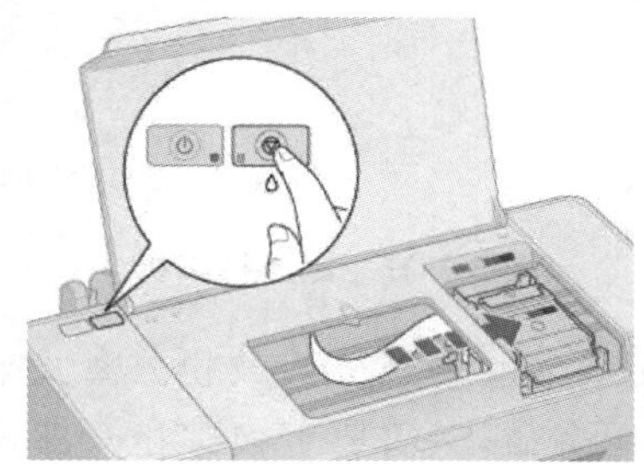

图 5-1-19　打印头移到更换墨盒位置

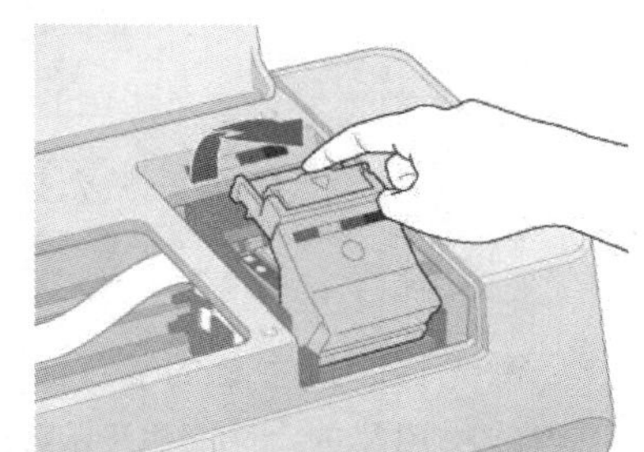

图 5-1-20　打开墨盒舱盖

步骤 5:安装新墨盒。从包装中取出新墨盒,除去墨盒底部的黄色胶条,安装到打印机内,听到“咔”的一声,表明安装已到位。

步骤 6：检查新墨盒。盖上墨盒舱盖，按⊽・💧按键，打印头移开，开始检查墨盒，并进行喷头充墨。当充墨过程完成时，打印头返回到初始位置，打印机即可进行打印了。

若多个墨盒已到使用寿命或墨量低，每次按⊽・💧按键时，问题墨盒会依次移动到标记处，直到显示完所有的已到使用寿命的墨盒或墨量低的墨盒。

更换墨盒时须注意以下几点。

(1) 始终按⊽・💧按键移动打印头，不要用手移动打印头，否则可能会损坏打印机。

(2) 不要碰触墨盒侧面的绿色 IC 芯片，否则将损坏墨盒。

(3) 在取出旧墨盒之后要马上安装新墨盒。如果没有立即安装墨盒，则打印头可能会变干，导致不能打印。

(4) 在安装墨盒之前，必须除去墨盒底部的黄色胶条，否则将导致打印质量可能下降或导致不能打印。

(5) 如果安装的墨盒没有去除黄色胶条，从打印机中取出墨盒，除去黄色胶条，然后再重新安装它。

(6) 不要揭去墨盒底部的透明封条，否则墨盒可能会变得不可用。

(7) 不要移动或撕掉墨盒上的标签，否则会引起墨水泄漏。

三、激光打印机

与针式打印机、喷墨打印机相比，激光打印机是打印速度最快、清晰度最高的打印机。激光打印机可分为黑白激光打印机和彩色激光打印机两类，如图 5-1-21 所示。

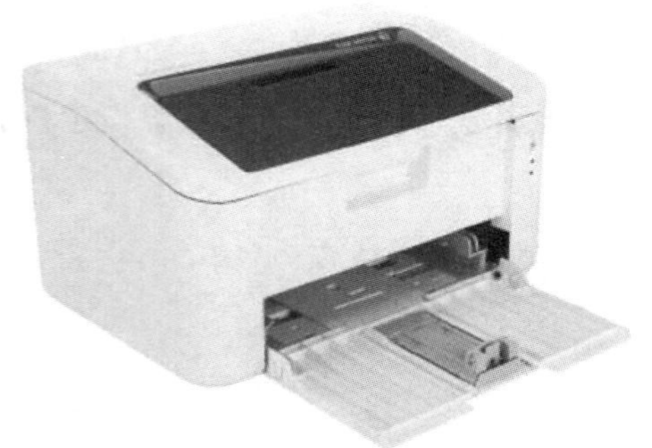

(a) 黑白激光打印机

(b) 彩色激光打印机

图 5-1-21　激光打印机

激光打印机主要的部件之一是硒鼓。硒鼓分为鼓粉分离式硒鼓和鼓粉一体式硒鼓两种。由于当碳粉用尽时，硒鼓并没有到使用寿命，只需要更换碳粉盒即可，所以相对来说，鼓粉分离式硒鼓的性价比更高一些。黑白激光打印机仅有一个硒鼓，彩色激光打印机有四个硒鼓（黄色硒鼓、品红色硒鼓、青色硒鼓和黑色硒鼓），如图 5-1-22 所示。

(a) 黑白激光打印机的硒鼓

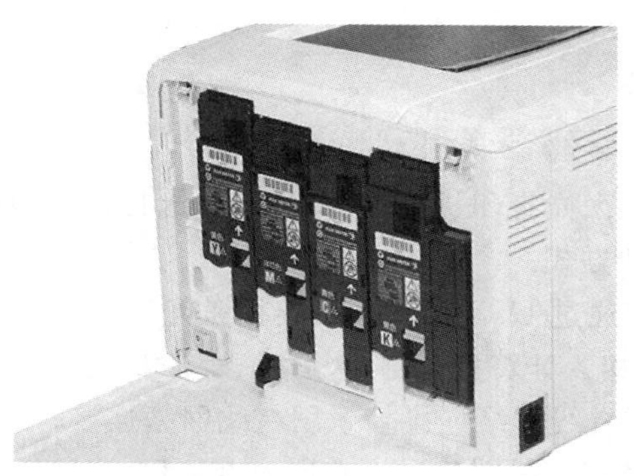

(b) 彩色激光打印机的硒鼓

图 5-1-22 激光打印机的硒鼓

（一）激光打印机的结构和工作原理

激光打印机主要由激光扫描系统、成像转印系统、机械传动机构、传感器和电路等组成。

激光打印机的打印工作要经过转换过程、显影过程、转印过程和定影过程。打印机不能直接打印计算机中的文档、图片、页面等，需要将其转化为打印机能识别的语言。硒鼓中的感光鼓表面充满了电荷，通过激光照射去掉不需要的电荷，形成带电的潜影，然后吸附碳粉，形成打印的图像。当打印纸走过硒鼓时，感光鼓上的碳粉图像就转印到打印纸上了，最后打印纸输送到出口附近的定影单元，将纸加热，碳粉融入纸纤维中，完成打印工作。

激光打印机工作原理图如图 5-1-23 所示。

（二）激光打印机的安装

这里仅说明激光打印机的一般安装过程，具体操作请认真阅读说明书。

1. 拆激光打印机包装

步骤 1：拆开包装，取出打印机和附件。

步骤 2：安装硒鼓。取出硒鼓，手持两端，轻轻摇动，使碳粉均匀。硒鼓带有封条，按箭头方向拉出封条，否则打印机不能工作。打开激光打印机上盖，将硒鼓按图 5-1-24 所示方向推入打印机内部，到位后，合上上盖。

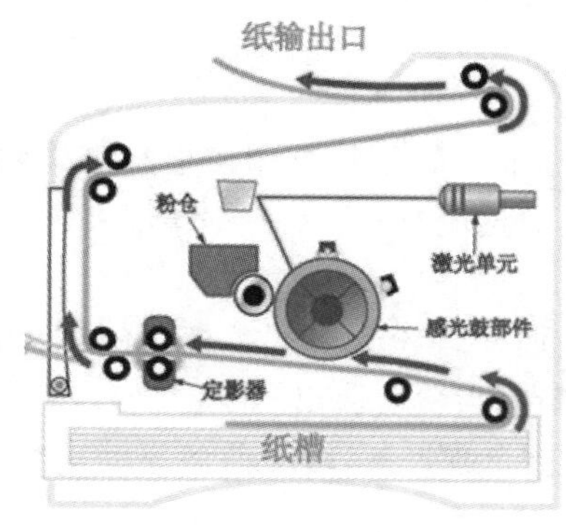

图 5-1-23 激光打印机工作原理图

图 5-1-24 安装硒鼓

步骤3:翻转放下出纸托盘,打开并放下进纸托盘,进纸托盘有防尘塑料盖,需要安装到出纸托盘上面。

2. 连接激光打印机

根据激光打印机功能的不同,激光打印机的连接有以下三种方式。一般激光打印机仅提供下述第一种方式。

(1) 通过USB接口直接连接激光打印机到计算机。与喷墨打印机一样,数据线采用USB接口,一端接入计算机后部USB输出接口,另一端拉入激光打印机USB接口,电源插入市电插座。

(2) 有线网络连接。采用有线网络连接时,使用网络电缆(双绞线)连接激光打印机到网络交换机,等待几分钟,使激光打印机获取网络地址。若需要手动配置,则需要参考相关手册。

(3) 无线网络连接。采用无线网络连接时,可在安装打印软件中进行连接,也可以通过打印机上的按钮设置连接,连接方法参考说明书。

3. 在计算机中安装激光打印机驱动程序

登录激光打印机生产厂商的官方网站,找到服务与支持,逐步分类查找打印机的类别和型号,下载打印机驱动程序,安装打印机的驱动程序。激光打印机驱动程序的安装方式与喷墨打印机驱动程序的相同,安装时也要保证打印机电源打开。

图5-1-25 激光打印机底部送纸并调整纸盒

(三) 激光打印机的使用

步骤1:装纸。激光打印机采用底部送纸方式,打开纸盒,向两边滑动侧面纸导轨,向外滑动外面纸导轨,然后放入纸,注意放入的纸张数不要超过限制标记,装纸完成后,滑动三面纸导轨使其靠着打印纸,然后合上纸盒盖,如图5-1-25所示。

步骤2:打印。在打印之前,需要先设置好页面,以保证页面设置和纸张相同。

(四) 激光打印机更换碳粉盒

当碳粉盒中的碳粉不足时,激光打印机将会发出指示。碳粉盒实际剩余使用寿命可能有所不同。建议提前备好新的碳粉盒,以方便在打印质量无法接受时及时进行更换。为激光打印机购买碳粉盒时需要检查碳粉盒的兼容性。

黑白激光打印机仅用了黑色碳粉盒。彩色激光打印机使用四种颜色,即黄色(Y)、品红色(M)、青色(C)及黑色(K),每种颜色各有一个碳粉盒。

除非准备安装碳粉盒,否则请勿将其从包装中取出。

为了防止碳粉盒损坏,其受光线照射的时间不得过长。如果必须从打印机上卸下碳粉盒并要存放很长时间,请将碳粉盒装回原塑料包装袋中,或用轻质非透明材料盖住碳粉盒。

黑白激光打印机更换碳粉盒的操作过程如下。

步骤1:取下原碳粉盒。打开黑白激光打印机的上盖,握住碳粉盒上的手柄,将其拉出。若是彩色激光打印机,则盖在侧面,内有四个碳粉盒,需要将无粉的碳粉盒取出。

步骤2:打开新碳粉盒的包装,取下芯片保护壳和拉出感光鼓封条,缓缓前后摇动碳粉盒,以使碳粉均匀散开在碳粉盒中,如图5-1-26所示。

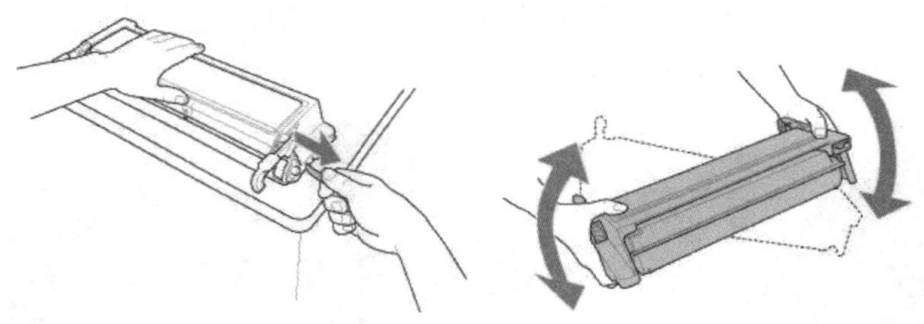

图 5-1-26 撕下封条，轻摇碳粉盒

注意

操作中不要触摸碳粉盒底部的成像鼓，否则会在成像鼓上面留下手印，影响打印质量；成像鼓不要见光。

步骤 3：将碳粉盒推入打印机内，若是彩色激光打印机，则要保证碳粉盒上的彩色条与彩色激光打印机的标注一致。

步骤 4：合上盖子，更换完毕；旧碳粉盒要包好，放入新碳粉盒包装袋中。

在更换碳粉盒的过程中，还要注意以下三点。

(1) 不要触摸碳粉，并避免把碳粉弄入眼睛。如果碳粉接触到皮肤和衣服，则需要立即用肥皂和凉水清洗。切忌使用热水，因为热水会使碳粉渗入皮肤和衣服。

(2) 不要焚烧用过的耗材，因为它们可能会爆炸，造成伤害，应按照规定处理用过的耗材。

(3) 如果碳粉溢出，先使用扫帚和畚箕将其扫除，再用带有肥皂水的湿布将其擦净。因为如果碳粉接触到火星，即使是极少量的碳粉，也可能引起火灾或爆炸。切忌使用吸尘器进行清洁。

任务 2 扫 描 仪

扫描仪可以将证件、照片、书稿和实物等输入到计算机中，配合图像处理软件、OCR 软件可实现图像输入、高速文字录入等功能。

一、扫描仪的种类与选购

扫描仪分为平板扫描仪、馈纸式扫描仪、高拍仪、便携式扫描仪和扫描笔等类型。

1. 平板扫描仪

平板扫描仪(见图 5-2-1)的工作原理是：将原图放置在扫描仪中一块很干净的有机玻璃平板上，原图不动，而光源系统(CCD)通过一个传动机构水平移动，它发射出的光线照射在原图上，经反射或透射后，由接收系统接收并生成模拟信号，模/数转换器将模拟信号转换成数字信号后，直接传送至计算机，由计算机进行相应的处理，至此扫描完成。

2. 馈纸式扫描仪

馈纸式扫描仪如图 5-2-2 所示。使用馈纸式扫描仪扫描时，其扫描头不动，被扫描材料穿过馈纸式扫描仪。平板扫描仪只能一张一张地扫描，馈纸式扫描仪可一次放多张材料。有一些馈纸式扫描仪可以自动翻转页面，进行双面扫描。

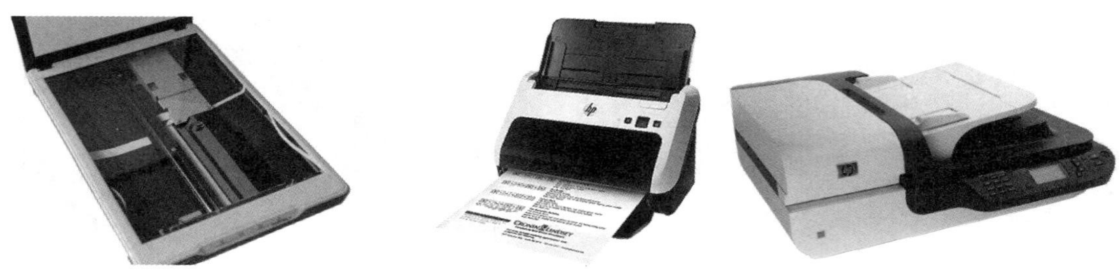

图 5-2-1　平板扫描仪　　图 5-2-2　馈纸式扫描仪

3. 高拍仪

高拍仪（见图 5-2-3）是超便携低碳办公用品，具有折叠式的超便捷设计，能完成一秒钟高速扫描，具有 OCR 文字识别功能，可以将扫描的图片识别转换成可编辑的 Word 文档。高拍仪还能进行拍照、录像、复印、网络无纸传真、制作电子书、裁边扶正等操作。

4. 便携式扫描仪和扫描笔

便携式扫描仪一般采用手刮式扫描，也有采用馈纸式扫描的，有的便携式扫描仪和扫描笔合为一体了。扫描笔体积小，内有电池，携带方便，用于文字、身份证、名片和大型工程图等的扫描，更好地满足了现场扫描与现场执法的需求。有的扫描笔具有直接文本转换、翻译等功能。

便携式扫描仪和扫描笔如图 5-2-4 所示。

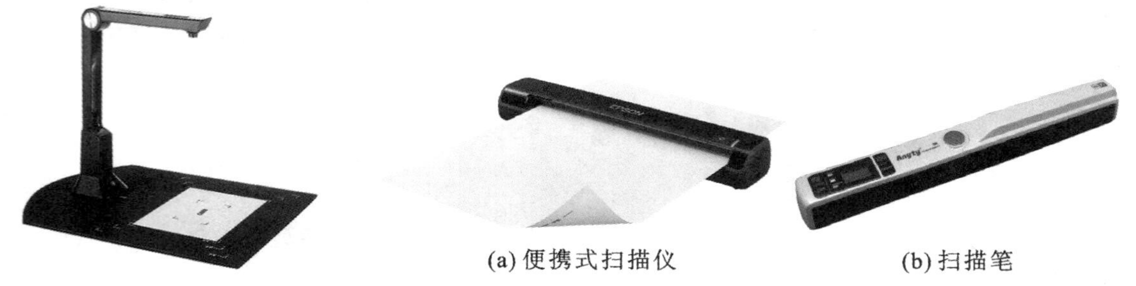

(a) 便携式扫描仪　　(b) 扫描笔

图 5-2-3　高拍仪　　图 5-2-4　便携式扫描仪和扫描笔

在选择扫描仪上，主要考虑如何应用，然后考虑速度和功能。

二、扫描仪的使用

根据扫描仪的类型，扫描仪的使用有两种情况：一种是需要连接计算机来使用；一种是不需要连接计算机直接使用，扫描仪只需要扫描完成后用 USB 线连接计算机将扫描内容复制到计算机中，即可得到扫描后的数据。

（一）平板扫描仪的使用

1. 安装平板扫描仪

步骤 1：连接到计算机。用 USB 线连接平板扫描仪到计算机，计算机会提示发现新设备。

步骤2:安装驱动程序。登录平板扫描仪生产厂商官方网站,搜索平板扫描仪的型号,下载适合计算机操作系统的平板扫描仪驱动程序。

步骤3:辅助软件。建议安装Photoshop和OCR软件,Photoshop有助于扫描后图像的处理,如剪裁、缩小处理。OCR软件用于书面文字识别。

2. 进行扫描

步骤1:打开文稿盖,放置需要扫描的书、纸、证件、照片等,扫描内容向下,如图5-2-5所示。

步骤2:进行扫描。安装完扫描仪驱动程序后,在计算机中出现扫描仪图标,双击运行,会出现向导,扫描时需要选择扫描软件,若不会使用Photoshop,可选择扫描仪自带的图像处理软件。

也可通过运行图像处理软件,执行文件菜单下的输入→扫描仪名,来启动扫描仪进行扫描。

另外,也可以通过扫描仪的按键进行扫描。

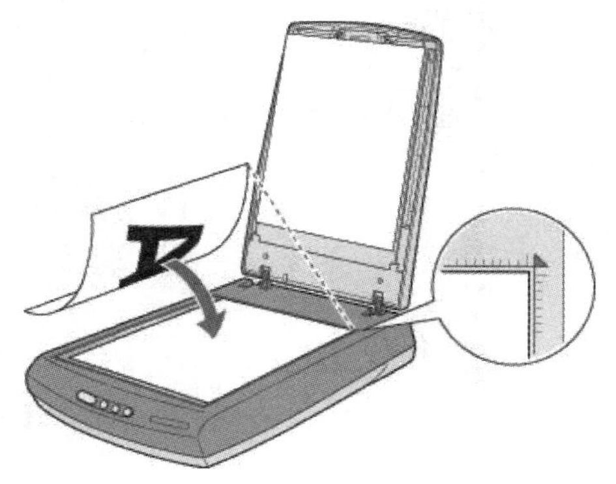

图5-2-5　在平板扫描仪中放置需要扫描的材料

扫描方式有全自动扫描(见图5-2-6)和手动扫描(见图5-2-7)两种。

图5-2-6　全自动扫描

图5-2-7　手动扫描

使用全自动扫描,图像会自动得到优化,可简易、快捷地进行扫描而不必更改任何复杂的设置。全自动扫描可切换到手动扫描。

使用手动扫描,能够更好地控制扫描,可以清晰化、校准、增强或预览图像,可以在预览后选择区域进行扫描。

步骤3:保存图像。可将扫描仪传送的图像在处理后保存起来。

步骤4:重复上面的三步,继续扫描下一页文件。

3. OCR软件应用

扫描仪需要安装扫描仪驱动程序和OCR软件,OCR软件用于书面扫描后的文字识别,比较好用的OCR软件有汉王OCR软件。

步骤1:下载并安装OCR软件。

步骤2:运行OCR软件,点击“扫描仪”按钮,启动扫描仪,切换到手动扫描方式(见图5-2-8);设置扫描参数,图像类型(或来源)为灰度文档,输出目标为OCR,分辨率为300 dpi。

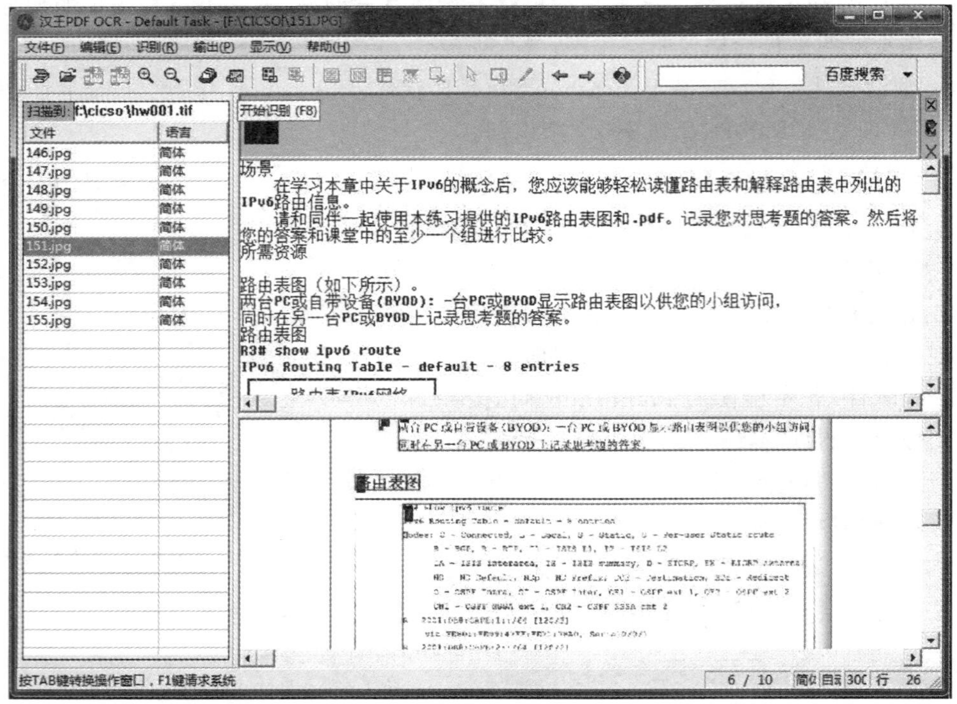

图 5-2-8 在 OCR 软件中手动扫描

步骤 3：扫描完成后形成图像(在左侧列表中)，点击工具栏的版面分析进行版面划分，会出现带编号的红线框，线框可以调整，以满足转换要求。

步骤 4：点击工具栏的开始识别能对红框内的文字进行识别，识别出的文字显示在上方，软件对于不能准确识别的文字用红色字表示，用户可以直接修改识别出的文字。

步骤 5：保存识别内容。执行输出菜单中的输出到文本，可以将内容保存成文本文件。

步骤 6：选择左侧列表中的下一个图片，重复执行步骤 4 和步骤 5，完成转换。

提示：为了提高转换效率，可以先批量扫描，再批量转换。

(二) 高拍仪的使用

高拍仪不仅可以拍摄图片、文字，而且还可以扫描立体物体、录制有声 DV 影像。使用高拍仪扫描成像后，可自动保存图像。使用高拍仪可以直接打印、发传真，提高了办公效率。

步骤 1：连接到计算机。采用 USB 线连接。

步骤 2：安装高拍仪驱动程序。登录高拍仪生产厂商官方网站搜索高拍仪的型号，下载并安装适合计算机操作系统的高拍仪驱动程序。

步骤 3：将需要拍摄的稿件、证件、表格或物体放到平台中心。

步骤 4：运行高拍仪，如图 5-2-9 所示，点击从拍摄仪设备获取，拍摄图像。

步骤 5：可根据需要对图像进行处理，如转换成 OCR、合并到 PDF 等。

高拍仪在教学方面可作为操作展示平台，连接计算机和摄影设备，向学生演示操作过程，使用非常方便。

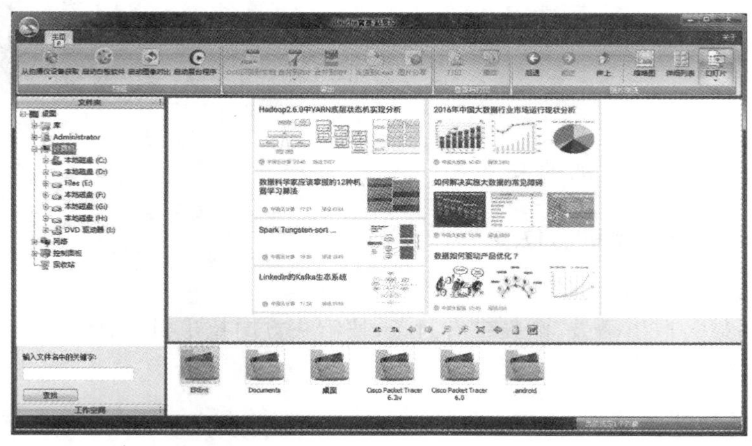

图 5-2-9　高拍仪界面

任务 3　多功能一体机

为了迎合扫描、打印和复印的需要，打印机与扫描仪结合在一起构成多功能一体机。多功能一体机以打印机为基础，在其顶部增加了扫描仪，一般是在扫描之后，进行打印。根据打印方式不同，多功能打印机分为激光多功能一体机和喷墨多功能一体两大类。其中，激光多功能一体机（见图 5-3-1）可分为黑白激光多功能一体机和彩色激光多功能一体机。喷墨多功能一体机也有普通喷墨多功能一体机和墨仓式喷墨多功能一体机之分，如图 5-3-2 所示。

(a) 黑白激光多功能一体机

(b) 彩色激光多功能一体机

图 5-3-1　激光多功能一体机

(a) 普通喷墨多功能一体机

(b) 墨仓式喷墨多功能一体机

图 5-3-2　喷墨多功能一体机

一、激光多功能一体机

（一）激光多功能一体机的安装

1. 拆开激光多功能一体机的包装

步骤1:拆开包装,取出激光多功能一体机及其附件。

步骤2:安装硒鼓。取出硒鼓,硒鼓带有封条,按箭头方向拉出封条,将硒鼓推入激光多功能一体机内部,推到位后,合上上盖。

2. 连接激光多功能一体机

根据激光多功能一体机提供的功能不同,激光多功能一体机的连接有以下三种方式。一般的激光多功能一体机仅提供第一种方式。

(1) 用USB线直接连接激光多功能一体机到计算机。

同打印机一样,数据线采用USB接口,一端接入计算机主机箱后部的USB输出接口,另一端接入激光多功能一体机的USB接口,电源插入市电插座。

(2) 有线网络连接。

使用网络电缆(双绞线)连接激光多功能一体机到网络交换机(需要参考相关手册)。

(3) 无线网络连接。

可在激光多功能一体机安装软件中进行无线网络连接,也可以通过激光多功能一体机上的按键设置无线网络连接,连接方法需要参考说明书。

3. 在计算机中安装激光多功能一体机驱动程序

登录激光多功能一体机生产厂商的官方网站,找到服务与支持,逐步分类查找激光多功能一体机的类别和型号,下载并安装其驱动程序。

（二）激光多功能一体机的使用

步骤1:装纸。激光多功能一体机采用底部送纸方式,打开纸盒,向两边滑动侧面纸导轨,向外滑动外面纸导轨,放入纸(放入量不要超过限制标记),滑动三面导轨使其靠着打印纸,然后合上纸盒盖。

步骤2:打印。打印方式与激光打印机的相同。

步骤3:扫描。激光多功能一体机驱动程序安装完成后,会在计算机出现一体机图标,双击就可进入扫描,激光多功能一体机的扫描方式与平板扫描仪的相近,也分为自动扫描和手动扫描两种。

步骤4:复印。打开激光多功能一体机上面的扫描仪盖,放入稿件、证书等,按复印键,即可复印。若是彩色激光多功能一体机,还有彩色复印按键。

说明:复印功能不需要计算机参与,即不必启动计算机就可复印。

（三）激光多功能一体机更换碳粉盒

当碳粉盒中的碳粉不足时,激光多功能一体机将会发出指示,在打印质量无法接受时需要更换碳粉盒。为一体机购买碳粉盒时要检查碳粉盒的兼容性。

激光多功能一体机碳粉盒的更换与激光打印机碳粉盒的更换相同,此处不再赘述。

二、喷墨多功能一体机

（一）喷墨多功能一体机的安装

步骤1：连接喷墨多功能一体机。喷墨多功能一体机的连接与激光多功能一体机的相似，也分为USB线连接、有线网络连接和无线网络连接三种方式，常用的连接方式也是USB线连接。

步骤2：下载并安装喷墨多功能一体机驱动程序。

（二）喷墨多功能一体机的使用

1. 装入打印纸

喷墨多功能一体机从上面进纸，滑动定纸卡子至两边，放入多页纸，打印面朝上，沿着进纸器装入打印纸，然后滑动定纸卡子，使其不松不紧地靠着打印纸的边缘。

2. 普通打印和打印照片

喷墨多功能一体机驱动程序安装完成后，默认的打印方式是彩色的普通打印方式。用户可根据需要，调整打印属性，如仅想进行灰度打印，则只使用黑色。

步骤1：打开要打印的文档，点击“文件”菜单下的“打印(P)...”。

步骤2：选择所连接的喷墨多功能一体机后，点击“属性”按钮，进入喷墨打印属性设置页面。

说明：打印设置分为标准、照片、文档和经济打印等；在附加功能上，可选择灰度打印、自最末页等；选择正确的打印纸类型，可自定义打印纸尺寸；可选择纵向(高)或横向(宽)以更改打印输出的方向。

在喷墨多功能一体机属性窗口选择照片打印或优质照片能提供较好的质量和速度。不同品牌的喷墨多功能一体机的界面设置不同。

3. 复印

打开喷墨多功能一体机上面的扫描仪盖，放入稿件、证书等，根据需要选择黑白复印还是彩色复印，按复印键，即可复印。

说明：复印功能不需要计算机参与，即不必启动计算机就可复印。

（三）喷墨多功能一体机的维护

与其他多功能一体机和打印机相比，喷墨多功能一体机更加需要细心的照顾。

1. 检查并清洗打印头

喷墨多功能一体机的检查并清洗打印头操作与喷墨打印机的检查并清洗打印头相类似，请参考前文内容操作，此处不再赘述。

2. 更换墨盒

此部分操作同于喷墨打印机更换墨盒操作，请参考执行，此处不再赘述。

三、复印机与速印机

当打印作业需要采用 A4 纸以上的纸张，复印的作业量增多时，需要选择使用复印机。当复印的数量较多时，复印机速度慢，耗材较贵，此时可用速印机代替复印机进行复印作业。

图 5-3-3　数码复印机

（一）复印机

随着人类社会信息时代的到来，数字化技术将会更广泛地应用于人类社会生产、生活的各个方面，数码复印机（见图 5-3-3）也必将成为复印设备的主导产品。数码复印机将以其输出的高生产力、卓越的图像质量、功能的多样化（复印、传真、网络打印等）、高可靠性及可升级的设计系统，成为人们办公自动化的好帮手。

数码复印机是指首先通过电荷耦合器件对通过曝光、扫描产生的原稿的光学模拟图像信号进行光电转换，然后将经过数字技术处理的图像信号输入到激光调制器，经调制后的激光束对被充电的感光鼓进行扫描，在感光鼓上产生由点组成的静电潜像，再经过显影、转印、定影等步骤，完成复印过程的产品。数码复印机本质上是功能更强、支持更大版面的激光多功能一体机。

（二）速印机

速印机（见图 5-3-4）又称为速印一体机、高速数码印刷机，是集制版（见图 5-3-5）、印刷为一体的油印设备。它是通过数字扫描、热敏制版成像的方式进行工作，能够实现高清晰的印刷质量，印刷速度在每分钟 100 张以上的印刷设备。速印机具有对原稿缩放印刷、拼接印刷、自动分纸控制等多种功能。

图 5-3-4　速印机

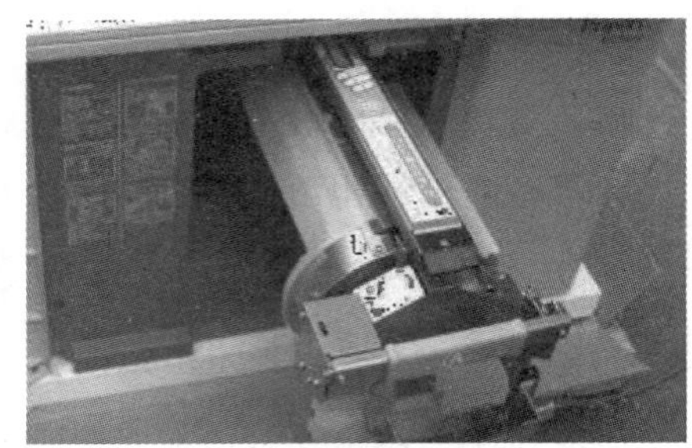

图 5-3-5　制版

任务 4　移动存储器

移动存储器是指便携式的数据存储装置。移动存储器主要有移动硬盘、USB 盘（U 盘）和各种记忆卡。移动存储器由于使用灵活、方便，在工作和生活信息化的过程中得到迅速普及。

一、移动硬盘

移动硬盘(见图 5-4-1)从本质上来说是将安装在盒内的笔记本硬盘。移动硬盘的盒内有从硬盘接口到 USB 接口或 E-SATA 接口的转换模块(转换电路板)。相比 U 盘,硬盘的容量大(最小容量是 500 GB,现在达到 4 TB 以上)。

(一)移动硬盘的选择

人们可以直接购买移动硬盘厂家生产的移动硬盘,也可以购买笔记本硬盘和移动硬盘盒(含转换电路板),自行组装移动硬盘。笔记本硬盘(反面)与移动硬盘的转换电路板及接口如图 5-4-2 所示。厂家生产的移动硬盘的电路集成度高,所以体积一般会较小。当需要使用移动硬盘时,用户可根据具体情况选择购买移动硬盘或自行组装移动硬盘。

图 5-4-1 移动硬盘

(a) 笔记本硬盘(反面)

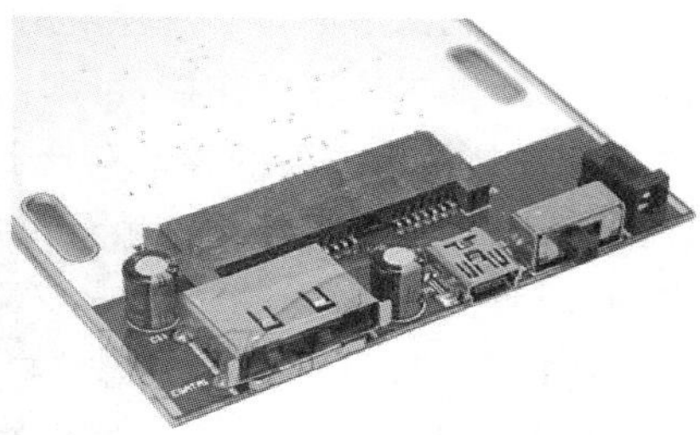

(b) 移动硬盘转换电路板及接口

图 5-4-2 笔记本硬盘(反面)与移动硬盘转换电路板及接口

(二)移动硬盘的使用

厂家生产的移动硬盘一般已经完成了初始化,可根据需要进行分区。自行组装的移动硬盘需要分区和格式化后再使用。若是拆的计算机上的笔记本硬盘,则已经分区和格式化了,而且还可能有数据,根据需要可对其进行重新分区和格式化操作。

下面主要介绍一下自行组装的移动硬盘的组装和使用。

步骤 1:组装移动硬盘,将 2.5 英寸笔记本硬盘插入移动硬盘盒转换电路板的 SATA 接口,如图 5-4-3 所示。

步骤 2:将笔记本硬盘用四颗螺丝固定到转换电路板上,然后连同转换电路板一起装入移动硬盘盒,装入后,两端用细小的螺丝固定。至此,移动硬盘组装完成。

步骤 3:用 USB 线将移动硬盘连接到计算机,若移动硬盘需要另配供电,则还需要连接电源适配器。

步骤 4:计算机会发现新设备,出现初始化移动硬盘提示,然后完成识别,若移动硬盘没有分区,则需要在硬盘管理中完成分区,或用分区软件进行分区,分区后再对移动硬盘进行格式化,即创建文件系统。完成上述操作后,移动硬盘就可以存

图 5-4-3 将笔记本硬盘插入移动硬盘盒转换电路板的 SATA 接口

取数据、正常使用了。

（三）移动硬盘使用注意问题

(1) 使用和移动过程中不要剧烈震动移动硬盘，使用时将移动硬盘放在平稳的桌面上。

(2) 通过任务栏的移动设备图标来断开移动硬盘与计算机的连接，断开连接之后再拔下 USB 线，若移动硬盘有开关，拔下 USB 线后再关闭开关。

(3) 移动硬盘要分区使用，这样方便管理存储数据。

(4) 移动硬盘出现故障，可参考项目 6 计算机系统维护维修中的硬盘维修部分进行故障排除工作。

二、U 盘

U 盘(见图 5-4-4)是一种使用 USB 接口的不需要物理驱动器的微型高容量移动存储产品，通过 USB 接口与计算机连接，可即插即用。

U 盘是最为方便的移动存储器。U 盘的特点是体积小，质量轻，由 USB 接口直接供电，不用物理驱动器，不需要外接电源，可热拔插，即插即用，耐高低温，不怕潮，不怕摔，小巧轻盈，便于携带，使用非常方便。

选择 U 盘时，要综合考虑接口和容量这两个因素。接口标准越高，U 盘的数据传输速率越快。

随着固态存储技术越来越成熟，更高速、高容量的固态存储器正在普及，更有新的接口替代原来的低速接口。图 5-4-5 所示的为固态 USB 接口的 U 盘。

图 5-4-4　U 盘

图 5-4-5　固态 USB 接口的 U 盘

三、记忆卡

用于手机、数码相机、平板电脑、记录仪等设备和其他数码产品上的独立存储介质，一般是卡片的形态，故统称为记忆卡。记忆卡常用的有 SD 卡和 TF 卡(见图 5-4-6)两种。记忆卡具有体积小巧、携带方便、使用简单、抗震能力强、功耗低、可靠性高、存储密度高、读写速度快的优点。大多数记忆卡都具有良好的兼容性，便于在不同的数码产品之间交换数据。近年来，随着数码产品的不断发展，记忆卡的存储容量不断得到提升，记忆卡的应用也快速普及。

图 5-4-6　TF 卡

任务5 数码产品简介

一、数码摄像头

数码摄像头(见图 5-5-1)可分为免驱动数码摄像头和有驱动数码摄像头两类。数码摄像头的对焦调整方式有手动调节和自动调节两种。市场上一般是无驱手动调节的数码摄像头。在选择数码摄像头时,可以考虑以下三个因素。

图 5-5-1 数码摄像头

(1) 成像质量,画面稳定性。用户消费者可以现场试用样品,看其色彩还原性是否好,画面是否稳定。色彩还原性和画面稳定性对于衡量一款数码摄像头的品质来说是重中之重。

像素值是一个非常关键的因素,像素值在很大程度上决定了数码摄像头的好坏。

(2) 画面的层次感:好的数码摄像头能够还原出非常丰富的色彩层次以及被摄范围的距离感。

(3) 操作性和兼容性。安装过程和操作是否简单、软件界面是否合理、软件功能是否强大都是需要考虑的因素。

以罗技摄像头为例:硬件操作非常简单,并且在产品配置上充分考虑到了用户的各种使用需求,做出了包括延长 USB 线在内的许多调整;此外,罗技公司强大的软件设计水准使得其摄像头产品具有超强的兼容性、周到的人性化设计以及全自动功能,非常有利于初使用者快速掌握使用技巧。

数码摄像头还有部分是无线类型的,用户可根据需要选择适合自己的。

(一) 数码摄像头的安装

大部分摄像头采用免驱动设计,即计算机操作系统能识别插入 USB 接口的摄像头,会提示发现新硬件并自动完成安装,安装完成后在计算机窗口会出现摄像头的图标。下面以罗技摄像头为例来介绍下高性能数码摄像头的安装过程。

步骤 1:将数码摄像头的 USB 接口连接到计算机主机上的 USB 接口。

步骤 2：登录数码摄像头生产厂商的官方网站，查找数码摄像头的型号，下载适合操作系统的驱动程序，如图 5-5-2 所示。

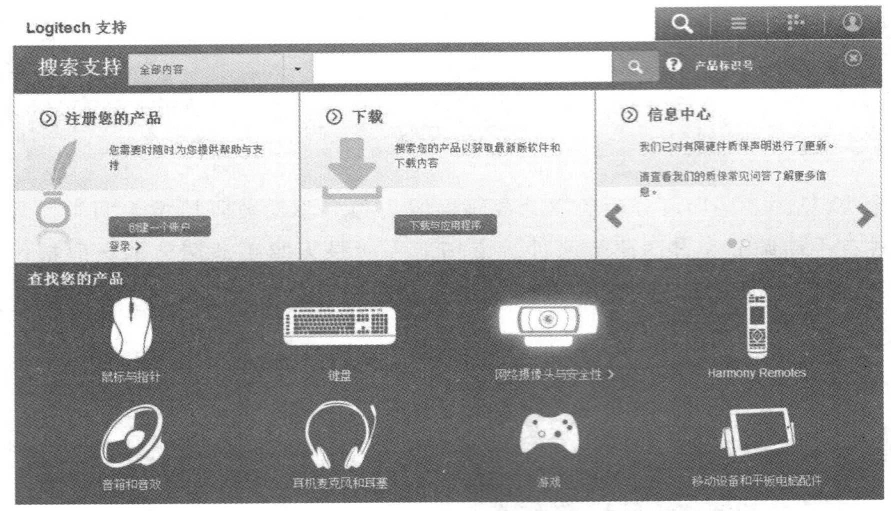

图 5-5-2　罗技官方网站数码摄像头驱动程序下载

说明：一般摄像头生产厂商的官方网站会推荐录像软件和拍照软件。

步骤 3：安装驱动程序，如图 5-5-3、图 5-5-4 所示。

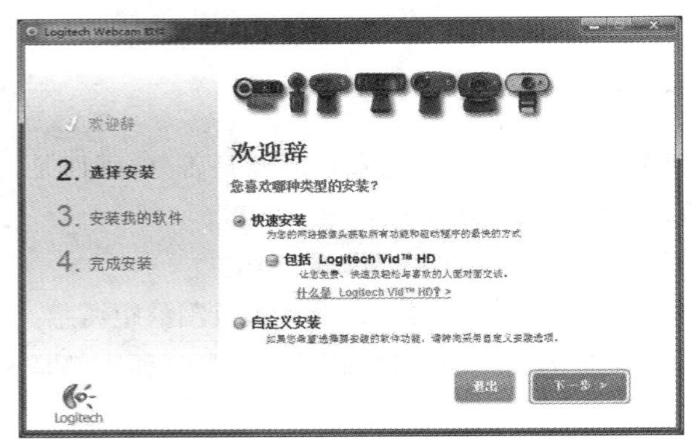

图 5-5-3　罗技数码摄像头驱动程序安装一

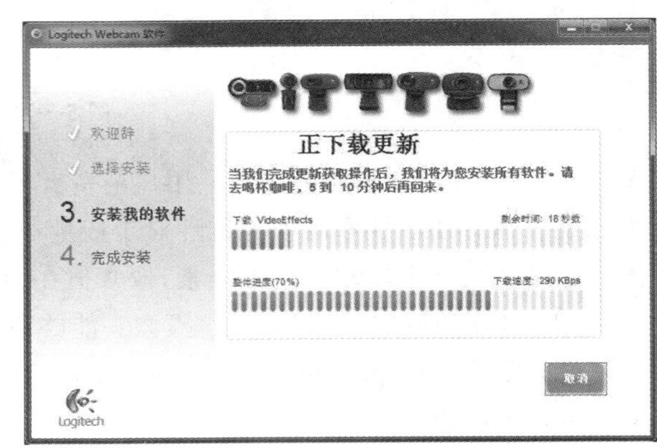

图 5-5-4　罗技数码摄像头驱动程序安装二

（二）数码摄像头的使用

使用数码摄像头可以实现拍摄和录像功能。将数码摄像头安装到指定位置，调整角度并连接计算机（以计算机作为控制和存储设备），还能实现监控功能。

数码摄像头的拍照功能通过安装的拍摄软件来实现，部分拍摄软件还有特殊效果处理功能。

数码摄像头的录像功能可通过使用摄像头相关软件，执行录像命令来实现。录像完成后，可在默认位置查看录像文件。

拍摄图像和摄像时，可设置数码摄像头的参数，如分辨率、色彩、声音等。

需要使用数码摄像头时，启动数码摄像头软件，会进入其首界面（见图 5-5-5），可选择摄像并进行设置。若选择快速拍摄，数码摄像头即会进入拍摄状态，如图 5-5-6 所示。

图 5-5-5　数码摄像头软件首界面

图 5-5-6　数码摄像头进入拍摄状态

使用免驱动数码摄像头时，由于可能受到外界环境的影响，所以有时需要通过手动调整来得到更好的视频效果。在图像设置页面，可以通过对亮度、曝光进行手动设置，来达到更好的视频效果。

二、数码相机

数码相机是指利用电子传感器把光学影像转换成电子数据的照相机。数码相机分为单反相机、微单相机、长焦相机和普通相机四种。电子传感器是表层带有光敏特性的器件排列成阵面而形成的耦合器件，用于将光信号转换成电信号。

（一）单反相机

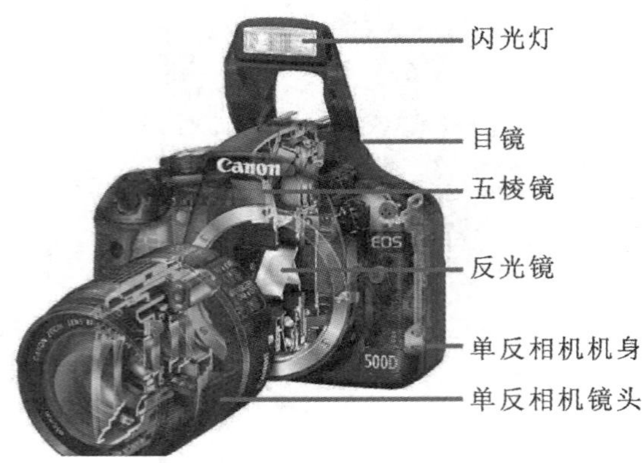

图 5-5-7 单反相机结构图

单反相机是单镜头反光式取景相机。单反相机结构图如图 5-5-7 所示。单反相机内有一块反光镜，取景时反光镜落下，将镜头的光线反射到五棱镜，再到取景窗，拍摄时反光镜快速抬起，光线可以照射到感光元件上。

单反相机是专业相机，满足专业摄影要求，可以更换长短焦镜头以适应不同的拍摄需要。

（二）微单相机

微单相机（见图 5-5-8）是索尼在中国注册的名称，其他厂商都将微单相机称为微型单电相机（单电相机如图 5-5-9 所示）。微单相机通常体积比较小，对焦很快、连拍很强。微单相机是采用单镜头电子取景的数码相机，可更换镜头，没有反光镜和五棱镜，图像通过电路中传递的电子信号显示在显示屏或者电子取景器里。

（三）普通相机

不同于单反相机，普通相机（见图 5-5-10）为满足普通摄影需要而设计。普通相机分为卡片式相机、长焦相机、广角相机等类型。不同类型的普通相机，价格差别较大，外观差别也较大。

图 5-5-8 微单相机

图 5-5-9 单电相机

图 5-5-10 普通相机

三、数码摄像机

和数码相机相似，数码摄像机利用电子传感器将光学图像信号转变为电信号，将图像按每秒几十帧的图像连续记录下来，形成视频文件。

数码摄像机可分为普通数码摄像机、专业数码摄像机和运动数码摄像机三类。

（一）普通数码摄像机

普通数码摄像机（见图 5-5-11）适合个人、家用，体积小、质量轻、功能多、操控方便，价格相对低廉。

（二）专业数码摄像机

相对于普通数码摄像机，专业数码摄像机（见图 5-5-12）有更高的指标。在操作方面，它有手动光圈、手动聚焦、电子快门等手动控制装置，而普通数码摄像机一般采用全自动设计。

（三）运动数码摄像机

运动数码摄像机（见图 5-5-13）专为运动玩家设计，体积小，适合安装在移动设备上，如自行车和背包上，跟随人进行移动记录拍摄。运动数码摄像机拥有一组高速的镜头，能够在快门时间里进行追焦，清楚地捕捉到运动物体的动态影像。运动数码摄像机携带方便，可加装防水壳，在减震方面，通过搭配数位变焦或光学变焦，可减轻画面晃动。

图 5-5-11　普通数码摄像机

图 5-5-12　专业数码摄像机

图 5-5-13　运动数码摄像机

项目6 计算机系统维护维修

学习目标

- 了解计算机硬件维护的基础知识，了解计算机的日常维护工作。
- 熟练使用常用的维护工具。
- 对计算机硬件进行日常维护维修操作。

工作任务

- 小组制订工作计划。
- 学习计算机主机硬件主流配置。
- 掌握计算机硬件的搭配。
- 会根据不同的需求配置不同性能的计算机硬件。
- 根据计划选择硬件并进行组装、调试。
- 搭配 CPU、主板和内存。
- 根据教师的讲解，通过小组讨论完成不同需求分析及项目报告。

任务1 计算机日常维护

计算机是由硬件系统与软件系统组成的有机体。硬件系统由 CPU、主板、内存、显卡、硬盘、光驱、电源、显示器、键盘、鼠标等构成。软件系统由操作系统、驱动程序、常用软件等构成。计算机在日常使用中可能出现硬件故障或软件故障，做好计算机日常维护工作将大大减少发生故障的概率，或者有助于快速解决故障。本任务以日常维护为出发点，讲述计算机硬件保养与维护的常用方法。

一、硬件的日常保养及维护

同型号的计算机有人用了几年照样运转良好，而有人用了不到半年就经常发生蓝屏、死机甚至不能启动等状况，出现这样的差距的原因就在于日常对计算机的维护和保养有没有做好。这里主要介绍计算机硬件日常使用过程的注意事项及如何对硬件进行日常的保养和维护操作，以保证计算机能长时间正常地工作。

1. 计算机运行环境

环境对计算机寿命的影响是不可忽视的，要使计算机长期稳定运行，必须注意以下事项。

(1) 控制温度。计算机理想的工作温度是10～35 ℃,温度太高或温度太低都会影响计算机的使用寿命。计算机应摆放在宽敞的空间内,周围要保留散热空间,不要与其他杂物混放。

(2) 防尘。空气中灰尘的含量对计算机的影响也较大:灰尘含量太多,灰尘就会腐蚀各配件和电路板;灰尘含量过少,计算机会产生静电反应。显示器是一个极强的"吸尘器",显示器内部灰尘厚积,天气转潮时,容易导致线路板短路等损坏显示器的事故。

计算机应放置于整洁的房间内,尤其是计算机工作台,要定期除尘。灰尘几乎会对计算机的所有配件造成不良影响,从而缩短其使用寿命或影响其性能。应定期对主机箱内部、光电鼠标的底部四个护垫等进行除尘。不要用酒精或洗衣粉等擦拭显示器屏幕,如果有需要可以用清水擦拭显示器屏幕,但将清水吸附于纸巾或抹布之上用纸巾、抹布擦拭显示器屏幕,不可以让清水流进显示器屏幕之内。

(3) 防磁。计算机周围严禁有磁场。磁场会对硬盘等造成严重影响,不要将硬盘放置于音响之上。

(4) 控制湿度。计算机应置于理想的湿度环境(相对湿度为30%～80%的环境)中,湿度太高会影响一些配件性能的发挥,甚至造成一些配件的短路。湿度太低则容易产生静电。不要在计算机桌上放置水杯,更不能将其置于主机、键盘之上,一旦水洒,后果严重。

另外,计算机在长时间没有使用的情况下,潮湿或灰尘、汗渍等,会引起计算机配件的损坏,建议定期开机运行一下,以便驱除主机内的潮气。

(5) 防静电。在环境干燥的情况下,应谨防静电对计算机配件的影响。此时人若需要直接接触电路板,要先对自身放电(如用手摸摸水管等)或采取其他绝缘措施(如戴上接地手套)。

2. 正确使用计算机

(1) 防震。计算机工作时不要搬动主机箱或使其受到冲击、震动。

(2) 正确开机和关机,尽量地减少对主机的损害。在主机通电时,关闭外部设备的瞬间,会对主机产生较强的冲击电流,所以应正确开机。关机时,应注意先关闭所有程序,退出操作系统,再断电,否则有可能损坏硬盘、操作系统、应用程序等。

特别注意:当计算机工作时,应避免进行关机操作,例如在计算机正在读写数据时突然关机,很可能会损坏驱动器。如果电压不够稳定,则最好给计算机配一个稳定的电源;在开机的状态下不可插拔配件(支持热插拔的USB设备除外),否则,可能会造成烧毁相关芯片或电路板的严重后果。

(3) 保管相关物品。应妥善保管计算机各种板卡及外部设备的辅助器件。

3. 清洁专用工具

(1) 防静电毛刷:主要用于清洁各种元器件,不会损坏元器件。

(2) 皮老虎(或小型吸尘器、吹气球):主要用于清除灰尘、毛发等污物。

(3) 清洁剂:去除难清洁的污垢,以保证部件正常工作。

(4) 清洁小毛巾、镜头试纸:一般配合清洁剂擦拭,以保持各部件的清洁。

二、计算机硬件系统清洁

1. 任务引入

计算机硬件日常维护的重要环节就是对计算机部件的清洁。发热对计算机电子器件影响很大,而要使计算机有良好的散热条件,就需要做好清洁与整理主机箱内部连线工作。所以,掌握正确的计算机部件的清洁方法与整理方法是计算机硬件维护中的重要内容。

2. 任务目标

(1) 掌握计算机硬件的正确清洁方法。

(2) 掌握计算机内部的正确整理方法。

3. 任务内容

(1) 用清洁工具清洁计算机部件。

(2) 用扎带整理主机箱内部连线以利于散热。

4. 任务过程

1) 清理主机箱内部

步骤1:清除主机箱中的灰尘。切断电源,将主机箱与外部设备之间的连线拔掉,用十字螺丝刀打开主机箱。用皮老虎细心地吹拭板卡上,特别是面板进风口的附件和电源盒(排风口)的附近,以及板卡的插接部位的灰尘,同时可用台扇吹风,以便将被皮老虎吹起来的灰尘和主机箱内壁上的灰尘带走。

步骤2:清除电源中的灰尘。计算机的排风主要靠电源风扇,因此电源盒里的灰尘最多。将电源拆下,用皮老虎仔细清扫电源,干净后再装回电源。

主机箱内其他风扇也可以按照这个方法进行清理。经常清除风扇上的灰尘可以最大限度地延长风扇的使用寿命。

步骤3:清洁CPU散热器。将CPU散热器从主板上取下,CPU可保留在主板上,用防静电毛刷清除掉CPU周围的灰尘。观察CPU的导热硅脂是否已干,若已干,则需要重新涂导热硅脂。

步骤4:涂抹导热硅脂。建议每年给CPU重新涂抹一次导热硅脂,导热硅脂虽然使用沸点较高的油脂作为介质,但是,难免在使用中挥发,油脂挥发会影响到导热硅脂与散热片之间的衔接与导热,所以,重新涂抹一次导热硅脂,可以让导热硅脂的导热能力时刻保持在最好的状态。

步骤5:清洁内存。内存安装在CPU附近,受CPU风扇的影响,内存也会积累灰尘。拔下内存,用防静电毛刷轻轻刷去内存上的灰尘,然后将内存平放,用橡皮擦来回擦其上的金手指处,直至金手指恢复光亮为止。

注意:用橡皮擦擦拭内存金手指部分实际上是去除金手指部分的氧化层,以有效地防止内存接触不良的故障,故本方法也可以用来处理内存接触不良的故障。

步骤6:清洁显卡。由于显卡上有风扇,所以重点在于清洁风扇。

注意:显卡也和主板相近,所以对于显卡,既要清除灰尘也要重涂导热硅脂。

用防静电毛刷清洁显卡风扇上的灰尘,然后清理显卡电路板上其他地方的灰尘。

用橡皮擦擦拭显卡上的金手指部分,直到其光亮为止。

注意:显卡接触不良也是常见故障,用橡皮擦清洁显卡金手指部分也是排除此故障的重要方法之一。

步骤7:清洁主板。观察主板上灰尘较多的位置,用防静电毛刷刷过后用皮老虎吹净。用防静电毛刷轻刷CPU插槽与内存之间的位置,然后用皮老虎吹干净其中的灰尘。

如果拆卸了板卡,再次安装时要注意位置是否准确、插接是否牢固、连线是否正确等。

步骤8:清洁光驱。拆开光驱外壳,拨动光驱内齿轮,将激光头移动到可以见到的位置;在棉签上包一层镜头纸,用镜头纸部分轻轻擦拭激光头;用皮老虎清洁激光头处的灰尘;清洁光驱其他部位,如皮带、仓盒等;装好光驱外壳,拧上螺丝。

2）安装主机箱内硬件

步骤 1：将以上拆下的部件装入计算机，检查内存的安装、显卡的安装和线缆的连接，注意不要安装错误，若不清楚如何安装，可参考项目 1 的任务 3。

步骤 2：面板数据线的整理。数据线比较细长，而且数量较多。整理时，将这些线理顺，然后折几个弯，再用扎线将其捆起来，用双面胶布把它们贴在主机箱里面。

步骤 3：将电源线理顺，将不用的电源线扎在一起，以避免不用的电源线散落在主机箱内，妨碍日后插接硬件。

步骤 4：将硬盘和光驱的 SATA 数据线过长的部分折起来，尽量使 SATA 数据线沿着主机箱框架，用扎线将其捆绑在框架上，或者用双面胶布将其粘在框架上。

步骤 5：将散落的其他数据线用扎线捆扎在一起，并尽量避开主机箱中部。

3）清理外部设备

步骤 1：清洁显示器。用液晶专用清洁套装，也可将棉布在清水中湿润，把显示器屏幕、外壳部分擦洗干净。显示器内部的清洁需要专业人员，所以普通用户不必拆解清洁。

步骤 2：清洁键盘。在关机状态下，清洁键盘表面，擦去上面的油污与汗渍，同时用防静电毛刷仔细刷洗键盘的缝隙处，将其中的灰尘与异物清理出来，用皮老虎吹净小缝隙处的灰尘。

步骤 3：清洁鼠标。用棉布蘸清水擦洗鼠标外壳，直到干净即可。

步骤 4：用湿润的棉布擦掉电源线、显示信号线、网线、USB 线等的灰尘，整理线。注意网线不可太长，若太长，经过缠绕扎起，会影响信号的传输。

5. 任务小结

(1) 主板的清洁主要集中在有风扇的位置处，即内存与 CPU 之间、外部接口与 CPU 之间、芯片组风扇等位置处。

(2) 对于计算机的清洁没有定论，只要保证接触部分光亮、干净，其他部分没有灰尘、油污等，不影响系统性能、不影响正常使用即可。

(3) 由于静电对电子设备的危害非常大，所以在对计算机进行清洁前需要戴好防静电手环，桌上放置防静电桌布。

(4) 计算机清洁工作必须按照合理的步骤进行，因为计算机的部件本身就是由一些小元件组成的，有时候由于粗心大意，碰坏了某个部件，会引起计算机的故障，所以在工作的过程中必须小心，最好能够在部件下面垫海绵等。

三、计算机硬件保养实践

观察实验室或家用台式机，选用合适的工具，对计算机各配件进行一次全面的维护工作，维护任务完成之后，开机检查计算机能否正常工作。

1. 计算机工作环境监测

(1) 运用提供的工具监测计算机外部工作环境。

(2) 开机进入 CMOS 设置程序，查看计算机内部工作环境。

2. 计算机外部清洁维护

(1) 清洁显示器。

(2) 清洁主机箱与显示器等外部设备之间的连线。

(3) 清理、维护键盘、鼠标。

3. 计算机内部清洁维护

(1) CPU 散热器的清理、维护。

(2) 主板的清理维护。

(3) 显卡的清理维护。

(4) 电源的清理维护。

(5) 清理主机箱内的线缆。

任务 2　计算机故障检测与维修

本任务主要介绍计算机故障的检测方法与相应的处理方案，并列举常见的计算机故障。

一、计算机硬件故障检测与处理

1. 任务引入

运用硬件故障检测的一般原则和方法，判断计算机硬件故障产生的原因及故障点，并排除硬件故障。

2. 任务目标

(1) 熟悉硬件故障现象。

(2) 熟悉硬件故障检测的常用工具。

(3) 理解硬件故障检测的基本原则。

(4) 熟悉硬件故障检测的基本方法。

3. 工作知识

对于微型计算机经常出现的各种故障，要解决两个问题：第一不要怕；第二要理性地处理。不怕就是要敢于动手排除故障。很多人认为微型计算机是电器设备，不能随便拆卸，以免触电。事实上，微型计算机只有输入电源是 220 V 的交流电，从微型计算机输入电源出来的用于给其他各部件供电的直流电源最高仅为 12 V。因此，除了在修理微型计算机电源时应防止触电外，微型计算机内部其他部位是不会对人体造成伤害的，人身上带有的静电反而有可能把微型计算机主板和芯片击穿并造成损坏。

要理性地处理就是要杜绝无知和盲目的野蛮维修。有些人是敢于动手，但是，当他们遇到问题时，往往不是冷静地根据工作原理进行分析、判断和琢磨，而是到处怀疑、胡乱拆卸，结果导致问题越弄越多。正确解决问题的思路是：第一，根据故障特点和工作原理进行分析、判断；第二，逐个排除怀疑有故障的部位或部件。故障排除工作的要点是：在排除怀疑对象的过程中，保证要留意原来的结构和状态，即使故障无法排除，也能够使计算机恢复到原来的状态，切忌故障范围的不断扩大。

1) 硬件故障检测原则

具体的故障排除原则有以下五项。

(1) 由表及里。故障检测时先从表面现象(如机械磨损，接插件接触是否良好、有无松动等)，以及计算机的外部部件(开关、引线、插头、插座等)开始检查,然后再检查计算机的内部部件。在内部检查时,也要遵循由表及里的原则。

(2) 先软后硬。当微型计算机出现故障,尤其是某些从现象来看既可能是软件故障,也可能是硬件故障的故障时,首先应排除软件故障,然后从硬件上逐步分析导致故障的可能原因。

对于硬件故障,如果系统还勉强能够正常工作,则可使用硬件检测工具,来帮助确定硬件的故障部位,这样可以起到事半功倍的效果。当然,有一定维修经验后,一般根据故障现象和提示信息就可以确定发生硬件故障的可能部位,这时也就没有必要严格地遵循本条规则。

(3) 先外部设备后主机。如果微型计算机系统的故障表现在相关的外部设备上,如不能打印、不能上网等,应遵循先外部设备后主机的原则,即利用外部设备自身提供的自检功能或微型计算机系统内安装的设备检测,首先检查外部设备本身是否能工作正常,然后检查外部设备与微型计算机的连接以及相关的驱动程序是否正常,最后检查微型计算机本身相关的接口或板卡。这样由外到内逐步缩小故障范围,直到找出故障点。

(4) 先电源后负载。微型计算机内的电源是主机箱内部各部件(如主板、硬盘、软驱、光驱等)的动力来源,电源的输出电压正常与否直接影响到相关设备能否正常运行。因此,当出现上述设备工作不正常时,应首先检查电源是否工作正常,然后再检查设备本身。

(5) 先简单后复杂。先解决简单的故障,后解决难度较大的问题。这是因为,在解决简单故障的过程中,难度大的问题往往也可能变得容易解决起来,或在排除简单故障时人们受到启发,难题也会变得比较容易解决。

2) 维修过程中的注意事项

在微型计算机系统维修过程中,应注意以下两点。

(1) 在拆卸过程中要注意观察和记录原来的结构特点,严禁不顾结构特点野蛮拆卸,以免造成更严重的损坏。

(2) 在维修过程中,严禁带电插拔各种板卡、芯片以及各种外部设备的数据线(以 USB 接口和 1394 接口连接的设备除外)。因为带电插拔会产生较高的感应电压,足以将卡上、主板上的接口芯片、外部设备击穿。同样,带电插拔打印机数据线、键盘连线、串行口外部设备连线,常常是造成相应接口电路芯片损坏的直接原因。

3) 故障检测及维修工具

在检测并排除计算机故障的过程中,经常需要用到各种软件工具、硬件工具,如防静电工具、硬件测试工具、测试软件、维修工具等。

(1) 防静电工具。

① 防静电地线:主要用于释放积聚的地线中的静电,形成静电释放通路。

② 静电手套:主要用于消除人体的静电对元器件的影响。

③ 防静电环:主要用于释放人体静电,形成静电释放电路,避免积聚的人体静电对元器件造成伤害。

④ 防静电桌布:主要用于减少积聚的静电,以避免对放置在台上的部件造成伤害,与防静电地线连接,构成静电释放通路。

(2) 硬件测试工具。

① Debug 测试卡:也称为诊断卡或 POST 卡,主要用于寻找硬件的故障点。Debug 测试卡读取 BIOS 80H 地址内的 POST CODE 值,POST CODE 值经译码器译码后输送到数码显示器,由数码管显示故障原因。通过有主板、CPU、内存、显卡四个基本配件,Debug 测试卡就可以轻易找到

故障原因。

② BGA 返修台：主要用于主板上的 BGA 封装的芯片的拆、装、更换工作，如主板上的主芯片、显卡主芯片、内存芯片的更换。

(3) 测试软件。

① CPU-Z：是一款 CPU 测试及分析软件，可以提供全面的 CPU 相关信息报告，包括 CPU 的名称、厂商、时钟频率、核心电压、超频检测、所支持的多媒体指令集等。新版本的 CPU-Z 还增设了主板、内存、PCI-E 插槽等的检测。

② DisplayX：是一款显示器的测试软件，尤其适合测试液晶显示屏。它可以用来评测显示器的能力。

③ SystemAnalyser：是一款完整的计算机硬件配备信息的测试软件，可以将检测出的硬件配备信息打印出来或储存成文件。

④ SiSoft Sandra：是一款系统诊断和调试工具。它能对不同硬件和子系统进行诊断、调试和优化，可以随时监控系统环境，能够列出在本地注册的所有关键应用程序和所有硬盘上安装的所有程序。

(4) 维修工具。

① 标准十字螺丝刀：主要用于拆装固定螺钉。

② 标准一字螺丝刀：主要用于拆装固定螺钉。

③ 梅花螺丝刀：主要用于拆装固定螺钉。

④ 吸锡电烙铁：主要用于元器件的拆卸或焊接。

⑤ 焊锡丝、吸锡网线：配合焊烙工具进行元器件焊接。

⑥ 集成块起拔器(最好具有绝缘功能)：用于拆卸各种集成块或其他元器件。

⑦ 镊子(最好具有绝缘功能)：由于主机箱内部结构紧凑、部件之间的空隙较小，对一些较小的连线、接口需要镊子的帮助，例如硬盘跳线帽的安插设置就需要使用镊子来完成。

⑧ 尖嘴钳(最好具有绝缘功能)：由于主机箱内部结构紧凑、部件之间的空隙较小，一些接线插头的插拔需要依靠尖嘴钳来进行。尖嘴钳还可以用来处理变形的挡片、引脚等。

⑨ IC 导入器(最好具有绝缘功能)：安插集成块时，用于引导集成块的多个引脚的对位安插。

⑩ 刮刀一套(包含各种形状)：主要用于去除导线、引脚上的氧化层。

4) 硬件故障检测方法

目前，计算机故障的检测方法一般可分为诊断程序检测法、人工检测法和专门仪器检测法三种。

(1) 诊断程序检测法。随着各种集成电路的广泛应用，焊接工艺越来越复杂。同时，由于计算机的硬件技术资料较缺乏，仅靠硬件维修手段往往很难找出故障所在。而通过随机诊断程序、专用维修诊断卡及根据各种技术参数(如接口地址)，自编专用诊断程序来辅助硬件维修，可达到事半功倍之效。诊断程序检测法的原理是，用软件发送数据、命令，通过读线路状态及某个芯片(如寄存器)状态来识别故障部位。此法往往用于检查各种接口电路故障及具有地址参数的各种电路。应用此法有一个前提，即 CPU 及总线基本运行正常，能够运行有关诊断软件，能够运行安装在 I/O 总线插槽上的专用维修诊断卡等。编写的诊断程序应严格、全面、有针对性，能够让某些关键部位出现有规律的信号，能够对偶发故障进行反复测试及显示、记录出错情况。诊断程序检测法要求维修人员具备熟练的编程技巧，熟悉各种诊断程序与诊断工具，掌握各种地址参数以及电路组成原理等。掌握各种接口单元正常状态的各种诊断参考值是有效运用诊断程序检测法的前提和基础。

（2）人工检测法。人工检测法是指人工通过具体的方法和手段对计算机进行检查，最后综合分析判断故障部位的方法。人工检测法主要有以下几种。

① 原理分析法。按照微型计算机的基本工作原理，根据计算机启动过程中的时序关系，结合有关的提示信息，从逻辑上分析和观察各个步骤应具有的特征，进而找出故障的原因和故障点，这种方法称为原理分析法。原理分析法是排除故障的基本方法。

② 直接观察法。直接观察法即人工通过“看、听、闻、摸”来找出故障的原因和故障点。

“看”即观察系统板卡的插头、插座是否歪斜，电阻、电容引脚是否相碰，表面是否烧焦，芯片表面是否开裂，主板上的铜箔是否烧断，是否有异物掉进主板的元器件之间（造成短路），板卡上是否有烧焦变色的地方，印刷电路板上的走线（铜箔）是否断裂等。

“听”即监听电源风扇、硬盘电机或寻道机构、显示器变压器等设备的工作声音是否正常。系统发生短路故障时常常伴随着异常声响，监听可以及时发现一些事故隐患和帮助在事故发生时及时采取措施。

“闻”即辨闻主机、板、卡中是否有烧焦的气味。

“摸”即用手按压管座的活动芯片，查看芯片是否松动或接触不良。另外，在系统运行时用手触摸或靠近CPU、显示器、硬盘等设备的外壳，根据其温度可以判断设备运行是否正常。用手触摸芯片的表面，如果发烫，则说明该芯片可能损坏了。

③ 拔插法。计算机故障的产生原因很多，例如，主板自身故障、I/O总线故障、各种插件板故障均可导致系统运行不正常。采用拔插法是确定主板或I/O设备是否出现了故障的简捷方法。该方法的具体操作步骤是，关机将插件板逐块拔出，每拔出一块插件板就开机观察计算机运行状态一次。如果拔出某插件板后计算机运行正常，则说明该插件板有故障或相应I/O总线插槽及负载电路有故障。若拔出所有插件板后，系统启动仍不正常，则故障很可能就在主板上。

拔插法的另一作用是，若一些芯片、板卡与插槽接触不良，将这些芯片、板卡拔出后再重新正确插入，可解决因安装接触不良引起的计算机部件故障。

④ 交换法。交换法，即将同型号插件板与总线方式一致、功能相同的插件板或同型号芯片相互交换，根据故障现象的变化情况，判断故障所在的位置。此法多用于易拔插的维修环境，例如，如果内存出错，则可交换相同的内存芯片或内存来判断故障部位，无故障芯片之间进行交换，故障现象依旧，若交换后故障现象变化，则说明交换的芯片中有一块插件板是坏的，可进一步通过逐块交换而确定部位。如果能找到相同型号的计算机部件或外部设备，那么，使用交换法可以快速判定是否是元件本身出现了故障。

交换法也可以用于以下情况：没有相同型号的计算机部件或外部设备但有相同类型的计算机主机，可以把计算机部件或外部设备插接到该计算机的主机上判断其是否正常。

⑤ 比较法。运行两台或多台相同或相类似的计算机，根据正常计算机与故障计算机在执行相同操作时的不同表现，可以初步判断故障产生的部位。

⑥ 震动敲击法。用手指轻轻敲击主机箱外壳，有可能发现因接触不良或虚焊造成的故障问题，然后，可进一步检查故障点的位置并排除故障。

⑦ 升温降温法。人为升高计算机运行环境的温度，可以检验计算机各部件（尤其是CPU）的耐高温情况，从而及早发现事故隐患。

人为降低计算机运行环境的温度后，如果计算机的故障出现率大大减少，则说明故障出在高温或不能耐高温的部件中。使用该方法可缩小故障诊断范围。

事实上，升温降温法采用的是故障促发原理，即以制造故障出现的条件来促使故障频繁出现，从而观察和判断故障所在的位置。

⑧ 清洁法。对于使用环境较差或使用较长时间的计算机，应首先进行清洁来判断是否由于不整洁而造成计算机故障。可用防静电毛刷轻轻刷去主板、外部设备上的灰尘。如果灰尘已清扫掉或无灰尘，就进行下一步的检查。另外，由于板卡上一些插卡板或芯片采用插脚形式，所以，震动、灰尘等其他原因常会造成引脚氧化、接触不良，可用橡皮擦擦去表面氧化层，重新插接好后，开机检查故障是否已被排除。

(3) 专门仪器检测法。专门仪器检测法是指利用专门的仪器对特定的部件进行检测的方法，例如，可以用专门的仪器来校正软驱的磁头位置等。

5) 计算机启动步骤

一般按照以下步骤启动计算机。

(1) 开启计算机电源。此时可以看到主机箱前面板、键盘、显示器上的指示灯闪烁。

(2) 检测显卡。此时显示器上会出现显卡的相关信息，如显卡型号。

(3) 检测内存。此时显示器上会出现内存的相关信息，如内存的种类、容量等信息。

(4) 执行 BIOS。此时显示器上会出现简略的 BIOS 信息，如 BIOS 版本。

(5) 检测其他设备。此时显示器上会依次出现其他设备的信息，比如硬盘、光驱等。注意，在整个过程中，主板 BIOS 程序完成了各个硬件的检测、配置、初始化等工作，一旦发生错误，会给出提示信息或发出报警声。

(6) 执行操作系统的初始化文件。将存储在 ROM 中的 Bootstrap、Loader 程序和自诊断程序加载到 RAM 中去执行。

(7) 载入操作系统文件。随着 Bootstrap、Loader 程序的运行，操作系统将系统文件传送到 RAM 中去执行，出现系统启动画面。

4. 任务步骤

计算机硬件故障多种多样，初学者在计算机出现故障时往往感到无从下手。其实，由于计算机是按一定的顺序启动的，当某一个步骤不能通过时，便会出现相应的故障，并出现某些故障现象，在诊断时根据故障出现的现象进行判断即可。具体实施如下。

步骤 1：依次打开外部设备和主机的电源。

步骤 2：观察显示器上是否显示信息，如果没有任何信息显示（黑屏），则可能是主板、CPU、内存、电源、显卡或显示器出现了故障，注意查看是否因为数据线、电源线未正常连接导致的假故障。

步骤 3：查看显示器上的信息，如果有出错信息，则根据提示信息做出相应的处理即可。

步骤 4：观察是否载入操作系统文件，即是否出现系统启动画面，如果未出现系统启动画面，则可能硬盘本身出现了故障或操作系统出现了故障。

步骤 5：观察系统开始启动后，是否出现死机的现象，如果出现死机现象，则原因比较复杂，常见的原因有内存错误、设置错误等。

步骤 6：系统正常启动后，测试光驱是否工作正常，如果发生读写异常，则可归结为驱动器故障。

步骤 7：观察各板卡工作是否正常，如果某方面的功能不正常，则可判断为相应板卡出现了故障。

如果经过检测确定是某个部件出现了故障，则应根据故障现象做出进一步的处理。以下是一些主要部件的典型故障及处理方法。

1）CPU 典型故障

CPU 是计算机中的核心部件之一，它发生故障往往会引起系统不能启动，以及在操作过程中，系统工作不稳定、工作速度过慢或死机等情况。CPU 出现故障后，只要 CPU 没有被烧毁，一般还是可以排除故障的，以下是几种常见的 CPU 故障及排除方法。

（1）故障现象：计算机在运行时，CPU 的温度上升很快，开机才几分钟左右，CPU 的温度就由 31 ℃上升到 51 ℃，到了 53 ℃左右就稳定下来了，不再上升。

故障分析与处理：一般情况下，CPU 表面温度不能超过 50 ℃，否则会出现电子迁移现象，从而缩短 CPU 的使用寿命；对于 CPU 来说，53℃ 太高了，长时间工作在 53 ℃左右易造成系统不稳定和硬件损坏；根据现象分析，CPU 升温太快，稳定温度太高应该是 CPU 散热器出现了问题，只需更换一个质量较好的 CPU 散热器即可。

（2）故障现象：计算机开机后在内存自检通过后便死机。

故障分析与处理：按“Del”键进入 BIOS 设置，仔细检查各项设置均无问题，然后读取预设的 BIOS 参数，若重启后死机现象依然存在，则用交换法检测硬盘和各种板、卡，若所有硬件都正常则说明问题可能出在主板和 CPU 上，将 CPU 的工作频率降低一点后再次启动计算机，一切正常。

（3）故障现象：计算机开机出现显示器黑屏现象。

故障分析与处理：这种故障应该是典型的由 CPU 超频引起的故障；CPU 频率设置太高，造成 CPU 无法正常工作，并造成显示器不亮且无法进入 BIOS 中进行设置；遇见这种情况，需要将 CMOS 电池放电，并重新设置；若计算机开机自检正常，但无法进入到操作系统，在进入操作系统的时候死机，则只需要复位启动并进入 BIOS 将 CPU 改回原来的频率即可。

2）主板典型故障

主板是整个计算机的关键部件，在计算机中起着至关重要的作用。主板产生故障将会影响到整个计算机系统的工作。以下是主板在使用过程中常见的一些故障及排除方法。

（1）故障现象：计算机频繁死机，在进行 CMOS 设置时也会出现死机现象。

故障分析与处理：一般是主板散热设计不良或者主板 Cache 有问题引起的。如果因主板散热不够好而导致该故障，则可以在死机后触摸 CPU 周围的主板元件，会发现其非常烫手，在更换大功率风扇之后，死机故障即可解决；如果是主板 Cache 有问题造成的，可以进入 CMOS 设置程序，将 Cache 禁止，当然，Cache 禁止后，机器速度肯定会受到影响；如果按上法仍不能解决故障，那就是主板或 CPU 有问题，只有更换主板或 CPU 了。

（2）故障现象：在安装 Windows 2000 操作系统时，提示 ACPI 有问题，请升级 BIOS。

故障分析与处理：这种现象很可能是主板的 ACPI 功能与 Windows 2000 操作系统不兼容导致的；ACPI 功能只有在计算机主板 BIOS 和操作系统同时支持的情况下才能正常工作，可通过升级 BIOS 来解决 ACPI 功能与 BIOS 不兼容问题，也可以暂将 BIOS 设置程序中的“ACPI Function”项设置为“Disable”来解决计算机主板 BIOS 与 ACPI 功能的不兼容问题。

3）内存典型故障

内存是计算机的核心部件之一，也是计算机启动必不可少的，内存常见的故障及其排除方法如下。

（1）故障现象：开机无显示。

故障分析与处理：一般是因为内存与主板插槽之间接触不良造成的，只要用橡皮擦来回擦拭内存金手指部位即可解决问题（不可用酒精等清洗）；也有可能是内存损坏或主板内存插槽有问题，这时则需更换内存或维修主板内存插槽。

(2) 故障现象:在计算机正常工作时,显示“内存出错”或“内存不足”的错误信息提示。

故障分析与处理:造成这一现象可能的原因有同时打开的应用程序过多、打开的应用程序非法访问内存、打开的活动窗口过多、应用软件相关的配置文件不合理、计算机感染病毒,可以考虑通过重启计算机、杀毒和升级内存等方式来解决这种故障。

4. 显卡典型故障

显卡典型故障及排除方法如下。

(1) 故障现象:计算机不能正常启动。

故障分析与处理:这种情况大多数在开机时有报警音提示,可以打开主机箱重新插拔显卡、清除灰尘、用橡皮擦擦除金手指部位的金属氧化物来排除这一故障。

(2) 故障现象:刚刚升级的显卡在运行大型的3D游戏的时候,经常出现黑屏的问题。

故障分析与处理:可能是主机电源和主板供电不足造成的,可以在CMOS设置中关闭AGP加速功能,将显卡作为一块普通的没有AGP加速功能的显卡来用,或者调节AGP电压,通过提高AGP电压来满足显卡比较高的供电需求。一般来说,将AGP电压提高0.1～0.2 V,不会对硬件造成什么伤害,但是AGP的供电却比原来的稳定许多。

(3) 故障现象:刷新BIOS后,经常出现黑屏、游戏中自动退出或者屏幕上出现有规律条纹。

故障处理:刷回原来的显卡BIOS文件就可以了,除非真的需要通过刷新显卡的BIOS文件来解决兼容性问题,否则,应尽量让显卡使用原来的BIOS,对于主流的显卡,刷新BIOS文件不会有性能上的提升。

5) 硬盘典型故障

硬盘故障大致可分为硬故障和软故障两大类。硬故障即PCBA板损坏、盘片划伤、磁头音圈电机损坏等。硬故障维修一般需要专业技术人员来解决。软故障即由于某种原因,如病毒导致硬盘数据结构混乱甚至不可被识别而引起的故障。在一般情况下,硬盘在发生故障时系统会在显示器屏幕上显示一些提示信息,所以可以按照显示器屏幕显示的提示信息找到故障原因,有针对性地实施解决方案。

(1) 故障现象:Non—System disk or disk error,Replace disk and press a key to reboot(非系统盘或盘出错)。

故障分析与处理:出现这种信息的原因,一是CMOS参数丢失或硬盘类型设置错误,只要进入CMOS重新设置硬盘的正确参数即可,二是系统引导程序未装或被破坏,重新传递引导文件并安装系统程序即可。

(2) 故障现象:Invalid Partition Table(无效分区表)。

故障分析与处理:造成该故障的原因一般是硬盘主引导记录中的分区表有错误,当指定了多个自举分区(只能有一个自举分区)或病毒占用了分区表时,将有上述提示,最简单的解决方法是用硬盘维护工具来修复。如果是由于病毒感染了分区表引起的该故障,即使是高级格式化也解决不了问题,可先用杀毒软件杀毒,再用硬盘维护工具进行修复来排除该故障。

如果用上述方法也不能解决的话,还可利用FDISK重新分区,但分区表大小必须和原来的一样,这一点尤为重要,分区后不要进行高级格式化,要用NDD进行修复。这样既保证硬盘修复之后能启动,而且硬盘上的数据不会丢失。其实用FDISK重新分区,相当于用正确的分区表覆盖掉原来的分区表。当用软盘启动后不认硬盘时,这一方法较实用。

(3) 故障现象:Error Loading Operating System(装入DOS引导记录错误)、Missing Operating System(DOS引导记录损坏)。

故障分析与处理：造成该故障的原因一般是DOS引导记录出现错误；DOS引导记录位于逻辑0号扇区，是由高级格式化命令FORMAI生成的；主引导程序在检查分区表正确之后，根据分区表中指出的DOS分区的起始地址，读取DOS引导记录，若连续五次都失败，则给出“Error Loading Operating System”的错误提示；若能正确读出DOS引导记录，则主引导程序会将DOS引导记录送入内存0:7C00H处，然后检查DOS引导记录的最后两字节是否为“55AA”，若不是这两字节，则给出“Missing Operating System”的提示；在一般情况下，可以用硬盘修复工具来解决此故障，若不成功，则只好用FORMATC:/S命令重写DOS引导记录。

6）光驱典型故障

光驱是目前多媒体计算机的标准配置之一。光盘的物理结构，决定了光驱的使用寿命并不长，使光驱成为容易出现问题的部件。光驱出现问题多数是经常使用质量不高的光盘或光驱内过脏造成的。

(1) 故障现象：光驱使用一段时间后读盘性能差。

故障分析与处理：光驱通常在三个月后，纠错能力明显下降，可以通过棉签蘸酒精清洗激光头或者调节激光头功率来增强其读盘性能。

(2) 故障现象：仓盒能够正常地进出，但光盘放进后没有任何动作。

故障分析与处理：光盘放进后的动作有光头寻道的上下动作、光盘伺服电机转动。这里没有任何动作就是没有上述两种动作的一点声音；如果属于上述情况，则一般是光驱的12 V电压正常，但是5 V电压没有加上，属于这种情况的话，说明电源接口处的保险电阻损坏；对于这类故障，直接用导线把损坏的保险电阻短接即可。

(3) 故障现象：光驱出仓不易或不出仓。

故障分析与处理：可能是出仓皮带老化引起的，这种原因引起的光驱出仓不易或不出仓故障常见于使用一年以上的光驱，由于皮带老化，自身形变过长，造成传动力量不够，不能顺利完成出仓动作，可到电子市场购买录音机的皮带(略小3～5 mm)，换上就行；也可能是其他异物卡在托盘的齿缝里，造成托盘无法正常出仓，这种情况一般见于52X的光驱，因为光驱运行速度高，如果光盘的质量不好或表面贴有不干胶标签，这时便容易炸盘，有的光驱炸盘后没有造成大的损坏，光驱还可以正常使用，但是因为内部的光盘颗粒没有清除干净，有些小颗粒正好附在托盘的齿缝里的润滑硅脂里，造成不能出仓到位，解决方法是取下托盘，仔细把附在齿缝的光盘小颗粒取出。

7）显示器典型故障

(1) 故障现象：显示器屏幕右下角呈粉红色。

故障分析与处理：可能是显示器被磁化了，可以检查显示器前面板是否有消磁按钮，按下消磁按钮后整个屏幕会晃动一下，异常颜色就会消失，如果没有消磁按钮，重新打开显示器也可以实现消磁，只不过过程比较缓慢。需要注意的是，应将带有强磁场的设备搬到离显示器较远的地方。

(2) 故障现象：显示器先清楚后模糊。

故障分析与处理：这种现象主要是聚焦电路引起的，也有可能是散热不好造成的；在散热不良的情况下，由于灯管太热，造成输出功率损耗，接着影响到高压的输出和级电压输出不够，从而影响到聚焦电路的正常工作，可以打开显示器的后盖，里面有一个可以调整高压的旋钮，通过这个旋钮来使聚集电路恢复正常工作。但是这种方法只是在短期内有效，长时间让显示器在调整高压的情况下工作会加快显示器的老化，且时间长了聚焦不良的情况还会发生。

(3) 故障现象：刚开机时显示器的画面抖动得很厉害，但过一会之后自动恢复正常。

故障分析与处理：这种现象多发生在潮湿的天气，是显示器内部受潮的缘故，可将防潮砂用棉线串起来，然后打开显示器的后盖，将串起来的防潮砂挂于显像管靠近管座附近，这样，即使是在潮湿的天气里，也不会再出现上述现象。

8）键盘典型故障

(1) 故障现象：开机之后出现黑屏。

故障分析与处理：对于某些计算机，键盘和鼠标接口接反，会造成开机后黑屏，因为在目前的计算机主板上，两者的接口都是 PS/2 接口，如果键盘和鼠标接反了，开机就可能出现黑屏，但不会烧坏设备，解决的方法很简单，只需要在关机后将键盘与鼠标接口调换。

(2) 故障现象：某些按键无法键入。

故障分析与处理：敲击某些按键而不能正常工作是一种常见的故障，由于按键经常被使用，所以，比较容易出现问题，可能是由于键盘太脏，或者按键的弹簧失去弹性导致某些无法键入，所以，解决的方法是，关机后拔下键盘接口，将键盘翻转后打开底盘，用棉球蘸无水酒精擦洗按键下与键帽相接的部分。

(3) 故障现象：某些按键按下后不再弹起。

故障分析与处理：经常使用的按键有时按下后不能回弹，除了因为使用次数过多外，还可能是因为用力过大或每次按下时间过长，造成按键下弹簧的弹性功能减退，无法托起按键所致，解决方法与上一种情况类似，在关机后，打开键盘底盘，找到相应按键的弹簧，如果已经老损无法修护，就必须更换新的弹簧，如果不太严重，则可以先清洗一下，在摆正位置后，涂少许润滑油脂，改善其弹性。

9）鼠标典型故障

(1) 故障现象：光标不动或时好时坏。

故障分析与处理：主要是由鼠标线断开或断裂造成的，经常发生在插头或鼠标连接线的弯头处；这样的故障只要不是断在 PS/2 插头处，就不难处理，只需要用相应工具剪断后重新焊接即可。

(2) 故障现象：光标移动正常，但按键不工作。

故障分析与处理：可脱焊、拆开微动开关，仔细清洁触点，涂些润滑油脂，归位后便可修复，杂牌劣质鼠标的按键失灵多为簧片断裂所致，解决方法是更换鼠标。

(3) 故障现象：X、Y 轴失灵。

故障分析与处理：遇到这种情况时，需要打开鼠标外壳检查有无明显的断线或元件虚焊现象，有的鼠标在打开外壳后故障会自动消除，大多数原因是发光二极管与光敏三极管的距离太远，用手将收发对管捏紧一些，便可排除故障，最好不要在带电状态下拆卸鼠标，以防静电或误操作损坏计算机接口。

10）电源典型故障

(1) 故障现象：新买的微型计算机，没过几天就发现不能用手摸主机箱靠近电源的部位，一摸就重新启动。

故障分析与处理：此故障是典型的电源的抗静电干扰能力太差所致，应更换电源。

(2) 故障现象：在装机过程中（使用 ATX 式电源），如果连接全部负载（软驱、硬盘、光驱），则开机后系统没有任何反应，无法启动；如果去掉软驱等负载，则系统便能够正常启动。

故障分析与处理：该故障由电源功率不足所致，更换电源后即可排除故障；电源功率不足也可能表现为软驱无法使用、无法识别硬盘和光驱、光驱读盘能力严重下降等现象。

5. 任务总结

1）思考

(1) 计算机硬件故障检测应遵循哪些原则？

(2) 计算机硬件故障检测及维修工具有哪些？各有什么作用？

(3) 计算机硬件故障检测方法有哪些？

(4) 计算机硬件故障维修有哪些注意事项？

2) 巩固实践

(1) 试排除计算机无法正常启动、开机后显示器不良、扬声器不停地发出报警声故障。

(2) 开机后计算机显示器指示灯显示正常，但屏幕上没有图像，硬盘指示灯亮，通过系统启动的声音判断，操作系统已经启动。试排除该故障。

(3) 在启动计算机时出现提示"Keyboard Error,please press F1 to continue"，按"F1"键不能继续启动，键盘不能正常使用。试排除该故障。

二、计算机外部设备维护及故障处理

(一) 任务引入

对常见的外部设备进行基本的维护操作，并对典型的外部设备故障进行分析和处理。

(二) 工作知识

打印机和扫描仪是桌面办公系统中最重要的外部设备，尤其是在一些办公室中，打印机和扫描仪的使用频率很高，但如果不注意正确使用和日常维护打印机和扫描仪，那么将会使打印机和扫描仪的故障率增加，一旦打印机和扫描仪出现故障，如果不能及时排除，则将给工作带来麻烦并有可能造成经济上的损失。这里主要介绍打印机和扫描仪的正确使用和日常维护方法及对典型故障的分析与处理方法。

1. 计算机外部设备硬件故障分析

1) 打印机的维护知识

许多用户由于不懂得基本的维护常识，使得打印机在使用过程中常出现这样或那样的毛病，其实只要稍微懂得一些维护常识，便可"驯服"打印机。目前，打印机分为三大类，即针式打印机、激光打印机、喷墨打印机。这三类打印机在使用和维护上既有共同之处又有各自的特点。下面将简要介绍这三类打印机的维护常识。

(1) 针式打印机的维护。

针式打印机是计算机系统、智能化仪器仪表和办公自动化系统中主要的输出设备之一，在我国拥有众多的用户，由于其使用率较高，故障现象也就比较多。其中，由用户使用不当造成的故障占有一定的比例，所以要延长打印机使用寿命，就必须了解打印机的正确使用方法和注意事项，加强日常维护管理。

① 打印机应该工作在干净、无尘、无酸碱腐蚀的环境中，工作台必须平稳、无振动。尤其注意不要在打印机上放置物品，以免掉进打印机内部，影响打印机运转。

② 打印机要定期维护保养，经常用干净绸布擦拭其字车导轴及传动系统。

③ 打印头是打印机的核心部件，也是打印机消耗磨损最严重的元件，其价格约占打印机价格的 1/4。因此，维护保养好打印头就显得尤为重要。要注意适时更换色带，因为色带使用一定时间后就会出现磨损(表面会粗糙发毛或破损)，在此情况下易将打印针拉断，要经常注意色带的磨损情况，及时予以更换。

④ 要注意保持打印头与字辊的间距，打印头与字辊的间距可通过调整杆来调整。打印头与字辊之间的距离过大时，打印针工作距离加大，会减慢打印针的复位速度，使得伸出去的打印针没来得及收回就被运行的色带挂伤，易造成断针。而如果打印头与字辊之间的距离过小，则打印头紧顶着色带和打印纸，打印针被堵住伸不出来，使电磁线圈因温度过高而烧毁。

⑤ 要注意保持打印机打印头的清洁，定期清洗打印头，清洗时最好使用无水乙醇，不要使用香蕉水等强有机溶剂或医用的酒精。

⑥ 不要在带电情况下任意转动手动走纸旋钮和拔插打印机电缆线，因为打印机走纸电机采用的是激励方式，在任何时间走纸电机绕组内都有两组绕组同时通电，在打印中用手转动进纸轮会造成电机相间短路，烧坏电机，打印时一定要把打印纸装正，否则打印较长的文件，纸会走偏。注意：若纸走偏，不要在打印时强行调整，因为这样会把打印针拉断或拉弯，应首先脱机，再进行调整。万一卡纸，不要强行拽拉或按进/退纸按钮，以免损坏部件，遇到这种情况，应首先关闭电源，然后用一只手搬动单页/连续纸转换杆，另一只手轻轻抽动被卡住的纸张。

⑦ 避免打印机与大功率电器或感性负载电器连接同一电源，以免影响打印机正常工作。

⑧ 现在的打印机一般都有一个热敏电阻，打印头过热时，打印机会自动停止打印，这并不是什么故障，一般情况下只需要等打印头恢复到正常温度即可，无须更换打印头。

(2) 喷墨打印机的维护。喷墨打印机是在针式打印机之后发展起来的，与针式打印机相比，喷墨打印机的最大特点是噪声小、体积小、打印质量好。近年来，由于喷墨打印机技术的进步，喷墨打印机逐渐克服了墨水溢漏、喷嘴易堵、印迹渗化等缺点，再加上销售价格的大幅度下降，不少办公室和家庭用户开始配置了喷墨打印机。使用喷墨打印机时，应注意以下的一些问题。

① 使用时必须将打印机放在一个平稳的水平面上，而且要避免振动和摇摆。如果使用时喷墨打印机倾斜到一定的角度，喷墨打印机就不能正常工作。在喷墨打印机的前端最好不要放置其他物品，留出足够的空间，以保证打印机顺利出纸。在打印机工作的时候要关闭它的前盖，以防灰尘进入喷墨打印机内或有其他较坚硬的东西对喷墨打印机的小车运动形成障碍，发生不必要的故障。

② 在开启喷墨打印机电源开关后，电源指示灯将会闪烁，这表示喷墨打印机正在预热，在此期间用户不要进行任何操作，待预热完毕、指示灯不再闪烁时，用户方可进行操作。

③ 在正式打印之前，用户一定要根据纸张的类型、厚度以及手动、自动的送纸方式等情况，调整好喷墨打印机的纸介质调整杆和纸张厚度调整杆的位置。

④ 由于喷墨打印机结构紧凑、小巧，所支持的打印幅面有限，所以一定要对所打印的纸张幅面进行适当设置。若使用的纸张比设置的小，则有可能打印到打印平台上而弄脏下一张打印纸。如果出现打印平台弄脏的情况，要随时用柔软布擦拭干净，以免影响打印效果。对于比喷墨打印机所支持的打印幅面大的文件，只能通过缩小打印功能实现打印输出。

⑤ 使用单页打印纸时，在放置到送纸器内之前，一定要将纸充分翻拨，然后再排放整齐后装入，以免喷墨打印机将数张纸一起送出。此外，也不要使用过薄的纸张，否则也有可能造成数张纸一起送出的故障。在打印透明胶片时，必须单张送入打印，而且打印好的透明胶片要及时从纸托盘中取出，等到它完全干燥后方可保存。

⑥ 必须保持喷墨打印机周围环境的清洁。如果使用环境灰尘过多，则很容易导致纸车导轴润滑不良，使打印头在打印过程中运动不畅，引起打印位置不准确，或者造成死机。

⑦ 必须注意正确使用和维护打印头。喷墨打印机在初始位置的时候，通常处于机械锁定状态。这时不能强行用手移动打印头，否则不但不能使打印头离开初始的位置，而且还会造成喷墨打印机机械部分损坏，更不要人为地去移动打印头来更换墨盒，以免发生故障，从而损坏喷墨打印

机。如果确实需要移动打印头，一定要使用清洗键来移动，当然这会消耗少量的墨水。

在使用喷墨打印机时一定要禁止带电插拔打印电缆，不然会损害喷墨打印机的打印接口，以及计算机的并行口，严重时甚至有可能会击穿计算机的主板。在安装或更换打印头时，要注意取下打印头的封条，并将打印头和墨水盒安装到位。

⑧ 打印机使用了一段时间后，如果打印质量下降，比如输出不清晰、出现了纹状或其他缺陷，可利用自动清洗功能清洗打印头，清洗时可通过计算机利用喷墨打印机附带软件中的打印头清洗工具，也可通过喷墨打印机自身控制面板上的按钮进行打印头的清洗，但这会消耗少量的墨水。如果连续清洗几次之后，打印效果仍不满意，这时就要考虑更换墨水了。

⑨ 有些喷墨打印机的操作面板功能很强，几乎可以实现喷墨打印机的所有功能，如果发现打印结果与控制面板上设定的不一样，有可能是由于软件的设置与控制面板设置不一样所致，而软件的设置是优先于控制面板设置的，所以使用喷墨打印机时两者必须统一。

(3) 激光打印机的维护。

① 激光打印机是三种打印机中最为昂贵，也是结构最复杂、部件精细度最高的打印机。因此在一般情况下除了硒鼓以外，不要轻易地去动其他的部件。

② 对于一些部件由于使用时间较长(如电极丝、定影器等)而积有一些碳粉和污垢而影响打印效果的问题，可用脱脂棉花轻轻擦拭干净，但操作时要小心，不要改变它们原有的位置。

③ 对于激光打印机来说，最重要的维护是对硒鼓的维护。作为有机硅光导体，硒鼓有部件疲劳性，连续工作的时间不宜过长。如果打印量很大，建议连续打印 50 张左右应使激光打印机休息 10 分钟左右。

④ 对硒鼓表面做清洁工作时应注意，可用脱脂棉蘸专用清洁剂轻轻擦拭硒鼓表面，擦拭时应用螺旋画圈法，而不应横向或纵向直接擦拭。

⑤ 在更换碳粉盒时要将废粉收集仓内的废粉清除干净，以免废粉过多发生漏粉的现象。需要提醒注意的是，对硒鼓的所有维护操作尽量在避光的环境下进行。

⑥ 激光打印机内部电晕丝上电压高达 6 kV，不要随便接触，以免造成人身伤害。大多数激光打印机上都装有一些安全开关，还有不少保险丝和自动电路保护装置，以便对一些重要的部件进行保护。定影轧辊在打印机出纸通道的尽头，正常操作时，不可触及定影轧辊，以免烫伤。

⑦ 打印机中的激光具有危险性，激光束能伤害眼睛，当正常运转时，切不可朝激光打印机内部窥看。

2) 扫描仪的维护

(1) 扫描仪的拆卸。

在维护和检修时往往需要拆卸扫描仪，因此首先为大家介绍扫描仪拆卸的基本方法。

① 拆除玻璃平台，用十字螺丝刀伸入圆孔中拧下螺钉，即可向上取下顶盖和玻璃平台。打开扫描仪后，即可看到步进电动机、传动带、扫描头和电路板等部件。有些扫描仪的上、下两部分不是用螺钉连接而是用塑料卡扣衔接的，拆卸时用平口小旋具插到缝隙中撬开塑料卡扣，即可将扫描仪分离成上、下两部分，撬塑料卡扣时动作要轻，不要损坏塑料部件。

② 拔下数据软排线。扫描仪内部一般有两块电路板，一块固定在扫描头后侧，另一块安装在扫描仪后侧，两块电路板通过数据软排线相连接。取下扫描头之前需要先取下数据软排线。数据软排线卡在电路板上的排线卡槽中，取下数据软排线时需要先将排线卡槽两侧的卡销向外拨，而后即可很轻松地向外抽出数据软排线。

③ 拆卸扫描头。扫描头大多穿在圆形金属杆(导轨)上，由传动带带动沿扫描仪纵向运动，只

需要将圆形金属杆从底座上的塑料卡座中取下，使扫描头脱离传动带，即可向上取下扫描头和圆形金属杆，而后将圆形金属杆从扫描头上抽出。

④ 取下灯管。灯管位于扫描头顶部，沿扫描头横向放置，卡在扫描头两侧的塑料卡座上，其供电电源插头插在扫描头后侧的电路板上，只需要取下电路板上灯管的供电电源插头，即可从扫描头上取下灯管。最细的灯管只有火柴棍粗细，拆卸、放置时需要特别小心。

⑤ 取下电路板。拧下两颗螺钉即可取下扫描头上的电路板，在电路板正面就能看到双列直插封装的 CCD 器件。由于 CCD 器件需要正对扫描光路中光学透镜，安装还原不当会影响扫描质量，建议不要随便拆下扫描头上的电路板。

(2) 扫描仪的正确使用。

① 不要经常插拔电源线与扫描仪的接头。经常插拔电源线与扫描仪的接头，会造成连接处接触不良，导致电路不通。正确的电源切断应该是拔掉电源插座上的直插式电源变换器。

② 不要随意热插拔数据传输线。在扫描仪通电后，如果随意热插拔数据传输线，会损坏扫描仪或计算机的接口，接口一旦损坏，更换接口就比较麻烦了。

③ 不要中途切断电源。由于镜组在工作时运动速度比较慢，当扫描一幅图像后，它需要一部分时间从底部归位，所以在正常供电的情况下不要中途切断电源，等到扫描仪的镜组完全归位后，再切断电源。现在有一些扫描仪为了防止运输中的振动，对镜组部分添加了锁扣。

④ 长时间不用时要切断电源。有些扫描仪并没有在不使用时完全切断电源开关的设计，当长久不用时，扫描仪的灯管依然是亮着的，由于扫描仪灯管也是消耗品，所以建议用户在长久不用时切断电源。

⑤ 注意保持清洁和控制适度。扫描仪在工作中会产生静电，时间长了会吸附灰尘进入机体内部影响镜组的工作，所以尽量不要在靠窗或容易吸附灰尘的位置使用扫描仪，另外还要保持扫描仪使用环境的湿度，以减少浮尘对扫描仪的影响。

⑥ 放置物品时要一次定位准确。有些型号的扫描仪是可以扫描小型立体物品的，在使用这类扫描仪时应当注意：放置物品时要一次定位准确，不要随便移动以免刮伤玻璃，更不要在扫描的过程中移动物品。

⑦ 不要在扫描仪上面放置物品。由于受到办公空间或家庭空间的限制，而且扫描仪比较占地方，所以有些用户常将一些物品放在扫描仪上面，时间长了，扫描仪的塑料遮板因中空受压将会变形，影响扫描仪的使用。

⑧ 机械部分的保养。扫描仪长久使用后，要拆开盖子，用浸有缝纫机油的棉布擦拭镜组两条轨道上的油垢，擦净后，再将适量的缝纫机油滴在传动齿轮组及皮带两端的轴承上面，以降低噪声。

（三）任务实施

在办公室中，喷墨打印机是使用得较为普遍的一种设备。喷墨打印机由于使用、保养、操作不当等原因经常会出现一些故障，如何解决这故障是用户关心的问题。在此，我们便将喷墨打印机日常工作中的常见故障及排除方法总结出来。

(1) 打印时墨迹稀少，字迹无法辨认的处理。

打印时墨迹渐少，字迹无法辨认多数是由于打印机长期未用或其他原因，造成墨水输送系统障碍或喷头堵塞引起的。

排除的方法：如果喷头堵塞得不是很厉害，那么直接执行喷墨打印机上的清洗操作即可；如果多次清洗后仍没有效果，则可以拿下墨盒（对于墨盒、喷嘴非一体的打印机，需要拿下喷嘴），把喷嘴放在温水中浸泡一会（一定不要把电路板部分也浸在水中，否则后果不堪设想），用吸水纸吸走沾有的水滴，装上后再清洗几次喷嘴就可以了。

（2）更换新墨盒后，在开机时打印机面板上的墨尽灯亮的处理。

正常情况下，只有当墨水已用完时，墨尽灯才会亮。若更换新墨盒后，打印机面板上的墨尽灯还亮，则有可能是墨盒未装好，或是在关机状态下自行拿下旧墨盒，更换上新的墨盒所致。因为重新更换墨盒后，喷墨打印机将对墨水输送系统进行充墨，而这一过程在关机状态下将无法进行，使得喷墨打印机无法检测到重新安装上的墨盒。另外，有些喷墨打印机对墨水容量的计量是使用喷墨打印机内部的电子计数器来进行（特别是在对彩色墨水使用量的统计上），当该计数器的计数达到一定值时，喷墨打印机判断墨水用尽，而在墨盒更换过程中，喷墨打印机将对其内部的电子计数器进行复位，从而可以确认安装了新的墨盒。

解决方法：打开电源，将打印头移动到墨盒更换位置；将墨盒安装好后，打印机进行充墨，充墨过程结束后，故障排除。

（3）喷头软性堵头堵塞的处理。

喷头软性堵头堵塞指的是因种种原因造成墨水在喷头上黏度变大所致的断线故障。一般用原装墨水盒经过多次清洗就可恢复，但这样的方法太浪费墨水。最简单的办法是利用空墨盒来进行喷头的清洗。用空墨盒清洗前，先要用针管将墨盒内残余墨水尽量抽出，然后加入清洗液（配件市场有售）。加注清洗液时，应在干净的环境中进行，将加好清洗液的墨盒安装在喷墨打印机，不断按打印机的清洗键对打印头进行清洗。利用墨盒内残余墨水与清洗液混合的淡颜色进行打印测试，正常之后换上好墨盒就可以了。

（4）打印机清洗泵嘴的故障处理。

喷墨打印机清洗泵嘴出问题是较多的，也是造成堵头的主要因素之一。喷墨打印机清洗泵嘴对打印机喷头的保护起决定性作用。喷头小车回位后，要由清洗泵嘴对喷头进行弱抽气处理，对喷头进行密封保护。在喷墨打印机安装新墨盒或喷嘴有断线时，其下端的抽吸泵要通过清洗泵嘴对喷头进行抽气。在实际使用中，清洗泵嘴的性能及气密性会因时间的延长、灰尘及墨水在此嘴的残留凝固物增加而降低。如果使用者不对其经常进行检查或清洗，会使喷墨打印机喷头不断出些故障。

养护此部件的方法是：将喷墨打印机的上盖卸下，移开小车，用针管吸入纯净水对其进行冲洗，尤其要对嘴内镶嵌的微孔垫片进行充分清洗。在此要特别提醒用户，清洗此部件时，千万不能用乙醇或甲醇，否则会造成此组件中镶嵌的微孔垫片溶解变形。另外要提醒的是，喷墨打印机要尽量远离高温及灰尘的工作环境，只有良好的工作环境才能保证喷墨打印机长久正常地使用。

（5）检测墨线正常而打印精度明显变差的处理。

喷墨打印机使用次数的增多及时间的延长会使打印精度变差。喷墨打印机喷头也是有寿命的。一般一只新喷头从开始使用到寿命完结，如果不出什么故障较顺利的话，也就是 20～40 个墨盒的用量寿命。如果喷墨打印机已使用很久，打印精度变差，则可以用更换墨盒的方法来试试，如果换了几个墨盒，其输出打印的结果都一样，那么就要更换这台喷墨打印机的喷头了。如果更换墨盒以后还是有变化，则说明可能使用的墨盒中有质量较差的非原装墨盒。

如果喷墨打印机是新的，打印的结果不能令人满意，经常出现打印线段不清晰、文字图形歪斜、文字图形外边界模糊、打印出墨控制同步精度差等情况，则说明可能买到的是假墨盒或者使用的墨盒是非原装产品，应立即更换。

2. 典型主机硬件故障排除

1）针式打印机

（1）维护针式打印机。

步骤 1：定期检查。检查色带是否有破损、移动是否自如，打印字迹是否清晰；打印头与针式字辊之间的距离是否合适；字车导轨是否光滑，字车移动是否合适；走纸是否通畅；针式打印机各部件是否松动。

步骤 2：清洁针式打印机表面。使用拧干的柔软湿布，也可蘸上中性洗涤剂，对针式打印机表面进行清洁，待自然干燥后再使用打印机。

步骤 3：清洁针式打印机内部。对针式打印机内部的纸屑、灰尘等杂物要及时清除，尤其是电路板上的灰尘，可使用吸尘器将纸屑和灰尘吸掉，或用毛刷或皮老虎将灰尘除去。

步骤 4：字车导轨的清洁。字车导轨上的油污要及时清洗，否则会影响字车的正常移动。用脱脂棉将字车导轨表面的油污擦净，然后加注适量的润滑油。

步骤 5：字辊的清洁。字辊经过一段时间的使用后会附着一层由色带油墨、灰尘及蜡纸上的石蜡等构成的污垢，要用柔软的布蘸上无水酒精，将字辊上的污垢清除掉。

步骤 6：打印头的清洁。将打印头从字车上卸下，将打印头浸入液面高度不高于 2 cm 的无水酒精中浸泡 2～3 min，打开电源，用针式打印机打印一页幅面较窄的文章，尽量不要进行自检打印，务必注意打印过程中不要使字车碰到打印头电缆；然后换干净的无水酒精反复浸泡几次，将打印头清洁干净，浸泡时可以不卸下打印头，只卸下色带；浸泡完后装上打印纸，用滴管吸一些无水酒精，使针式打印机自检或打印一段文章，打印时向打印头慢慢地滴酒精；清洗完打印头之后，一定要在打印针导板内及时滴入少量用于钟表的润滑油。

（2）针式打印机的典型故障。

① 打印头故障。打印头故障一般表现为打印不清晰，打印色带颜色变浅、发白，以及打印针头磨损等。如果色带颜色变浅、发白，应该更换色带，并清洗打印头，清净打印头上的阻塞物，疏通打印头的导针孔。如果打印针明显地长短不齐，则应该更换受损的打印针。

② 色带及色带盒故障。检查色带的拉线是否断开，若断开则应更换色带的拉线；检查色带盒上的色带卷带旋钮转动是否灵活，若不灵活、易打滑，则应该更换色带盒；检查色带盒内的色带转动齿轮是否有磨损，若受到磨损，则要更换色带齿轮；检查驱动色带左右移动的色带传动轴是否被磨损，若被磨损，则更换传动轴。

③ 打印机不走纸。检查电机传动轴螺钉是否有松动，若有松动，则应紧固螺钉；检查传动齿轮之间是否存在异物，若存在异物，则应清除异物；检查传动齿轮间的间隙是否过大，若过大，则应调节齿轮之间的间隙；检查走纸电机是否损坏，如损坏，则应更换走纸电机。

④ 打印时发出异常的声音。打印时发现有异常声音，主要是由于各机械部件间接触不良导致的。检查字车导向轴的配合是否正常，若不正常，则要调整其配合或更换零件；检查滑动配合面是否有脏物，若有脏物，则要清除脏物，并在配合面上涂上润滑油；检查齿皮带的张力是否足够，若过于松弛，则要调整齿皮带张力；检查张紧轮轴承是否受到磨损，若受到磨损，则要更换张紧轮。

2）喷墨打印机

（1）维护喷墨打印机。

步骤 1：清洁打印机内部。打开喷墨打印机的盖板，仔细清洁内部，清除喷墨打印机内部灰尘、污迹、墨水渍和碎纸屑。尤其要重视小车传动轴的清洁，可用干脱脂棉签擦除导轴上的灰尘和油污，清洁后可在传动轴上滴两滴缝纫机油。在做清洁工作时，注意不要擦拭齿轮、打印头及墨盒附近的区域，不要移动打印头，也不能使用稀释剂、汽油等挥发性液体，以免加速喷墨打印机机壳或其他部件的老化甚至损坏喷墨打印机机壳或其他部件。

步骤2：清洗打印头。现在的喷墨打印机开机后都会自动清洗打印头，并设有对打印头进行清洗的清洗按钮，也可通过计算机中打印驱动选项来清洗打印头，不同机型的清洗方法也有所区别，大家可以参照喷墨打印机操作手册中的步骤进行。

如果使用打印机的自动清洗功能还不能解决问题，就需要对打印头进行手工清洗：先取下打印小车，除去墨盒及护盖，用脱脂棉将喷头擦拭干净；将喷头放进一个盛满清水（最好是蒸馏水）的小容器中，浸泡8小时左右，再将墨盒装进喷头上继续浸泡3小时左右；然后用医用针筒装入没有杂质的清水对准喷头上面的供墨孔，慢慢注入清水，切记要慢；观察喷头上出墨孔出水情况，如果清水能从每个喷孔喷洒而出，就可以确定打印喷头已经畅通。在清洗过程中动作准确，用力适度，不要触碰打印车的电器部分，更不要使其沾上水。如有少量的水洒在上面时，应尽快用柔软的布揩除并晾干。

（2）典型故障。

① 打印时墨迹稀少，字迹无法辨认。该故障多数是由打印机长期未用或其他原因，造成墨水输送系统障碍或喷头堵塞引起的。排除的方法是执行清洗操作。

② 打印头喷嘴堵塞。打印头喷嘴堵塞是喷墨打印机最常见的故障，主要表现在打印出的稿件表面有横向条纹，严重时有些颜色根本打印不出来，尤其是在打印图像文件时更加明显。造成喷嘴堵塞的原因有很多：如打印机墨水的质量、打印机的工作环境、打印机闲置的时间等。要避免喷嘴堵塞，最好使用打印机生产厂商指定型号的墨水，在更换墨盒时动作要快，尽量缩短更换墨盒的时间。不要让喷墨打印机工作在灰尘较大的环境中，避免长时间闲置打印机，即使不使用喷墨打印机也要每隔3～5天开一次喷墨打印机，因为长时间不使用喷墨打印机，会使残留在喷嘴中的墨水变干而堵塞打印头，尤其是在夏天，墨水更容易变干。如果这样，打印头还是被堵塞了，可以根据喷墨打印机附带的使用手册中介绍的方法来清洗打印头，由于打印机生产厂商或型号不同，具体清洗打印头的方法也不同。如果经过几次清洗以后打印头还是堵塞，可以暂时先关闭喷墨打印机，第二天开机时再清洗一下打印头。如果打印质量还是没有改善，说明喷墨打印机中的墨盒已经过期或者已经损坏，可以通过更换墨盒来解决问题。

③ 打印字符错位。引起的原因：一是在运输或搬移喷墨打印机的过程中导致打印头错位；二是就是打印头在使用过程中撞车了。解决方法是，使用打印机附带的打印校准程序来校准打印头，如果没有打印校准程序，可以通过在打印时设置打印机为单向打印来解决问题，但是这样会影响打印速度。

④ 打印头撞车。

喷墨打印机行走小车的轨道是由两只粉末合金铜套与一根圆钢轴的精密结合形成的。虽然行走小车上安装有一片含油毡垫（用以补充轴上润滑油），但由于我们生活的环境中到处都有灰尘，时间一久，会因空气的氧化、灰尘的破坏使轴表面的润滑油老化而失效，这时如果继续使用喷墨打印机，就会因轴与铜套的摩擦力增大而造成小车行走错位，直至碰撞车头造成喷墨打印机无法使用。一旦出现此故障，应立即关闭喷墨打印机电源，用手将未回位的行走小车推回停车位。

造成打印头撞车的原因有以下三种：打印头控制电路出现故障；打印头机械部件损坏；打印头在工作时阻力过大。前两种情况出现的可能性非常小，大多数打印头撞车是由第三种情况引起的，因为喷墨打印机在使用过程中控制打印头移动的导轨上的润滑油与空气中的灰尘形成油垢，长期积攒起来就会使打印头在移动时受到的阻力越来越大，当阻力大到一定程度时就会引起打印头撞车。

处理方法:可以找一些脱脂棉和一些高纯度缝纫机油,先用脱脂棉将导轨上的油垢擦净,再用脱脂棉蘸上一些缝纫机油均匀地反复擦拭两个导轨(注意:缝纫机油不能太多,以免在打印时油滴落在稿件上影响打印质量),直到看不见黑色的油垢为止。

⑤ 小车碰头。

小车碰头是因为由器件损坏所致。喷墨打印机小车停车位的上方有一只光电传感器,它是向喷墨打印机主板提供打印小车复位信号的重要元件。此元件如果灰尘太大或损坏,喷墨打印机的小车会因找不到回位信号碰到车头,而导致无法使用,一般出此故障时需要更换器件。

3) 激光打印机

(1) 维护激光打印机。

步骤1:清洁硒鼓。用软毛刷轻扫,重点扫除硒鼓两端、清洁辊、废粉仓口这些部位,若硒鼓上不慎沾上了手印或油污,可用高级镜头纸(或脱脂棉)蘸无水酒精或蘸碳粉沿一个方向擦除。清洁硒鼓时应避免手指甲或尖锐物体划伤硒鼓表面。

步骤2:清洁转印电晕丝。可用软毛刷或蘸有少量酒精(或清水)的棉签清洁电晕丝周围的区域,清洁时要特别小心,不要弄断电晕丝。有些激光打印机自带电晕丝清洁装置,只需要来回轻轻推拉清洁装置即可。

步骤3:清洁输纸导向板。用蘸有清水的软布(要求拧干,不能滴水)擦净输纸导向板即可。

步骤4:清洁静电消除器。用小毛刷扫描其周围的纸屑与碳粉即可。

(2) 典型故障。

① 激光打印机不打字,纸是空白的。

故障分析及处理:这种故障现象可能是由于显影轧辊没有吸到碳粉所致。显影轧辊没有吸到碳粉的可能原因是:显影轧辊的直流偏压未加上或是感光鼓未接地,导致负电荷向地泄放,激光束不能起作用。

当然,硒鼓不旋转也会造成影像不能生成,从而传不到纸上。所以,首先必须确定硒鼓能否正常转动,断开激光打印机电源,取出上粉盒,打开盒盖上的槽口,在硒鼓的非打印部位做个记号,再装乳剂内,开机运行一会儿,然后取出硒鼓,检查记号是否移动了,若移动了,刚说明硒鼓在旋转。

碳粉用完,也会造成上述现象。此时检查碳粉是否用完,确信上粉盒是否正确装入机内,封条是否已被取掉。

如果激光束被挡住,不能射到鼓上,也会导致出现白纸。这时应检查激光照射通道有无障碍物。注意,做这项检查时,一定要将电源关断,以防止被激光损伤。

电晕传输线断开或电晕高压不存在,也会导致出现白纸。

② 激光打印机打印出来的图像太黑。

故障分析及处理:出现这种故障现象时,应检查打印密度调节轮,如其设置过高,输出的图像就会变黑;取下上粉盒,检查上粉盒下正中央的支撑小弹簧,若发现此弹簧已失去弹性,更换小弹簧,重新设置好打印密度,图像即可恢复正常。

③ 激光打印机输出的图像太淡。

造成这种故障的可能原因及其处理方法如下:上粉盒内可能无碳粉了,取出上粉盒轻轻摇动,如果打印效果没有改善,就应该更换上粉盒;电晕放电部分不工作,也会造成打印字迹太淡,此时应检查电晕线是否断开,高压是否存在,显影轧辊无直流偏压、碳粉未被极化带电而无法转移到硒鼓上也会造成输出图像太淡。

④激光打印机输出的纸上出现竖直白色条纹。

造成这种故障的可能原因及处理方法是：安装在硒鼓上方的反光镜上沾有脏东西，就会形成白色条纹，激光遇到镜子上的脏东西时被吸收掉，不能到达硒鼓，从而在打印纸上形成一个窄条纹；电晕传输线装在打印纸通道下方，会吸引灰尘和残渣，电晕部件有的地方会变脏或堵塞，从而阻止碳粉从硒鼓转移到打印纸上；上粉盒失效，通常会造成大面积区域字迹变淡，取下上粉盒轻轻摇动，使盒内碳粉分布均匀，如仍改进不大，应更换上粉盒。

⑤ 激光打印范围出错，不能打印在正常范围内。

纸上打印的内容偏到某一边，在另一边留出很宽的空白，出现此类故障的主要原因是送纸轧辊磨损或变脏，不能平稳地推送纸前进，应着重检查送纸机构的齿轮箱。

4）扫描仪

确定扫描仪故障可以采用观察法，观察产生故障的原因，确定有问题的部件，例如扫描仪没有响应，可以检查电源线有没有接好；也可以采用测试法，通过测试，确定有问题的地方，例如扫描一张图片，发现扫描的图像不够清晰；还可以采用筛选法，当用观察法的时候发现有几个部件可能引致故障的时候，可以使用筛选法进一步确定故障部位。有时候多使用一些方法，便可以确定故障的源头，然后寻求解决的办法。

（1）维护扫描仪。

步骤1：用一块干软布把扫描仪的外壳（不包括平板玻璃）擦拭一遍，去除表面的浮尘；然后用一块拧干的湿布细擦，对污垢多的地方，可蘸一些清洁剂擦拭。

步骤2：将扫描仪盖板取下，检查并清洁上罩玻璃板上的灰尘，特别是基准处，应仔细清除干净。

步骤3：打开扫描仪的外壳后，如果发现里面的灰尘比较多，可以用皮老虎自内向外吹起，用小型吸尘器效果更佳。

步骤4：在扫描仪的光学组件中找到发光管、反光镜，将脱脂棉蘸少许蒸馏水或专用清洁剂，小心地在发光管和反光镜上擦拭，不要按压改变光学配件的位置或划伤镜头和透镜。

步骤5：清洁完后，再用一块干净的布把扫描仪重新擦拭一遍。

（2）典型故障。

① 整幅图像只有一小部分被获取。

故障原因：聚焦矩形框仍然停留在预览图像上；只有矩形框内的区域被获取。

故障排除：在做完聚焦后，单击一下去掉聚焦矩形框，反复试验以获得图像。

② 图像中有过多的图案（噪声干扰）。

故障原因与排除：该故障扫描仪的工作环境湿度超出了它的允许范围（也许是扫描仪在允许范围外被存放或运输了）引起的，应将扫描仪移至允许的湿度环境中，关掉计算机，再关掉扫描仪，然后先打开扫描仪，再打开计算机，重新校准扫描仪。

③ 扫描出的整个图像变形或出现模糊。

故障原因与排除：若由扫描仪玻璃板脏污或反光镜条脏污所致，则用软布擦拭玻璃板并清洁反光镜条；若由扫描原稿文件未能始终平贴在文件台上所致，则确保扫描原稿始终平贴在平台上，确保扫描过程中不移动文件；若由扫描过程中扫描仪因放置不平而产生震动所致，则注意把扫描仪放于平稳的表面上；也可通过调节软件的曝光设置或“Gamma”设置来排除故障；若是并口扫描仪发生以上情况，则可能传输电缆存在问题，建议使用高性能电缆。

④ 扫描的图像在屏幕显示或打印输出时总是出现丢失点线的现象。

故障原因与排除：检查扫描仪的传感器是否出现了故障或文件自动送纸器的纸张导纸机构出现故障，找专业人员进行检查维修；对扫描仪的光学镜头做除尘处理，用专用的小型吸尘器效果最好；检查扫描仪外盖上的白色校正条是否有脏污，及时清除脏污；检查一下高台玻璃是否脏了或有划痕，定期彻底清洁扫描仪或更换高台玻璃。

⑤ 找不到扫描仪。

检测及排除过程如下。先用观察法看检查扫描仪的电源及线路接口是否已经连接好，然后确认是否先开启扫描仪的电源，然后启动计算机。如果不是，可以按 Windows 操作系统"设备管理器"的"刷新"按钮，查看扫描仪是否有自检，绿色指示灯是否稳定地亮着。如果答案是肯定的，则可排除扫描仪本身发生故障的可能性。如果扫描仪的绿色指示灯不停地闪烁，表明扫描仪状态不正常。这时候可以重新安装最新的扫描仪驱动程序。同时，还应检查"设备管理器"中扫描仪是否与其他设备冲突，若有冲突，就要进行更改。记住，这类故障无非是由线路问题、驱动程序问题和端口冲突问题引起的。

⑥ 扫描仪没有准备就绪。

检测及排除过程如下。打开扫描仪电源后，若发现准备灯不亮，先检查扫描仪内部灯管。若发现内部灯管是亮的，可能与室温有关，解决的办法是让扫描仪通电半小时后再关闭，一分钟后再打开它。若此时扫描仪仍然不能工作，则先关闭扫描仪，断开扫描仪与电脑之间的连线，将 SCSI ID 的值设置成 7，大约一分钟后再把扫描仪打开。在冬季气温较低时，最好在使用前先预热几分钟，这样就可避免开机后准备灯不亮的现象。

⑦ 输出图像色彩不够艳丽。

检测及排除过程如下。遇到这种故障，首先可以先调节显示器的亮度、对比度和 Gamma 值。Gamma 值越高，感觉色彩的层次就越丰富。我们可以对 Gamma 值进行调整。当然，为了取得较好的效果，也可以在 Photoshop 等软件中对 Gamma 值进行调整，但这属于"事后调整"，我们可以根据扫好的照片的具体情况调整 Gamma 值。在扫描仪自带的软件中，如果用于普通用途，Gamma 值通常设为 1.4；若是用于印刷，则 Gamma 值设为 1.8；若打印，网页上的照片，则 Gamma 值设为 2.2。扫描仪在使用前应该进行色彩校正，否则就极可能使扫描的图像失真。此外，还可以对扫描仪驱动程序对话框中的亮度/对比度选项进行具体调节。

扫描仪的问题通常与扫描效果有关，这往往也是软件故障之一，不同的扫描仪对这些软件故障有不同的解决办法，可以利用相关软件进行修正。而硬件故障方面主要是接口、线路问题，只要连接好线路、设置好端口，用最新的驱动程序，这些问题应该是容易解决的。

5）刻录机

事实上，DVD 刻录机和 CD 刻录机从盘片到刻录机本身都有很大的不同，如果不注意一些问题，会造成使用不当，轻者刻录的盘片质量不佳，严重者甚至会烧毁刻录机。那么我们应该如何使用好 DVD 刻录机呢？在长期使用 DVD 记录机的过程中，我们总结了这十招，相信能帮助大家使用好 DVD 刻录机。

① 防尘、防潮。注意 DVD 刻录机的清洁、卫生。

② 保证供电。在刻录的过程中要消耗很大的功率才能融化染色剂，并且刻录是一个相对较长的过程，所以要保证平稳的电压和较大的电流。DVD 刻录机的功率一般为 25～35 W，所以 DVD 记录机需要更为强劲的电源来支持。

③ 散热。DVD 刻录机功率较大,并且由于刻录的时间会相对较长,不可避免地会有很大的发热量,DVD 刻录机过热势必影响内部元件的电气参数。

④ 选择质量好的盘片。一般来说,DVD 刻录机的刻录品质需要品质有保证的碟片的支持。但是由于价格的因素,人们在购买碟片时多数还是会选择廉价的碟片。DVD 刻录机不能识别刻录盘,或者刻好的 DVD 盘无法在一般的 DVD 播放机中播放,多是盘片质量不佳造成的。

⑤ 不要满刻甚至超刻。DVD 刻录技术还不像 CD 刻录技术那么成熟,如果超刻,则 DVD 刻录盘无法继续维持写入动作,此时对激光头的损伤是相当严重的。一般来说,标称容量为 4.7 GB 的 DVD-R 刻录盘片,最好只刻入 4.3 GB 以内的数据,刻满 4.7 GB 的 DVD-R 盘片,拿到别的电脑上读取时,用不了几次就有可能出现部分内容读不出的现象。

⑥ 一次性刻录。不要使用多重区段,因为只有 Windows XP 操作系统可以支持多重区段 DVD 刻录盘,但把多重区段 DVD 刻录盘放在其他操作系统下无法被识别。

⑦ 使用 DVD 刻录机不要使用其最高速刻录,尤其是音乐、视频内容容易产生爆音、断帧,影响刻录质量。我们需要的不单只是高速,而是稳定的高速。标称 16 倍速的 DVD 刻录机,在刻录时最好只用 8 倍速进行刻录。经过试验,用相同的 DVD 刻录机和同样品牌的 DVD-R 盘片,用 8 倍速刻录出的盘片比用 16 倍速刻出的盘片在兼容性上好得多,尤其在笔记本电脑上读取时更明显。

⑧ 刻录大量小文件时,最好要先对存放文件的硬盘进行碎片整理,然后再将欲刻录的文件拷入,否则发生读取错误的概率会大大增加。

⑨ 关闭多余任务,与当初 CD-R/RW 一样,在刻录的过程中为了保证刻录的顺利进行,最好将一些多余的程序(如屏幕保护、下载文件、视频播放、音频播放等)关闭,以免降低系统效率、增加故障的出现概率。

⑩ 经常更新驱动与刻录程序。应该经常关注 DVD 刻录机生产厂商是否有放出新版的驱动程序,去刻录软件的网站看是否有升级或补丁可以下载,这些更新包括了生产厂商对产品的一些小的修改与改进。

(四)任务总结

1) 思考

(1)如何对针式打印机进行维护?

(2)如何对喷墨打印机进行维护?

(3)如何对激光打印机进行维护?

(4)如何对扫描仪进行维护?

2) 巩固实践

(1)用针式打印机打印时,发现打印非常不清晰,该如何处理?

(2)用激光打印机打印时,出现卡纸的现象,该如何处理?

(3)在使用扫描仪时发现扫描出来的图像非常模糊,该如何处理?

项目7 数据恢复

项目背景

本项目主要介绍数据恢复技术的基本知识和操作方法，并重点介绍硬盘数据恢复技术，特别是使用 WinHex 软件来恢复硬盘数据的技术，还介绍 Windows 操作系统下的常见数据恢复软件的使用，以培养学生的硬盘数据恢复技术的实际操作能力。

学习目标

- 认识常见数据存储介质及其构成。
- 掌握用户数据文件的存储原理。
- 掌握基本的数据恢复技术和工具。

工作任务

- 学习计算机存储器及其基本原理。
- 掌握 MBR 分区体系与 GPT 分区体系。
- 主引导记录的结构与恢复。
- GPT 的结构与恢复。
- FAT32 文件系统的结构与 DBR 恢复。
- NTFS 文件系统的结构与 DBR 恢复。
- 掌握 Windows 操作系统下数据恢复软件的使用。

任务1 硬盘结构和逻辑存储

主流的存储介质有磁存储介质（如机械硬盘）、电存储介质（如固态硬盘、U 盘、闪存卡）和光存储介质（如 DVD 光盘）等，另外手机等移动设备的存储介质较多采用闪存卡。

固态硬盘具有体积小、质量轻、速度快、发热低、结实、抗震性强、适应温度范围广、性能衰减低等优点。固态硬盘常见的接口 SATA 接口、M-SATA 接口、M.2 接口和 PCI-E 接口。其中，SATA 接口是最为主流的接口，在台式机、大部分笔记本电脑上通常都用这种接口。部分笔记本电脑可能会不提供SATA 接口，而提供 M-SATA 接口或 M.2 接口。目前，SATA 3.0 接口数据传输速率的上限是 6 Gbit/s，M.2(NGFF)接口的数据传输速率达到 10 Gbit/s。所以，需要先查询笔记本电脑的规格参数，弄清楚接口的类型和数量，再决定购买哪种接口的固态硬盘。PCI-E 接口的固态硬盘只能在台式机上使用，占用显卡插槽，数据传输速率更快，通常为发烧玩家或企业级用户设计。

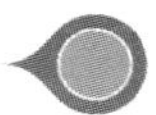

M-SATA 接口的固态硬盘和 M.2 接口的固态硬盘如图 7-1-1 所示。PCI-E 接口的固态硬盘如图 7-1-2 所示。

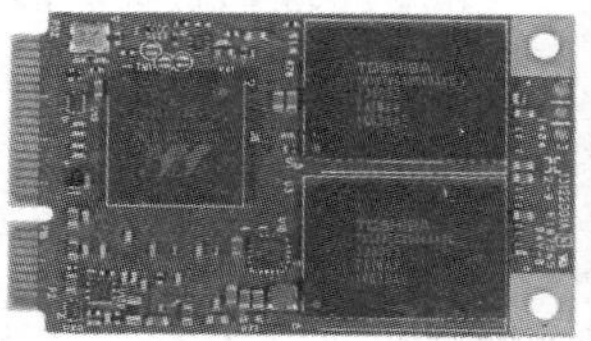

(a) M-SATA接口的固态硬盘

(b) M.2接口的固态硬盘

图 7-1-1　M-SATA 接口的固态硬盘和 M.2 接口的固态硬盘

图 7-1-2　PCI-E 接口的固态硬盘

一、硬盘的物理结构

硬盘是集机、电、磁于一体的高精系统，内部封闭，对外提供标准接口。

1. 硬盘的外部结构

硬盘外部结构由盘体和电路板组成。硬盘正面贴有产品标签，显示商标、型号、序列号、容量、参数等信息，这些信息是正确使用硬盘的基本依据。电路板包括主控芯片、驱动芯片等。现在一般硬盘的电路板都是反安装在盘体上的。

硬盘的正面与反面如图 7-1-3 所示。

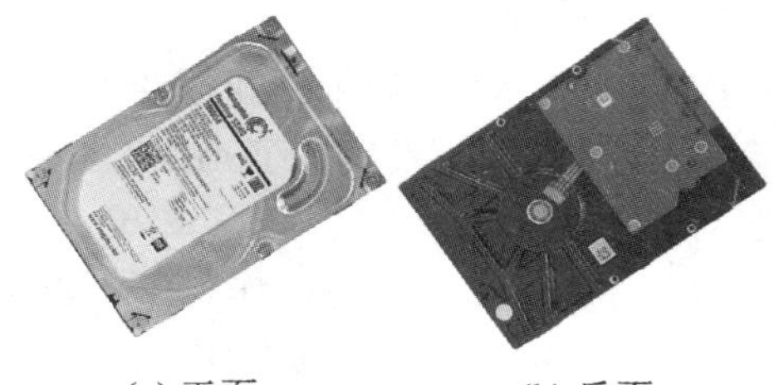

(a) 正面　　(b) 反面

图 7-1-3　硬盘的正面与反面

2. 硬盘的内部结构

硬盘的内部结构如图 7-1-4 所示。

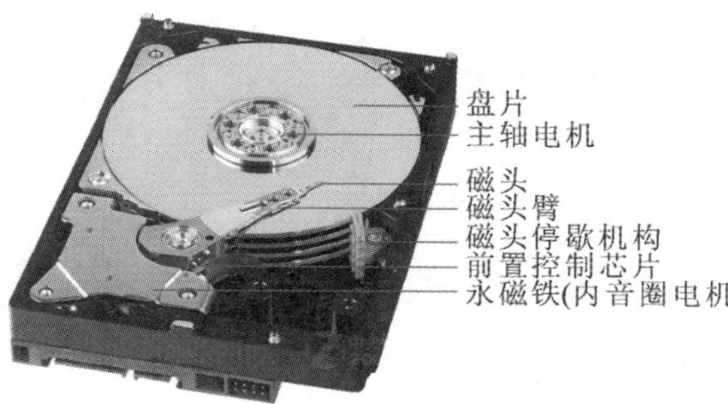

图 7-1-4　硬盘的内部结构

硬盘的内部是净化无尘空间，由盘片、主轴电机、磁头组件、内音圈电机、前置控制芯片等组成。

当硬盘读取数据时，盘片高速旋转，磁头处于“飞行状态”并未与盘片发生接触，在这种状态下，磁头既不会与盘片发生磨损，又可以达到读取数据的目的。由于盘片高速旋转，产生很明显的陀螺效应，因此硬盘在工作时不易运动，否则会加重轴承的工作负荷。硬盘磁头的寻道伺服电机在伺服跟踪调节下可以精确地跟踪磁道，因此在硬盘工作过程中不要冲击碰撞硬盘，搬动硬盘时要小心轻放。

二、逻辑存储

1. 磁道

磁道即盘面表面的同心圆，每片每面的同位置磁道组成圆柱，称作柱面，硬盘对数据的存读是按柱面进行的。

2. 扇区

磁道上划分的一段一段的区域为扇区，每个扇区的大小为 512 字节。盘面旋转与磁头读取速度不同步，为了解决这一问题，磁道上为扇区设置交叉因子，扇区编号是间隔开的，以保证磁头能按编号来读取扇区数据。由此也可看出，数据存储不是连续的。

为了更好地表示扇区，为所有扇区编号。

3. 4K 扇区

随着时代的发展、硬盘容量的不断扩展，计算机发展初期定义的每个扇区 512 字节显得不那么合理了，于是将每个扇区 512 字节改为每个扇区 4096 字节，形成现在常说的 4K 扇区。

4. 簇

因扇区对于操作系统存储单元来说太小了，所以以 2^n 个扇区表示一个簇，将簇作为操作系统最小存储单位。一般情况下，8 个扇区为一个簇。为了使簇与扇区相对应，要使物理硬盘分区与计算机使用的逻辑分区对齐，保证硬盘读写效率，所以就有了 4K 对齐的概念。

5. 4K 对齐

生产厂商为了保证采用新标准生产的 4K 扇区的硬盘与操作系统兼容，将扇区模拟成 512 字节大小的扇区，这时就发生了 4K 扇区和 4K 簇不对齐的情况，所以就要用 4K 对齐的方式，使模拟扇区对齐 4K 扇区。

查看是否 4K 对齐的操作如下：在 Windows 7/8/10 操作系统下，先点击“开始”，再点击“运行”，输入“MSINFO32”，点击“确定”，出现如图 7-1-5 所示的界面；依次点击“组件”“存储”“磁盘”，查看“分区起始偏移”的数值，如果该数值不能被 4096 整除，则为非对齐的情况，如果该数值能被 4 096整除，则为对齐的情况。

图 7-1-5　查看硬盘的分区是否满足 4K 对齐

在 Windows 7 或以上操作系统上通过安装系统格式化，4K 是自动对齐的，其默认将硬盘扇区对齐到 2 048 的整数倍扇区。重新分区时也可以使用著名的 DiskGenius，只要勾选“对齐到此扇区数的整数倍”，然后选择 8 或以上扇区，就可以实现对齐，可参考本教材项目 3 任务 1 硬盘的分区与格式化。

任务 2 熟悉工具软件

一、创建虚拟硬盘

在学习和研究硬盘数据结构的过程中，经常需要通过大量的实验来摸索规律，总结经验。由于未必每个人手中都会有很多的硬盘，而且操作起来也不太方便，所以在这个过程中，不提倡全部使用真实的硬盘。因此，有一款得心应手的虚拟硬盘就显得尤为重要。可以用 Windows 操作系统中“磁盘管理”的“创建 VHD”来创建一个虚拟硬盘。

（一）在 Windows 操作系统中创建虚拟硬盘

步骤 1：右键点击“计算机”，选择“计算机管理”，在“计算机管理”中点击“磁盘管理”，右键选择“创建 VHD”，如图 7-2-1 所示。

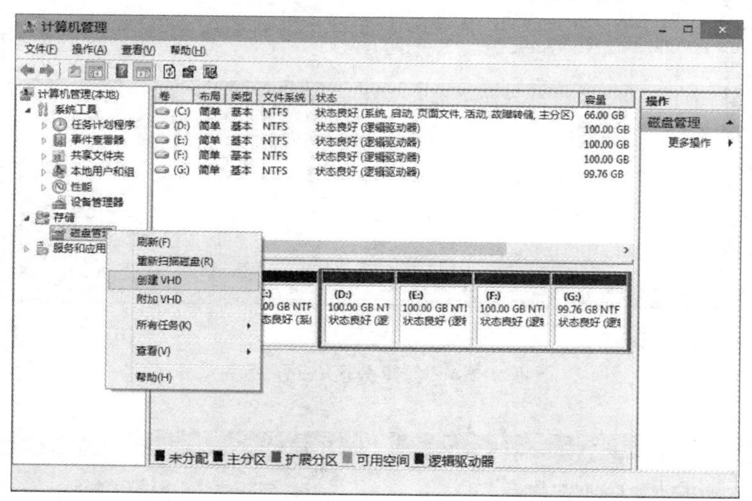

图 7-2-1 在“磁盘管理”中创建 VHD

步骤 2：点击图 7-2-2 中的“浏览(B)...”或输入我们要创建的 VHD 的路径，设置虚拟硬盘的大小（可以根据硬盘可用空间和自己的需求来决定，建议选择 2～4 GB 的虚拟硬盘大小，以方便存储、分析），其他选项都可以选择默认；点击“确定”后，系统便会开始创建一个新的硬盘。

步骤 3：在“磁盘管理”页面，我们可以看到这个新建的显示为“未知”的硬盘，右键点击选择“初始化磁盘”，弹出如图 7-2-3 所示的对话框，选择分区形式，点击“确定”，进行虚拟硬盘初始化。

步骤 4：在这个未分配的硬盘中进行分区。右键选择“新建简单卷”，在出现的对话框[见图 7-2-4(a)]中进行分区，点击“下一步(N)”，设置卷的大小[见图 7-2-4(b)]，为了方便分析，建议创建 1 GB 到 2 GB 的卷(分区);分配驱动器号,默认即可[见图 7-2-5(a)];在图 7-2-5(b)中指定文件系统来格式化分区(卷),根据分析的需要来指定文件系统类型,Windows 操作系统常用NTFS 和 FAT32 文件系统这两个文件系统类型,所以建议创建的几个分区时,在选择"按下列设置格式化这个卷(O):"时选择不同的文件系统类型,创建至少 2 个分区,包含这两种文件系统;点击"下一步(N)",完成创建。

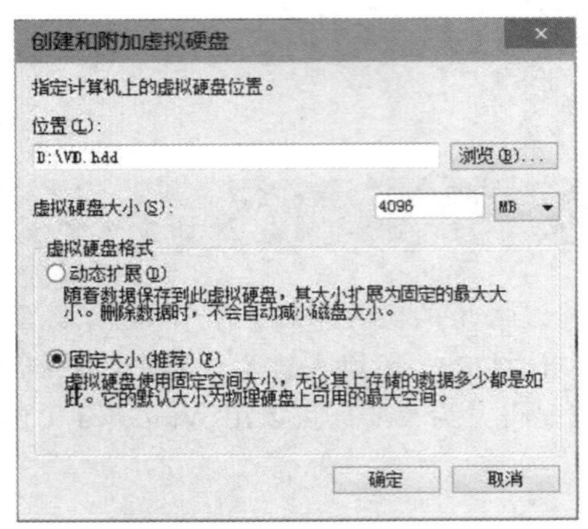

图 7-2-2　在"磁盘管理"中设置虚拟硬盘的位置和大小

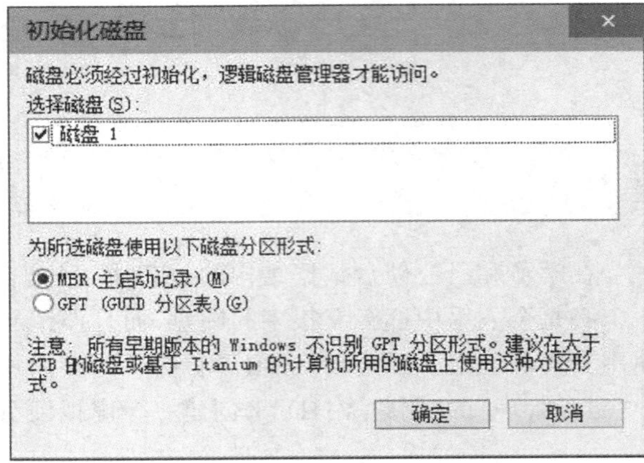

图 7-2-3　在"磁盘管理"中初始化虚拟硬盘

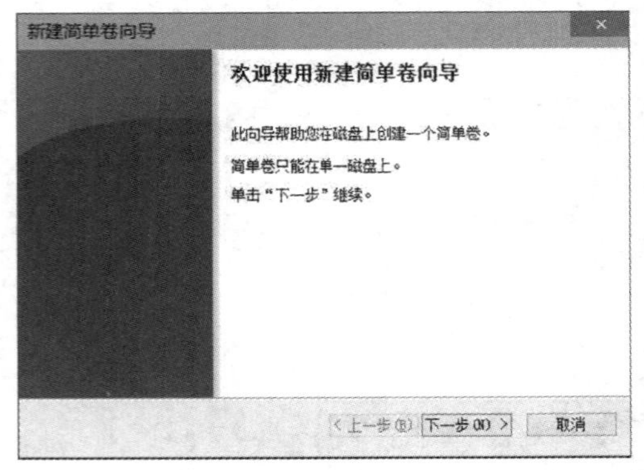

(a)

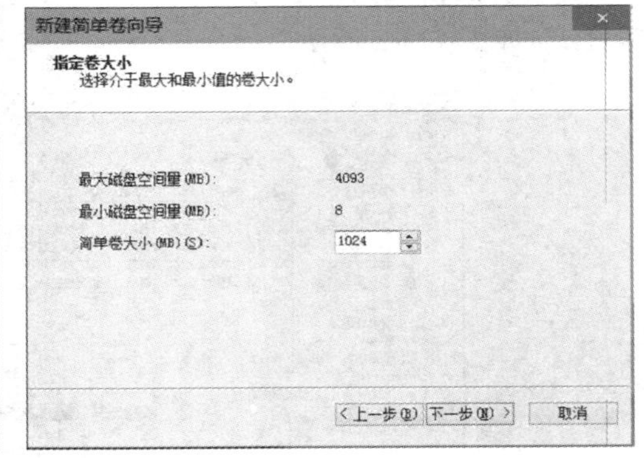

(b)

图 7-2-4　创建分区,设置大小

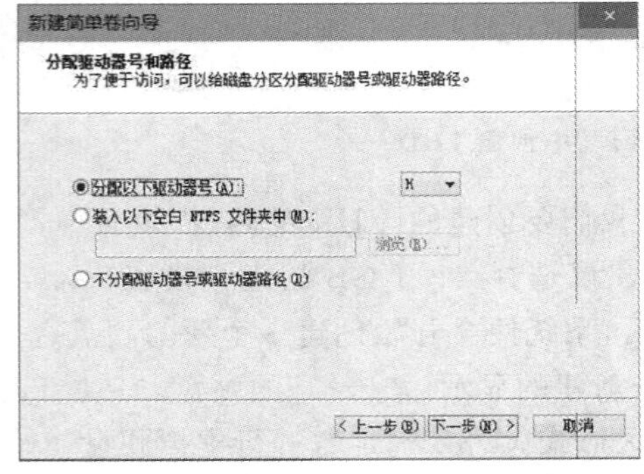

(a)

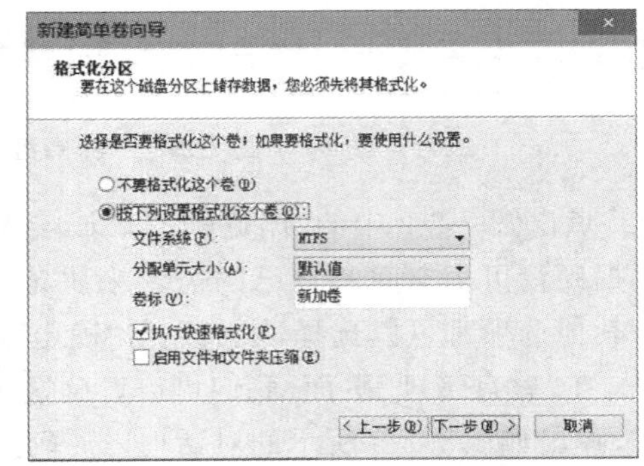

(b)

图 7-2-5　分配驱动器号,选择文件系统类型

步骤5:对虚拟硬盘后面未分配的空间继续划分分区,重复步骤4,直到划分到足够的分区,如图7-2-6所示。

(二)采用InsPro Disk创建虚拟硬盘

若操作系统是Windows XP操作系统,通过“磁盘管理”不能直接创建虚拟硬盘,这时可用虚拟硬盘软件InsPro Disk创建。

步骤1:下载并安装InsPro Disk,即可在程序菜单中出现两个程序运行快捷方式,一个是“Launch DiskCreator”,另一个是“Launch DiskLoader”,如图7-2-7所示。

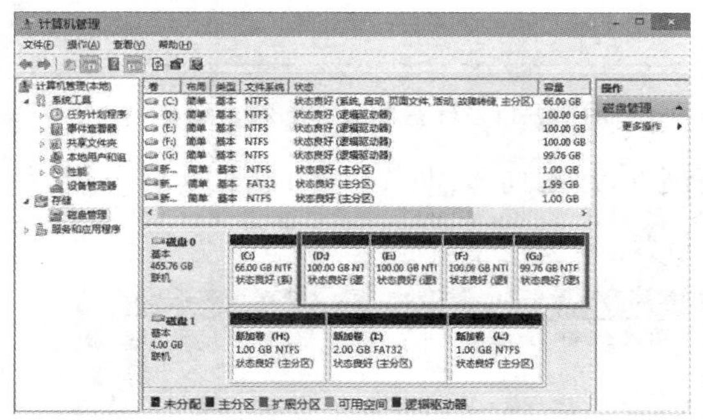

图7-2-6　虚拟硬盘分区划分完成

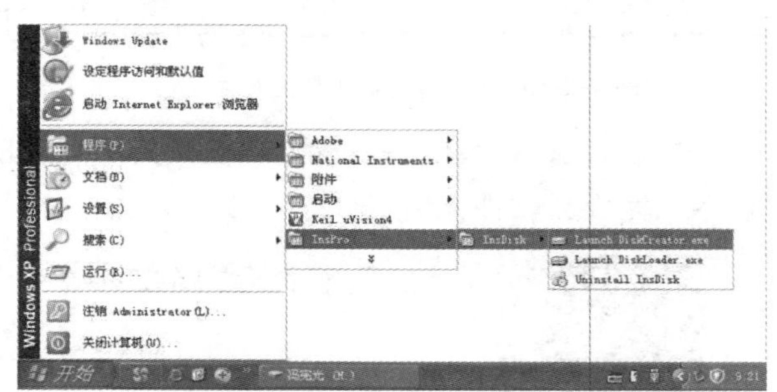

图7-2-7　程序菜单中的两个程序运行快捷方式

步骤2:用Launch DiskCreator创建虚拟硬盘,点击运行“Launch DiskCreator.exe”后即出现创建虚拟硬盘对话框,如图7-2-8所示。

步骤3:在创建虚拟硬盘对话框中,直接输入虚拟硬盘文件存放的路径和文件名(后缀名为“.hdd”)。在“Virtual Hard Disk Size”框中输入所要创建虚拟硬盘的大小(默认单位为MB)。虚拟硬盘是为了分析MBR、GPT、DBR等和研究数据存储而创建的,所以不必过大,建议整个硬盘容量在4 GB左右。

提示:图7-27中的Note是说程序会对创建的虚拟硬盘大小进行适当的调整(这是因为软件会尽可能地将创建的虚拟硬盘的大小调整为整数个柱面)。

步骤4:点击“Create”后程序会提示创建成功(见图7-2-9),确定后点“Exit”退出即可。这时,就可以看到,在选择的保存路径下已经生成了一个虚拟硬盘文件(见图7-2-10)。现在,它还只是一个文件,只有被加载后才会成为一个硬盘。加载和卸载虚拟硬盘使用“Launch DiskLoader”程序。

步骤5:InsPro DiskLoader用于加载和卸载虚拟硬盘;运行后,会弹出如图7-2-11所示的硬盘加载和卸载对话框,点击“Browse”按钮指明虚拟硬盘文件的路径,然后点击“Load InsDisk”按钮,依次确定后虚拟硬盘加载成功。

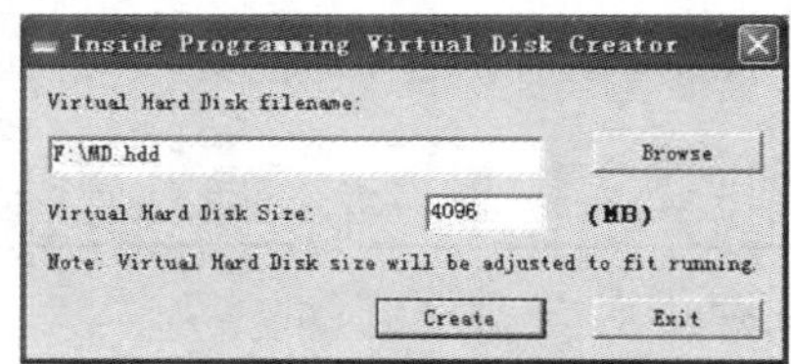

图7-2-8　创建虚拟硬盘对话框

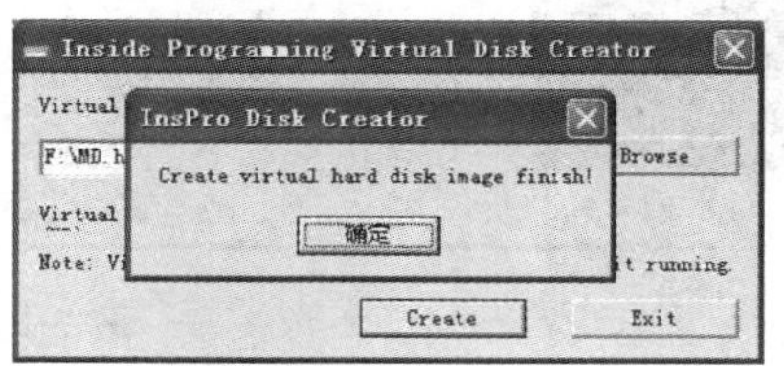

图7-2-9　创建虚拟硬盘完成

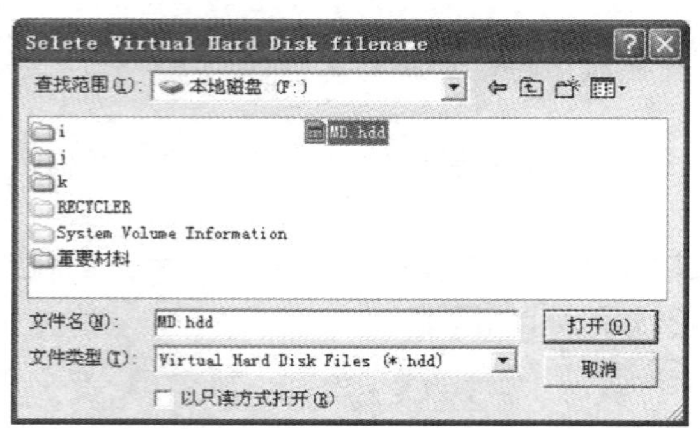

图 7-2-10　生成的虚拟硬盘文件

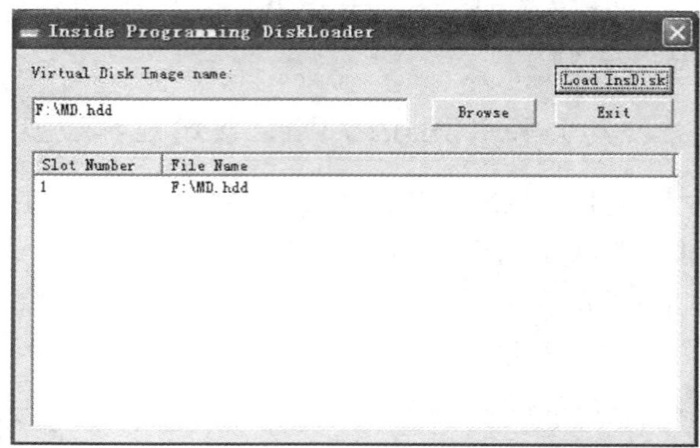

图 7-2-11　硬盘加载和卸载对话框

步骤 6：虚拟硬盘加载成功后，操作系统会发现新硬件，出现向导[见图 7-2-12(a)]，点击“下一步(N)”完成新软件安装[见图 7-2-12(b)]。

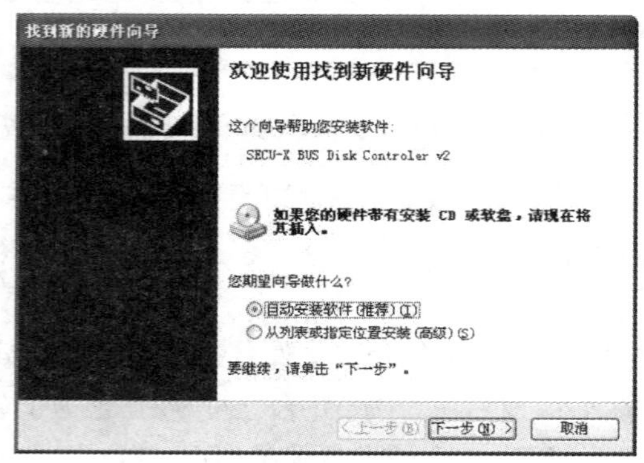

(a)

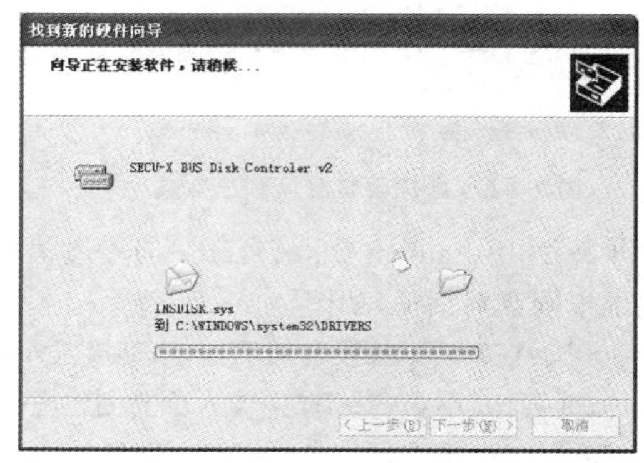

(b)

图 7-2-12　出现新硬件向导，安装新硬件

步骤 7：右击“我的电脑”，单击“管理”“磁盘管理”，这时会弹出磁盘初始化和转换向导对话框，这是因为磁盘管理程序检测到了新的硬盘，但发现它“未初始化”而欲对其进行初始化操作，仅需要连续点击“下一步(N)”即可完成初始化，如图 7-2-13 所示。

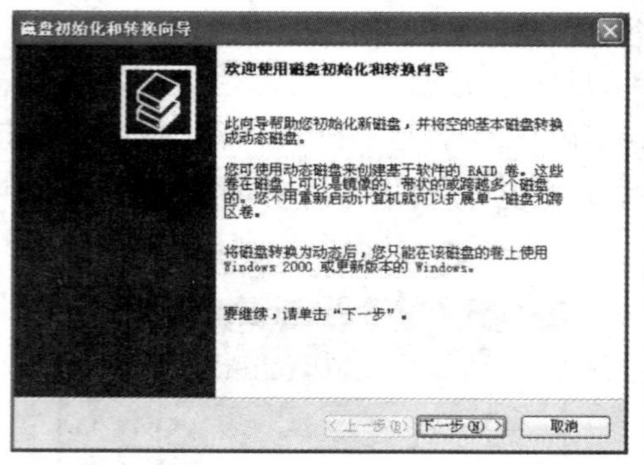

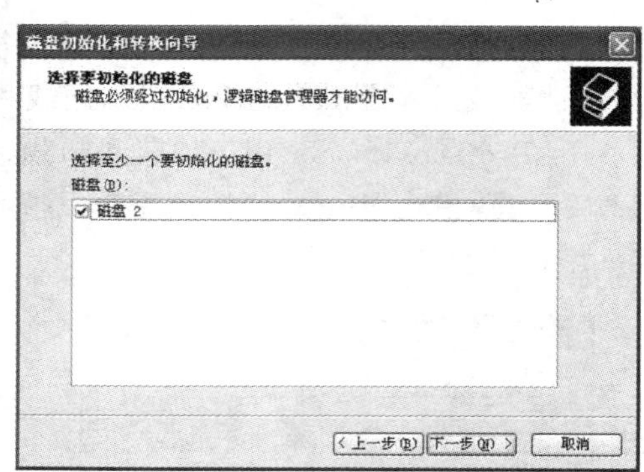

图 7-2-13　完成初始化

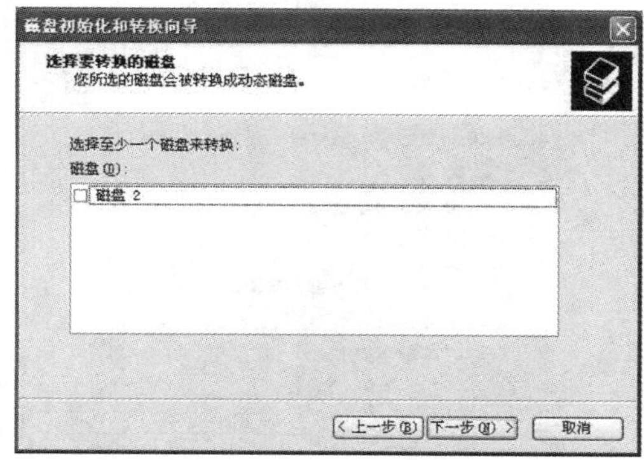

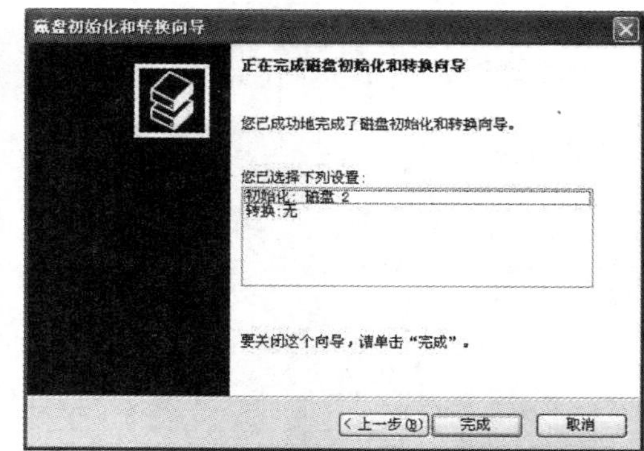

续图 7-2-13

初始化完成后在“磁盘管理”中就多了一个硬盘，如图 7-2-14 所示。对于操作系统来说，这个虚拟硬盘与真正的物理硬盘没有任何区别，下面需要对其进行分区、格式化，之后就可以像正常硬盘的分区一样对其进行文件的写入与读取等操作。

步骤 8：创建虚拟硬盘分区，如图 7-2-15 所示。

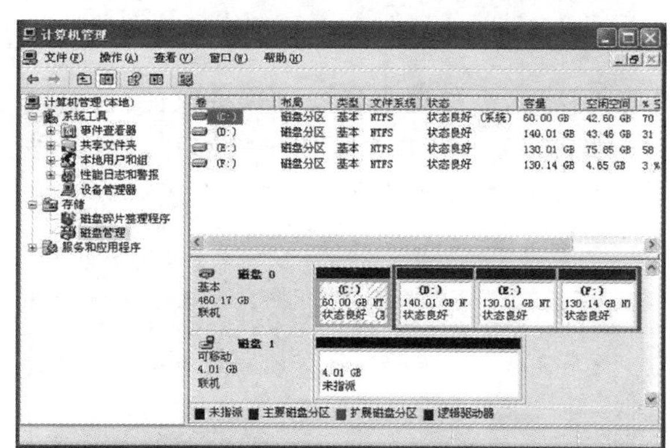

图 7-2-14　虚拟硬盘创建完成

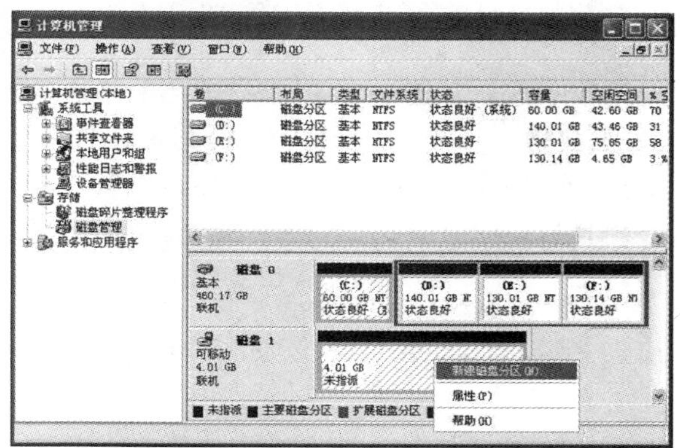

图 7-2-15　对虚拟硬盘创建分区

说明：在 Windows XP 操作系统下创建虚拟硬盘分区只能创建 MBR 模式的，即主分区＋扩展分区，在扩展分区中创建多个逻辑分区，在 Windows XP 操作系统下对虚拟硬盘创建分区的过程如图 7-2-16、图 7-2-17、图 7-2-18 所示。

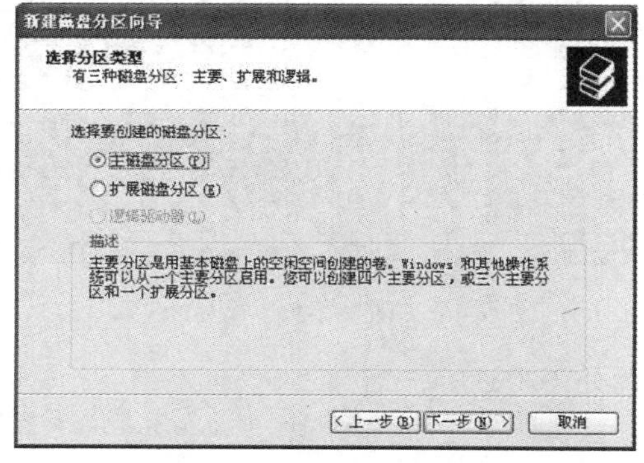

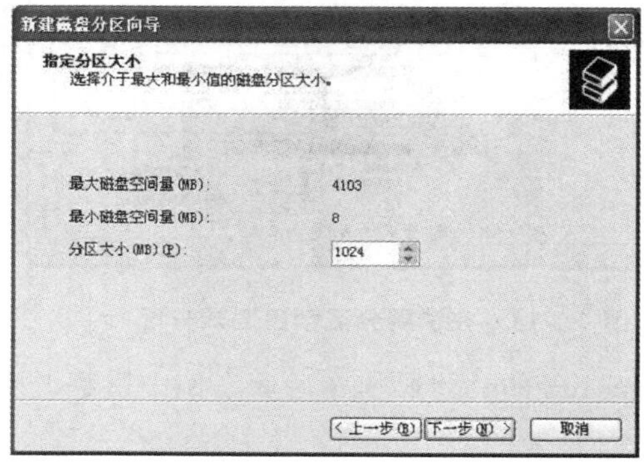

图 7-2-16　对虚拟硬盘创建主分区

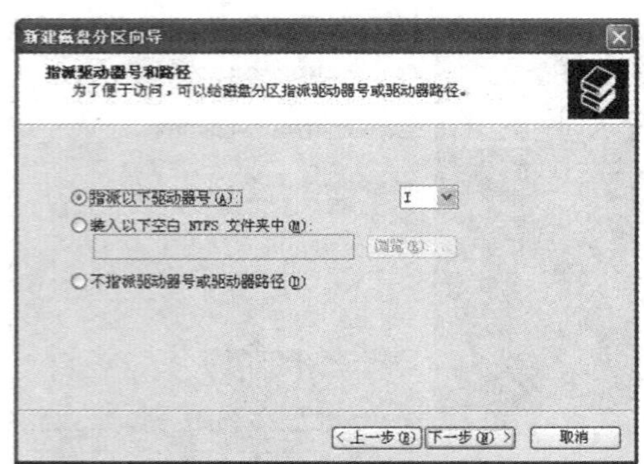

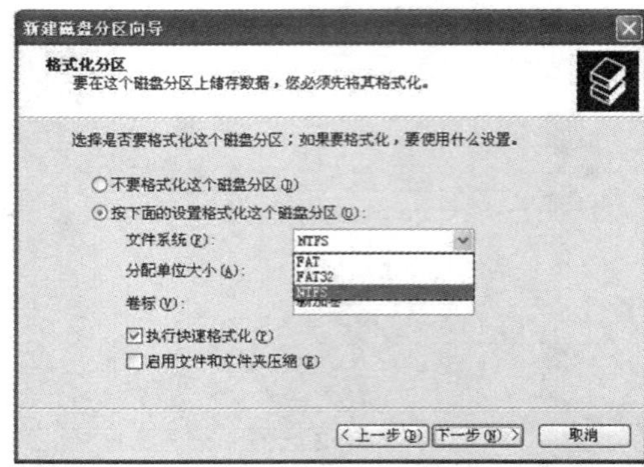

图 7-2-17　指定分区文件系统

说明：虚拟硬盘一般分一个主分区，再分一个扩展分区，扩展分区不必改大小，即主分区后面的硬盘都划分给扩展分区，在扩展分区中创建逻辑分区。为了研究的需要，创建一到两个逻辑分区即可，所有分区的文件系统要包括 NTFS 和 FAT32 文件系统两类。

二、WinHex 介绍

WinHex(见图 7-2-19)是以通用的十六进制编辑器为核心，专门用来处理计算机取证、数据恢复、低级数据处理，以及 IT 安全性、各种日常紧急情况的编辑工具。它主要用于检查和修复各种文件、恢复删除文件及恢复硬盘损坏和数码相机卡损坏造成的数据丢失等。同时，它还可以让人看到其他程序隐藏起来的文件和数据。

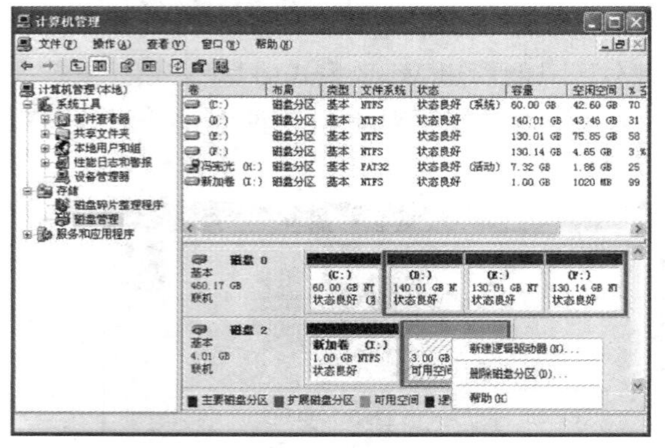

图 7-2-18　在扩展分区创建逻辑分区

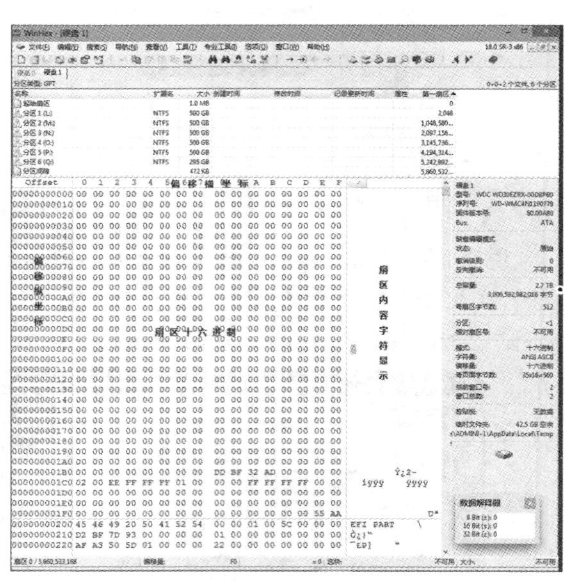
图 7-2-19　WinHex

WinHex 的具体操作在后面案例中讲解说明，此处不赘述。

任务3 主引导记录和扩展引导记录

对于硬盘，首先要进行分区，划分出多个逻辑区域，再对这些区域进行格式化，指定文件系统类型，才能在分区内存储数据和安装操作系统。系统通过记录在分区表中的分区信息对各个分区进行识别与管理，如果这些分区信息损坏，就会表现为分区不可见，数据丢失。

由于使用需求不同，分区的管理方式不同，所以出现了不同的分区条、体系，如 DOS 分区、GPT 分区、Apple 分区、BSD 分区等。DOS 分区是使用最多的分区类型，适用于容量在 2.2 TB 以下的硬盘。随着硬盘容量的增大，大容量的硬盘采用 GPT 分区体系。

DOS 分区体系的存储器称为主引导记录(MBR)存储器。

GPT 分区使用全局 ID 分区表，关于 GPT 分区在任务 4 介绍，此处不赘述。

一、主引导记录(MBR)

使用 DOS 分区时，存储器的第一个扇区，也就是编号为 0 的扇区存放的是 MBR，所以这个扇区也被称为主引导记录(MBR)扇区。MBR 包括 446 字节的引导信息、共 64 字节的 4 个分区表和 2 字节的结束标志(结束字符)。

MBR 的位置和结构如图 7-3-1 所示。

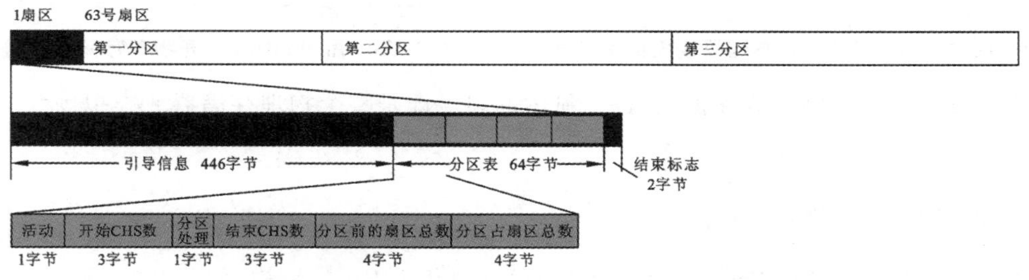

图 7-3-1 MBR 的位置与结构

MBR 占用整个硬盘的 0 号扇区，使用了 512 字节，由引导信息、分区表和结束标志三部分组成。

(1) 引导信息：引导信息完成其他代码中信息的检查并进一步引导系统。如果引导信息损坏，则会造成硬盘不能启动，恢复方法是在 DOS 下用 Fdisk /mbr 或用 WinHex 复制粘贴恢复。

(2) 分区表。若分区信息损坏，则会造成分区丢失、部分丢失或出现错位，可用 WinHex 恢复分区信息，或用 DiskGenius 恢复分区信息，WinHex 的计算方式与手工计算相似，依赖分区的 DBR 和备份 DBR，所以当所有这些信息丢失，分区很难恢复。

(3) 结束标志：55AA 标志着 MBR 扇区是否有效，MBR 损坏会造成存储器显示为“未初始化”或者盘符增多。

传统 BIOS 的计算机启动并完成自检后，首先会寻找硬盘的 MBR 扇区并读取其中的引导信息，将控制权交给它，通过引导信息的指引找到活动分区，启动操作系统。

由此可见：若 MBR 损坏，则后面的操作无法继续，所以 MBR 的保护和恢复极为重要；MBR 比较脆弱，几乎没有自我备份恢复这样的保护。

（一）WinHex 打开物理存储器或虚拟硬盘

用 WinHex 打开物理存储器或虚拟硬盘的操作步骤如下。

步骤 1：点击 WinHex 菜单栏中“工具(T)”菜单的“打开磁盘(D)…”，或者用工具栏中点击磁盘按钮，如图 7-3-2 所示。

步骤 2：在出现的打开磁盘窗口中选择物理存储介质中的需要分析的物理存储器或虚拟硬盘，如图 7-3-3 所示，再点击“确定(O)”按钮。

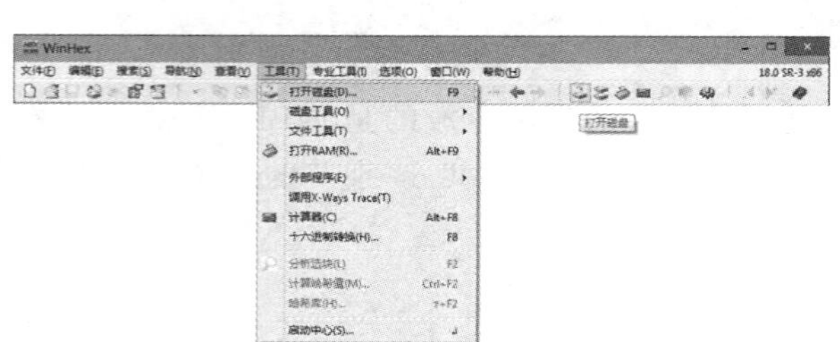

图 7-3-2　用 WinHex 打开物理存储器或虚拟硬盘一

编辑磁盘

逻辑卷/分区

(C:, 66.0 GB), HD0

(D:, 100 GB), HD0

(E:, 100 GB), HD0

(F:, 100 GB), HD0

(G:, 99.8 GB), HD0

(L:, 500 GB), HD1

(M:, 500 GB), HD1

(N:, 500 GB), HD1

(O:, 500 GB), HD1

(P:, 500 GB), HD1

物理存储介质

HD0: WDC WD5000AAKX-001CA0 (466 GB, ATA)

HD1: WDC WD30EZRX-00D8PB0 (2.7 TB, ATA)

确定(O)　取消(A)　帮助(H)

图 7-3-3　用 WinHex 打开物理存储器或虚拟硬盘二

步骤 3：打开物理存储器或虚拟硬盘后，显示的扇区即是整个物理存储器或虚拟硬盘的第一个扇区，即 0 号扇区。

（二）MBR 的数据结构

用 WinHex 打开物理存储器，显示 MBR 扇区并分析 MBR 的结构，如图 7-3-4 所示。

1. 引导信息

引导信息是存储器上最先读取入内存的代码，共占 446 字节，引导代码中包含指令，计算机用指令访问分区表并定位操作系统的位置。病毒可以嵌入到该区域，从而实现首先运行。

计算机在完成自检后将控制权交给引导代码，读取分区表并根据分区的活动标志找到引导分区，读取位于该分区第一扇区的引导代码并进而启动操作系统，分区第一扇区的引导代码会根据操作系统的不同而不同。

利用引导代码可以实现多系统引导，启动引导代码后，进入用户操作系统选择界面。

2. 分区表

引导信息后面是 64 字节的分区表，包含 4 个分区表项，每个分区表项占 16 字节。分区表用来描述分区，最多可描述 4 个分区，即主分区和扩展分区总数不能超过 4 个。图 7-3-5 所示的分区表描述分区示意图显示的是常见分区模式：1 个主分区和 1 个扩展分区。

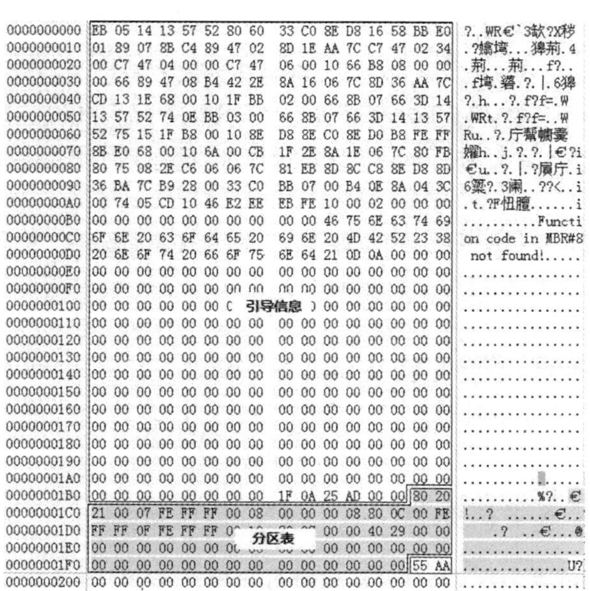

图 7-3-4 用 WinHex 分析 MBR 扇区

图 7-3-5 分区表描述分区示意图

分区表没有顺序上的严格要求,即第一个分区表项不必描述第一个分区,也不要求必须先使用第一个分区表项,再使用第二个分区表项,最后依次使用后面的两个分区表项。操作系统检索所有分区表项、定位分区,而不以分区表项的顺序确定分区顺序。

3. 结束标志

MBR 扇区有效结束标志为"55AA",占 2 字节。若没有正确的标志,则操作系统认为存储器没有初始化,会无法加载分区,也就无法进入系统。

(三) MBR 的分区表

MBR 的分区表共占有 64 字节,每个分区表项占 16 字节,分区表项数据结构如表 7-3-1 所示。

表 7-3-1 分区表项数据结构

偏移(十六进制)	占字节数	含 义
0x00～0x00	1	可引导标志,00—不可引导,08—可引导
0x01～0x03	3	分区起始 CHS 地址(不作为参考)
0x04～0x04	1	分区类型
0x05～0x07	3	分区结束 CHS 地址(不作为参考)
0x08～0x0B	4	分区起始 LBA 地址
0x0C～0x0F	4	分区大小,即占扇区数目

对表 7-3-1 做出以下几点说明。

(1) 可引导标志，仅有一个分区 08 可引导，系统会读取该分区的引导代码而启动操作系统，一般第一分区设置为可引导，在安装操作系统时也会指定该安装的分区可引导。

(2) 对于分区起始 CHS 地址和分区结束 CHS 地址，操作系统选择忽略，当分区表恢复时不必关心 CHS 参数。

(3) 分区类型，即分区的文件系统类型，如 FAT32 文件系统、NTFS 等。可通过网络查询分区标志类型及含义，FAT32 文件系统用十六进制 0B 或 0C 表示，NTFS 用 07 表示，05 或 0F 表示扩展分区。

(4) 分区起始 LBA 地址。当前存储器 LBA 采用线性寻址方式，而不采用 CHS(磁头柱面扇区)寻址方式。分区起始 LBA 地址描述分区由哪个扇区开始，这非常重要，若分区起始 LBA 地址损坏，操作系统无法找到文件系统分区或扩展分区的起始位置。

(四) MBR 的分区表实例分析

本文以一个 500 GB 硬盘为例，来对分区表进行分析。

1. 第一分区起始于 63 号扇区的情况

说明：存储器容量越大，起始扇区和分区占扇区数值会越大，可以用虚拟硬盘来分析，创建虚拟硬盘请参考本项目任务 1。

500 GB 硬盘的 MBR 扇区如图 7-3-6 所示。

```
Offset      0  1  2  3  4  5  6  7   8  9  A  B  C  D  E  F
0000000000 33 C0 8E D0 BC 00 7C 8E  C0 8E D8 BE 00 7C BF 00  3ÀŽÐ¼ |ŽÀŽØ¾ |¿
0000000010 06 B9 00 02 FC F3 A4 50  68 1C 06 CB FB B9 04 00   ¹  üó¤Ph  Ëû¹
0000000020 BD BE 07 80 7E 00 00 7C  0B 0F 85 0E 01 83 C5 10  ½¾ €~  |  …  ƒÅ
0000000030 E2 F1 CD 18 88 56 00 55  C6 46 11 05 C6 46 10 00  âñÍ ˆV UÆF  ÆF
0000000040 B4 41 BB AA 55 CD 13 5D  72 0F 81 FB 55 AA 75 09  ´A»ªUÍ ]r  ûUªu
0000000050 F7 C1 01 00 74 03 FE 46  10 66 60 80 7E 10 00 74  ÷Á  t þF f`€~  t
0000000060 26 66 68 00 00 00 00 66  FF 76 08 68 00 00 68 00  &fh    fÿv h  h
0000000070 7C 68 01 00 68 10 00 B4  42 8A 56 00 8B F4 CD 13  |h  h  ´BŠV ‹ôÍ
0000000080 9F 83 C4 10 9E EB 14 B8  01 02 BB 00 7C 8A 56 00  ŸƒÄ žë ¸  » |ŠV
0000000090 8A 76 01 8A 4E 02 8A 6E  03 CD 13 66 61 73 1C FE  Šv ŠN Šn Í fas þ
00000000A0 4E 11 75 0C 80 7E 00 80  0F 84 8A 00 B2 80 EB 84  N u €~ € „Š ²€ë„
00000000B0 55 32 E4 8A 56 00 CD 13  5D EB 9E 81 3E FE 7D 55  U2äŠV Í ]ëž >þ}U
00000000C0 AA 75 6E FF 76 00 E8 8D  00 75 17 FA B0 D1 E6 64  ªunÿv è  u ú°Ñæd
00000000D0 E8 83 00 B0 DF E6 60 E8  7C 00 B0 FF E6 64 E8 75  èƒ °ßæ`è| °ÿædèu
00000000E0 00 FB B8 00 BB CD 1A 66  23 C0 75 3B 66 81 FB 54   û¸ »Í f#Àu;f ûT
00000000F0 43 50 41 75 32 81 F9 02  01 72 2C 66 68 07 BB 00  CPAu2 ù  r,fh »
0000000100 00 66 68 00 02 00 00 66  68 08 00 00 00 66 53 66   fh    fh    fSf
0000000110 53 66 55 66 68 00 00 00  00 66 68 00 7C 00 00 66  SfUfh    fh |  f
0000000120 61 68 00 00 07 CD 1A 5A  32 F6 EA 00 7C 00 00 CD  ah   Í Z2öê |  Í
0000000130 18 A0 B7 07 EB 08 A0 B6  07 EB 03 A0 B5 07 32 E4    · ë  ¶ ë  µ 2ä
0000000140 05 00 07 8B F0 AC 3C 00  74 09 BB 07 00 B4 0E CD    ‹ð¬< t »  ´ Í
0000000150 10 EB F2 F4 EB FD 2B C9  E4 64 EB 00 24 02 E0 F8   ëòôëý+Éädë $ àø
0000000160 24 02 C3 49 6E 76 61 6C  69 64 20 70 61 72 74 69  $ ÃInvalid parti
0000000170 74 69 6F 6E 20 74 61 62  6C 65 00 45 72 72 6F 72  tion table Error
0000000180 20 6C 6F 61 64 69 6E 67  20 6F 70 65 72 61 74 69   loading operati
0000000190 6E 67 20 73 79 73 74 65  6D 00 4D 69 73 73 69 6E  ng system Missin
00000001A0 67 20 6F 70 65 72 61 74  69 6E 67 20 73 79 73 74  g operating syst
00000001B0 65 6D 00 00 00 63 7B 9A  B8 95 B8 95 00 00 80 01  em   c{š¸•¸•  €
00000001C0 01 00 07 FE FF FF 3F 00  00 00 06 7B 37 08 00 00    þÿÿ?    {7
00000001D0 C1 FF 0F FE FF FF 45 7B  37 08 FC D0 00 32 00 00  Áÿ þÿÿE{7 üÐ 2
00000001E0 00 00 00 00 00 00 00 00  00 00 00 00 00 00 00 00
00000001F0 00 00 00 00 00 00 00 00  00 00 00 00 00 00 55 AA                Uª
0000000200 00 00 00 00 00 00 00 00  00 00 00 00 00 00 00 00
0000000210 00 00 00 00 00 00 00 00  00 00 00 00 00 00 00 00
```

图 7-3-6　500 GB 硬盘的 MBR 扇区

将分区表项提取出来，忽略 CHS 地址，只分析其他数据，填入表 7-3-2。

表 7-3-2 500 GB 硬盘的分区情况

分区表项	引导标志	分区类型	起始扇区	分区大小(占扇区数)
1	80	07(NTFS)	0x0000003F(63)	0x08377B06(137853702)
2	00	0F(扩展)	0x08377B45(137853765)	0x3200D0FC(838914300)
3				
4				

对表 7-3-2 做出说明如下。

该硬盘仅使用了 2 个分区表项,划分了主分区和扩展分区,主分区可引导,即为活动分区。

WinHex 将 1 个字节(8 位)用 2 个十六进制数显示,并且高位字节在后面。所以,在分析起始扇区和分区占扇区数数据时,先读后面的高位字节,再依次读前面的低位字节,表 7-3-2 中括号内的数是十进制数。十六进制数与十进制数之间的转换可用计算器完成。

2. 采用 4K 对齐的硬盘的 MBR

再分析另一采用 4K 对齐分区的 500 GB 硬盘的 MBR 分区表信息。

该硬盘的 MBR 扇区如图 7-3-7 所示。

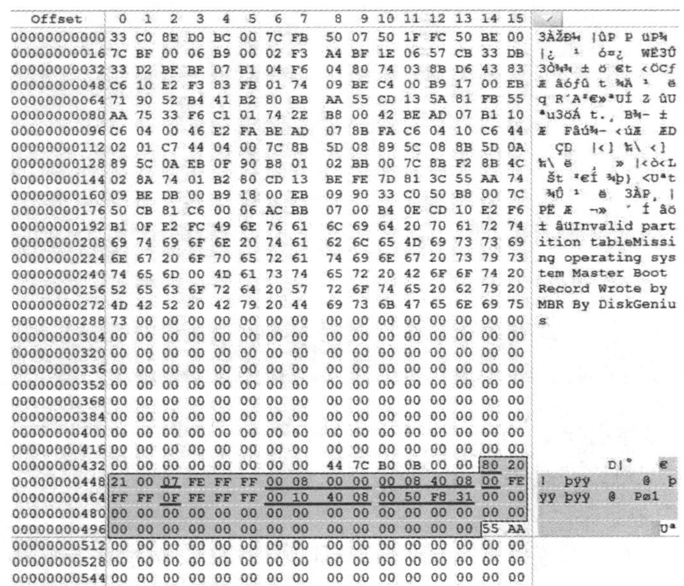

图 7-3-7 另一采用 4K 对齐分区的 500 GB 硬盘的 MBR 扇区

将分区表项提取出来,忽略 CHS 地址,只分析其他数据,填入表 7-3-3。

表 7-3-3 另一采用 4K 对齐分区的 500 GB 硬盘的分区情况

分区表项	引导标志	分区类型	起始扇区	分区大小(占扇区数)
1	80	07(NTFS)	0x00000800(2048)	0x0C800FC0(209719232)
2	00	0F(扩展)	0x0C801000(209719296)	0x29400000(692060160)
3				
4				

这 2 个容量一样的硬盘都是划分 2 个分区（主分区和扩展分区），但后一个硬盘第一分区的起始扇区是 2048 号扇区，与前面的硬盘的第一个扇区起始于 63 号扇区不同，因为这个硬盘在分区时采用了“4K 对齐”。

提示：表 7-3-2、表 7-3-3 中括号内的数为十进制数，是通过转换括号前十六进制数得来的，转换用系统计算器进行，WinHex 工具栏有直接打开系统计算器的按钮，计算器切换到程序员模式，选择十六进制，输入十六进制数，再点击十进制，即完成转换，如图 7-3-8 所示。

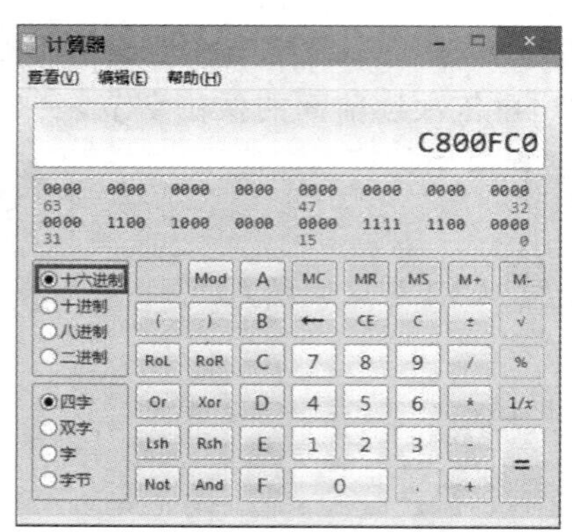

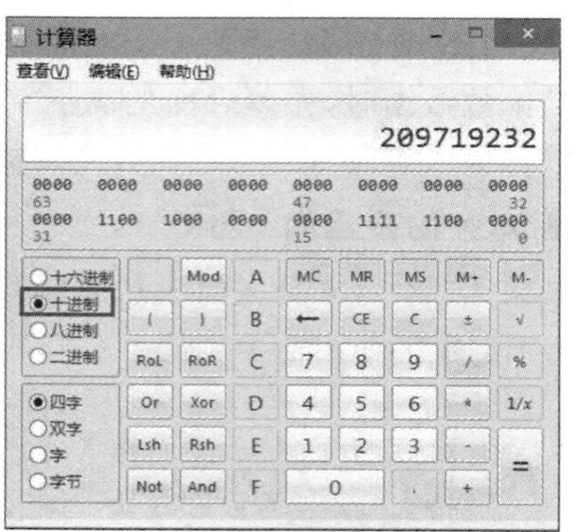

图 7-3-8　用计算器完成数制转换

类似地，可以用 WinHex 打开 U 盘查看分区情况，一般 U 盘没有采用 4K 对齐分区，所以 U 盘的第一分区起始扇区是 63 号扇区。U 盘在操作系统下不支持多分区，即 WinHex 只能识别第一个分区。

二、扩展引导记录（EBR）

MBR 只支持 4 个基本分区，但硬盘需要分更多的分区，所以引入了扩展分区，即用 4 个分区表项描述一个扩展分区，即最多只能有 1 个扩展分区，这样在扩展分区中划分多个逻辑分区，分区的总数就突破了 4 个的限制。

在常规情况下，在硬盘中划分 1 个主分区和 1 个扩展分区，在扩展分区中划分多个逻辑分区，如图 7-3-9 所示，这是一个习惯。

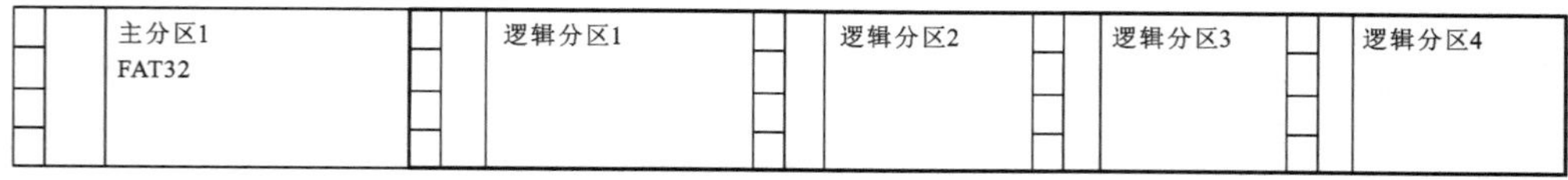

图 7-3-9　1 个主分区和 1 个扩展分区

扩展引导记录（EBR）并非仅有一个，在每个逻辑分区前都有一个 EBR。

（一）EBR 的结构

EBR 中，一个分区表项描述主分区（起始扇区、分区文件系统类型、分区大小），另一个分区表项描述整个扩展分区（起始扇区和占扇区数目），如图 7-3-10 所示。

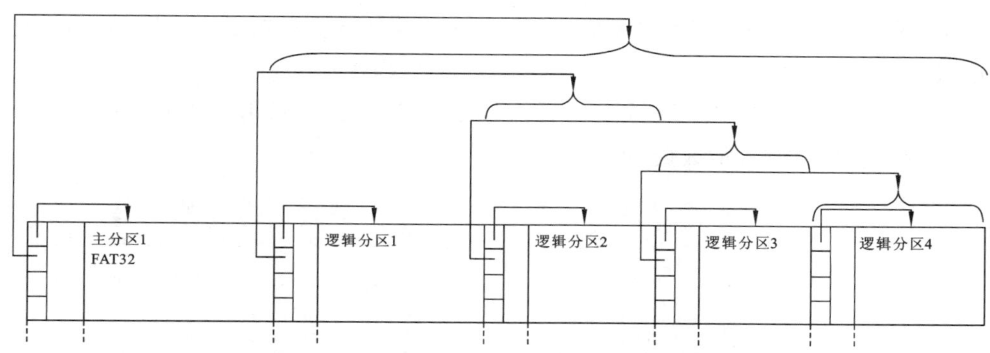

图 7-3-10　1个主分区和1个扩展分区图示

扩展分区中的每个逻辑分区前都有 EBR，逻辑分区的起始扇区位于相对前面的 EBR 所在扇区的后 63 号扇区，当然，若分区时采用了 4K 对齐，则分区起始扇区会超过 63 号扇区。

EBR 和 MBR 结构相同，区别是：其前 446 字节全是 0，即没有引导信息。

和 MBR 一样，EBR 也有 4 个分区表，但只用前 1 个或 2 个。

（二）EBR 的案例分析

用 WinHex 打开物理硬盘，分析 EBR，若有扩展分区，分析扩展分区的起始扇区，在 WinHex 中跳转到该扩展分区的起始扇区，即第一个 EBR 扇区，EBR 扇区后面几十个扇区后是第一个逻辑分区。分析与操作过程如下。

步骤 1：分析 MBR 分区表扩展分区起始扇区，将 08401000 输入计算器，转换成十进制数，复制该数，点击 WinHex 中导航菜单中“转到扇区(T)…”命令(见图 7-3-11)，打开转到扇区窗口。

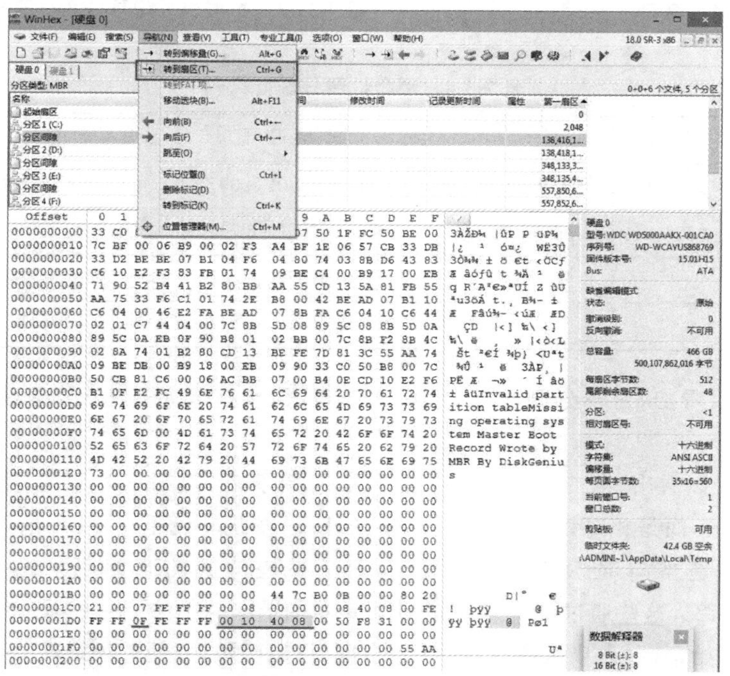

图 7-3-11　“转到扇区(T)…”命令

步骤 2：在扇区窗口中粘贴该十进制数(见图 7-3-12)，点击确定按钮完成跳转，显示的扇区即是 EBR 扇区(见图 7-3-13)。

从图 7-3-13 中可以看到，EBR 的分区表前全部是“00”，分区表只用了 2 个，将分区表项提取出来，忽略 CHS 地址，只分析其他数据，填入表 7-3-4。

转到扇区
LBA: 扇区: 138416128
在各个分区中定位
物理(P): 柱面/磁道: 0
磁头/面(H): 0
扇区: 33
确定(O) 取消(A)

图 7-3-12 转到扇区窗口

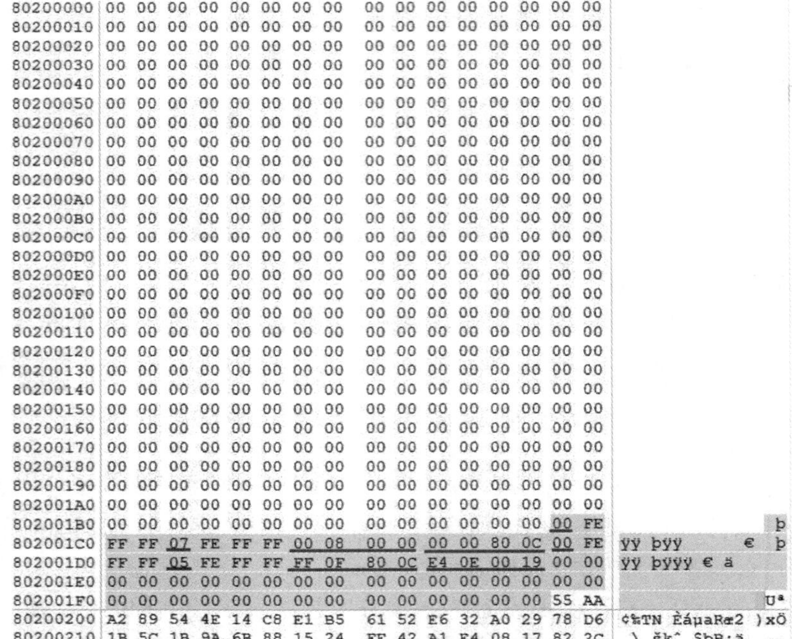

图 7-3-13 扩展引导记录(EBR)扇区

表 7-3-4 硬盘扩展分区情况一

分区表项	引导标志	分区类型	起始扇区	分区大小(占扇区数)
1	00	07(NTFS)	0x00000800(2048)	0x0C800000(209715200)
2	00	05(扩展)	0x0C800FFF(209719295)	0x19000EE4(419434212)
3				
4				

从表 7-3-4 可以看出，逻辑分区起始于 2048 号扇区，没有起始于 63 号扇区，说明该硬盘采用了 4K 对齐。

从表 7-3-4 还可以看出，第二分区还是扩展分区，起始于 209719295 号扇区，注意此数不是相对于整个硬盘的 0 号扇区，而是相对该 EBR 的起始扇区，所以在跳转到下个 EBR 扇区(下个逻辑分区前的)，输入数值应该是当前 EBR 起始扇区加上下个扩展分区的起始扇区的和，即 138416128＋209719295＝348135423，这些通过计算得到的数可以标在图 7-3-10 的下面，所以在分析时需要画个图，以标出各分区起始扇区、占扇区数，EBR 起始扇区、占扇区数，方便理解跳转。

步骤 3：WinHex 中执行导航中跳转到扇区菜单项，在转到扇区窗口输入计算结果，跳转到第二个 EBR 扇区，如图 7-3-14 所示。

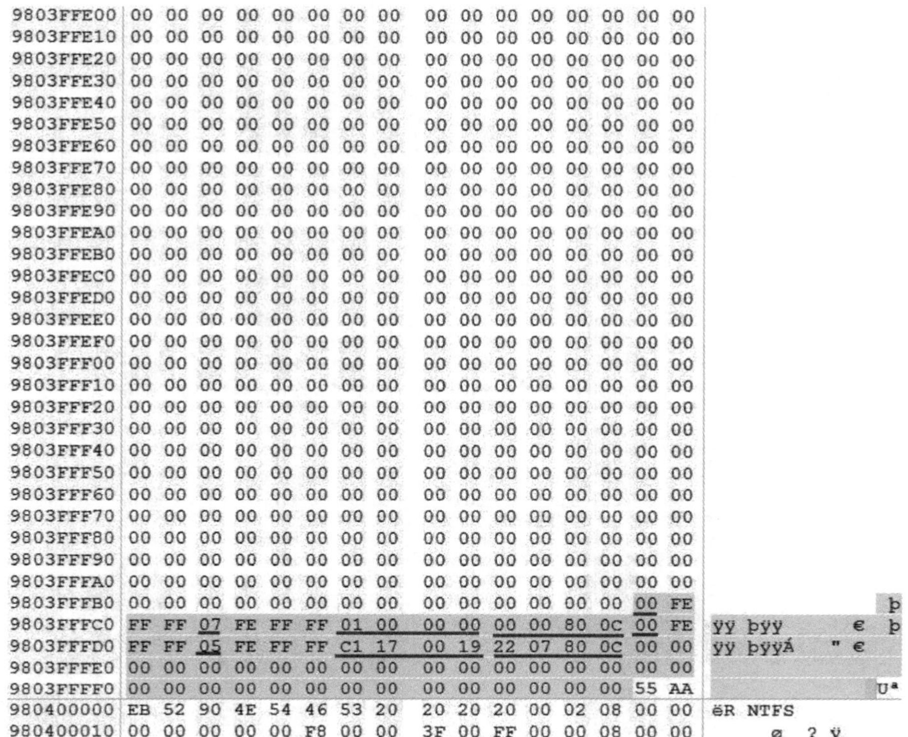

图 7-3-14 第二个 EBR 扇区

该 EBR 的结构与上个 EBR 的结构相同，将分区表项提取出来，忽略 CHS 地址，只分析其他数据，填入表 7-3-5。表 7-3-5 请读者自己填并用计算器计算十进制数。

表 7-3-5 硬盘扩展分区情况二

分区表项	引导标志	分区类型	起始扇区	分区大小(占扇区数)
1				
2				
3				
4				

步骤 4：计算下一个扩展分区的起始扇区，上面计算出了当前 EBR 的起始扇区，这两个值相加得下个 EBR 扇区的起始位置，跳转到该 EBR 扇区，如图 7-3-15 所示。

分析分区表发现，仅用了一个分区表项，说明只有一个逻辑分区，后面没有扩展分区了。将分区表项提取出来，忽略 CHS 地址，只分析其他数据，填入表 7-3-6。表 7-3-6 请读者自己填并用计算器计算十进制数。

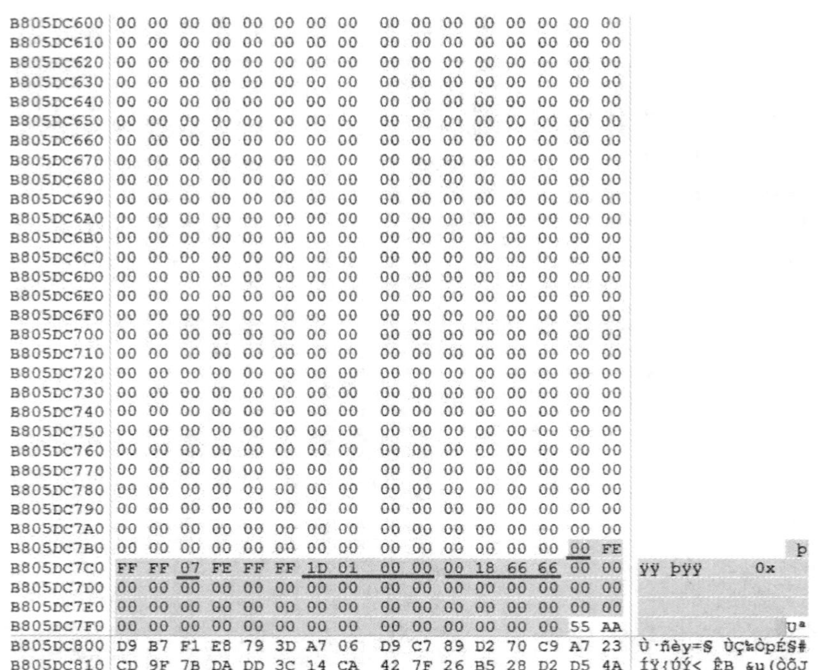

图 7-3-15　第三个 EBR 扇区

表 7-3-6　硬盘扩展分区情况三

分区表项	引导标志	分区类型	起始扇区	分区大小(占扇区数)
1				
2				
3				
4				

将上述的表格整理完成后，可得出整个硬盘的划分情况。

案例是以一个常用的 500 GB 硬盘，在 Windows 下分区为例进行说明的，读者可以根据需要用虚拟硬盘进行分析，这样数值相对较小，建议本项目按任务 1 一样划分一个主分区和一个扩展分区，在扩展分区中划分两个逻辑分区。

(三) WinHex 的模板管理器

WinHex 提供了强大的模板和模板编辑功能，人们可以自行建立模板，模板可以方便查看一些固定的数据结构信息，如 MBR 和 DBR 等。随着分区体系的改变，WinHex 经常推出新的模板。下面以查看主引导记录(MBR)的分区表为例来说明模板的使用。

用 WinHex 打开一个硬盘后，选择菜单栏中的“查看”选项，在下一级菜单中选择“模板管理器”选项，即可弹出模板管理器界面，显示当前常用的模板，如图 7-3-16 所示。

提示：刚安装的 WinHex，只附带了少量的常用模板，WinHex 公司网站提供了大量实用的模板供下载，下载后复制到 WinHex 下模板目录，在模板管理器中就可以使用这些模块了。

使用模块时，根据要查看的内容选择适合的模板，现在学习分析 MBR，所以选择“Master Boot Record”模板，在图 7-3-16 所示的窗口中点击“应用(P)”按钮，即可打开主引导记录窗口，该窗口显示了主引导记录扇区中的重要数据，在该窗口中可以对各参数数据进行编辑。初学者若不清楚，不要随意改变参数，以免对硬盘数据分析产生误解。

如图 7-3-17 所示的是硬盘主引导记录的模板窗口。

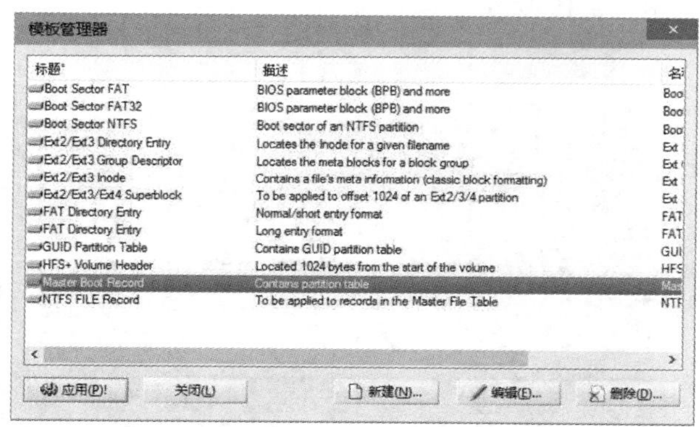

图 7-3-16　WinHex 模板

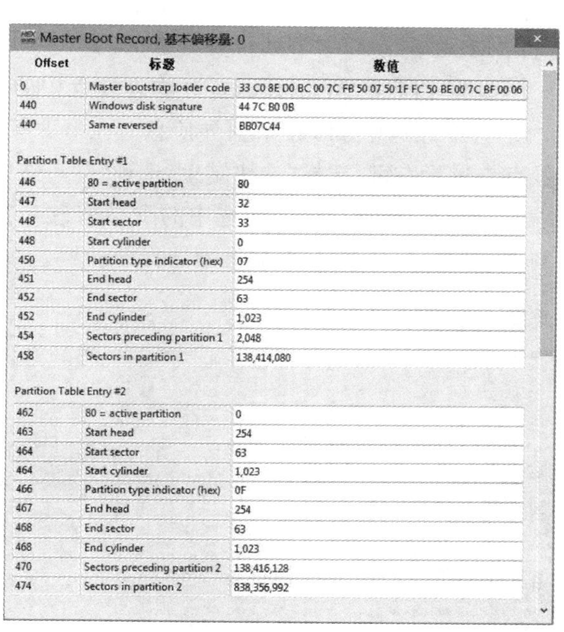

图 7-3-17　硬盘主引导记录的模板窗口

三、MBR 和 EBR 的恢复

MBR 和 EBR 构成了基本分区的结构链，MBR 的分区表描述主分区和扩展分区，EBR 的分区表描述当前的逻辑分区和剩余扩展分区。意外断电、软件误操作等会导致主引导记录扇区发生错误，如引导代码丢失、主分区表损坏、扇区结束标志“55AA”损坏等，MBR 的丢失会造成硬盘初始化错误、分区表丢失、不能启动操作系统等故障。

（一）MBR 和 EBR 的丢失分析

(1) MBR 由分区产生，用来管理主分区和扩展分区。MBR 一般默认占用 63 个扇区，实际只用第一个扇区（即 0 号扇区），其余 62 个扇区是保留扇区。当采用 4K 对齐来分区时，MBR 会占用更多的扇区，一般是占用 2 048 个扇区。

(2) EBR 由分区产生,用来管理扩展分区。和 MBR 一样,EBR 一般默认占用 63 个扇区,实际只用第一个扇区,其余 62 个扇区是保留扇区。当采用 4K 对齐分区时,EBR 也会占用更多的扇区。

(二) MBR 的引导信息恢复

准备工作:准备测试用硬盘或创建一个虚拟硬盘,容量为 2 GB,将它引导到计算机中,计算机会提示是否初始化时,点击“否”,将此硬盘或虚拟硬盘视为待修硬盘或待修虚拟硬盘。测试用硬盘需要先清除 MBR 数据,清除后启动计算机,BIOS 自检后运行硬盘引导信息,就会出现硬盘未初始化错误。

1. WinHex 手动修复 MBR 的引导信息

恢复方法:用 WinHex 制作正常 MBR 分区模式的 MBR 扇区 446 字节的内容,粘贴到待修硬盘的 MBR 前 446 字节的位置处。

步骤 1:启动 WinHex,打开物理硬盘中的一个正常硬盘,显示的即是 0 号扇区,即 MBR 扇区。

步骤 2:选中 446 字节引导信息。在第 1 字节右击鼠标,选择“选块起始”选项,再在 446 字节结束处点击鼠标右键,选择“选块结束”选项,即可选中引导信息,如图 7-3-18 所示。

步骤 3:复制选块。在选中的引导信息上右击鼠标,选择“编辑”选项,在弹出的菜单中选择“复制选块”选项,在其下级菜单中选择“正常”选项,如图 7-3-19 所示。

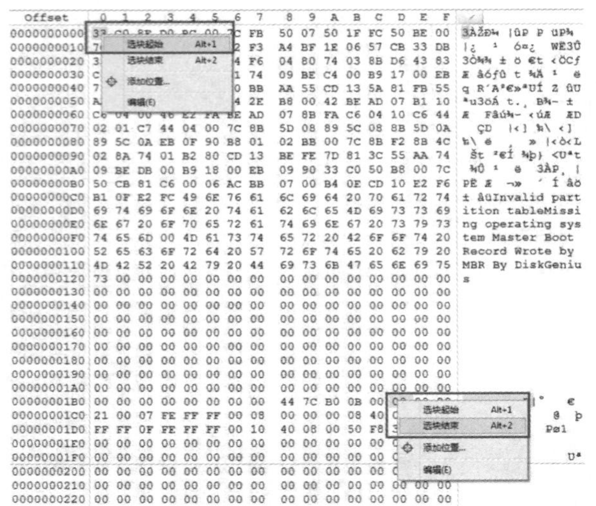

图 7-3-18 选择 446 字节的引导信息

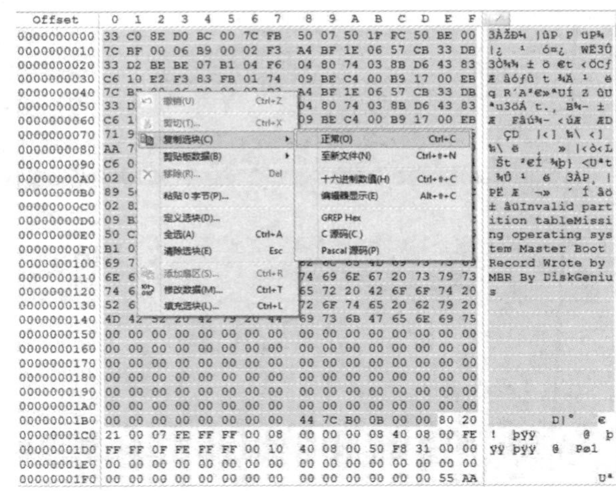

图 7-3-19 复制 446 字节的引导信息

步骤 4:用 WinHex 打开故障硬盘,找到第一个扇区,可以看到未初始化的硬盘 MBR 全是 00。鼠标点击第一字节,再点击鼠标右键,在弹出的菜单中选择“编辑”选项,继续弹出菜单,选择“剪贴板数据”选项中的“写入(W)…”项,如图 7-3-20 所示。

步骤 5:会出现提示“剪贴板数据将被写入到偏移量 0。”(见图 7-3-21)该偏移是针对整个硬盘而言的,因写入了第一个扇区的第一个字节处,所以偏移是 0,点击“确定(O)”。

步骤 6:点击工具栏的“保存扇区”按钮,会出现提示对话框,提示此操作后硬盘的分区/文件系统的完整性将被严重破坏,如图 7-3-22 所示,这说明点击“保存扇区”会影响硬盘的分区和分区的文件系统,所以要确定操作的正确性。这也是练习用虚拟硬盘进行的原因。

步骤 7:在图 7-3-22 所示的窗口中点击“确定(O)”按钮后,弹出对话框,询问“是否确定要将所有修改保存到磁盘”,如图 7-3-23 所示,点击“是(Y)”按钮,即将正常的引导信息写入到故障硬盘的引导信息位置了,完成了 MBR 引导信息修复。

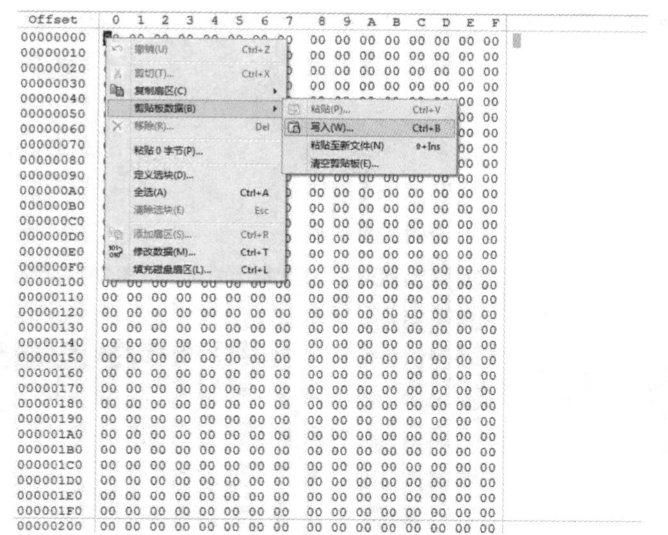

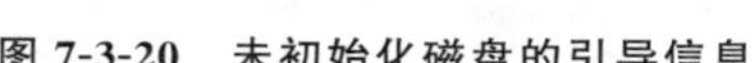
图 7-3-20 未初始化磁盘的引导信息

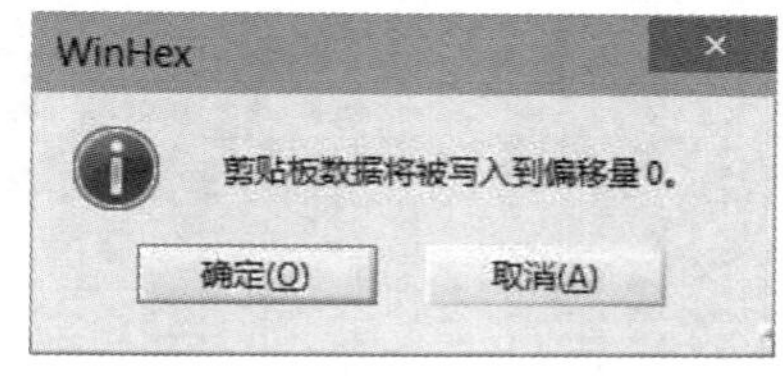

图 7-3-21 提示写入剪贴板数据

图 7-3-22 提示写入剪贴板数据

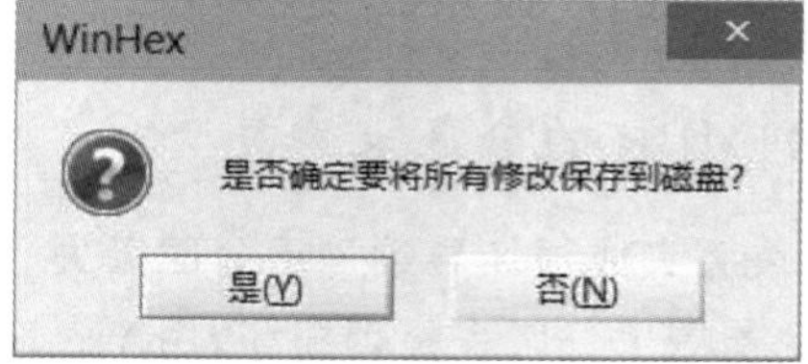

图 7-3-23 提示写入剪贴板数据

2. WinHex 手动清除选定数据

在这里介绍一下如何清除指定扇区或选定区域的数据。会清除指定扇区或选定区域的数据。很重要。在练习修复损坏的 MBR、分区表、GPT 的分区表头前,都要先清除部分数据,以创造破坏的故障环境,进行修复练习操作。

下面来讲解如何清除测试用硬盘 0 号扇区的引导信息(共 446 字节),其他位置的清除操作与此相同。

步骤 1:用 WinHex 打开测试用硬盘,显示的即是 0 号扇区,即 MBR 扇区。

步骤 2:选中 446 字节引导信息。在第一字节右击鼠标,选择“选块起始”选项,再在 446 字节结束处点击鼠标右键,在弹出的菜单中选择“选块结束”选项,即可选中引导信息。

步骤 3:选中 446 字节引导信息后,在上面右击鼠标,选择“编辑”选项,在弹出的菜单中选择“填充选块(L)…”选项,出现填充选块窗口(见图 7-3-24),默认填入“00”,可根据需要修改。

步骤 4:点击填充选块对话框中的“确定(O)”按钮,完成填充,此时数据没有保存到扇区,点击工具栏“保存到扇区”按钮,完成数据清除。

3. 自动修复 MBR 的引导信息

若要自动修复 MBR 的引导信息可用分区软件，如 DiskGenius，可用前面介绍制作的 WinPE 启动 U 盘启动计算机，运行 DiskGenius，这时 DiskGenius 自然会检测到硬盘 MBR 故障，会建议重建 MBR，点击创建即可，或点击硬盘菜单下的“重建主引导记录(MBR)(M)”(见图 7-3-25)，重启计算机后硬盘可正常引导。

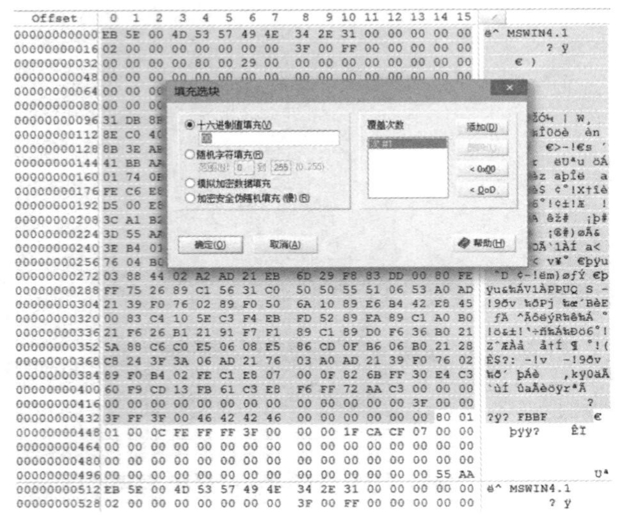

图 7-3-24　WinHex 填充选块窗口

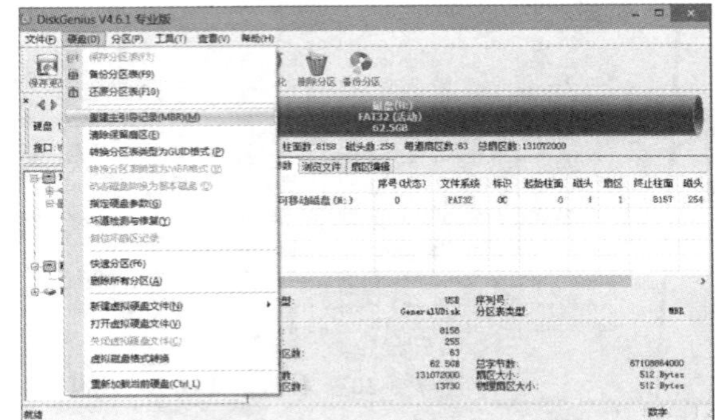

图 7-3-25　重建主引导记录(MBR)(M)

(三) MBR 的分区表恢复

分区表丢失或损坏导致显示分区丢失、无系统盘、硬盘引导错误、分区未格式化等。在这种情况下，首先检查主分区表是否损坏，用 WinHex 或 DiskGenius 都可，前者是直接查看分区表十六进制数据是否正常，后者是直接修复重建分区表。

采用 MBR 分区模式，一般情况下划分一个主分区和一个扩展分区，扩展分区中划分多个逻辑分区，每个逻辑分区的第一个扇区是 DBR 扇区，注意不是 MBR 扇区，DBR 是 FAT 文件系统和 NTFS 的引导记录，记录着文件系统在硬盘上的起始位置、大小、簇等信息，DBR 也占有一个扇区，扇区结束标志也是“55AA”，所以可根据分区起始扇区的 DBR 和扩展分区的 EBR 作为标志来查找，通过分析来确定硬盘分区情况。

1. WinHex 手动恢复 MBR 分区表

操作思路：搜索扇区偏移 510 字节处的“55AA”标志，来寻找 DBR 或 EBR，在 63 号扇区或 2048 号扇区(4K 对齐情况下)找到第一个 DBR，它通常是第一个主分区的起始位置，DBR 有备份，文件系统的不同，备份位置不同，FAT 文件系统的在原 DBR 后面的第六个扇区，NTFS 的在整个分区的最后扇区；再搜索可能找到后面的 EBR 扇区，这时主分区结束，扩展分区开始，依次搜索会找到逻辑分区的 DBR 和备份 DBR，再找到 EBR，这样进行下去；对于主分区，只需要找到主分区的 DBR 和扩展分区的 EBR，分析它们参数即可重建分区表。

准备：将测试用硬盘或虚拟硬盘分区格式化后，在分区内考入一些数据，用 WinHex 打开硬盘或虚拟硬盘的 MBR，将 MBR 的分区表数据清除，制造主分区表损坏的环境。

提示：清除前，建议对0号扇区进行备份，即将扇区选块内容保存成文件或复制到硬盘后面的某闲置扇区，这是个好习惯。

步骤1：用WinHex打开故障硬盘，了解硬盘总扇区数，这个信息可以从WinHex窗口的左下角得到。

步骤2：搜索55AA，加条件512=510。执行"搜索"菜单下的"查找十六进制数"，或点击工具栏"查找十六进制数"按钮，可弹出搜索十六进制窗口，在窗口中输入"55AA"，再勾选第二项(Cond：offset mod)，输入510，即512=510，保证在扇区的510字节处搜索，如图7-3-26所示。

说明：搜索"55AA"是为了找到第一分区的DBR或扩展分区起始的EBR，以便找到分区结构信息。

步骤3：第一个被搜索到的是硬盘的0号扇区的标志"55AA"，按F3继续搜索，会找到第二个结束标志"55AA"，查看文本显示内容有NTFS或FAT32字样，说明这是第一个主分区，如图7-3-27所示。在WinHex窗口右下角标出的扇区即是该分区起始扇区。

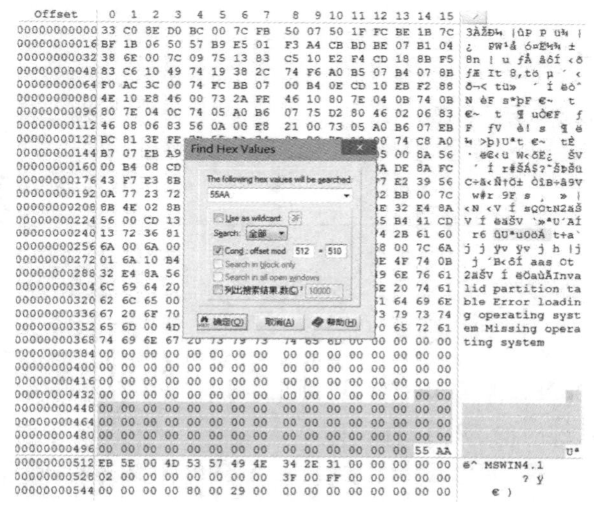

图7-3-26 搜索十六进制值"55AA"

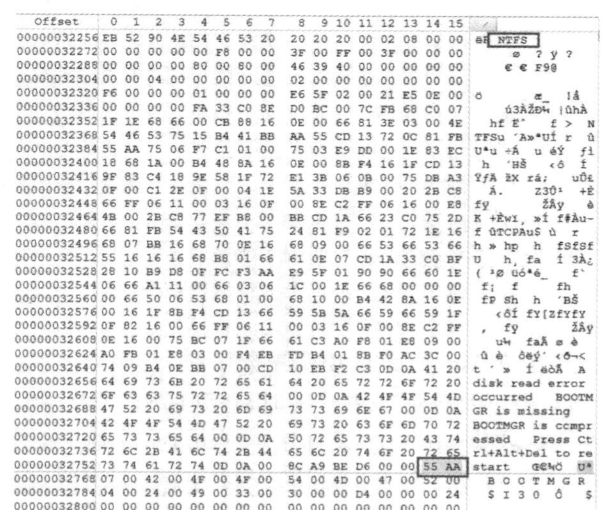

图7-3-27 找到第一个主分区

步骤4：启动Boot Sector NTFS模板，主要查看该分区的总扇区数和文件系统类型，如图7-3-28所示。

步骤5：为了分析方便，可绘制一个硬盘示意图辅助分析分区情况，把搜索到的信息标在图上，如图7-3-29所示。

根据上面的分析得到第一个分区是主分区，起始于63号扇区，占有4208966个扇区，分区文件系统类型是NTFS。

步骤6：确定下个分区起始扇区。下个分区一般和该分区相邻，起始扇区编号是上分区的起始扇区+占扇区数，即63+4208966，即4209029。

步骤7：确定下个分区的类型(是扩展分区还是主分区，即是EBR还是DBR)。EBR与DBR的区别是，EBR前446字节全是"00"，后面有4个分区表，仅用了1个或2个，其他全是"00"，扇区最后是结束标志"55AA"。DBR不可能全是"00"，字符区上面有明显的"FAT32"或"NTFS"明文，扇区最后是结束标志"55AA"。

一般情况下只有一个主分区，后面都分给了扩展分区，但也不能排除有多个主分区。

Offset	标题	数值
32256	JMP instruction	EB 52 90
32259	File system ID	NTFS
32267	Bytes per sector	512
32269	Sectors per cluster	8
32270	Reserved sectors	0
32272	(always zero)	00 00 00
32275	(unused)	00 00
32277	Media descriptor	F8
32278	(unused)	00 00
32280	Sectors per track	63
32282	Heads	255
32284	Hidden sectors	63
32288	(unused)	00 00 00 00
32292	(always 80 00 80 00)	80 00 80 00
32296	Total sectors excl. backup boot secto	4,208,966
32304	Start C# $MFT	262,144
32312	Start C# $MFTMirr	2
32320	FILE record size indicator	-10
32321	(unused)	0
32324	INDX buffer size indicator	1
32325	(unused)	0
32328	32-bit serial number (hex)	E6 5F 02 00
32328	32-bit SN (hex, reversed)	25FE6
32328	64-bit serial number (hex)	E6 5F 02 00 21 E5 0E 00
32336	Checksum	0
32766	Signature (55 AA)	55 AA

图 7-3-28 使用模板查看分区信息

第一分区 NTFS 占4208966个扇区	

63号扇区 4209029号扇区

图 7-3-29 绘制草图

(1) 当下个分区还是主分区时。

当下个分区是主分区时，找到的是 DBR 扇区，NTFS 的 DBR 前面已列出，图 7-3-30 所示的为下个分区是主分区、文件系统类型为 FAT32 文件系统时的 DBR 扇区。

该分区文件系统是 FAT32 文件系统，启动 Boot Sector FAT32 模板，查看分区占扇区数，如图 7-3-31所示。

```
Offset       0  1  2  3  4  5  6  7   8  9 10 11 12 13 14 15
02146798080 EB 58 90 4D 53 44 4F 53  35 2E 30 00 02 08 22 00  ëX MSDOS5.0  "
02146798096 02 00 00 00 00 F8 00 00  3F 00 FF 00 C5 FA 3F 00     ø  ? ÿ Åú?
02146798112 86 39 40 00 07 10 00 00  00 00 00 00 02 00 00 00  †9@
02146798128 01 00 06 00 00 00 00 00  00 00 00 00 00 00 00 00
02146798144 80 00 29 0F 82 07 00 20  20 20 20 20 20 20 20 20  € ) ‚
02146798160 20 20 46 41 54 33 32 20  20 20 33 C9 8E D1 BC F4    FAT32   3ÉŽÑ¼ô
02146798176 7B 8E C1 8E D9 BD 00 7C  88 4E 02 8A 56 40 B4 08  {ŽÁŽÙ½ |ˆN ŠV@´
02146798192 CD 13 73 05 B9 FF FF 8A  F1 66 0F B6 C6 40 66 0F  Í s ¹ÿÿŠñf ¶Æ@f
02146798208 B6 D1 80 E2 3F F7 E2 86  CD C0 ED 06 41 66 0F B7  ¶Ñ€â?÷â†ÍÀí Af ·
02146798224 C9 66 F7 E1 66 89 46 F8  83 7E 16 00 75 38 83 7E  Éf÷áf‰Føƒ~  u8ƒ~
02146798240 2A 00 77 32 66 8B 46 1C  66 83 C0 0C BB 00 80 B9  * w2f‹F fƒÀ » €¹
02146798256 01 00 E8 2B 00 E9 48 03  A0 FA 7D B4 7D 8B F0 AC    è+ éH  ú}´}‹ð¬
02146798272 84 C0 74 17 3C FF 74 09  B4 0E BB 07 00 CD 10 EB  „Àt <ÿt ´ »  Í ë
02146798288 EE A0 FB 7D EB E5 A0 F9  7D EB E0 98 CD 16 CD 19  î û}ëå ù}ëà˜Í Í
02146798304 66 60 66 3B 46 F8 0F 82  4A 00 66 6A 00 66 50 06  f`f;Fø ‚J fj fP
02146798320 53 66 68 10 00 01 00 80  7E 02 00 0F 85 20 00 B4  Sfh    €~   …  ´
02146798336 41 BB AA 55 8A 56 40 CD  13 0F 82 1C 00 81 FB 55  A»ªUŠV@Í  ‚   ûU
02146798352 AA 0F 85 14 00 F6 C1 01  0F 84 0D 00 FE 46 02 B4  ª …  öÁ  „  þF ´
02146798368 42 8A 56 40 8B F4 CD 13  B0 F9 66 58 66 58 66 58  BŠV@‹ôÍ °ùfXfXfX
02146798384 66 58 EB 2A 66 33 D2 66  0F B7 4E 18 66 F7 F1 FE  fXë*f3Òf ·N f÷ñþ
02146798400 C2 8A CA 66 8B D0 66 C1  EA 10 F7 76 1A 86 D6 8A  ÂŠÊf‹ÐfÁê ÷v †ÖŠ
02146798416 56 40 8A E8 C0 E4 06 0A  CC B8 01 02 CD 13 66 61  V@ŠèÀä  Ì¸  Í fa
02146798432 0F 82 54 FF 81 C3 00 02  66 40 49 0F 85 71 FF C3   ‚Tÿ Ã  f@I …qÿÃ
02146798448 4E 54 4C 44 52 20 20 20  20 20 20 00 00 00 00 00  NTLDR
02146798464 00 00 00 00 00 00 00 00  00 00 00 00 00 00 00 00
02146798480 00 00 00 00 00 00 00 00  00 00 00 00 00 00 00 00
02146798496 00 00 00 00 00 00 00 00  00 00 00 00 0D 0A 52 65                Re
02146798512 6D 6F 76 65 20 64 69 73  6B 73 20 6F 72 20 6F 74  move disks or ot
02146798528 68 65 72 20 6D 65 64 69  61 2E FF 0D 0A 44 69 73  her media.ÿ  Dis
02146798544 6B 20 65 72 72 6F 72 FF  0D 0A 50 72 65 73 73 20  k errorÿ  Press
02146798560 61 6E 79 20 6B 65 79 20  74 6F 20 72 65 73 74 61  any key to resta
02146798576 72 74 0D 0A 00 00 00 00  00 AC CB D8 00 00 55 AA  rt        ¬ËØ  Uª
02146798592 52 52 61 41 00 00 00 00  00 00 00 00 00 00 00 00  RRaA
02146798608 00 00 00 00 00 00 00 00  00 00 00 00 00 00 00 00
```

图 7-3-30 下个分区是主分区、文件系统类型为 FAT32 时的 DBR 扇区

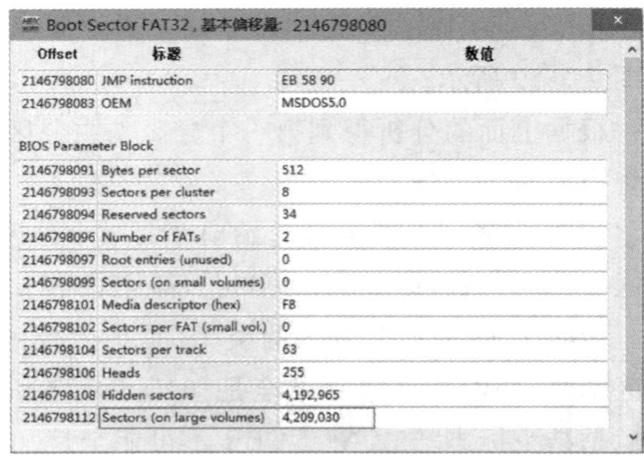

Boot Sector FAT32，基本偏移量：2146798080

Offset	标题	数值
2146798080	JMP instruction	EB 58 90
2146798083	OEM	MSDOS5.0
BIOS Parameter Block		
2146798091	Bytes per sector	512
2146798093	Sectors per cluster	8
2146798094	Reserved sectors	34
2146798096	Number of FATs	2
2146798097	Root entries (unused)	0
2146798099	Sectors (on small volumes)	0
2146798101	Media descriptor (hex)	F8
2146798102	Sectors per FAT (small vol.)	0
2146798104	Sectors per track	63
2146798106	Heads	255
2146798108	Hidden sectors	4,192,965
2146798112	Sectors (on large volumes)	4,209,030

图 7-3-31 启动 Boot Sector FAT32 模板，查看分区占扇区数

记录下该分区占扇区数，将该分区起始扇区与分区占扇区数相加，得到下个分区起始扇区编号，即 4209029＋4209030＝841859，记录到草图中，如图 7-3-32 所示。

	第一分区 NTFS 占4208966个扇区	第二分区 FAT32 占4209030个扇区

63号扇区　　4209029号扇区　　8418059号扇区

图 7-3-32　第二分区写入草图

用 WinHex 菜单导航中的“转到扇区(T)…”命令，启动转到扇区窗口(见图 7-3-33)。

在转到扇区窗口，输入分区起始扇区＋分区占扇区数的数值，点击“确定(O)”按钮跳到下个分区起始扇区，再查看该扇区数据，分析是 EBR 还是 DBR。若是 DBR，还要确定是 NTFS 还是 FAT32 文件系统，再打开相应的模板，查看分区占扇区数，以确定下个分区起始位置，即重复上面的步骤并标注到草图中。若是 EBR，按下面的步骤进行。

(2) 当下个分区是扩展分区时。

当该分区是 EBR(明显的标志是扇区前面 446 字节全部是“00”，后面用了 2 个分区表项)扇区时，说明扩展分区中有逻辑分区，逻辑分区后还有下个扩展分区。图 7-3-34 所示的为下个分区是扩展分区时的 EBR 扇区。

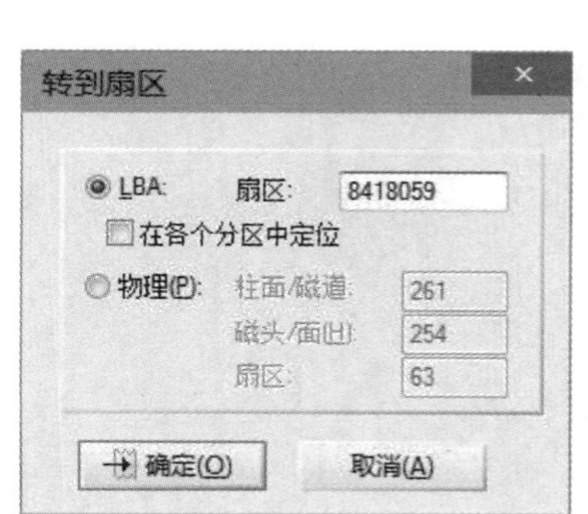

图 7-3-33　转到扇区窗口

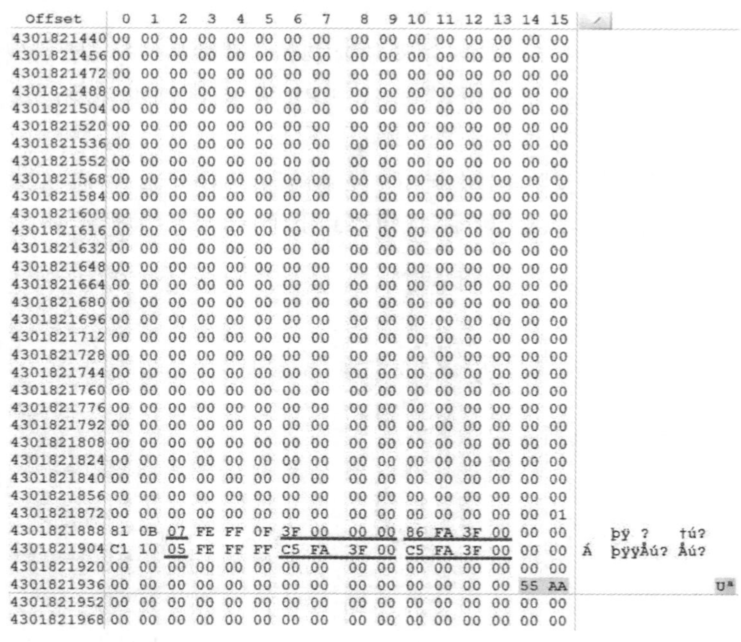

Offset	0	1	2	3	4	5	6	7	8	9	10	11	12	13	14	15	
4301821440	00	00	00	00	00	00	00	00	00	00	00	00	00	00	00	00	
4301821456	00	00	00	00	00	00	00	00	00	00	00	00	00	00	00	00	
4301821472	00	00	00	00	00	00	00	00	00	00	00	00	00	00	00	00	
4301821488	00	00	00	00	00	00	00	00	00	00	00	00	00	00	00	00	
4301821504	00	00	00	00	00	00	00	00	00	00	00	00	00	00	00	00	
4301821520	00	00	00	00	00	00	00	00	00	00	00	00	00	00	00	00	
4301821536	00	00	00	00	00	00	00	00	00	00	00	00	00	00	00	00	
4301821552	00	00	00	00	00	00	00	00	00	00	00	00	00	00	00	00	
4301821568	00	00	00	00	00	00	00	00	00	00	00	00	00	00	00	00	
4301821584	00	00	00	00	00	00	00	00	00	00	00	00	00	00	00	00	
4301821600	00	00	00	00	00	00	00	00	00	00	00	00	00	00	00	00	
4301821616	00	00	00	00	00	00	00	00	00	00	00	00	00	00	00	00	
4301821632	00	00	00	00	00	00	00	00	00	00	00	00	00	00	00	00	
4301821648	00	00	00	00	00	00	00	00	00	00	00	00	00	00	00	00	
4301821664	00	00	00	00	00	00	00	00	00	00	00	00	00	00	00	00	
4301821680	00	00	00	00	00	00	00	00	00	00	00	00	00	00	00	00	
4301821696	00	00	00	00	00	00	00	00	00	00	00	00	00	00	00	00	
4301821712	00	00	00	00	00	00	00	00	00	00	00	00	00	00	00	00	
4301821728	00	00	00	00	00	00	00	00	00	00	00	00	00	00	00	00	
4301821744	00	00	00	00	00	00	00	00	00	00	00	00	00	00	00	00	
4301821760	00	00	00	00	00	00	00	00	00	00	00	00	00	00	00	00	
4301821776	00	00	00	00	00	00	00	00	00	00	00	00	00	00	00	00	
4301821792	00	00	00	00	00	00	00	00	00	00	00	00	00	00	00	00	
4301821808	00	00	00	00	00	00	00	00	00	00	00	00	00	00	00	00	
4301821824	00	00	00	00	00	00	00	00	00	00	00	00	00	00	00	00	
4301821840	00	00	00	00	00	00	00	00	00	00	00	00	00	00	00	00	
4301821856	00	00	00	00	00	00	00	00	00	00	00	00	00	00	00	00	
4301821872	00	00	00	00	00	00	00	00	00	00	00	00	00	00	00	01	
4301821888	81	0B	07	FE	FF	0F	3F	00	00	00	86	FA	3F	00	00	00	þÿ ? †ú?
4301821904	C1	10	05	FE	FF	FF	C5	FA	3F	00	C5	FA	3F	00	00	00	Á þÿÿÅú? Åú?
4301821920	00	00	00	00	00	00	00	00	00	00	00	00	00	00	00	00	
4301821936	00	00	00	00	00	00	00	00	00	00	00	00	00	00	55	AA	Uª
4301821952	00	00	00	00	00	00	00	00	00	00	00	00	00	00	00	00	
4301821968	00	00	00	00	00	00	00	00	00	00	00	00	00	00	00	00	

图 7-3-34　下个分区是扩展分区时的 EBR 扇区

记下当前所在的扇区，即扩展分区起始扇区，用 EBR 所在的扇区减去 MBR 所在占的扇区(63)也可以求出前面主分区的大小，并将它与前面模板中得到的主分区大小做对比。

分析 DBR 中的分区表项，图 7-3-34 中用了 2 个分区表项，说明扩展分区中至少包含 2 个逻辑分区，我们知道每个逻辑分区前都有 EBR。分析这 2 个分区表，将数据填入表 7-3-7。

表 7-3-7　硬盘扩展分区情况

分区表项	引导标志	分区类型	起始扇区	分区大小(占扇区数)
1	00	07(NTFS)	00003F(63)	003FFA86(4192902)
2	00	05(扩展)	003FFAC5(4192965)	003FFAC5(4192965)
3				
4				

注意

第一个分区的起始扇区和分区大小一样，这是因为2个逻辑分区大小一样；第一个逻辑分区起始于63号扇区，占4192902个扇区，分区文件系统是NTFS；第二个分区表描述下个EBR起始扇区(相对当前EBR位置)，将EBR和逻辑分区总占扇区数标在草图上，如图7-3-35所示。

	第一分区 NTFS 占4208966个扇区	第二分区 FAT32 占4209030个扇区	63	逻辑分区一 NTFS 占4209030个扇区	

63号扇区　　4209029号扇区　　8418059号扇区　　(4192965号扇区)

图 7-3-35　扩展分区写入草图

图7-3-35中下个扩展分区EBR起始位置外加括号，表示是相对前面的EBR位置而言的。

根据图7-3-35分析，第二个EBR位置＝EBR起始扇区＋下个扩展分区起始扇区，即8418059＋4192965＝12611024。

用WinHex菜单“导航”的“转到扇区(T)…”命令，启动转到扇区窗口。在转到扇区窗口中输入上面的数值，点击“确定”按钮跳到下个EBR起始扇区，如图7-3-36所示。

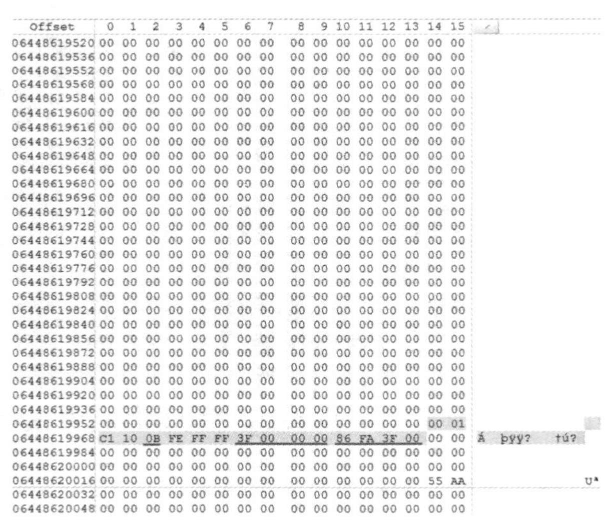

Offset	0	1	2	3	4	5	6	7	8	9	10	11	12	13	14	15	
06448619520	00	00	00	00	00	00	00	00	00	00	00	00	00	00	00	00	
06448619536	00	00	00	00	00	00	00	00	00	00	00	00	00	00	00	00	
06448619552	00	00	00	00	00	00	00	00	00	00	00	00	00	00	00	00	
06448619568	00	00	00	00	00	00	00	00	00	00	00	00	00	00	00	00	
06448619584	00	00	00	00	00	00	00	00	00	00	00	00	00	00	00	00	
06448619600	00	00	00	00	00	00	00	00	00	00	00	00	00	00	00	00	
06448619616	00	00	00	00	00	00	00	00	00	00	00	00	00	00	00	00	
06448619632	00	00	00	00	00	00	00	00	00	00	00	00	00	00	00	00	
06448619648	00	00	00	00	00	00	00	00	00	00	00	00	00	00	00	00	
06448619664	00	00	00	00	00	00	00	00	00	00	00	00	00	00	00	00	
06448619680	00	00	00	00	00	00	00	00	00	00	00	00	00	00	00	00	
06448619696	00	00	00	00	00	00	00	00	00	00	00	00	00	00	00	00	
06448619712	00	00	00	00	00	00	00	00	00	00	00	00	00	00	00	00	
06448619728	00	00	00	00	00	00	00	00	00	00	00	00	00	00	00	00	
06448619744	00	00	00	00	00	00	00	00	00	00	00	00	00	00	00	00	
06448619760	00	00	00	00	00	00	00	00	00	00	00	00	00	00	00	00	
06448619776	00	00	00	00	00	00	00	00	00	00	00	00	00	00	00	00	
06448619792	00	00	00	00	00	00	00	00	00	00	00	00	00	00	00	00	
06448619808	00	00	00	00	00	00	00	00	00	00	00	00	00	00	00	00	
06448619824	00	00	00	00	00	00	00	00	00	00	00	00	00	00	00	00	
06448619840	00	00	00	00	00	00	00	00	00	00	00	00	00	00	00	00	
06448619856	00	00	00	00	00	00	00	00	00	00	00	00	00	00	00	00	
06448619872	00	00	00	00	00	00	00	00	00	00	00	00	00	00	00	00	
06448619888	00	00	00	00	00	00	00	00	00	00	00	00	00	00	00	00	
06448619904	00	00	00	00	00	00	00	00	00	00	00	00	00	00	00	00	
06448619920	00	00	00	00	00	00	00	00	00	00	00	00	00	00	00	00	
06448619936	00	00	00	00	00	00	00	00	00	00	00	00	00	00	00	00	
06448619952	00	00	00	00	00	00	00	00	00	00	00	00	00	00	00	01	
06448619968	C1	10	0B	FE	FF	FF	3F	00	00	00	86	FA	3F	00	00	00	Á þÿÿ? †ú?
06448619984	00	00	00	00	00	00	00	00	00	00	00	00	00	00	00	00	
06448620000	00	00	00	00	00	00	00	00	00	00	00	00	00	00	00	00	
06448620016	00	00	00	00	00	00	00	00	00	00	00	00	00	00	55	AA	Uª
06448620032	00	00	00	00	00	00	00	00	00	00	00	00	00	00	00	00	
06448620048	00	00	00	00	00	00	00	00	00	00	00	00	00	00	00	00	

图 7-3-36　第三个 EBR 扇区

分析EBR的分区表，仅用了一个，说明这是最后一个逻辑分区前的EBR，由此完成草图如图7-3-37所示。

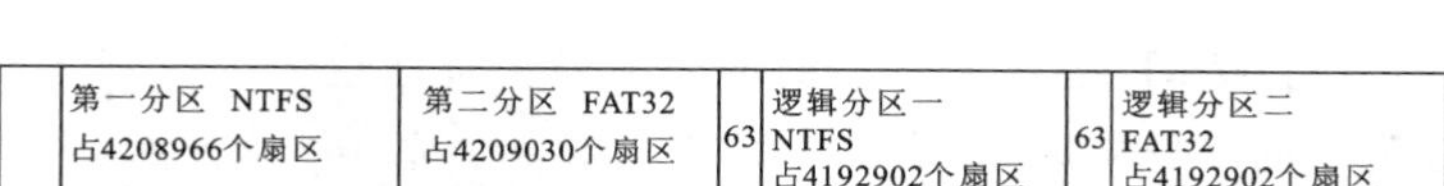

图 7-3-37　草图

分析分区表项得知，逻辑分区起始于 63 号扇区（相对前面的 EBR），占 4192902 个扇区，文件系统是 FAT32 文件系统。

若上面的 EBR 扇区的分区表还使用 2 个，需要分析下一个 EBR，重复上面的 EBR 分析步骤，直到所有逻辑分区分析完，最后完成草图的绘制。

步骤 8：重建分区表。回到硬盘的 0 号扇区，通过前面的分析，知道了硬盘划分了 2 个主分区和 1 个扩展分区。

第一分区起始于 63 号扇区，占 4208966 个扇区，文件系统类型是 NTFS，将这 3 组值转换成十六进制写入第一分区表项，并将活动标志设置为“80”，若是移动存储器则不必设置为活动扇区；第二分区起始于 4209029 号扇区，占 4209030 个扇区，文件系统是 FAT32 文件系统，这将3 组值转换成十六进制写入第二分区表项，活动标志设置为“00”；第三分区起始于 8418059 号扇区，占 63＋4192920＋63＋4192920 个扇区，这将 3 组值转换成十六进制写入第三分区表项，活动标志设置为“00”，如图 7-3-38所示。

在图 7-3-38 中，未划线的数值表示 CHS 起始地址，只要写入不全是“00”即可，若都是“00”，系统也可以正常识别分区，为了安全，改为不全是“00”。

完成后保存到硬盘，系统重新加载硬盘即可正常识别分区。

2．用 WinHex 模板修复 MBR

重建分区表可以采用 Master Boot Record 模板，回到 0 号扇区，打开该模板，在模板中输入需要的参数值，最后保存到硬盘，系统重新加载硬盘即可正常识别。

图 7-3-39 所示模板显示前 3 个分区表值，画线框的是修改的值，分别是分区活动标志、分区类型、分区起始扇区和分区占扇区数。

3．WinHex 自动检测分区

WinHex 可以自动检测丢失的分区，若不能自动检测到丢失的分区，则应该检查软件是否对该功能进行了设置。选择“选项”菜单中的“常规选项”设置，如图 7-3-40 所示。

使用自动检测丢失的分区功能使主分区表损坏的修复变得非常简单。

步骤 1：用 WinHex 打开分区丢失的物理硬盘。WinHex 在物理硬盘主分区表损坏情况下仍可正常识别分区，如图 7-3-41 所示。

步骤 2：分析各分区起始扇区、占扇区数和文件系统类型，记录到草图中。

起始扇区后分区 1、分区 2 相连，说明这 2 个分区是主分区，分区 3 和分区 4 前都有分区间隙，说明这 2 个分区属于逻辑分区，前面的间隙是 EBR 扇区和保留扇区。分区的起始扇区和文件系统类型都明确显示出来了，将起始扇区号转换为十六进制数后同文件系统类型一起写入主分区表即可，分区大小通过此处计算可能会有偏差，因为它用 GB 为单位表示容量。对于主分区，点击分区 1 和分区 2，再打开相应的 DBR 模板查看起始扇区和分区占扇区数。对于扩展分区，点击分区间隙，记下逻辑分区的起始扇区、占扇区数以及所有逻辑分区大小，所有起始扇区数相加可得到扩展分区总占用扇区数。点击 WinHex 字符区上面的向下箭头按钮也可以看到各分区，再点击下级菜单，主分区点击下级菜单的引导扇区，再启动模板查看起始扇区和分区占扇区数，逻辑分区点击分区表项，查看 EBR，分析逻辑分区起始扇区和占扇区数，将数值记入草图来辅助分析计算。

步骤 3：重写主分区表。方法同上，转换成十六进制数并写入来恢复分区表。

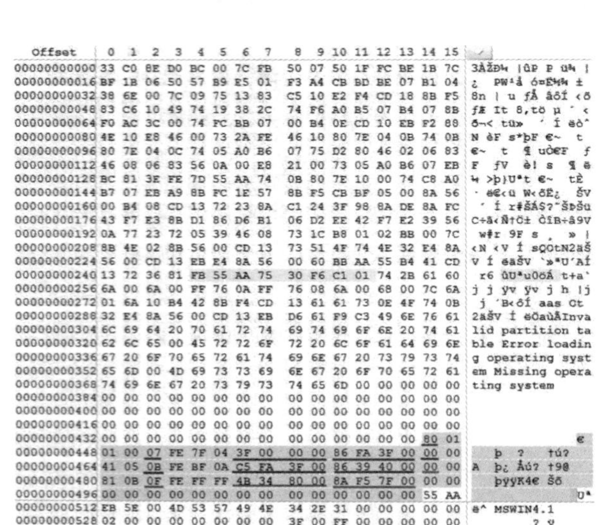

图 7-3-38　WinHex 重建分区表

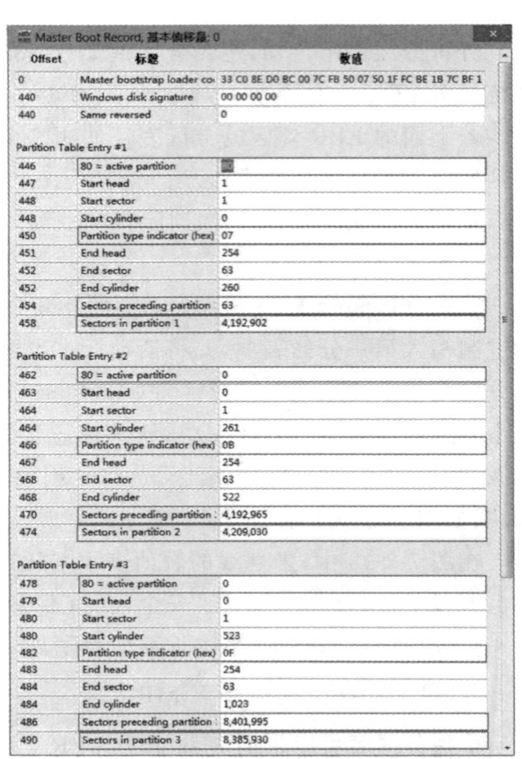

Master Boot Record, 基本偏移量: 0

Offset	标题	数值
0	Master bootstrap loader co	33 C0 8E D0 BC 00 7C FB 50 07 50 1F FC BE 1B 7C BF 1
440	Windows disk signature	00 00 00 00
440	Same reversed	0
Partition Table Entry #1		
446	80 = active partition	80
447	Start head	1
448	Start sector	1
448	Start cylinder	0
450	Partition type indicator (hex)	07
451	End head	254
452	End sector	63
452	End cylinder	260
454	Sectors preceding partition	63
458	Sectors in partition 1	4,192,902
Partition Table Entry #2		
462	80 = active partition	0
463	Start head	0
464	Start sector	1
464	Start cylinder	261
466	Partition type indicator (hex)	0B
467	End head	254
468	End sector	63
468	End cylinder	522
470	Sectors preceding partition	4,192,965
474	Sectors in partition 2	4,209,030
Partition Table Entry #3		
478	80 = active partition	0
479	Start head	0
480	Start sector	1
480	Start cylinder	523
482	Partition type indicator (hex)	0F
483	End head	254
484	End sector	63
484	End cylinder	1,023
486	Sectors preceding partition	8,401,995
490	Sectors in partition 3	8,385,930

图 7-3-39　WinHex 模板显示前 3 个分区表值

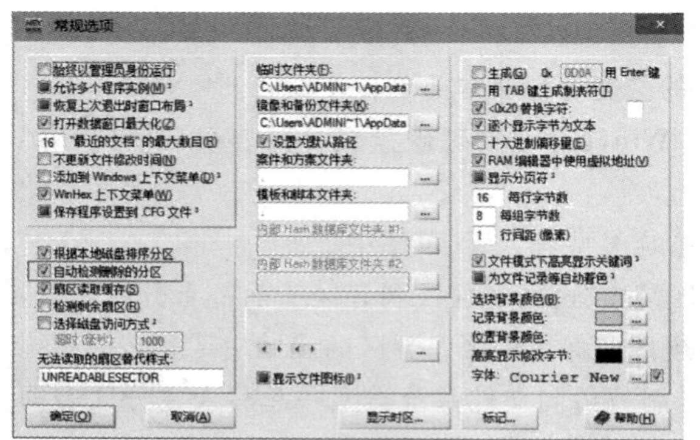

图 7-3-40　设置自动检测丢失的分区

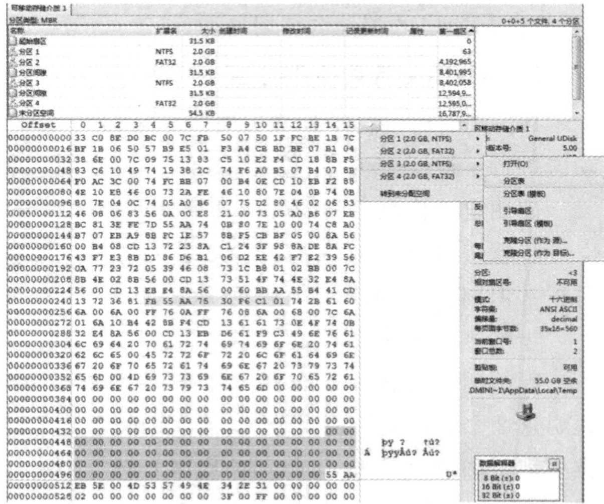

图 7-3-41　WinHex 自动识别分区

注意

WinHex 的三种恢复方法都是在 EBR 和各分区的 DBR 没有损坏的条件下使用的，若 EBR 和 DBR 出现了损坏，则 WinHex 自动检测不到分区和 EBR 所在分区间隙，若 DBR 和 EBR 都损坏了，需要通过更大量的分析，查找文件系统下的特定标记。

4. 用分区软件恢复分区表

分区软件一般情况下也是依靠主分区的 DBR 和扩展分区的 EBR 来恢复分区表的，所以不要对这类软件寄于过高的希望。

这里用 DiskGenius 分区软件来说明分区的查找重建。

若安装操作系统的硬盘出现 MBR 故障，不能启动，用 WinPE 启动 U 盘引导启动计算机。若其他硬盘或存储器出现 MBR 故障，并且可正常启动计算机，则正常启动计算机，在当前系统下运行 DiskGenius，恢复故障存储器的分区。

步骤 1：启动计算机进入 WinPE 或系统，运行 DiskGenius(见图 7-4-42)，点击列表中的故障存储器。若分区丢失会显示空闲，先点击空闲区域，再点击“搜索分区”按钮，弹出搜索丢失分区对话框(见图 7-4-43)。

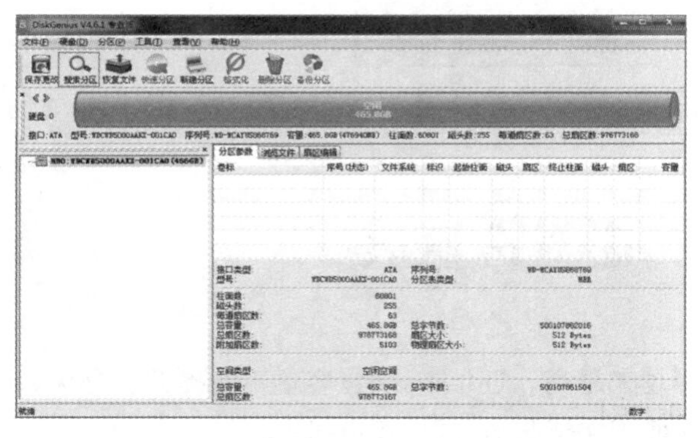

图 7-3-42 DiskGenius 搜索分区

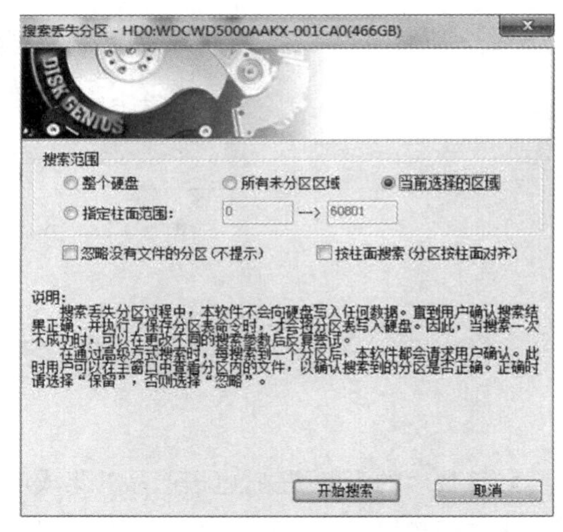

图 7-3-43 DiskGenius 搜索丢失分区对话框

步骤 2：在图 7-3-43 所示的窗口中点击“开始搜索”，来搜索分区丢失区域(见图 7-3-44)，很快会找到第一个分区；查看分区信息，是否是正确的分区，一般情况下能正确找到丢失的分区。

步骤 3：点击“保留”，会继续搜索下个分区，找到再次需要判断是否正确，若正确，则点击“保留”，会继续搜索下个分区，重复这个操作，直到所有分区都正确找到。

步骤 4：找到所有分区后，DiskGenius 提示“完成分区搜索，共搜索到了几个分区”，点击“确定”。

步骤 5：点击 DiskGenius 的“保存更改”(见图 7-3-45)，完成对分区表的修复。

步骤 6：点击“保存更改”按钮会弹出“选择分区表类型”对话框，DiskGenius 会根据硬盘类型选择最适合的类型，若默认选择的不正确，则选择适合的类型，如图 7-3-46 所示。

步骤 7：点击“确定”完成分区表的恢复。

用 DiskGenius 搜索分区很快，整个过程只需要几分钟，但它也依赖 DBR 没有被破坏掉。

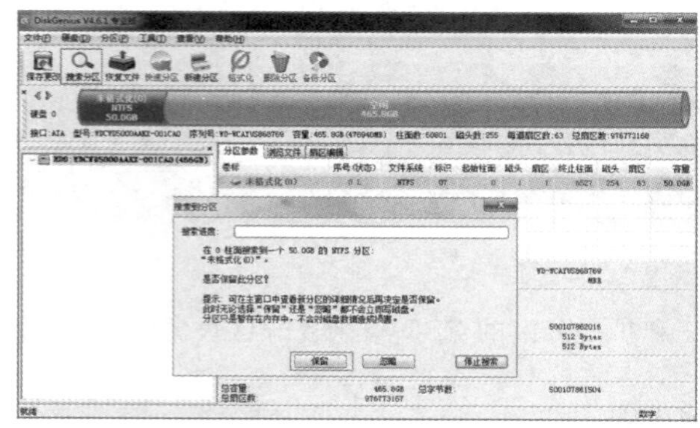

图 7-3-44　DiskGenius 开始搜索分区

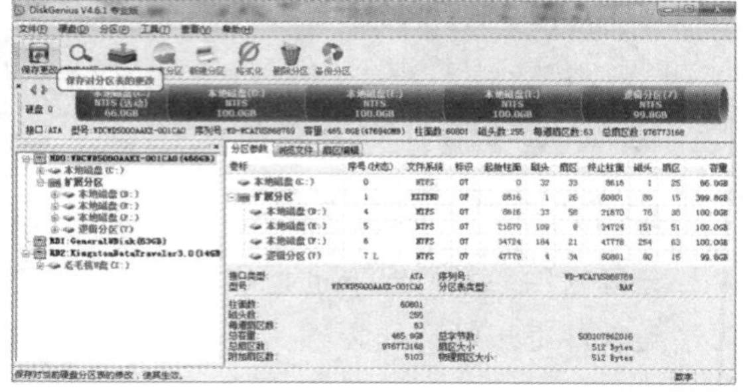

图 7-3-45　DiskGenius 保存更改

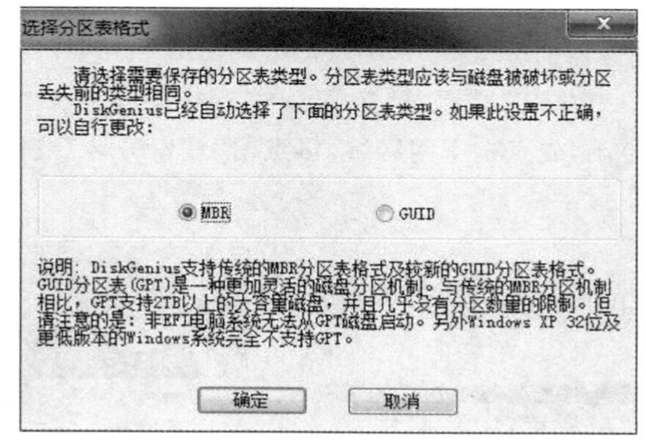

图 7-3-46　DiskGenius 提示选择分区表类型

任务 4　磁盘分区表

随着技术的不断提高，电子产品的集成度变得越来越高。近年来，硬盘容量不断提升。分区就是把一块大的物理硬盘分成一个一个的逻辑盘，这样便于文档归类，减少坏道损失。

传统的分区格式是 MBR 分区，传统的 MBR 分区格式有一个限制：每个分区大小都不能超过 2 TB。

在企业和服务器领域，一个分区达到 2 TB 的情况很正常，所以很早就使用 GPT 分区来对物理硬盘进行分区了。现在，个人很容易组建几 TB 的磁盘阵列，所以也开始使用 GPT 分区了。

磁盘分区表(GPT)是一个实体硬盘的分区表的结构布局的标准。它既是可扩展固件接口(EFI)标准，也是被英特尔公司用于替代 BIOS 系统中的一个 32 bits 来存储逻辑块地址和大小信息的主引导记录(MBR)分区表。

EFI(可扩展固件接口)是一种个人电脑系统规格。EFI 负责加电自检(POST)、联系操作系统以及提供连接操作系统与硬件的接口。EFI 最初由英特尔公司开发，现在由 UEFI 论坛来推广与发展。

UEFI 是以 EFI 1.0 为基础发展起来的，它的所有者已不再是英特尔公司，而是一个称作 UEFI 论坛的国际组织，成员有英特尔公司、微软公司等，其技术开源，目前版本为 UEFI 3.1。

一、GPT和MBR

MBR是由分区程序产生的，它不依赖任何操作系统，而且硬盘引导程序也是可以改变的，从而能够实现多系统引导。

主引导记录包含64字节的分区表。每个分区表需要16字节，所以MBR分区结构的硬盘最多只能识别4个主要分区。要得到4个以上的主要分区就需要扩展分区了。扩展分区也是主分区的一种，它与主分区的不同在于它理论上可以划分为无数个逻辑分区，每个逻辑分区都有一个和MBR结构类似的扩展引导记录(EBR)。

在MBR分区表中，一个分区最大的容量为2 TB，且每个分区的起始柱面必须在这个硬盘的前2 TB内，所以MBR分区不支持2 TB以上的硬盘。一个3 TB的硬盘必须改用GPT分区体系。GPT硬盘分区样式支持的最大卷为18 EB的，并且硬盘的分区数没有上限，只受到操作系统的限制(64位Windows操作系统限制最多有128个分区，这也是EFI标准规定的分区表的最小尺寸)。

在MBR硬盘中，分区信息直接存储于主引导记录(MBR)中(主引导记录中还存储着系统的引导程序)。但在GPT硬盘中，分区表的位置信息储存在GPT头中。但出于兼容性考虑，硬盘的第一个扇区仍然用作MBR扇区，之后才是GPT头。与MBR分区的硬盘不同，至关重要的平台操作数据位于分区，而不是位于非分区或隐藏扇区。另外，GPT分区的硬盘可通过备份分区表来提高分区数据结构的完整性。

苹果公司曾经警告说："不要假定所有设备的块大小都是512字节。"一些现代的存储设备如固态硬盘可能使用2 048 KB的块，大容量硬盘采用4096字节一个扇区。

操作系统对GPT均有所支持，目前包括Mac OS X操作系统和Windows操作系统在内的一些操作系统仅支持在EFI基础上自GPT分区启动，可查询操作系统对GPT支持的相关信息。

(一) GPT分区表结构

在MBR硬盘的MBR扇区中，前446字节存储着系统的引导信息，分区信息直接存储于主引导记录(MBR)后面。但在GPT硬盘中，分区表的位置信息储存在GPT头中。但出于兼容性考虑，硬盘的第一个扇区仍然用作MBR扇区，之后才是GPT头。

跟现代的MBR一样，GPT也使用逻辑区块位址(LBA)取代了早期的CHS寻址方式。传统MBR信息存储于LBA 0，GPT头存储于LBA 1，接下来才是分区表本身。64位Windows操作系统使用32号扇区(16 384字节)存储GPT分区表，接下来的LBA 34是硬盘上第一个分区的开始。

为了减少分区表损坏的风险，GPT在硬盘最后保存了一份分区表的副本。

GPT分区体系如图7-4-1所示。

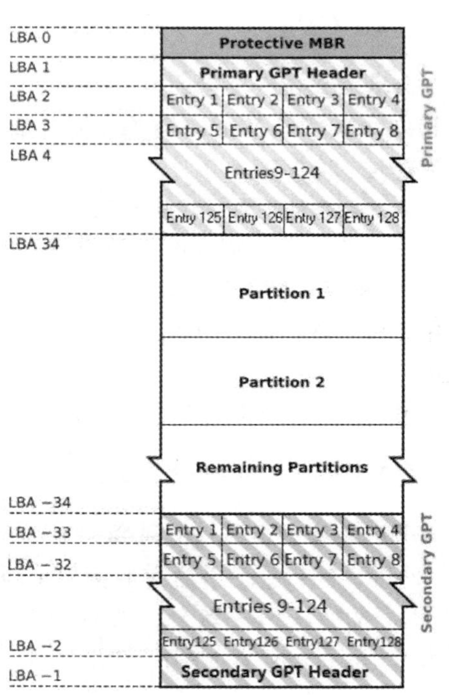

图7-4-1 GPT分区体系

在GPT分区中，每一个数据读写单元成为LBA(逻辑块地址)，一个逻辑块相当于传统MBR分区中的一个扇区，之所以会有区别，是因为GPT除了要支持传统硬盘外，还需要支持以NAND flash 为材料的 SSD,SSD 的一个读写单元是 2 KB 或 4 KB,所以 GPT 分区中干脆用 LBA 来表示一个基础读写块,当 GPT 分区用在传统硬盘上时,通常,LBA 就等于扇区号,有些物理硬盘支持 4 K 对齐,此时 LBA 所表示的一个逻辑块就是 4 KB 的空间。

负数的 LBA 地址表示从最后的块开始倒数,－1 表示最后一个块。

(二) GPT 中的 MBR

位于硬盘的第一个扇区(LBA 0)是 GPT 分区表的最开头,仍然存储了一份传统的 MBR,这是出于兼容性考虑,用来防止不支持 GPT 的硬盘管理工具错误识别并破坏硬盘中的数据,这个 MBR 也称为保护 MBR。在支持从 GPT 启动的操作系统中,这里也用于存储第一阶段的启动代码。在这个 MBR 中,只有 1 个标识为 0xEE 的分区,以此来表示这块硬盘使用 GPT 分区表。不能识别 GPT 硬盘的操作系统通常会识别出 1 个未知类型的分区,并且拒绝对硬盘进行操作,除非用户特别要求删除这个分区。这就避免了意外删除分区的危险。另外,能够识别 GPT 分区表的操作系统会检查保护 MBR 中的分区表,如果分区类型不是 0xEE 或者 MBR 分区表中有多个项,也会拒绝对硬盘进行操作。

在使用 MBR/GPT 混合分区表的硬盘中,MBR 中存储了 GPT 分区表的一部分分区(通常是前 4 个分区),不支持从 GPT 启动的操作系统仍能从这个 MBR 启动,启动后只能操作 MBR 分区表中的分区。

为了与传统的 MBR 分区区分,GPT 分区的分区类型为 EE,在传统的 MBR 中,EE 类型的分区表示保护类型,GPT 以此来防止其数据无意间被篡改。

(三) GPT 中的分区表头

分区表头位于硬盘的第二个扇区(LBA 1),定义了硬盘的可用空间以及组成分区表的项的大小和数量。64 位 Windows 操作系统最多可以创建 128 个分区,即分区表中保留了 128 个项,其中每项都是 128 字节。

分区表头还记录了这块硬盘的 GUID,记录了分区表头本身的位置和大小(位置总是在 LBA 1)以及备份分区表头及分区表的位置和大小。它还储存着它本身和分区表的 CRC32 校验值。固件、引导程序和操作系统在启动时可以根据这个校验值来判断分区表是否出错,如果出错了,可以使用软件从硬盘最后的备份 GPT 中恢复整个分区表,如果备份 GPT 也校验错误,则硬盘将不可使用。

分区表的备份位于硬盘的最后一个扇区,备份分区表头中的信息是关于备份分区表的。

(四) GPT 中的分区表项

分区表项位于第 3 个到第 34 个扇区 (LBA 2～LBA 33)。

GPT 分区表使用简单且直接的方式表示分区。一个分区表项的前 16 字节是分区类型 GUID。例如,EFI 系统分区的 GUID 类型是{C12A7328-F81F-11D2-BA4B-00A0C93EC93B}。接下来的 16 字节是该分区唯一的 GUID。再接下来是分区起始和末尾的 64 位 LBA 编号,以及分区的名字和属性。

(五) GPT 的备份

硬盘最后一个扇区(－1 扇区)称为“备份分区头”。它就是“主分区头”的一个备份。

从－2到－33扇区共计32个扇区，称为“备份分区节点”。它就是“主分区节点”的备份。

（六）GPT分区使用

GPT硬盘分区定义明确并能够完全自动识别。平台操作的关键数据被放置在分区中而不是未分区或隐藏扇区中。GPT硬盘使用原始的、备份的分区表存储冗余和CRC32字段，提高了分区数据结构的完整性。GPT分区格式使用版本号和容量字段支持进一步的扩展。

每个GPT分区都有独特的标识GUID和分区内容类型，所以不需要协调即可防止分区标识符冲突。每个GPT分区都有一个36字符的Unicode名称。这意味着任何软件都能够呈现出一个人工可读的分区名称，而无须了解分区的其他内容。

表7-4-1中的信息是Microsoft操作系统对GPT分区方案提供的基本支持。

表7-4-1　Microsoft操作系统对GPT分区方案提供的基本支持

操作系统	MBR硬盘	GPT硬盘
X86版本操作系统中作数据盘	是	是
X64版本操作系统中作数据盘	是	是
X86版本操作系统中作引导盘	是	否
X64版本操作系统中作引导盘	是	是
通过BIOS模式的引导支持	是	否
通过UEFI模式的引导支持	否	是

提示：选择分区方案的主要考虑因素是硬盘大小、操作系统版本和操作系统中使用的软件工具；对于在小于2 TB的硬盘上运行，且使用传统软件工具（仅识别MBR方案）的Microsoft操作系统的用户，如Windows XP/7，MBR分区方案是最佳选择；对于在超过2 TB的硬盘上运行Windows 7/8/10操作系统的用户，若同时采用UEFI的主板，可使用GPT分区方案；在可行的情况下，建议应使用GPT分区方案，因为它更加灵活，支持容量较大的硬盘，并且具备MBR分区方案未提供的大量功能和恢复机制。

二、GPT分区数据结构

GPT分区表上包含保护性的MBR区域，以提供与在MBR上操作的硬盘管理工具的向后兼容性。GPT头定义分区项可使用的逻辑块地址的范围。GPT头也定义了逻辑块在硬盘上的位置、GUID和一个用于验证GPT头完整性的32位循环冗余检查（CRC32）校验值。GPT分区表中的每个项以分区类型GUID开头。16字节的分区类型GUID，类似于MBR硬盘的分区表中的System ID，标识分区包含的数据类型和使用分区的方式。

下面以30 GB的固态硬盘为例，采用GPT分区并格式化，完成GPT分区的分析。

划分GPT分区如图7-4-2所示。

在划分分区时，默认采用4K对齐，并且创建推荐的ESP分区和MSR分区，这是UEFI BIOS和Windows 10操作系统支持的，所以创建时都选择；依次划分不同容量的空间，如图7-4-3所示。

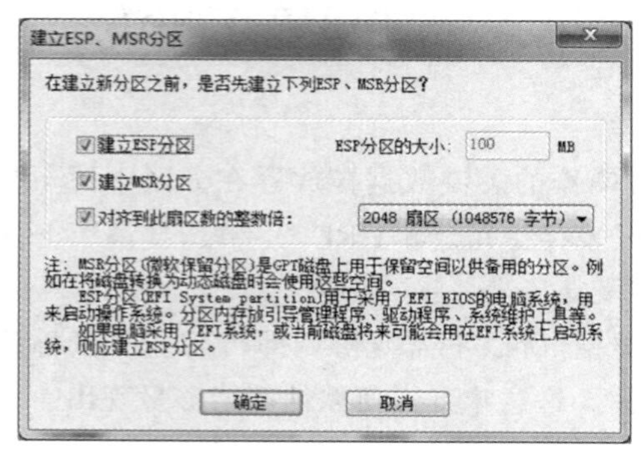

图 7-4-2 划分 GPT 分区一

图 7-4-3 划分 GPT 分区二

(一) GPT 硬盘的 0 号扇区

硬盘的 0 号扇区(LBA 0,逻辑块 0)是 MBR 扇区,用于兼容和保护 GPT 分区表。用 WinHex 打开物理硬盘(此为 30 GB 固态硬盘),显示的就是 0 号扇区和部分 1 号扇区(见图 7-4-4)。下面对其分析。

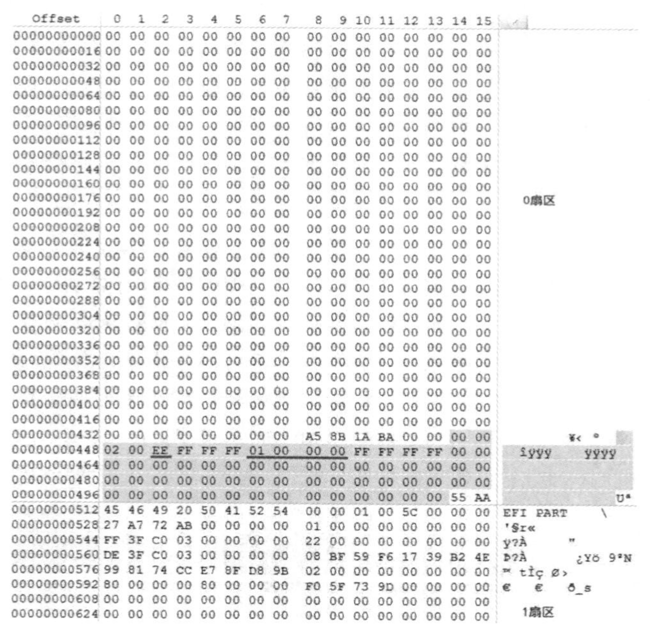

```
Offset       0  1  2  3  4  5  6  7   8  9 10 11 12 13 14 15
00000000000 00 00 00 00 00 00 00 00  00 00 00 00 00 00 00 00
00000000016 00 00 00 00 00 00 00 00  00 00 00 00 00 00 00 00
00000000032 00 00 00 00 00 00 00 00  00 00 00 00 00 00 00 00
00000000048 00 00 00 00 00 00 00 00  00 00 00 00 00 00 00 00
00000000064 00 00 00 00 00 00 00 00  00 00 00 00 00 00 00 00
00000000080 00 00 00 00 00 00 00 00  00 00 00 00 00 00 00 00
00000000096 00 00 00 00 00 00 00 00  00 00 00 00 00 00 00 00
00000000112 00 00 00 00 00 00 00 00  00 00 00 00 00 00 00 00
00000000128 00 00 00 00 00 00 00 00  00 00 00 00 00 00 00 00
00000000144 00 00 00 00 00 00 00 00  00 00 00 00 00 00 00 00
00000000160 00 00 00 00 00 00 00 00  00 00 00 00 00 00 00 00
00000000176 00 00 00 00 00 00 00 00  00 00 00 00 00 00 00 00   0扇区
00000000192 00 00 00 00 00 00 00 00  00 00 00 00 00 00 00 00
00000000208 00 00 00 00 00 00 00 00  00 00 00 00 00 00 00 00
00000000224 00 00 00 00 00 00 00 00  00 00 00 00 00 00 00 00
00000000240 00 00 00 00 00 00 00 00  00 00 00 00 00 00 00 00
00000000256 00 00 00 00 00 00 00 00  00 00 00 00 00 00 00 00
00000000272 00 00 00 00 00 00 00 00  00 00 00 00 00 00 00 00
00000000288 00 00 00 00 00 00 00 00  00 00 00 00 00 00 00 00
00000000304 00 00 00 00 00 00 00 00  00 00 00 00 00 00 00 00
00000000320 00 00 00 00 00 00 00 00  00 00 00 00 00 00 00 00
00000000336 00 00 00 00 00 00 00 00  00 00 00 00 00 00 00 00
00000000352 00 00 00 00 00 00 00 00  00 00 00 00 00 00 00 00
00000000368 00 00 00 00 00 00 00 00  00 00 00 00 00 00 00 00
00000000384 00 00 00 00 00 00 00 00  00 00 00 00 00 00 00 00
00000000400 00 00 00 00 00 00 00 00  00 00 00 00 00 00 00 00
00000000416 00 00 00 00 00 00 00 00  00 00 00 00 00 00 00 00
00000000432 00 00 00 00 00 00 00 00  A5 8B 1A BA 00 00 00 00          ¥‹ º
00000000448 02 00 EE FF FF FF 01 00  00 00 FF FF FF FF 00 00     îÿÿÿ    ÿÿÿÿ
00000000464 00 00 00 00 00 00 00 00  00 00 00 00 00 00 00 00
00000000480 00 00 00 00 00 00 00 00  00 00 00 00 00 00 00 00
00000000496 00 00 00 00 00 00 00 00  00 00 00 00 00 00 55 AA                 Uª
00000000512 45 46 49 20 50 41 52 54  00 00 01 00 5C 00 00 00   EFI PART     \
00000000528 27 A7 72 AB 00 00 00 00  01 00 00 00 00 00 00 00   '§r«
00000000544 FF 3F C0 03 00 00 00 00  22 00 00 00 00 00 00 00   ÿ?À     "
00000000560 DE 3F C0 03 00 00 00 00  08 BF 59 F6 17 39 B2 4E   Þ?À     ¿Yö 9²N
00000000576 99 81 74 CC E7 8F D8 9B  02 00 00 00 00 00 00 00   ™ tÌç Ø›
00000000592 80 00 00 00 80 00 00 00  F0 5F 73 9D 00 00 00 00   €   €   ð_s
00000000608 00 00 00 00 00 00 00 00  00 00 00 00 00 00 00 00
00000000624 00 00 00 00 00 00 00 00  00 00 00 00 00 00 00 00     1扇区
```

图 7-4-4 GPT 硬盘的 0 号扇区和部分 1 号扇区

图 7-4-4 中反色显示的部分在 MBR 的数据格式中是用于定义 4 个主分区的,可以明显地看出来,该硬盘只定义了一个主分区,且其类型为 0xEE(以此来表示这块硬盘使用 GPT 分区表)。不能识别 GPT 分区的硬盘的操作系统通常会识别出一个未知类型的分区,并且拒绝对硬盘进行操作,这就避免了意外删除分区的危险。另外,能够识别 GPT 分区表的操作系统会检查保护 MBR 中的分区表,根据这个 EE 就能知道这是一个 GPT 分区表。如果分区类型不是 0xEE 或者 MBR 分区表中有多个项,也会拒绝对硬盘进行操作。

(二) GPT 硬盘的 1 号扇区

GPT 硬盘的 1 号扇区(LBA 1,逻辑块 1),存放的内容称为“主分区头”,由 GPT 头定义分区表的位置和大小。GPT 主分区头的数据格式如表 7-4-2 所示。

表 7-4-2 GPT 主分区头数据格式

字节偏移	长度	内容
0x00～0x07	8 字节	分区头签名(“EFI PART”, 45 46 49 20 50 41 52 54)
0x08～0x0B	4 字节	修订版本号(在 1.0 版中,值是“ 00 00 01 00”)
0x0C～0x0F	4 字节	分区头的大小(单位是字节,通常是 92 字节,即 5C 00 00 00)
0x10～0x13	4 字节	分区头(第 0～91 字节)的 CRC32 校验值,计算前需要先将此内容写 0
0x14～0x17	4 字节	保留,必须是“00 00 00 00”
0x18～0x1F	8 字节	当前 LBA(这个分区表头的位置)
0x20～0x27	8 字节	备份 LBA(另一个分区表头的位置)
0x28～0x2F	8 字节	第一个可用于分区的 LBA(主分区表的最后一个 LBA ＋ 1)
0x30～0x37	8 字节	最后一个可用于分区的 LBA(备份分区表的第一个 LBA － 1)
0x38～0x47	16 字节	硬盘 GUID(全球唯一标识符,与 Linux 的 UUID 同义)
0x48～0x4F	8 字节	分区表项的起始 LBA 号(在主分区表中是 2)
0x50～0x53	4 字节	分区表项的数量
0x54～0x57	4 字节	一个分区表项的大小(分区表项占用字节数,通常是 128)
0x58～0x5B	4 字节	CRC32 of partition array(分区表 CRC 校验值)
0x5C～ *	*	保留,剩余的字节通常全是 0

下面用 WinHex 定位到 1 号扇区(即 LBA 1),如图 7-4-5 所示,分析分区表头结构。

从图 7-4-5 可以看出,其与上面的表 7-4-2 中定义的数据格式是一一对应的,下面进行几项分析。

(1) 分区头的大小:通常是 0x 5C 00 00 00,即 92 字节。

(2) 当前 LBA:0x 00 00 00 00 00 00 00 01,即第一扇区,分区表头的位置。

(3) 备份 LBA:0x 00 00 00 00 03 C0 3F FF,转换成十进制数,即 62930943,表示 62930943 号扇区,是整个存储器的最后一个扇区。

(4) 第一个可用于分区的 LBA:0x 00 00 00 00 00 00 00 22,转换成十进制数是 34,即第一个分区从 34 号扇区开始。

(5) 最后一个可用于分区的 LBA:0x 00 00 00 00 03 C0 3F DF,转换成十进制数是 62930910,即倒数第 34 个扇区。

(6) 分区表项的起始 LBA 号:0x 00 00 00 00 00 00 00 02,通常是 2。

(7) 分区表项的数量:0x 00 00 00 80,转换成十进制是数为 128。

(8) 一个分区表项的大小:0x 00 00 00 80,分区表项占用字节数,通常是 128 字节。

小结:此 GPT 分区的分区表项是从 LBA 2 开始的;每个分区表项的大小都是 128 字节;最多有 128 个分区;第一分区从 LBA 34 开始。

试一试:下面试分析一下 3 TB GPT 硬盘的 1 号扇区(见图 7-4-6)的主分区头。

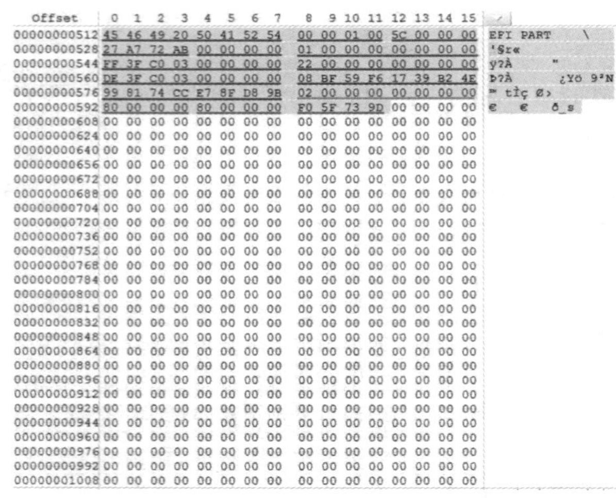

图 7-4-5　GPT 硬盘的 1 号扇区

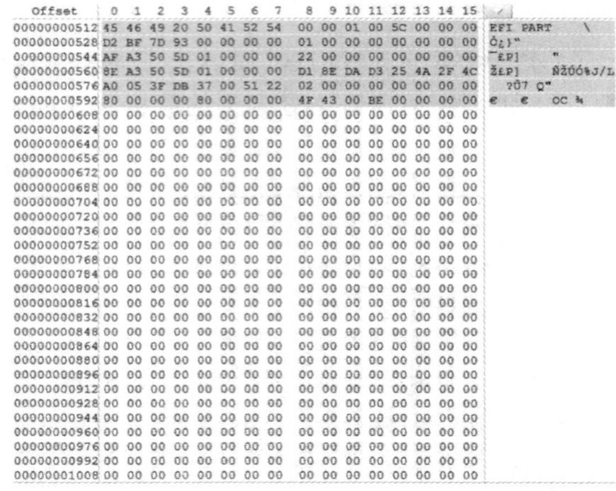

图 7-4-6　3 TB GPT 硬盘的 1 号扇区

(三) GPT 硬盘的分区表

GPT 硬盘 2 号扇区(LBA 2)到 33 号扇区(LBA 33),一共有 32 个逻辑块,是用于存储分区表项的,每一个分区表项占 128 字节,描述了一个分区。GPT 分区表项的数据格式如表 7-4-3 所示。

表 7-4-3　GPT 分区表项的数据格式

起始字节	长　度	内　容
0	16 字节	分区类型 GUID
16	16 字节	分区 GUID
32	8 字节	起始 LBA(小端序表示)
40	8 字节	结束 LBA(小端序表示),通常是奇数
48	8 字节	属性标签(如:bit60 表示"只读")
56	72 字节	分区名[可以包括 36 个 UTF－16(小端序)字符]

可以看出,GPT 分区的分区类型、分区标识,都是用 GUID 进行区分的(GUID 在 Linux 上通常称为 UUID)。

例如:EFI 系统分区的 GUID 类型是{C12A7328-F81F-11D2-BA4B-00A0C93EC93B};接下来的 16 字节是该分区唯一的 GUID(这个 GUID 指的是该分区本身,而之前的 GUID 指的是该分区的类型);再接下来是分区起始和末尾的 64 位 LBA 编号,以及分区的名字和属性。

分区类型的 GUID 约定如表 7-4-4 所示。

表 7-4-4　分区类型的 GUID 约定

操作系统	GUID(Little End)	含义(分区类型)
无	C12A7328-F81F-11D2-BA4B-00A0C93EC93B	EFI 文件系统(标准)
	024DEE41-33E7-11D3-9D69-0008C781F39F	MBR 分区表
	21686148-6449-6E6F-744E-656564454649	BIOS 引导分区,对应的 ASCII 字符串为"Hah! IdontNeedEFI"

续表 7-4-4

操作系统	GUID(Little End)	含义(分区类型)
Windows	E3C9E316-0B5C-4DB8-817D-F92DF00215AE	微软保留分区
	EBD0A0A2-B9E5-4433-87C0-68B6B72699C7	基本数据分区
	5808C8AA-7E8F-42E0-85D2-E1E90434CFB3	逻辑软盘管理工具元数据分区
	AF9B60A0-1431-4F62-BC68-3311714A69AD	逻辑软盘管理工具数据分区
Mac OS X	48465300-0000-11AA-AA11-00306543ECAC	HFS+分区
	55465300-0000-11AA-AA11-00306543ECAC	UFS
	426F6F74-0000-11AA-AA11-00306543ECAC	启动分区
	52414944-0000-11AA-AA11-00306543ECAC	RAID 分区
	52414944-5F4F-11AA-AA11-00306543ECAC	RAID 分区(Offline)
	4C616265-6C00-11AA-AA11-00306543ECAC	标签
	0FC63DAF-8483-4772-8E79-3D69D8477DE4	数据分区
Mac OS X	44479540-F297-41B2-9AF7-D131D5F0458A	x86 根分区(/),无 fstab 时的自动挂载
	4F68BCE3-E8CD-4DB1-96E7-FBCAF984B709	x86-64 根分区(/)无 fstab 时的自动挂载
	A19D880F-05FC-4D3B-A006-743F0F84911E	RAID 分区
	0657FD6D-A4AB-43C4-84E5-0933C84B4F4F	交换分区
	E6D6D379-F507-44C2-A23C-238F2A3DF928	逻辑卷管理员(LVM)分区
	8DA63339-0007-60C0-C436-083AC8230908	保留

提示:GUID 使用小端序表示,例如 EFI 系统分区的 GUID 在这里写成 C12A7328-F81F-11D2-BA4B-00A0C93EC93B,但实际上它对应的 16 字节的序列是 28 73 2A C1 1F F8 D2 11 BA 4B 00 A0 C9 3E C9 3B,只有前 3 部分的字节序被交换了;Linux 和 Windows 操作系统的数据分区曾经使用相同的 GUID;Solaris 操作系统中/usr 分区的 GUID 在 Mac OS X 操作系统上被用作普通的 ZFS 分区。

实际上,GUID 的约定主要是为了方便 BIOS 识别分区类型,在嵌入式操作系统中,GUID 主要由 bootloader 来约定。

Microsoft 操作系统还进一步对分区的属性进行了细分:低位 4 字节表示与分区类型无关的属性,高位 4 字节表示与分区类型有关的属性。

GPT 分区属性标签定义如表 7-4-5 所示。

表 7-4-5 GPT 分区属性标签定义

起始字节	内容
0	系统分区(硬盘分区工具必须将此分区保持原样,不得做任何修改)
1	EFI 隐藏分区(EFI 不可见分区)
2	传统的 BIOS 的可引导分区标志
60	只读
62	隐藏
63	不自动挂载,也就是不自动分配盘符

提示:分区属性标签是位结构的,即一位表示一个开关。

依据上面的讲述,下面对固态硬盘的分区表项进行分析。

使用 WinHex 调整到 2 号扇区(第 3 个扇区),可以看到分区表,每个分区表项占用 128 字节。在图 7-4-7 中,为了方便区分,加上了底纹与下划线。

```
Offset       0  1  2  3  4  5  6  7   8  9 10 11 12 13 14 15
00000001024 28 73 2A C1 1F F8 D2 11  BA 4B 00 A0 C9 3E C9 3B
00000001040 CD 39 61 65 2B C5 CA 4B  B4 CF C0 AF 8C 04 55 AA
00000001056 00 08 00 00 00 00 00 00  FF 1F 03 00 00 00 00 00
00000001072 00 00 00 00 00 00 00 80  45 00 46 00 49 00 20 00
00000001088 73 00 79 00 73 00 74 00  65 00 6D 00 20 00 70 00
00000001104 61 00 72 00 74 00 69 00  74 00 69 00 6F 00 6E 00
00000001120 00 00 00 00 00 00 00 00  00 00 00 00 00 00 00 00
00000001136 00 00 00 00 00 00 00 00  00 00 00 00 00 00 00 00
00000001152 16 E3 C9 E3 5C 0B B8 4D  81 7D F9 2D F0 02 15 AE
00000001168 D1 A8 E4 27 59 9D C0 43  B5 97 CF B1 90 C0 5E 63
00000001184 00 20 03 00 00 00 00 00  FF 1F 07 00 00 00 00 00
00000001200 00 00 00 00 00 00 00 00  4D 00 69 00 63 00 72 00
00000001216 6F 00 73 00 6F 00 66 00  74 00 20 00 72 00 65 00
00000001232 73 00 65 00 72 00 76 00  65 00 64 00 20 00 70 00
00000001248 61 00 72 00 74 00 69 00  74 00 69 00 6F 00 6E 00
00000001264 00 00 00 00 00 00 00 00  00 00 00 00 00 00 00 00
00000001280 A2 A0 D0 EB E5 B9 33 44  87 C0 68 B6 B7 26 99 C7
00000001296 52 81 AD 85 14 FB FD 40  90 11 FF 9F D1 0C BF E4
00000001312 00 20 07 00 00 00 00 00  FF 27 07 01 00 00 00 00
00000001328 00 00 00 00 00 00 00 00  42 00 61 00 73 00 69 00
00000001344 63 00 20 00 64 00 61 00  74 00 61 00 20 00 70 00
00000001360 61 00 72 00 74 00 69 00  74 00 69 00 6F 00 6E 00
00000001376 00 00 00 00 00 00 00 00  00 00 00 00 00 00 00 00
00000001392 00 00 00 00 00 00 00 00  00 00 00 00 00 00 00 00
00000001408 A2 A0 D0 EB E5 B9 33 44  87 C0 68 B6 B7 26 99 C7
00000001424 81 26 C0 F3 AB FF F0 45  8B 8F DD 94 77 FC 79 4C
00000001440 00 28 07 01 00 00 00 00  FF 77 27 02 00 00 00 00
00000001456 00 00 00 00 00 00 00 00  42 00 61 00 73 00 69 00
00000001472 63 00 20 00 64 00 61 00  74 00 61 00 20 00 70 00
00000001488 61 00 72 00 74 00 69 00  74 00 69 00 6F 00 6E 00
00000001504 00 00 00 00 00 00 00 00  00 00 00 00 00 00 00 00
00000001520 00 00 00 00 00 00 00 00  00 00 00 00 00 00 00 00
00000001536 A2 A0 D0 EB E5 B9 33 44  87 C0 68 B6 B7 26 99 C7
00000001552 62 FD A3 17 48 C6 7C 48  93 73 4C 18 5C C8 19 74
00000001568 00 78 27 02 00 00 00 00  FF 37 C0 03 00 00 00 00
00000001584 00 00 00 00 00 00 00 00  42 00 61 00 73 00 69 00
00000001600 63 00 20 00 64 00 61 00  74 00 61 00 20 00 70 00
00000001616 61 00 72 00 74 00 69 00  74 00 69 00 6F 00 6E 00
00000001632 00 00 00 00 00 00 00 00  00 00 00 00 00 00 00 00
00000001648 00 00 00 00 00 00 00 00  00 00 00 00 00 00 00 00
00000001664 00 00 00 00 00 00 00 00  00 00 00 00 00 00 00 00
00000001680 00 00 00 00 00 00 00 00  00 00 00 00 00 00 00 00
00000001696 00 00 00 00 00 00 00 00  00 00 00 00 00 00 00 00
00000001712 00 00 00 00 00 00 00 00  00 00 00 00 00 00 00 00
00000001728 00 00 00 00 00 00 00 00  00 00 00 00 00 00 00 00
```

图 7-4-7　GPT 硬盘的 2 号扇区(分区表)

可以看出,2 号扇区共有 5 个分区表项,将这 5 个分区的具体信息填入表 7-4-6。

表 7-4-6　硬盘分区情况

分区表项	分区类型	起始扇区(LBA)	结束扇区(LBA)	分区大小(计算占扇区数)
1	EFI	000800(2048)	031FFF(204799)	202752
2	微软保留	032000(204800)	071FFF(466943)	262144
3	基本数据	072000(466944)	010727FF(17246207)	16779264
4	基本数据	01072800(17246208)	022777FF(36141055)	18894848
5	基本数据	02277800(36141056)	03C037FF(62928895)	26787840

提示:括号内是转换成的十进制数;分区的大小是起始扇区和结束扇区的差加 1。

(四) GPT 硬盘的分区

GPT 硬盘分区分为 ESP 分区、MSR 分区和基本数据区。

1. 查看 ESP 分区起始扇区

ESP(EFI 系统分区)是一个 FAT16 或 FAT32 格式的物理分区,但是其分区在分区表项中标识是 EF(十六进制)而非常规的 0E 或 0C,因此,该分区在 Windows 操作系统下一般是不可见的。支持 EFI 模式的计算机需要从 ESP 启动系统,EFI 固件可从 ESP 加载 EFI 启动程序或者应用。

根据上面的硬盘分区情况的分析,在 WinHex 中执行“导航”菜单下的“转到扇区(T)…”命令,在弹出的转到扇区窗口输入各分析起始扇区,得到 GPT 硬盘的第一分区起始扇区 2048 号扇区,如图 7-4-8 所示。

2. 查看 MSR 分区起始扇区

MSR 分区即 Microsoft 保留分区,是每个在 GUID 分区表(GPT)上的 Windows 操作系统(Windows 7 以上操作系统)都要求的分区。

系统组件可以将 MSR 分区的部分分配到新的分区以供它们使用。例如,将基本 GPT 硬盘转换为动态硬盘后,系统分配的 MSR 分区将被用作“逻辑磁盘管理器”(LDM)元数据分区。

MSR 分区的大小会因 GPT 硬盘的大小不同而发生变化。对于小于 16 GB 的硬盘,MSR 分区大小为 32 MB。对于大于 16 GB 的硬盘,MSR 分区大小为 128 MB。MSR 分区在“磁盘管理”中不可见,用户也无法在 MSR 分区上存储或删除数据。如图 7-4-9 所示的是转到第二分区(基本数据分区)起始扇区。

3. 查看基本数据分区起始扇区

基本数据分区是操作系统安装分区和常用数据分区,在操作系统下可见。第一个数据分区默认从“C”开始,也是常说的“C 盘”。

基本数据分区在 Windows 操作系统下常用的文件系统是 NTFS 和 FAT32 文件系统。推荐采用 NTFS。NTFS 可以支持的分区(如果采用动态硬盘则称为卷)大小可以达到 2 TB(2048 GB),而 FAT32 文件系统不支持单个文件大于 4 GB 的文件,只要硬盘空间容量有多大,NTFS 就可以分到多大。

现在很多应用程序以及游戏程序都超过了 4 GB 的容量,因此用户必须将安装大程序的硬盘格式化为 NTFS 格式。计算机用户可以对该格式下所有的文件夹、文件进行加密、修改、运行、读取目录及写入权限进行设置。此外,在硬盘分区下任意文件夹或文件上右键点击属性,在高级属性窗口中勾选中加密内容以便保护数据即可做到加密。

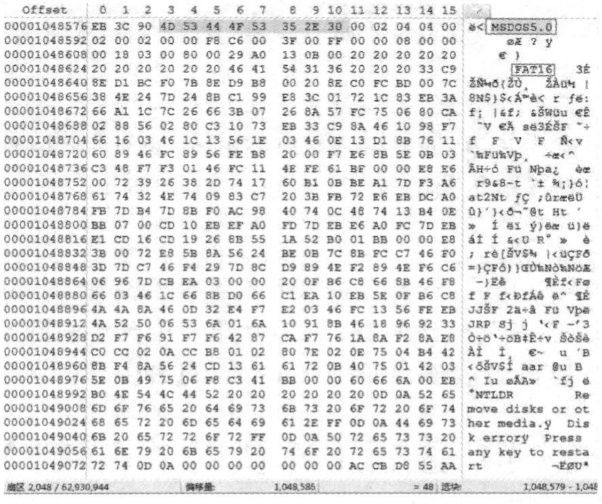

图 7-4-8 GPT 硬盘的第一分区起始扇区 2048 号扇区

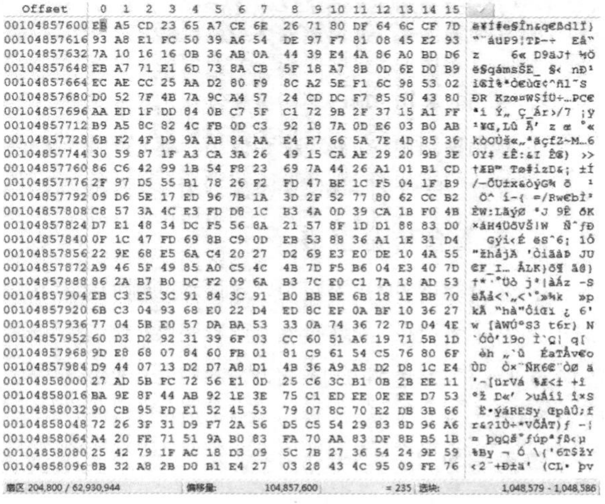

图 7-4-9 GPT 硬盘的第二分区起始扇区

NTFS 目前多用于各种大中型空间容量的硬盘。

FAT32 文件系统多用于 U 盘、内存卡等小型存储器。

(1) 查看 NTFS 分区:右边字符区有明文“NTFS”字样,如图 7-4-10 所示。

(2) 查看 FAT32 分区:右边字符区有明文“FAT32”字样,如图 7-4-11 所示。

```
Offset       0  1  2  3  4  5  6  7   8  9 10 11 12 13 14 15
00239075328 EB 52 90 4E 54 46 53 20  20 20 20 00 02 08 00 00
00239075344 00 00 00 00 00 F8 00 00  3F 00 FF 00 00 20 07 00
00239075360 00 00 00 00 80 00 80 00  FF 07 00 01 00 00 00 00
00239075376 00 00 0C 00 00 00 00 00  02 00 00 00 00 00 00 00
00239075392 F6 00 00 00 01 00 00 00  B7 83 04 00 1F C4 08 00
00239075408 00 00 00 00 FA 33 C0 8E  D0 BC 00 7C FB 68 C0 07
00239075424 1F 1E 68 66 00 CB 88 16  0E 00 66 81 3E 03 00 4E
00239075440 54 46 53 75 15 B4 41 BB  AA 55 CD 13 72 0C 81 FB
00239075456 55 AA 75 06 F7 C1 01 00  75 03 E9 DD 00 1E 83 EC
00239075472 18 68 1A 00 B4 48 8A 16  0E 00 8B F4 16 1F CD 13
00239075488 9F 83 C4 18 9E 58 1F 72  E1 3B 06 0B 00 75 DB A3
00239075504 0F 00 C1 2E 0F 00 04 1E  5A 33 DB B9 00 20 2B C8
00239075520 66 FF 06 11 00 03 16 0F  00 8E C2 FF 06 16 00 E8
00239075536 4B 00 2B C8 77 EF B8 00  BB CD 1A 66 23 C0 75 2D
00239075552 66 81 FB 54 43 50 41 75  24 81 F9 02 01 72 1E 16
00239075568 68 07 BB 16 68 70 0E 16  68 09 00 66 53 66 53 66
00239075584 55 16 16 16 68 B8 01 66  61 0E 07 CD 1A 33 C0 BF
00239075600 28 10 B9 D8 0F FC F3 AA  E9 5F 01 90 90 66 60 1E
00239075616 06 66 A1 11 00 66 03 06  1C 00 1E 66 68 00 00 00
00239075632 00 66 50 06 53 68 01 00  68 10 00 B4 42 8A 16 0E
00239075648 00 16 1F 8B F4 CD 13 66  59 5B 5A 66 59 66 59 1F
00239075664 0F 82 16 00 66 FF 06 11  00 03 16 0F 00 8E C2 FF
00239075680 0E 16 00 75 BC 07 1F 66  61 C3 A0 F8 01 E8 09 00
00239075696 A0 FB 01 E8 03 00 F4 EB  FD B4 01 8B F0 AC 3C 00
00239075712 74 09 B4 0E BB 07 00 CD  10 EB F2 C3 0D 0A 41 20
00239075728 64 69 73 6B 20 72 65 61  64 20 65 72 72 6F 72 20
00239075744 6F 63 63 75 72 72 65 64  00 0D 0A 42 4F 4F 54 4D
00239075760 47 52 20 69 73 20 6D 69  73 73 69 6E 67 00 0D 0A
00239075776 42 4F 4F 54 4D 47 52 20  69 73 20 63 6F 6D 70 72
00239075792 65 73 73 65 64 00 0D 0A  50 72 65 73 73 20 43 74
00239075808 72 6C 2B 41 6C 74 2B 44  65 6C 20 74 6F 20 72 65
00239075824 73 74 61 72 74 0D 0A 00  8C A9 BE D6 00 00 55 AA
扇区 466,944 / 62,930,944   偏移量:  239,075,334   = 83  选块:  239,075,331 - 239,075,334
```

图 7-4-10 GPT 硬盘的第三分区起始扇区 466944 号扇区

```
Offset       0  1  2  3  4  5  6  7   8  9 10 11 12 13 14 15
08830058496 EB 58 90 4D 53 44 4F 53  35 2E 30 00 02 10 26 00
08830058512 02 00 00 00 00 F8 00 00  3F 00 FF 00 00 28 07 01
08830058528 00 50 20 01 01 24 00 00  00 00 00 00 02 00 00 00
08830058544 01 00 06 00 00 00 00 00  00 00 00 00 00 00 00 00
08830058560 80 00 29 1C A2 0F 00 20  20 20 20 20 20 20 20 20
08830058576 20 20 46 41 54 33 32 20  20 20 33 C9 8E D1 BC F4
08830058592 7B 8E C1 8E D9 BD 00 7C  88 4E 02 8A 56 40 B4 08
08830058608 CD 13 73 05 B9 FF FF 8A  F1 66 0F B6 C6 40 66 0F
08830058624 B6 D1 80 E2 3F F7 E2 86  CD C0 ED 06 41 66 0F B7
08830058640 C9 66 F7 E1 66 89 46 F8  83 7E 16 00 75 38 83 7E
08830058656 2A 00 77 32 66 8B 46 1C  66 83 C0 0C BB 00 80 B9
08830058672 01 00 E8 2B 00 E9 48 03  A0 FA 7D B4 7D 8B F0 AC
08830058688 84 C0 74 17 3C FF 74 09  B4 0E BB 07 00 CD 10 EB
08830058704 EE A0 FB 7D EB E5 A0 F9  7D EB E0 98 CD 16 CD 19
08830058720 66 60 66 3B 46 F8 0F 82  4A 00 66 6A 00 66 50 06
08830058736 53 66 68 10 00 01 00 80  7E 02 00 0F 85 20 00 B4
08830058752 41 BB AA 55 8A 56 40 CD  13 0F 82 1C 00 81 FB 55
08830058768 AA 0F 85 14 00 F6 C1 01  0F 84 0D 00 FE 46 02 B4
08830058784 42 8A 56 40 8B F4 CD 13  B0 F9 66 58 66 58 66 58
08830058800 66 58 EB 2A 66 33 D2 66  0F B7 4E 18 66 F7 F1 FE
08830058816 C2 8A CA 66 8B D0 66 C1  EA 10 F7 76 1A 86 D6 8A
08830058832 56 40 8A E8 C0 E4 06 0A  CC B8 01 02 CD 13 66 61
08830058848 0F 82 54 FF 81 C3 00 02  66 40 49 0F 85 71 FF C3
08830058864 4E 54 4C 44 52 20 20 20  20 20 20 00 00 00 00 00
08830058880 00 00 00 00 00 00 00 00  00 00 00 00 00 00 00 00
08830058896 00 00 00 00 00 00 00 00  00 00 00 00 00 00 00 00
08830058912 00 00 00 00 00 00 00 00  00 00 00 00 0D 0A 52 65
08830058928 6D 6F 76 65 20 64 69 73  6B 73 20 6F 72 20 6F 74
08830058944 68 65 72 20 6D 65 64 69  61 2E FF 0D 0A 44 69 73
08830058960 6B 20 65 72 72 6F 72 FF  0D 0A 50 72 65 73 73 20
08830058976 61 6E 79 20 6B 65 79 20  74 6F 20 72 65 73 74 61
08830058992 72 74 0D 0A 00 00 00 00  00 AC CB D8 00 00 55 AA
扇区 17,246,208 / 62,930,944   偏移量:  8,830,058,582   = 50  选块:  8,830,058,578 - 8,830,058,582
```

图 7-4-11 GPT 硬盘的第四分区起始扇区 17246208 号扇区

其他的分区也可同样跳转查看。NTFS 分区和 FAT32 分区的第一扇区存放的都是 DBR,DBR 将会在下面的任务 5 和任务 6 中详细讲解。

(五) 备份分区头与备份分区表项

整个硬盘的最后 33 个扇区用于存值分区表和主分区头的备份,从后往前,第一个扇区是主分区头的备份,备份分区头实际上与主分区头的内容完全一样,只是它存储在最后一个逻辑块(LBA −1)。

注意

没有 MBR 的备份。

1. 查看备份分区头

在 WinHex 中打开 GPT 硬盘,移动滚动条的滑块到最下方,即可看到最后的扇区,如图 7-4-12 所示,其中的数据与前面的 1 号扇区中的数据是一样的,是主分区头的备份。

1. 查看备份分区表

备份分区表项的内容与分区表项的内容也是完全一致的,只是它存放的位置是 LBA −33 到 LBA −2 的区域。跳转到 LBA −33 扇区,即整个硬盘最后扇区号减去 33,从第一个分区表开始备份在此,依次是各分区表项,每个占 128 字节,为了区分各表项,在图 7-4-13 中,对备份分区表项加上了底纹。

备份分区头与备份分区表项存在的主要意义就是便于数据恢复。

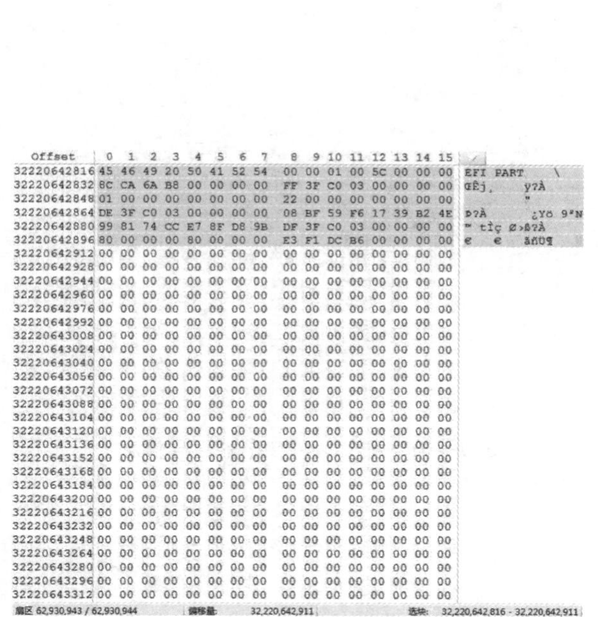

图 7-4-12　GPT 硬盘的最后一个扇区（LBA －1）主分区头备份

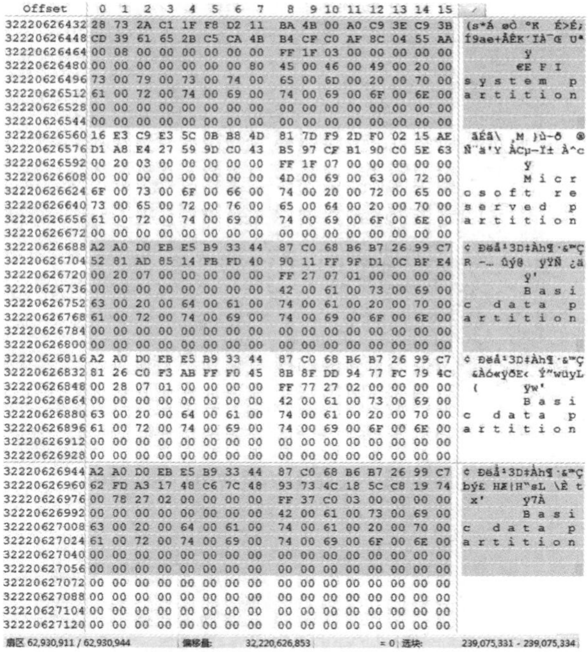

图 7-4-13　GPT 硬盘的倒数第 33 个扇区（LBA －33）分区表备份

三、GPT 的恢复

GPT 的恢复主要包括 LBA 0(MBR)、LBA 1(主分区头)和 LBA 2 到 LBA 33 的分区表恢复。GPT 在硬盘的最后 33 个扇区有主分区头与分区表的备份，利用它们即可完成恢复。

（一）GPT 的 MBR 恢复

LBA 0(0 号扇区)是 MBR 分区，它没有备份，前 446 字节全部是“0”，4 个分区表只用了 1 个，只有一个标识为 0xEE 的分区，以此来表示这块硬盘使用 GPT 分区，其他分区表全部是“00”，最后两字节是结束标志“55AA”，所以比较好恢复。

1. 修复 MBR 的引导信息

将扇区的前 446 字节清零，注意有部分保护性的 MBR 也会有引导代码，可以复制其他 GPT 硬盘的第 1 扇区前 446 字节的引导代码。

步骤 1：打开正常 GPT 分区的第一扇区，在第 1 字节处右击鼠标，选择“选块开始”选项，再在 446 字节结束处右击鼠标，在弹出的菜单中选择“选块结束”选项，即可选中引导信息，如图 7-4-14 所示。

步骤 2：复制选块。在选中的引导信息上右击鼠标，选择“编辑”选项，在弹出的菜单中选择“复制选块(C)”选项，在其下级菜单中选择“正常(O)”选项，如图 7-4-15 所示。

步骤 3：用 WinHex 打开故障硬盘，找到第一扇区，用鼠标点击第一字节，再点击鼠标右键，选择“编辑”选项，在弹出的菜单中选择“剪贴板数据(B)”选项中的“写入(W) …”项，如图 7-4-16 所示。

步骤 4：会出现提示“剪贴板数据将被写入到偏移量 0。”对话框，点击“确定(O)”完成写入，如图 7-4-17所示。

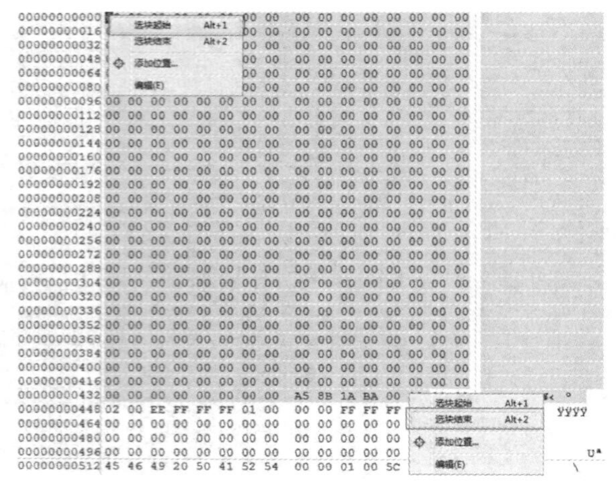

图 7-4-14　选择 446 字节的引导信息

图 7-4-15　复制 446 字节的引导信息

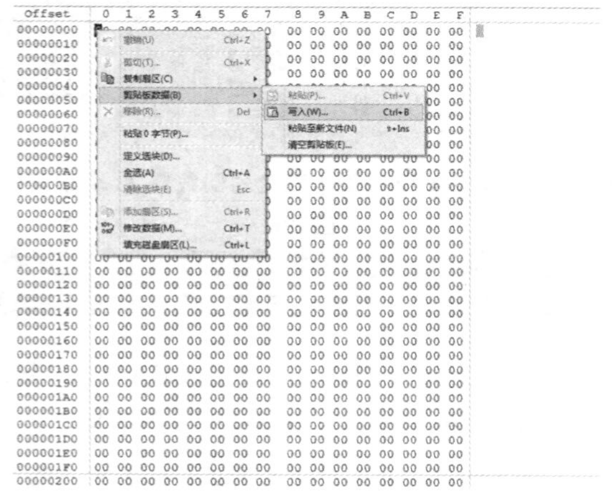

图 7-4-16　写入 GPT 分区硬盘 MBR 的引导信息

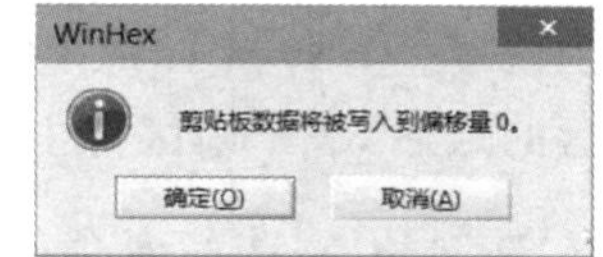

图 7-4-17　提示写入剪贴板数据

步骤 5：点击工具栏的“保存扇区”按钮，会出现“此操作后硬盘的分区或文件系统的完整性将严重破坏”的警告，这是为了防止随意更改硬盘数据而造成硬盘分区或文件系统故障，点击“确定”按钮，会出现“是否确定要将所有修改保存到磁盘”提示，点击“是”按钮，即将正常的引导信息写入到故障硬盘的引导信息位置，完成 MBR 引导信息的修复。

2. 修复 GPT 的 MBR 的分区表

GPT 硬盘的第 1 个扇区 MBR 扇区一般只用了一个分区表，其值基本是固定的：00 00 00 02 00 EE FF FF FF 01 00 00 00 FF FF FF FF，其他分区表全部是零。所以重写第一个分区表项即可。

步骤 1：拖动鼠标选中第一个分区表，在上面点击鼠标右键，选择 “填充选块”选项，弹出“填充选块”对话框。

步骤 2：在“填充选块”对话框中填入“00000200EEFFFFFF01000000FFFFFFFF”，如图 7-4-18 所示，再点击“确定”按钮完成填入，分区表完成。

步骤 3：写入扇区结束标志“55AA”。选择扇区最后两字节，和上面两步骤一样在“填充选块”对话框中填入“55AA”，再点击“确定”完成填入。

步骤 4：最后点击“保存到扇区”按钮完成 MBR 的恢复。

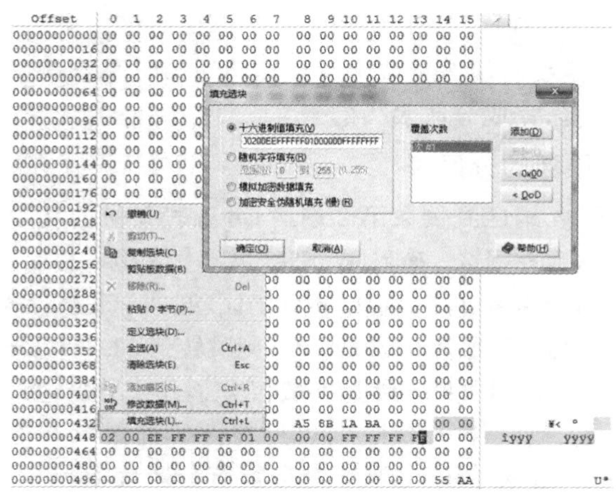

图 7-4-18 完成 MBR 中第一个分区表的恢复

(二)利用备份分区表头与备份分区表项恢复

前面分析得知 GPT 的分区表头在最后扇区存有备份,从倒数第 34 扇区到倒数第 2 扇区是分区表的备份,这样可以使用备份完成分区头和分区表的恢复。

1. 用备份分区表头来恢复分区表头

步骤 1:在 WinHex 中移动滑块到最后,即倒数第 1 扇区,可以看到备份的分区表头,拖动鼠标选中分区表头,再右击鼠标,选择“编辑”选项,在弹出的菜单中选择“复制选块”选项,在其下级菜单中选择“正常”选项,完成复制,如图 7-4-19 所示。

步骤 2:在 WinHex 中移动滑块到最上面,显示的是 0 号扇区,再滚动鼠标移动到 1 号扇区,即分区表头位置,点击该扇区的第 1 字节,再点击鼠标右键,选择“编辑”选项,在弹出的菜单中选择“剪贴板数据(B)”中的“写入(W)...”,如图 7-4-20 所示。

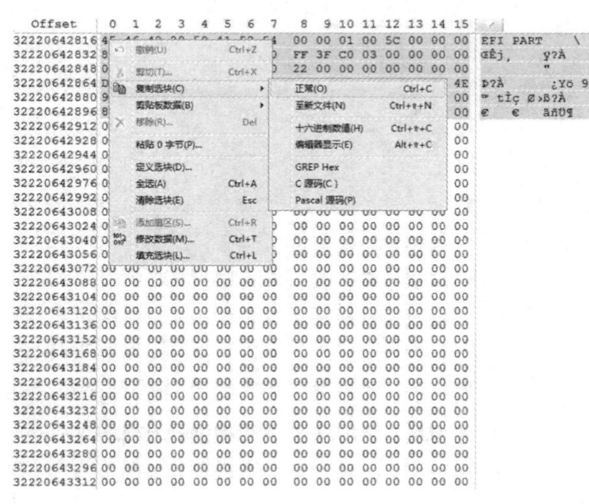

图 7-4-19 复制备份的分区表头

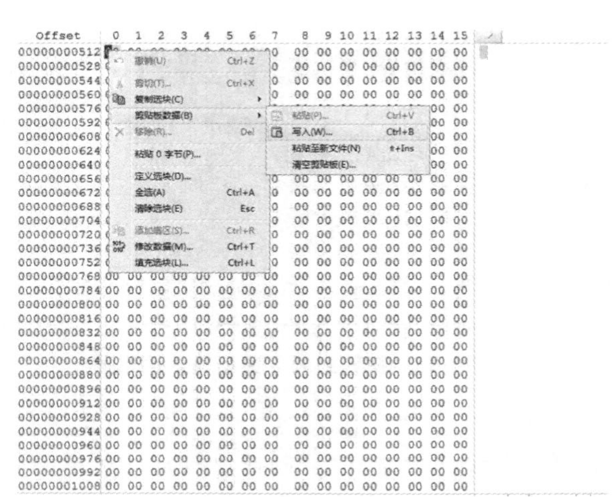

图 7-4-20 粘贴到损坏分区表头扇区

步骤 3:会出现提示“剪贴板数据将被写入到偏移量 512。”对话框,如图 7-4-21 所示,点击“确定(O)”完成写入。

步骤 4：点击工具栏的“保存扇区”按钮，会出现“此操作后硬盘的分区或文件系统的完整性将严重破坏”的警告和“是否确定要将所有修改保存到磁盘”提示，两次确认，即将备份的分区表头写入到故障分区表头的扇区位置，完成分区表头的修复。

2. 用备份分区表修复损坏的分区表

因分区表备份在倒数第 34 扇区到倒数第 2 扇区，分区表备份的起始扇区号是总扇区数减 33。

步骤 1：跳转到备份分区表起始扇区。查看 WinHex 状态栏左侧的存储器总扇区数，这个数减去 33，即分区表备份的起始扇区，点击导航菜单下，选择“转到扇区(T)…”(见图 7-4-22)后，弹出转到扇区对话框。当前 30 GB 的固态硬盘的总扇区数是 62930944 个，则跳转到 62930911 号扇区，如图 7-4-23 所示。

步骤 2：选中分区表项(见图 7-4-24)。硬盘一般仅分了几个分区，所以只用了前面几个分区表项。拖动鼠标选中全部分区表项。若分区较多，可用在开始处鼠标右击选择“选块开始”选项，再点击结尾，点击鼠标右键后选“选块结束”选项来选中所有分区表项。

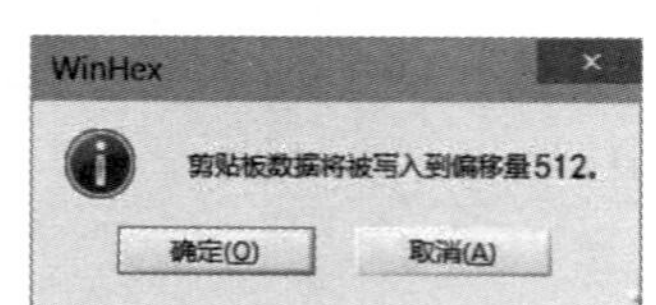

图 7-4-21　提示写入剪贴板数据

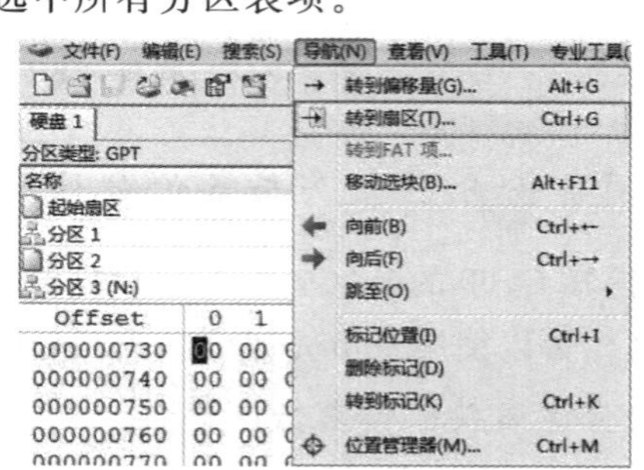

图 7-4-22　导航菜单的转到扇区

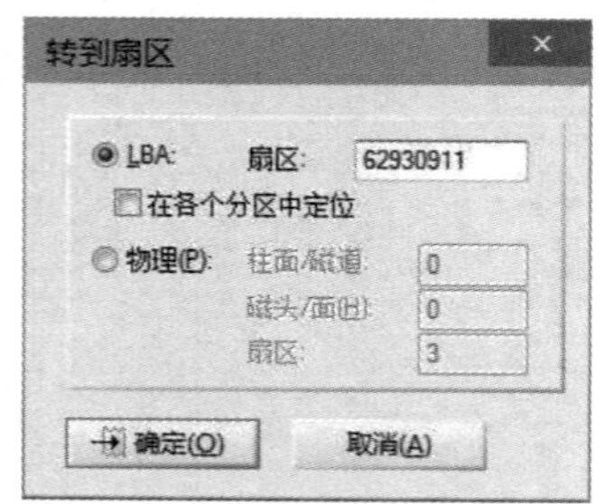

图7-4-23　在转到扇区窗口输入扇区号

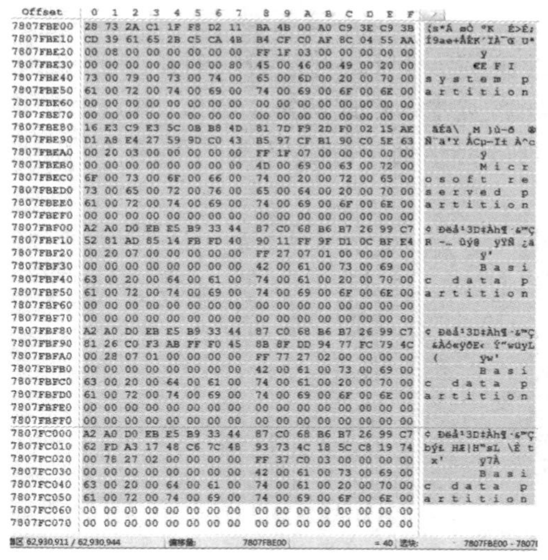

图 7-4-24　选中备份分区表的分区表项

步骤 3：复制分区表项。在选中的分区表项上，点击鼠标右键，在弹出菜单中选择“编辑”选项，在弹出的菜单中选择“复制选块”选项中的“正常”选项。

步骤 4：再跳转回 2 号扇区(第 3 个扇区)，点击扇区的第 1 字节，再右击鼠标，选择“编辑”选项，再在弹出的菜单中选择“剪贴板数据(B)”中的“写入(W)…”。

步骤 5：会出现提示“剪贴板数据将被写入到偏移量”对话框，点击确定按钮完成写入。

步骤 6：点击工具栏的“保存扇区”按钮，会出现“此操作后硬盘的分区或文件系统的完整性将

严重破坏”的警告和“是否确定要将所有修改保存到磁盘”提示，两次确认，即将备份的分区表写入到故障分区表的扇区位置，完成分区表的修复。

（三）用 WinHex 自动检测分区与模板修复 GPT

1. WinHex 自动检测分区

使用自动检测丢失的分区功能使主分区表损坏的修复变得非常简单。若 WinHex 不能自动检测到丢失的分区，则应该检查 WinHex 是否对该功能进行了设置。

步骤 1：打开分区丢失的物理硬盘，在分区表损坏情况下仍可正常识别分区，如图 7-4-25 所示。

步骤 2：分析各分区起始扇区、占扇区数和文件系统类型，记录到草图上。

起始扇区后分区 1、分区 2 相连，并且分区容量小，说明第一分区是 ESP 分区，为 EFI 所用，第二分区是保留 MSR 分区，这两个分区有特定的结构，可参考正常硬盘的两类分区，复制这两个分区表项，再写入维修硬盘的损坏的前两个分区表项(位于 1 号扇区)。

其他分区一般是数据分区，分区的起始扇区是引导扇区，打开相应的 DBR 模板查看分区的起始扇区和分区占扇区数。

点击 WinHex 字符区上面的向下箭头按钮也可以看到各分区，再点击下级菜单中的引导扇区，启动 DBR 模板查看起始扇区和分区占扇区数，其数值需要用草图来辅助分析计算。

2. WinHex 的 GPT 模板重建分区表

重建分区表可以采用 GPT 模板：回到 0 号扇区，打开该模板，在模板中输入需要的参数值，最后保存到硬盘，系统重新加载硬盘即可正常识别分区了。

用 WinHex 模块重建分区表如图 7-6-26 所示。

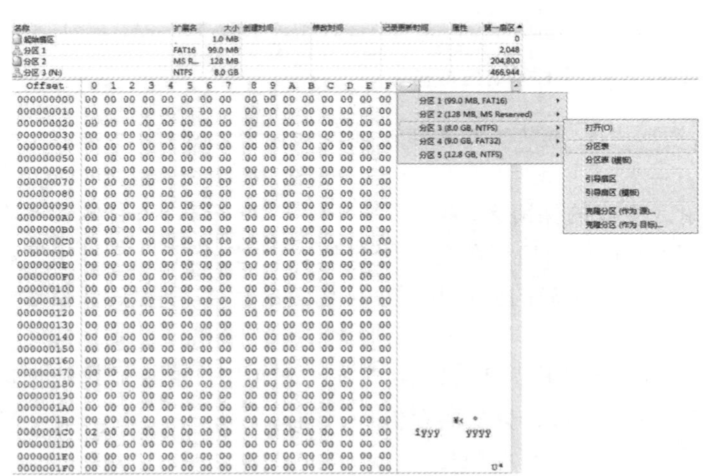

图 7-4-25 WinHex 自动识别分区

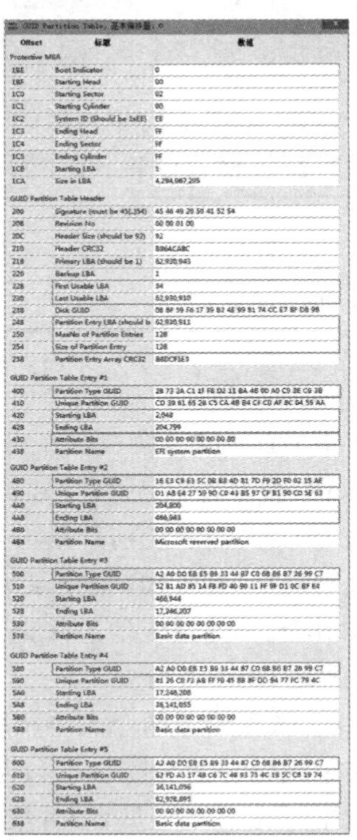

图 7-4-26 用 WinHex 模板重建分区表

WinHex的三种恢复方法都是在EBR和各分区的DBR没有损坏的条件下使用的，若EBR和DBR出现了损坏，则WinHex无法自动检测到分区和EBR所在分区间隙，若DBR和EBR都损坏，需要用更大量的分析，查找文件系统下的特定标记。

任务5 FAT32文件系统

硬盘分区后必须格式化后才能使用，格式化就是建立文件系统。文件系统又被称为文件管理系统，它是指操作系统中负责管理和存储文件信息的软件机构。从系统角度来看，文件系统是对文件存储器空间进行组织和分配，负责文件的存储并对存入的文件进行保护和检索的系统。具体地说，它负责为用户建立文件，存入、读出、修改、转储文件，控制文件的存取，当用户不再使用时撤销文件等。

FAT(文件分配表)文件系统是系统常用的一种文件系统，经历了FAT12文件系统、FAT16文件系统、FAT32文件系统、exFAT文件系统发展过程。现主要使用的是FAT32文件系统和exFAT文件系统，大容量闪存储器采用是exFAT文件系统。

FAT文件系统以簇为数据单元，由2的整数次幂个连续扇区(一般是8、16、32或64个扇区)构成。

一、FAT32文件系统的构成

FAT32文件系统和其他的FAT文件系统相似，由保留区、两个FAT表和数据区构成，分区在硬盘被高级格式创建，在使用期间不能更改。FAT文件系统的结构如图7-5-1所示。

保留区	FAT1	FAT2	数据区

图7-5-1　FAT文件系统的结构

图7-5-1可以理解成一个分区格式化成FAT32后，分区前面部分是保留区，接下来是两个一样的FAT表，FAT2后面是数据区。

FAT32文件系统前部是由若干个扇区组成的保留区，通常有32、34或38个扇区，具体大小在格式化时决定，在DBR中记录下来。保留区的0号扇区称为引导扇区，即DBR扇区，1号扇区存放FSINFO(文件系统信息)，记录文件系统中空闲簇的数量和下个可用簇的簇号等信息，保留区的6号扇区是DBR备份。

FAT区存放着两个大小相同的FAT表，分别称为FAT1和FAT2，FAT表用来描述数据区中存储单元(簇)的分配状态和为文件或文件夹(目录)分配的存储单元的链关系。

数据区在FAT2后，划分成一个一个的簇，用于存储数据。

在FAT文件系统中同时使用“扇区地址”和“簇地址”两种地址管理方式，保留区和FAT表用“扇区地址”，数据区用“簇地址”。

（一）DBR 的结构

DBR 扇区，又称为引导扇区，是保留区的第一个扇区（文件系统的 0 号扇区），记录着文件系统在硬盘上的起始位置、大小，FAT 表个数和大小等信息。DBR 扇区的大小是 512 字节。

从字面上来看，DBR 扇区的作用与引导操作系统有关。DBR 扇区有两个功能，即引导系统和保存文件系统参数。FAT32 DBR 扇区的数据结构如表 7-5-1 所示。

表 7-5-1　FAT32 DBR 扇区的数据结构

偏移/Hex	长度/Byte	说　　明
0x00h	3	跳转指令
0x03h	8	文件系统标志(ASCII)
0x0Bh	2	每个扇区字节数，一般为 0200h
0x0Dh	1	每簇扇区数，一般为 8 到 64 个
0x0Eh	2	保留扇区数，如 20h，即从 32 号扇区开始是 FAT1
0x10h	1	FAT 表个数，为 02h
0x11h	2	分区根目录能容纳 FDB 的个数(FDB 为文件目录项的缩写)
0x13h	2	对 FAT32，此处为零
0x15h	1	介质描述，硬盘为 F8h
0x16h	2	对 FAT32，此处为零
0x18h	2	每磁道扇区数
0x1Ah	2	磁头数
0x1Ch	4	隐藏扇区数，一般为一个磁道的扇区数
0x20h	4	磁盘扇区总数
0x24h	4	每个 FAT 表占扇区数
0x28h	2	扩展标记
0x2Ah	8	文件系统版本
0x2Ch	4	分区根目录起始簇号，一般是 2
0x30h	2	文件系统信息扇区
0x32h	2	引导扇区数
0x34h	12	保留
0x40h	1	磁盘编号(第一个硬盘为 80H)
0x41h	1	保留
0x42h	1	29H
0x43h	4	磁盘号码
0x47h	11	磁盘卷标
0x52h	8	文件系统类型(FAT32 文件系统)
0x5Ah	410	引导代码或错误信息
0x1FE	2	标志“55AA”

对表 7-5-1 做出以下三点说明。

(1) 跳转指令:占 3 字节,作用是跳转到自举代码执行引导程序,指令的第一个字节是命令 JMP,后面是跳转偏移量。

(2) 文件系统版本:占 8 字节,表明 OEM 厂商名称和版本。

(3) 重要的参数包括每个扇区字节数、每簇扇区数、保留扇区数、FAT 表个数、文件系统大小(扇区数)、每个 FAT 表大小(占扇区数)、分区根目录起始簇号等。通过保留扇区数可知道 FAT 表起始扇区,通过每个 FAT 表大小和 FAT 表个数可得到 FAT 区大小,进而得到数据区起始扇区,由分区根目录起始簇号和数据区起始得到分区根目录起始扇区。

(二) DBR 结构分析实例

下面来分析一个具体的 FAT32 文件系统的 DBR 扇区。

结合前面所学,分析 MBR 的分区表和 EBR 分区来确定整个存储器的分区情况和起始扇区,若是 GPT 分区,则分析每个分区表项确定各个分区的起始扇区。

为了分析方便,将第一个分区格式化成 FAT32,MBR 的第一个分区起始于 63 号扇区或 2048 号扇区(在 4K 对齐的情况下)。

1. DBR 扇区的结构

在 WinHex 的转到扇区窗口输入第一分区起始扇区,点击确定按钮跳到第一分区的 DBR 扇区,如图 7-5-2 所示。

```
Offset     0  1  2  3  4  5  6  7   8  9  A  B  C  D  E  F
00007E00  EB 58 90 4D 53 44 4F 53  35 2E 30 00 02 08 24 00   ëX MSDOS5.0   $
00007E10  02 00 00 00 00 F8 00 00  3F 00 FF 00 3F 00 00 00        ø  ? ÿ ?
00007E20  FE A3 1E 00 A6 07 00 00  00 00 00 00 02 00 00 00   þ£  ¦
00007E30  01 00 06 00 00 00 00 00  00 00 00 00 00 00 00 00
00007E40  80 00 29 15 1C 02 00 20  20 20 20 20 20 20 20 20   € )
00007E50  20 20 46 41 54 33 32 20  20 20 33 C9 8E D1 BC F4     FAT32   3ÉŽÑ¼ô
00007E60  7B 8E C1 8E D9 BD 00 7C  88 4E 02 8A 56 40 B4 08   {ŽÁŽÙ½ |ˆN ŠV@´
00007E70  CD 13 73 05 B9 FF FF 8A  F1 66 0F B6 C6 40 66 0F   Í s ¹ÿÿŠñf ¶Æ@f
00007E80  B6 D1 80 E2 3F F7 E2 86  CD C0 ED 06 41 66 0F B7   ¶Ñ€â?÷â†ÍÀí Af ·
00007E90  C9 66 F7 E1 66 89 46 F8  83 7E 16 00 75 38 83 7E   Éf÷áf‰Føƒ~  u8ƒ~
00007EA0  2A 00 77 32 66 8B 46 1C  66 83 C0 0C BB 00 80 B9   * w2f‹F fƒÀ » €¹
00007EB0  01 00 E8 2B 00 E9 48 03  A0 FA 7D B4 7D 8B F0 AC     è+ éH  ú}´}‹ð¬
00007EC0  84 C0 74 17 3C FF 74 09  B4 0E BB 07 00 CD 10 EB   „Àt <ÿt ´ »  Í ë
00007ED0  EE A0 FB 7D EB E5 A0 F9  7D EB E0 98 CD 16 CD 19   î û}ëå ù}ëà˜Í Í
00007EE0  66 60 66 3B 46 F8 0F 82  4A 00 66 6A 00 66 50 06   f`f;Fø ‚J fj fP
00007EF0  53 66 68 10 00 01 00 80  7E 02 00 0F 85 20 00 B4   Sfh    €~   …  ´
00007F00  41 BB AA 55 8A 56 40 CD  13 0F 82 1C 00 81 FB 55   A»ªUŠV@Í  ‚   ûU
00007F10  AA 0F 85 14 00 F6 C1 01  0F 84 0D 00 FE 46 02 B4   ª …  öÁ  „  þF ´
00007F20  42 8A 56 40 8B F4 CD 13  B0 F9 66 58 66 58 66 58   BŠV@‹ôÍ °ùfXfXfX
00007F30  66 58 EB 2A 66 33 D2 66  0F B7 4E 18 66 F7 F1 FE   fXë*f3Òf ·N f÷ñþ
00007F40  C2 8A CA 66 8B D0 66 C1  EA 10 F7 76 1A 86 D6 8A   ÂŠÊf‹ÐfÁê ÷v †ÖŠ
00007F50  56 40 8A E8 C0 E4 06 0A  CC B8 01 02 CD 13 66 61   V@ŠèÀä  Ì¸  Í fa
00007F60  0F 82 54 FF 81 C3 00 02  66 40 49 0F 85 71 FF C3    ‚Tÿ Ã  f@I …qÿÃ
00007F70  4E 54 4C 44 52 20 20 20  20 20 20 00 00 00 00 00   NTLDR
00007F80  00 00 00 00 00 00 00 00  00 00 00 00 00 00 00 00
00007F90  00 00 00 00 00 00 00 00  00 00 00 00 00 00 00 00
00007FA0  00 00 00 00 00 00 00 00  00 00 00 00 0D 0A 52 65                 Re
00007FB0  6D 6F 76 65 20 64 69 73  6B 73 20 6F 72 20 6F 74   move disks or ot
00007FC0  68 65 72 20 6D 65 64 69  61 2E FF 0D 0A 44 69 73   her media.ÿ  Dis
00007FD0  6B 20 65 72 72 6F 72 FF  0D 0A 50 72 65 73 73 20   k errorÿ  Press
00007FE0  61 6E 79 20 6B 65 79 20  74 6F 20 72 65 73 74 61   any key to resta
00007FF0  72 74 0D 0A 00 00 00 00  00 AC CB D8 00 00 55 AA   rt       ¬ËØ  Uª
```

图 7-5-2　FAT32 文件系统的 DBR 扇区

(1) 对图 7-5-2 进行分析如下。

(2) 0x0B 起 2 字节:每个扇区字节数,0x0200(512)。

(3) 0x0D 起 1 字节:每簇扇区数,0x08(8),每簇 8 个扇区。

(4) 0x0E 起 2 字节:保留扇区数,0x0024(36),保留区占 36 个扇区,可以得到 FAT1 起始于 36 号扇区。

(5) 0x10 起 1 字节:FAT 表个数,0x02,通常有 2 个 FAT 表。

(6) 0x1C 起 4 字节:分区前已用扇区数。

(7) 0x20 起 4 字节:文件系统大小,当前值是 0x001EA3FE(2008062)。

(8) 0x24 起 4 字节：每个 FAT 表大小，当前值是 0x000007A6(1958)。

(9) 0x2C 起 4 字节：分区根目录起始簇号，通常是 2。说明通常情况下分区根目录及其文件起始于数据区的第一个簇，即 2 号簇。

(10) 0x30 起 2 字节：FSINFO(系统信息)扇区号，通常是 1，为操作系统提供关于空闲簇总数及下一个可用簇的信息。

(11) 0x32 起 2 字节：备份引导扇区的位置，通常位于文件系统的 6 号扇区。

(12) 0x47 起 11 字节：卷标，用户指定的卷标名，用 ASCII 表示。

(13) 0x52 起 8 字节：文件系统标志，WinHex 右侧显示明文“FAT32”。

(14) 0x5A 起 410 字节：通常用于存放引导代码和错误信息。若是活动分区，则通过硬盘主引导记录(MBR)的引导代码找到该引导扇区的引导代码并将控制权交给它，由它找到当前操作系统文件进行加载。

2. DBR 备份扇区结构

在 WinHex 的转到扇区窗口输入 FAT32 分区起始扇区数加 6，即可跳到 FAT32 分区的 DBR 备份扇区。

对比一下上面的图，或者 FAT32 分区的 DBR 扇区，二者的数据是一样的，这样当 DBR 丢失时，就可以用备份的 DBR 来恢复了。

(三) FAT32 文件系统的 FAT 表

FAT32 文件系统下保留区后的就是 FAT 区，FAT 文件系统有 2 个 FAT 表，FAT2 是 FAT1 的备份。FAT 表的作用是描述簇的分配状态及标明文件或目录的下一簇的簇号。

分析 FAT32 的 DBR 偏移 0x0E～0x0F 字节处的保留扇区数而得到 FAT 表的起始位置。

在 WinHex 中跳转到 FAT1 起始扇区，查看 FAT 表结构。FAT 表由很多个 FAT 表项(4 字节)构成，分区表项数对应数据区的簇数。FAT 表项由 0 开始编号，第 0 个表和第 1 个表被系统占用，第 2 个表项对应数据区的 2 号簇，即分区根目录簇。

FAT 表在对分区进行高级格式化时创建，分配给 FAT 区域的扇区后将会被清空，在 0 号表项和 1 号表项位置写下标志“F8FFFF0F”和“FFFFFF0F”，2 号表项对应 2 号簇，即分区根目录起始簇，初始状态根目录没有数据，所以 2 号表项写下“FFFFFF0F”标志，该标志是文件结束标志。其他表项都用 0 填充，表示对应的簇未使用。

建立文件时，一般使用多个簇，对应 FAT 表项记录文件使用的下个簇的簇号，最后使用的一个簇对应的 FAT 表项写入结束标志“FFFFFF0F”。

建立文件夹(目录)时，开始只分配一个簇，当目录增大超过一个簇，则会继续为其分配另一个簇，相应的 FAT 表项也会更改。

1. 查看 FAT1

前面已知道分区起始扇区，加上保留扇区大小，即可得到 FAT1 起始扇区，案例中分区起始于 63 号扇区，保留区大小是 36 字节，则 FAT1 起始扇区是 99 号扇区。

在 WinHex 中用导航菜单的转到扇区命令，输入 99 后跳转到 FAT1 起始扇区，如图 7-5-3 所示。

2. 查看 FAT2

FAT1 起始扇区加上 DBR 中分析得到 FAT 表大小(占扇区数)，即可得到 FAT2 起始扇区。FAT 表占扇区数是 1958，加上 99 即可跳转到该扇区查看其中的数据是否和 FAT1 的数据相同。

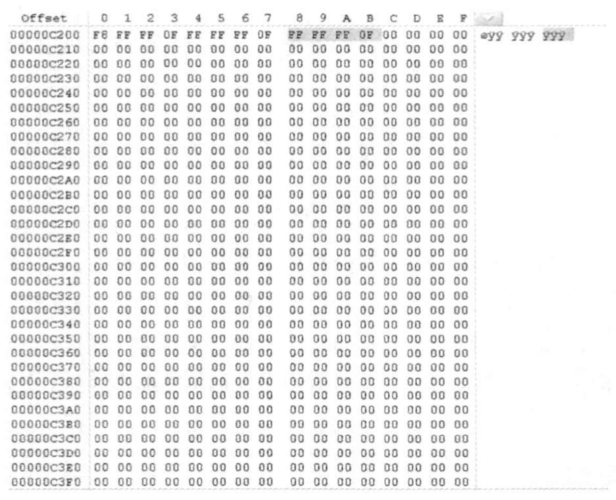

图 7-5-3　FAT32 文件系统 FAT 表起始扇区

（四）FAT32 文件系统的数据区

数据区是存放数据的区域，在 FAT2 后，以簇为单位。簇的起始是 2 号簇，2 号簇存储分区根目录。

分区根目录通常位于 2 号簇，2 号簇是数据区的开始。在数据区前面是 FAT2，所以知道分区的起始扇区，加上保留区大小、加上两个 FAT 表大小，即可得到数据区的起始扇区，也是根目录起始扇区。

计算案例中数据区的起始扇区：63＋36＋1958＋1958，跳转到数据区起始扇区，如图 7-5-4 所示。

某簇的起始扇区的计算公式为：分区起始扇区＋保留区扇区数＋2×FAT 表占扇区数＋每簇扇区数×（簇号－2）。

分区根目录在格式化（文件系统建立）时创建，由于没有文件，所以只分配了一个簇的空间（即 2 号簇），将结束标志写入 FAT2。分区根目录由多个目录项构成，每个目录项 32 字节。创建分区根目录时会清空 2 号簇占的几个扇区。若指定了卷标（分区名），则在分区根目录下建立一个卷标目录项。图 7-5-5 中有 8 个目录项，它们描述了不同的文件。

（五）FAT32 文件系统的数据存储

分区根目录下新建文件或目录，就是在根目录分配的簇中建立目录项。如果有需要，则在未分配的空间中为其分配簇空间以存储数据内容。

为文件或子文件夹（目录）分配的第一个簇的簇号记录在目录项中，后续簇由 FAT 表项形成的 FAT 表链定位。

目录项中还记录了名字、大小、时间值。

每个文件或文件夹占有 32 字节，短文件名目录项还有一个占若干个 32 字节的长文件名目录项。

这里以案例分析文件写入后 FAT 表与分区根目录的变化。下面在分区下分别创建一个记事本文件，并写入内容，复制 PNG 图片、GHO 文件和 EXE 可执行文件后。

一个文件会用多个目录项（属性），若文件很大，不能在目录项中存储，则会用后面连续的簇存放，在前面属性中记录文件的起始簇和文件长度。

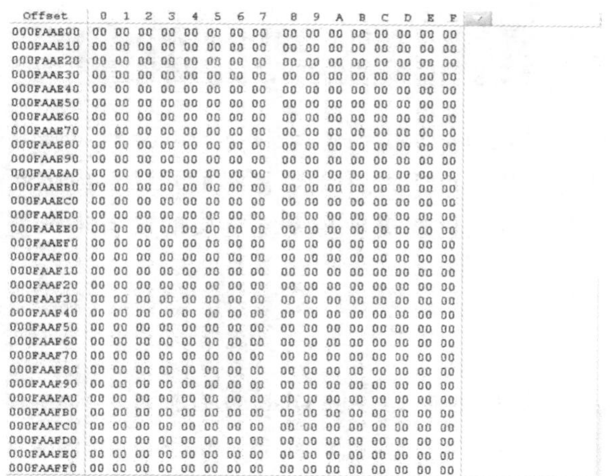

图 7-5-4 FAT32 文件系统数据区起始扇区（新创建，未写入文件）

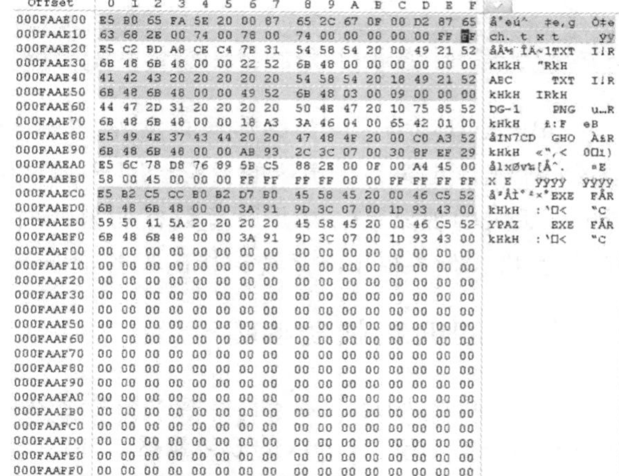

图 7-5-5 FAT32 文件系统数据区起始扇区（分区根目录目录项）

建立一个新的子目录项（见图 7-5-6）时，在空闲区域中分配一个簇，在其父目录项中创建了描述起始簇号的目录项，同时在子目录中创建 2 个目录项描述它与父目录的关系：一个是“.”目录项，描述子目录自己的信息；一个是“..”目录项，描述是此子目录项的父目录的信息。

1 个文件的起始簇号记录在它的目录项中，其他簇用链的方式记录在 FAT 表项中。

写入文件时，会在 FAT 中簇号对应的 FAT 表项做记录，若文件小，用一个簇就行，则对此的 FAT 表项写入“FF FF FF 0F”，若文件用多个簇存放，则存该文件的前面簇对应的 FAT 表项会写入下个簇的簇号，最后的簇对应的 FAT 表项写入结束标志“FF FF FF 0F”，如图 7-5-7 所示。

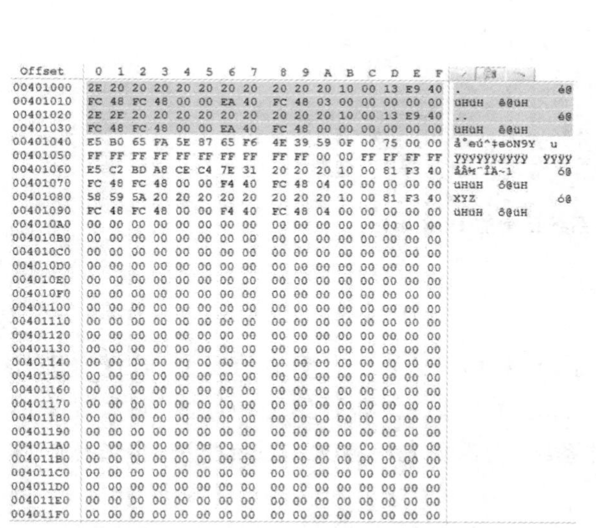

图 7-5-6 FAT32 文件系统子目录项

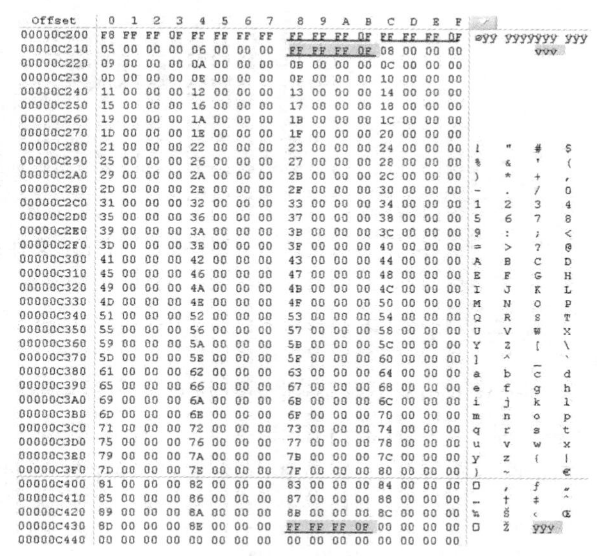

图 7-5-7 分区被写入文件后 FAT 表变化

从图 7-5-7 中可以看出，新建了 3 个文件或文件夹，3 号目录项可能是文件夹，因为它仅占用了 1 个簇，4、5、6 号目录项描述了 1 个文件，占有了连续的 3 个簇，后面使用了 34 个目录项，文件占用了从 8 号簇开始的连续 34 个簇。

二、FAT32 文件系统 DBR 的恢复

DBR 是管理分区里面的数据的，默认占用 32 个扇区，实际只用第一个扇区（即 0 号扇区），其中第六个扇区是第一个扇区的备份。DBR 通过格式化产生。DBR 丢失的原因是病毒破坏或突然断电。丢失的现象是当打开原有数据的分区时，提示未格式化或提示与系统链接的设备未准备好，是否格式化或提示与系统链接的设备不能正常运转。

（一）DBR 的恢复思路

（1）用备份 DBR 恢复：这是最简单的恢复方法，使用的前提是备份 DBR 没有损坏。FAT32 文件系统备份 DBR 在分区的 6 号扇区。

（2）在 WinHex 下从分区格式相同的分区上复制过来，然后做相应的参数修改。

图 7-5-8 中画粗线的就是重要的需要计算后再修改的参数，即每簇扇区数、保留扇区数、当前 DOS 分区前隐含扇区数、扇区总数、每个 FAT 表所占扇区数。

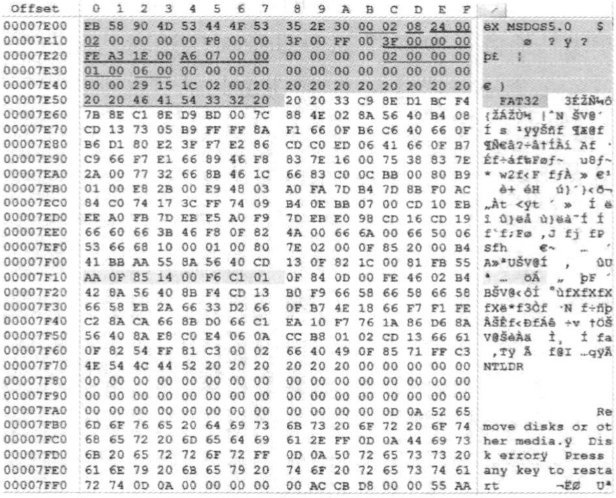

```
Offset     0  1  2  3  4  5  6  7   8  9  A  B  C  D  E  F
00007E00  EB 58 90 4D 53 44 4F 53  35 2E 30 00 02 08 24 00  eX MSDOS5.0
00007E10  02 00 00 00 00 F8 00 00  3F 00 FF 00 3F 00 00 00
00007E20  FE A3 1E 00 A6 07 00 00  00 00 00 00 02 00 00 00
00007E30  01 00 06 00 00 00 00 00  00 00 00 00 00 00 00 00
00007E40  80 00 29 15 1C 02 00 20  20 20 20 20 20 20 20 20
00007E50  20 20 46 41 54 33 32 20  20 20 33 C9 8E D1 BC F4    FAT32
00007E60  7B 8E C1 8E D9 BD 00 7C  88 4E 02 8A 56 40 B4 08
00007E70  CD 13 73 05 B9 FF FF 8A  F1 66 0F B6 C6 40 66 0F
00007E80  B6 D1 80 E2 3F F7 E2 86  CD C0 ED 06 41 66 0F B7
00007E90  C9 66 F7 E1 66 89 46 F8  83 7E 16 00 75 38 83 7E
00007EA0  2A 00 77 32 66 8B 46 1C  66 83 C0 0C BB 00 80 B9
00007EB0  01 00 E8 2B 00 E9 48 03  A0 FA 7D B4 7D 8B F0 AC
00007EC0  84 C0 74 17 3C FF 74 09  B4 0E BB 07 00 CD 10 EB
00007ED0  EE A0 FB 7D EB E5 A0 F9  7D EB E0 98 CD 16 CD 19
00007EE0  66 60 66 3B 46 F8 0F 82  4A 00 66 6A 00 66 50 06
00007EF0  53 66 68 10 00 01 00 80  7E 02 00 0F 85 20 00 B4
00007F00  41 BB AA 55 8A 56 40 CD  13 0F 82 1C 00 81 FB 55
00007F10  AA 0F 85 14 00 F6 C1 01  0F 84 0D 00 FE 46 02 B4
00007F20  42 8A 56 40 8B F4 CD 13  B0 F9 66 58 66 58 66 58
00007F30  66 58 EB 2A 66 33 D2 66  0F B7 4E 18 66 F7 F1 FE
00007F40  C2 8A CA 66 8B D0 66 C1  EA 10 F7 76 1A 86 D6 8A
00007F50  56 40 8A E8 C0 E4 06 0A  CC B8 01 02 CD 13 66 61
00007F60  0F 82 54 FF 81 C3 00 02  66 40 49 0F 85 71 FF C3
00007F70  4E 54 4C 44 52 20 20 20  20 20 20 00 00 00 00 00  NTLDR
00007F80  00 00 00 00 00 00 00 00  00 00 00 00 00 00 00 00
00007F90  00 00 00 00 00 00 00 00  00 00 00 00 00 00 00 00
00007FA0  00 00 00 00 00 00 00 00  00 00 00 00 0D 0A 52 65                Re
00007FB0  6D 6F 76 65 20 64 69 73  6B 73 20 6F 72 20 6F 74  move disks or ot
00007FC0  68 65 72 20 6D 65 64 69  61 2E FF 0D 0A 44 69 73  her media.ÿ  Dis
00007FD0  6B 20 65 72 72 6F 72 FF  0D 0A 50 72 65 73 73 20  k errorÿ  Press
00007FE0  61 6E 79 20 6B 65 79 20  74 6F 20 72 65 73 74 61  any key to resta
00007FF0  72 74 0D 0A 00 00 00 00  00 AC CB D8 00 00 55 AA  rt
```

图 7-5-8　FAT32 文件系统正常的 DBR 扇区

（二）用备份 DBR 完成 DBR 的恢复

在 WinHex 下跳转到分区的 6 号扇区，查看 DBR 数据，FAT32 有明显的明文，若没有则有 2 种可能：一种是备份 DBR 丢失；一种是不是 FAT32 文件系统。若是第一种可能，则需要采用下面的手动方法修复 DBR。若不是 FAT32 文件系统，则需要先检测文件系统类型，再进行相应的操作。

拖动鼠标选中备份 DBR，右击鼠标，选择“编辑”选项，在弹出的菜单中选择“复制选块”选项中的“正常”项，将备份 DBR 复制到剪贴板。

跳转回到文件系统开始扇区，点击第 1 字节，再右击鼠标，选择“编辑”选项，在弹出的菜单中选择“剪贴板数据(B)”中的“写入(W)...”，会继续弹出菜单提示写入到偏移位置。

点击工具栏的“保存扇区”按钮，会出现“此操作后硬盘的分区或文件系统的完整性将严重破

坏”的警告和“是否确定要将所有修改保存到磁盘?”提示,两次确认,即将备份的 DBR 写入到故障 DBR 的扇区位置了,完成了 DBR 的修复。

(三)手动完成 DBR 的恢复

为了恢复方便,可以像分析 MBR 分区表过程一样,绘制分区结构草图(见图 7-5-9),标记出分析出的内容,分区起始扇区、保留区大小、FAT 表起始扇区、FAT 表大小等。

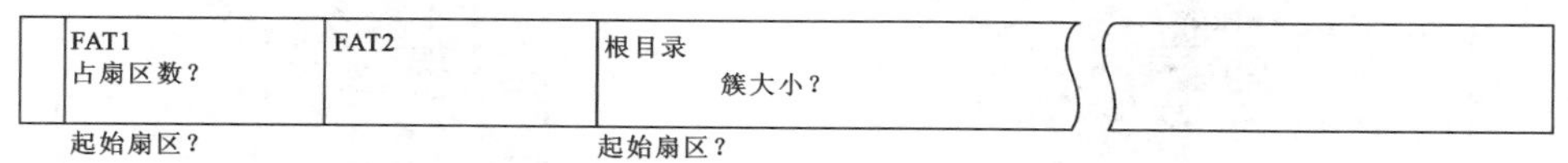

图 7-5-9 绘制分区结构草图

步骤 1:首先将参数从分区格式相同的分区上复制过来,然后再修改 DB 参数,尽可能找分区大小相近的分区,这样数据越相近。

步骤 2:搜索 FAT 表。搜索的关键字是“F8FFFF”,偏移是 0 字节,如图 7-5-10 所示,若能找到 FAT 表,说明文件系统是 FAT 文件系统,记录下 WinHex 左下角当前扇区,若数据很小(相对分区起始扇区)只是几十个,则说明这是 FAT1,同时可知道 FAT1 前的保留区大小,若数值很大,则说明这是 FAT2,FAT1 未找到说明 FAT1 受损,接下来通过查找分区根目录起始扇区来确定 FAT 表的大小和保留区的大小。

步骤 3:确定 FAT 表的大小。若能找到 FAT1 和 FAT2,则它们起始扇区的数据差就是 FAT 表的大小。若没有找到 FAT2 或 FAT1,则需要查找分区根目录起始扇区。实用的方法是搜索分区根目录下的目录或文件名。现在 FAT32 常用于移动存储的 U 盘或闪存卡,所以要访问客户早期创建的目录(文件夹)名或文件名,而不是近期创建的,因为当分区根目录用光后,会在后面空闲簇中选择作为分区根目录后续簇,近期创建的目录就很可能不在分区根目录(2 号簇)了。执行 WinHex工具栏上的搜索文本字符按钮或菜单栏中“查找”中“查找文本”菜单项。在搜索文件中输入目录名如式程文件,字符集选择“ASCII/Code page”,如图 7-5-11 所示,FAT32 使用 ASCII 存储文本,NTFS 要选择“Unicode”。目录项使用 32 字节,所以偏移设置为“32=0”。点击“确定”开始搜索,一定会找到该目录项,而且可能会看到其他的目录项,当前扇区就是分区根目录起始扇区,记下扇区数。下面来计算 FAT 表的大小:若查找到的是 FAT1,则分区根目录起始扇区减去 FAT1 的起始扇区再除以 2,得到 FAT 表的大小(占扇区数);若查找到的是 FAT2,则分区根目录起始扇区减去 FAT1 的起始扇区,得到 FAT 表的大小(占扇区数);再推算保留区的大小,分区根目录起始扇区减去两个 FAT 表大小再减去分区起始扇区,得到保留区大小。

步骤 4:计算每簇扇区数。计算依赖分区根目录下的子目录,子目录的第一个目录项是“.”,这个目录项用来描述自己,其中有一个参数描述它所在扇区的簇号,利用该子目录和分区根目录间的扇区号差及簇号差就可以计算出簇大小。当然也可以利用一个子目录和其父目录的扇区号差及簇号差计算每簇扇区数。搜索“.”的十六进制数“2E20202020202020202020”,加条件512=0,会搜索到第一个“.”目录项,获得其所在簇号,偏移 0x14 的 2 字节是簇号高二位,偏移 0x1A 的 2 字节为簇号的低二位,得到扇区的簇号为“0x00000003”,说明该子目录位于 3 号簇,记下当前扇区数。当前扇区数减去分区根目录起始扇区数得到簇的大小。对于当前案例,簇大小是 8 个扇区。

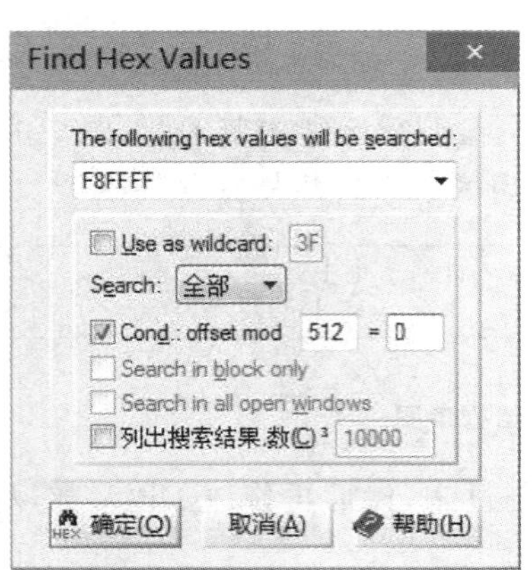

图 7-5-10　WinHex 搜索十六进制数“F8FFFF”

图 7-5-11　WinHex 搜索文本字符

注意

得到的簇大小，即占扇区数一定是 2 的整数次方，若不是，则一定是错误的，计算时可多找几个子目录，根据子目录之间的关系计算簇的大小。

Master Boot Record, 基本偏移量: 0

Offset	标题	数值
0	JMP instruction	EB 58 90
3	OEM	MSDOS5.0
BIOS Parameter Block		
11	Bytes per sector	512
13	Sectors per cluster	8
14	Reserved sectors	32
16	Number of FATs	2
17	Root entries (unused)	0
19	Sectors (on small volumes)	0
21	Media descriptor (hex)	F8
22	Sectors per FAT (small vol.)	0
24	Sectors per track	63
26	Heads	255
28	Hidden sectors	63
32	Sectors (on large volumes)	2,104,452
FAT32 Section		
36	Sectors per FAT	2,052
40	Extended flags	0
40	FAT mirroring disabled?	0
42	Version (usually 0)	0
44	Root dir 1st cluster	2
48	FSInfo sector	1
50	Backup boot sector	6
52	(Reserved)	00 00 00 00 00 00 00 00 00 00 00 00
64	BIOS drive (hex, HD=8x)	80
65	(Unused)	0
66	Ext. boot signature (29h)	29
67	Volume serial number (decimal)	16,372
67	Volume serial number (hex)	F4 3F 00 00
71	Volume label	
82	File system	FAT32
510	Signature (55 AA)	55 AA

图 7-5-12　WinHex 的 FAT32 文件系统 DBR 模板

步骤 5：当前 DOS 分区前隐含扇区数，实际就是分区起始扇区数，由分析 MBR 分区表得到，或者直接在 WinHex 中查看到起始扇区，或者通过“Partition table”分区表模板得到。

步骤 6：扇区总数。WinHex 在分区出错的情况下也可以确定分区起始扇区和大小，方法同上。

步骤 7：重建 DBR。复制一个正常的 DBR 扇区数据，写入该分区的起始扇区，然后修复其中的几个参数：保留区占扇区数、FAT 表起始扇区、每个 FAT 表大小、每簇扇区数、分区前隐含扇区数和分区占扇区数，依次写入后保存到扇区。也可以用模板完成 DBR 的修复，在模板中仅需要修改这几个重要参数即可。WinHex 的 FAT32 文件系统 DBR 模板如图 7-5-12 所示。

步骤 8：备份 DBR 到 6 号扇区，将 DBR 扇区数据写入到 6 号扇区完成备份 DBR。

步骤 9：若 FAT1 或 FAT2 损坏，则需要用完好的另一个恢复，通过“选块开始”选项和“选块结束”选项来选择整个 FAT1 或 FAT2，再复制到剪贴板，回到另一个 FAT 起始扇区，点击第 1 字节，点击鼠标右键将剪贴板数据写入 FAT 表，再点击“保存到扇区”按钮，完成 FAT 的恢复。

（四）DBR 恢复练习

（1）创建虚拟硬盘，将硬盘分区并格式化后，在分区内考入一些数据，用 WinHex 打开硬盘的 DBR，将 DBR 的数据删除，存盘后重新启动计算机。

提示：可将保留区及 FAT1 的内容全部清空，制造 DBR 和 FAT1 被破坏的接近实际的情形。

（2）记录计算机启动的现象。

（3）对此硬盘进行 DBR 的手动恢复，记录恢复过程，存盘，重新启动计算。

（4）记录计算机启动现象，查看计算机原有数据情况。

任务6 NTFS

NTFS 是微软公司力推的文件系统。NTFS 的结构与 FAT 文件系统完全不同，NTFS 采用了全新的设计结构和管理方式。它无论是在安全性还是在可恢复方面都有着良好的表现。

一、NTFS 的结构

NTFS 采用了与 FAT 文件系统不同的方式对系统中的数据进行管理。NTFS 在管理数据与数据区方面均全部采用簇管理。

（一）NTFS 与 FAT32 文件系统对比

NTFS 与 FAT32 文件系统相似的是，其 0 号扇区也是 DBR 扇区，备份 DBR 在该文件系统（分区）的最后一个扇区。

NTFS 与 FAT32 文件系统的结构对比如图 7-6-1 所示。

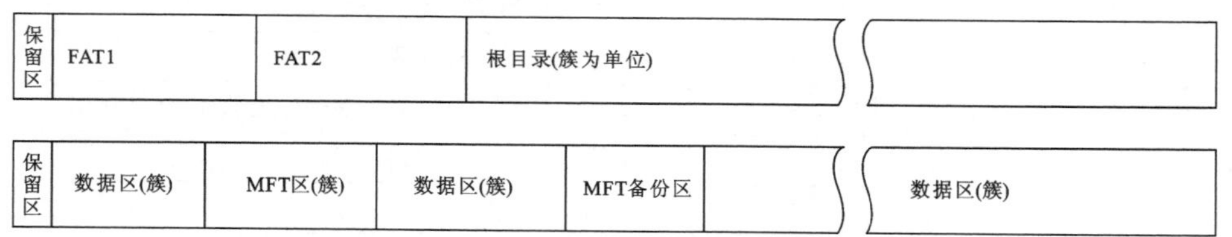

图 7-6-1　NTFS 与 FAT32 文件系统的结构对比

一个 NTFS 大致上可以分为引导区（保留区）、MFT 区、MFT 备份区、数据区和 DBR 备份区几个部分。因为 NTFS 将所有的数据都视为文件，理论上除引导区必须位于第一个扇区外，NTFS 可以在任意位置存放任意文件，但通常会遵循一定的布局习惯。

引导区通常为 16 个扇区，DBR 就位于引导区的第一个扇区。

（1）DBR 区：包含 DBR 和引导代码，占 16 个扇区，但未全部使用。

（2）MFT 区：一个连续的簇空间，除非其他的空间已全部被分配使用，否则不会在此空间中存储用户文件或目录。在默认情况下，文件系统的 12.5%被保留给 MFT 区，当文件系统的其他部分被写满后才会暂时使用这部分空间。

(3) MFT 备份：由于 MFT 的重要性，在文件系统中保存了一个 MFT 备份，位置多在文件系统中部，有时也会位于文件系统的前部，MFT 备份很小，因为只备份 MFT 前几项。

(4) DBR 备份：位于卷的最后一个扇区。DBR 描述文件系统的大小时，总是比分区表描述的扇区数少 1 个扇区。因此，严格来讲，DBR 备份区属于该 NTFS 卷，但却不属于该文件系统。

(二) NTFS 的 DBR 数据结构

NTFS 的 DBR 扇区位于 BOOT 区的第一个扇区，它在操作系统的引导过程中起着非常重要的作用，如果这个扇区遭到破坏，则系统将不能正常启动。

当格式化一个分区为 NTFS 时，分配分区开始的 16 个扇区给引导区和自举代码，其中第一个扇区是 NTFS 的 DBR 扇区。

NTFS 的 DBR 扇区的结构与 FAT 文件系统的 DBR 扇区有着类似的结构，也包括跳转指令、OEM 版本号、BPB 参数、引导代码和结束标志。

NTFS DBR 扇区的数据结构如表 7-6-1 所示。

表 7-6-1　NTFS DBR 扇区的数据结构

字节偏移(十六进制)	占字节数	含义说明
0x00～0x02	3	跳转指令
0x03～0x0A	8	"NTFS"标注
0x0B～0x0C	2	字节数/扇区
0x0D～0x0D	1	簇大小(扇区数)
0x0E～0x0F	2	预留扇区，微软设置值为 0
0x10～0x14	5	没使用，微软设置值为 0
0x15～0x15	1	描述介质符号
0x16～0x17	2	没使用，微软设置值为 0
0x18～0x19	2	扇区数/磁道，微软不检查此值
0x1A～0x1B	2	磁头数/柱面，微软不检查此值
0x1C～0x1F	4	隐含扇区数目，微软不检查此值
0x20～0x23	4	没有使用，微软设置值为 0
0x24～0x27	4	没有使用，值为"80008000"，微软不检查此值
0x28～0x2F	8	文件系统扇区总数目
0x30～0x37	8	MFT 起始簇号
0x38～0x3F	8	备份 MFT 起始簇号
0x40～0x40	4	MFT 的大小
0x41～0x43	3	没有使用
0x44～0x44	4	每个索引占用簇数
0x45～0x47	3	没有使用
0x48～0x4F	8	序列号
0x50～0x53	4	检验值(和)
0x54～0x1FD	426	引导代码
0x1FE～0x1FF	2	"55AA"标记

下面通过案例来分析引导区 DBR 扇区，确定扇区总数、簇大小、MFT 起始簇号、备份 MFT 起始簇、MFT 大小。

当前硬盘的分区都采用了 NTFS，所以可直接分析当前硬盘 C 盘的 0 号扇区，注意不要修改数据，以免损坏系统造成数据丢失。建议可创建虚拟硬盘，划分 5 GB 以上的分区。

用 WinHex 打开该硬盘，分析分区表，跳转到 NTFS 分区，看到的就是 DBR 扇区，如图 7-6-2 所示。

对图 7-6-2 中的 DBR 结构进行分析，下文仅列出部分内容，其他值均是默认值。

（1）0x00 起 3 字节：跳转指令。

（2）0x03 起 8 字节：文件系统明文标志和版本，明文是“NTFS”。

（3）0x0B 起 2 字节：每扇区字节数，值为“0x0200”，即 512 字节。

（4）0x0D 起 1 字节：每簇占扇区数，即簇大小，值是“0x08”，即占 8 个扇区，这个一般和 FAT32 文件系统的簇大小相同。

（5）0x15 起 1 字节：介质描述，0xF8 表示本地硬盘，一般都是该值。

（6）0x1C 起 4 字节：隐含扇区数目，即分区相对于 MBR 扇区或 EBR 扇区的起始扇区数。当前值是“0x00003F”，即起始于 63 号扇区。

（7）0x30 起 8 字节：$ MFT 起始簇号，值是“0x00000000000C0000”，即 3072 簇，乘以簇大小，可得到相对于 DBR（分区起始位置）的 MFT 起始扇区。

（8）0x38 起 8 字节：备份 MFT（$ MFTMirr）起始簇号，值是“0x0000000000000002”，即 2 号簇，乘以簇大小，得到 MFT 备份起始扇区（相对于 DBR，即分区起始位置）。

（9）0x40 起 1 字节：MFT 的大小，占簇数，值是“F6”，即 246 个簇。

（10）0x44 起 1 字节：每个索引的大小，即占簇数，值是“0x01”，即 1 个簇。

（11）0x54 起 462 字节：引导代码。

（12）0x1FE 起 2 字节：签名标志“55AA”。

也可以通过 WinHex 提供的 NTFS 的 DBR 模板（见图 7-6-3）查看参数，包括系统 ID、每扇区字节数、每簇扇区数、保留扇区数、介质描述、隐含扇区数目、总扇区数、$ MFT 起始簇号、$ MFTMirr 的起始簇号、每个 MFT 记录的族数、每个索引块的簇数等。

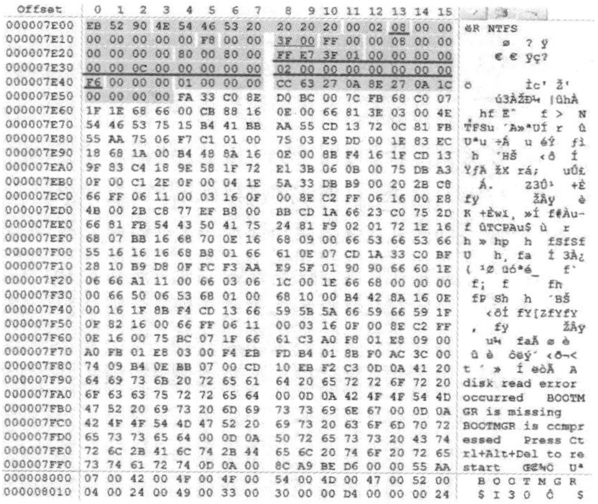

```
Offset      0  1  2  3  4  5  6  7   8  9 10 11 12 13 14 15
000007E00  EB 52 90 4E 54 46 53 20  20 20 20 00 02 08 00 00  ëR NTFS
000007E10  00 00 00 00 00 F8 00 00  3F 00 FF 00 00 08 00 00       ø  ? ÿ
000007E20  00 00 00 00 80 00 80 00  FF E7 3F 01 00 00 00 00      € € ÿç?
000007E30  00 00 0C 00 00 00 00 00  02 00 00 00 00 00 00 00
000007E40  F6 00 00 00 01 00 00 00  CC 63 27 0A 8E 27 0A 1C  ö       Ìc' Ž'
000007E50  00 00 00 00 FA 33 C0 8E  D0 BC 00 7C FB 68 C0 07      ú3ÀŽÐ¼ |ûhÀ
000007E60  1F 1E 68 66 00 CB 88 16  0E 00 66 81 3E 03 00 4E    hf Ë    f > N
000007E70  54 46 53 75 15 B4 41 BB  AA 55 CD 13 72 0C 81 FB  TFSu ´A»ªUÍ r  û
000007E80  55 AA 75 06 F7 C1 01 00  75 03 E9 DD 00 1E 83 EC  Uªu ÷Á  u éÝ  ƒì
000007E90  18 68 1A 00 B4 48 8A 16  0E 00 8B F4 16 1F CD 13   h  ´HŠ  ‹ô  Í
000007EA0  9F 83 C4 18 9E 58 1F 72  E1 3B 06 0B 00 75 DB A3  ŸƒÄ žX rá;   uÛ£
000007EB0  0F 00 C1 2E 0F 00 04 1E  5A 33 DB B9 00 20 2B C8    Á.    Z3Û¹  +È
000007EC0  66 FF 06 11 00 03 16 0F  00 8E C2 FF 06 16 00 E8  fÿ       ŽÂÿ   è
000007ED0  4B 00 2B C8 77 EF B8 00  BB CD 1A 66 23 C0 75 2D  K +Èwï¸ »Í f#Àu-
000007EE0  66 81 FB 54 43 50 41 75  24 81 F9 02 01 72 1E 16  f ûTCPAu$ ù  r
000007EF0  68 07 BB 16 68 70 0E 16  68 09 00 66 53 66 53 66  h » hp  h  fSfSf
000007F00  55 16 16 16 68 B8 01 66  61 0E 07 CD 1A 33 C0 BF  U   h¸ fa  Í 3À¿
000007F10  28 10 B9 D8 0F FC F3 AA  E9 5F 01 90 90 66 60 1E  ( ¹Ø üóªé_    f`
000007F20  06 66 A1 11 00 66 03 06  1C 00 1E 66 68 00 00 00   f¡  f     fh
000007F30  00 66 50 06 53 68 01 00  68 10 00 B4 42 8A 16 0E   fP Sh  h  ´BŠ
000007F40  00 16 1F 8B F4 CD 13 66  59 5B 5A 66 59 66 59 1F    ‹ôÍ fY[ZfYfY
000007F50  0F 82 16 00 66 FF 06 11  00 03 16 0F 00 8E C2 FF   ‚  fÿ       ŽÂÿ
000007F60  0E 16 00 75 BC 07 1F 66  61 C3 A0 F8 01 E8 09 00    u¼  faÃ ø è
000007F70  A0 FB 01 E8 03 00 F4 EB  FD B4 01 8B F0 AC 3C 00   û è  ôëý´ ‹ð¬<
000007F80  74 09 B4 0E BB 07 00 CD  10 EB F2 C3 0D 0A 41 20  t ´ »  Í ëòÃ  A
000007F90  64 69 73 6B 20 72 65 61  64 20 65 72 72 6F 72 20  disk read error
000007FA0  6F 63 63 75 72 72 65 64  00 0D 0A 42 4F 4F 54 4D  occurred   BOOTM
000007FB0  47 52 20 69 73 20 6D 69  73 73 69 6E 67 00 0D 0A  GR is missing
000007FC0  42 4F 4F 54 4D 47 52 20  69 73 20 63 6F 6D 70 72  BOOTMGR is compr
000007FD0  65 73 73 65 64 00 0D 0A  50 72 65 73 73 20 43 74  essed   Press Ct
000007FE0  72 6C 2B 41 6C 74 2B 44  65 6C 20 74 6F 20 72 65  rl+Alt+Del to re
000007FF0  73 74 61 72 74 0D 0A 00  8C A9 BE D6 00 00 55 AA  start   Œ©¾Ö  Uª
000008000  07 00 42 00 4F 00 4F 00  54 00 4D 00 47 00 52 00    B O O T M G R
000008010  04 00 24 00 49 00 33 00  30 00 00 D4 00 00 00 24    $ I 3 0  Ô   $
```

图 7-6-2　NTFS 文件系统的 DBR 扇区

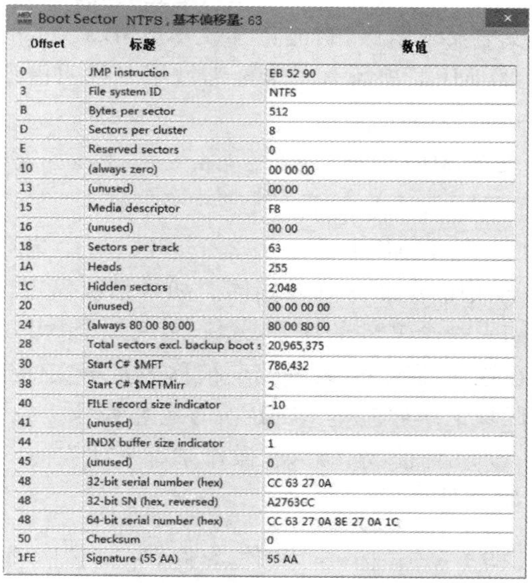

Boot Sector NTFS，基本偏移量：63

Offset	标题	数值
0	JMP instruction	EB 52 90
3	File system ID	NTFS
B	Bytes per sector	512
D	Sectors per cluster	8
E	Reserved sectors	0
10	(always zero)	00 00 00
13	(unused)	00 00
15	Media descriptor	F8
16	(unused)	00 00
18	Sectors per track	63
1A	Heads	255
1C	Hidden sectors	2,048
20	(unused)	00 00 00 00
24	(always 80 00 80 00)	80 00 80 00
28	Total sectors excl. backup boot s	20,965,375
30	Start C# $MFT	786,432
38	Start C# $MFTMirr	2
40	FILE record size indicator	-10
41	(unused)	0
44	INDX buffer size indicator	1
45	(unused)	0
48	32-bit serial number (hex)	CC 63 27 0A
48	32-bit SN (hex, reversed)	A2763CC
48	64-bit serial number (hex)	CC 63 27 0A 8E 27 0A 1C
50	Checksum	0
1FE	Signature (55 AA)	55 AA

图 7-6-3　WinHex 提供的 NTFS 的 DBR 模板

（1）$ MFT 起始簇号指的是 $ MFT 文件的起始位置，$ MFT 文件是系统的第一个元文件。

由于在 NTFS 中，硬盘上的一切都是文件，所以，第一个扇区也是文件。

$MFT 的内容就是记录硬盘文件的、分为一个个的文件记录，$MFT 中第一个文件记录就是 $MFT，第八个文件记录就是 $BOOT。

$ BOOT 占用前 16 个扇区，其中第一个扇区是 DBR 扇区，其他 15 个扇区都一样。

(2) $MFTMirr 起始簇号的意义和 $MFT 起始簇号的一样。

(3) 每个 MFT 记录的簇数，指的是 $MFT 文件中，每个文件记录占用的簇数，一般是固定的 1 KB(2 个扇区)，而不管簇本身有多大。所以，对于簇小于 1 KB 的分区(2 个扇区)，就是实际占用的值，对于簇大于 1 KB 的分区，一律是 0F6H，即 246。

(4) 每个索引块的簇数的意义和 MFT 记录的簇数一样，一般索引大小为 4 KB，根据簇大小换算成簇数即可。

(三) 主文件表(MFT)

主文件表(MFT)是 NTFS 的核心。格式化成 NTFS 文件系统时，就在其中建立了一个主文件表 MFT，其中只包含 16 个元文件的文件记录，因此它所占用的空间并不大。因为 MFT 也当作文件即 $MFT 来管理，所以它的内容很容易根据需要而扩大。

为了尽可能减少 $MFT 文件产生碎片的可能性，系统预先为其预留了整个文件系统大约 12.5%的空间。只有在用户数据区的空间用尽时，才会临时让出 MFT 区的部分空间用以存储用户数据，但一旦用户数据区有了足够的空间，就会立即收回原来让出的 MFT 区。

主文件表(MFT)由许多个 MFT 项构成，MFT 项也称为文件记录，其中用各种属性记录着该文件或目录的各种信息。每个 MFT 项的大小在引导区中进行说明。主文件表(MFT)前部为一个包含几十个字节的具有固定的大小和结构的 MFT 头，剩余的字节为属性列表，用于存放各种属性。

可以把 MFT 项想象成一辆货车，这辆货车只有位于车头的驾驶室是固定划分好座位的(有固定结构)，而后面的货厢则没有做固定的划分，可以根据需要摆放含有特定物品的小箱子(属性)，每种小箱子根据它的用途有自己特定的结构。MFT 项的基本特性如下。

(1) MFT 项的第一个区域是签名，所有的 MFT 项都有相同的签名(ASCII 码的“FILE”)，如果在项中发现错误，则能将其改写成“BAAD”的字样。

(2) MFT 项还有一个标志域用以说明该项是一个文件项还是目录项，以及它的分配状态。

提示：MFT 项的分配状态也在一个 $Bitmap 文件中进行描述。

(3) 每个 MFT 项占用 2 个扇区，每个扇区的结尾 2 个字节都有一个修正值，这个修正值与 MFT 项中的更新序列号相同。如果系统发现这 2 个值不同，则会认为该 MFT 项存在错误。

如果一个文件的属性较多，使用一个 MFT 项无法容纳下全部的属性，则可以使用多个 MFT 项。在这种情况下，第一个项被称为基本文件记录或基本 MFT 项，在后面的每个项中都有一个固定的区域记录着基本 MFT 项的地址编号。

(4) 在当前 Windows 操作系统下建立的 NTFS，其 MFT 头稍微大一些，属性列表起始于偏移 0x38 字节处。

(四) Windows 操作系统的 MFT 项

在 Windows 操作系统下创建的 NTFS，其 MFT 头增加了 8 字节。最主要的是它所有的 MFT 项都由 0 开始进行编号，并将这个编号记录在该 MFT 项的头中。

提示：MFT 项编号对于进行 RAID 数据恢复时的分析会有很大的帮助。

1. MFT 项的数据结构

在 Windows 操作系统下创建的 NTFS 的 MFT 项的数据结构如表 7-6-2 所示。

表 7-6-2 在 Windows 操作系统下创建的 NTFS 的 MFT 项的数据结构

字节偏移（用十六进制）	占用字节数	含义说明
0x00～0x03	4	标识“FILE”，值为“46494C45”
0x04～0x05	2	序列号偏移更新量，值通常为 48(0x30)。
0x06～0x07	2	更新序列号的数组个数，每数组占 2 字节，通常为 3(0x03)
0x08～0x0F	8	LSN，日志序列号
0x10～0x11	2	序列号，每当该 MFT 项被分配或取消分配时，这个序列号都会加 1
0x12～0x13	2	硬性连接数目，指有多少文件名指向该 MFT 项
0x14～0x15	2	第一个属性的偏移位置（地址）
0x16～0x17	2	标志（0x00—已删除文件；0x01—存在文件；0x02—已删除目录；0x03—存在目录）
0x18～0x1B	4	MFT 项的逻辑长度，即该 MFT 项的内容使用的实际长度
0x1C～0x1F	4	MFT 项的物理长度，为每个 MFT 项分配的长度
0x20～0x27	8	基本文件记录索引号，若 MFT 项为基本文件记录，此处为 0；若该 MFT 项不为基本文件记录，此处的值为它在基本文件记录中偏移 0x2C～0x2F 处的文件记录号
0x28～0x29	2	下一个属性 ID，为文件增加属性使用
0x2A～0x2B	2	边界标示
0x2C～0x2F	4	Windows 中 MFT 记录编号，起始值为 0，有利于 RAID 数据恢复的分析
0x30～0x37	8	更新序列号数组
0x38～0x3FF	968	属性与修正值

对表 7-6-2 做出如下说明。

(1) 0x14～0x15：两个字节，第一个属性的偏移地址。第一个属性起始于这个偏移字节值，其他的属性跟在第一个属性后面。最后一个属性结束后，在其后面写入 0xFFFFFFFF，表示后面已不再有属性。

(2) 0x30～0x37：更新序列号数组。有的资料中将这个位置称为“修正值数组”。更新序列号数组处的值分为三组，每组两个字节，第一组的两个字节的值与偏移 0x1FE～0x1FF 及偏移 0x3FE～0x3FF 处的修正值相同。

2. 实例分析

图 7-6-4 所示是一个在 Windows 操作系统下的 NTFS 的 MFT 项的第一个扇区，第二个扇区全部为 00，所以省略。

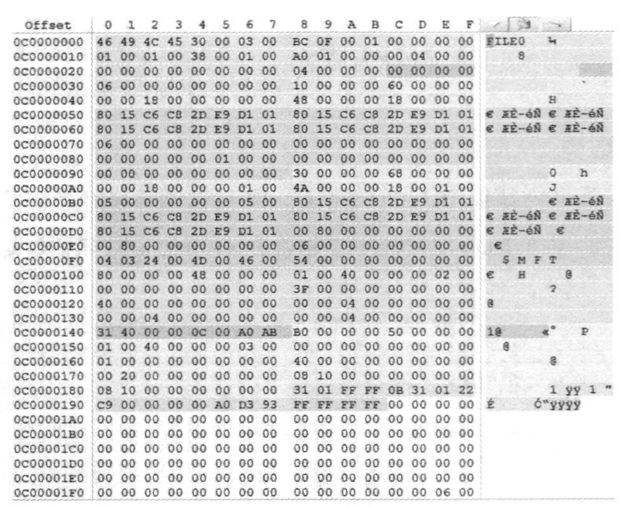

图 7-6-4 用 WinHex 查看 NTFS 的 MFT 项

具体分析如下。

(1) 0x00 起 4 字节:MFT 项的签名值“46494C45”,明文为“FILE”。

(2) 0x04 起 2 字节:序列号偏移更新量,48(0x30)。

(3) 0x06 起 2 字节:更新序列号的数组个数,3(0x03)。

(4) 0x08 起 8 字节:日志序列号,184766306(0x08034・F62)。

(5) 0x10 起 2 字节:序列号,4(0x04r)。每当该 MFT 项被分配或取消分配时,这个序列号都会加 1。

(6) 0x12 起 2 字节:硬性连接数目,1(0x01),说明该文件只有一个文件名。

(7) 0x14 起 2 字节:第一个属性的偏移地址,56(0x38)。

(8) 0x16 起 2 字节:标志,表示文件或目录的状态,0x01 表示这是一个正常的文件。

(9) 0x18 起 4 字节:MFT 项的逻辑长度,376(0x0178),也就是指该 MFT 项的内容实际占用 376 字节。

(10) 0x1C 起 4 字节:MFT 项的物理长度,也就是为每个 MFT 项分配的长度,通常为 1 024(0x0400)字节,即 2 个扇区。

(11) 0x20 起 8 字节:基本文件记录索引号,此处值为 0,说明该 MFT 项是一个基本文件记录。

(12) 0x28 起 2 字节:下一属性 ID,5(0x05),如果要为文件增加属性时,就使用这个 ID 号。

(13) 0x2C 起 4 字节:本 MFT 项的编号,57(0x39)。

(14) 0x30～0x37:更新序列号数组。前 2 个字节为第一个数组,内容为“0600”,它与该扇区以及该 MFT 项的第二个扇区最后 2 字节的值相同。

(15) 0x1FE～0x1FF:修正值,“0600”。

(五) MFT 属性

前面简述了每个 MFT 项的大小为 1 024 字节,分为 2 个部分:一部分为 MFT 头;一部分为属性列表。MFT 头的结构很小,其他空间都属于属性列表区域,用于存储各种特定类型的属性。

属性有很多类型,每种类型的属性都有自己的内部结构,但其大体结构都可以分成 2 个部分,即属性头和属性列表。由于属性有常驻属性和非常驻属性之分,所以属性头的结构也有所差别,但不管是常驻属性还是非常驻属性,它们的属性头的前 16 字节的结构是相同的。

MFT 也是文件,它的属性头和属性列表如图 7-6-5 所示。

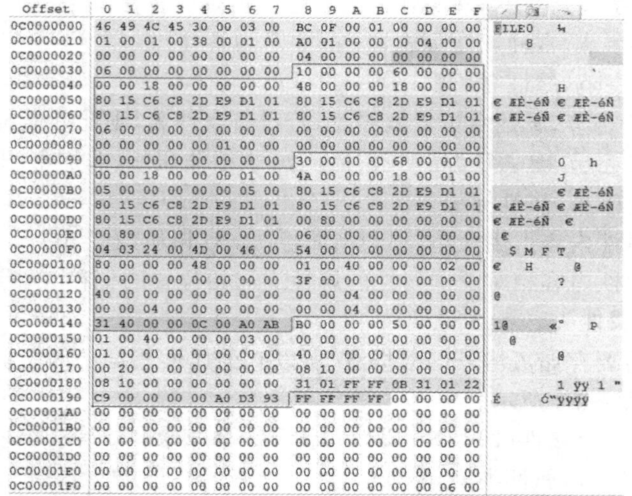

图 7-6-5 MFT 中的属性头和属性列表

在这个 MFT 项中,0x00～0x37 为属性头,后面为属性列表。MFT 共有 4 个属性,前 3 个为常驻属性,最后 1 个为非常驻属性。每个属性中灰色强调的部分是各个属性本身的属性头。

可以看到,前 3 个属性(常驻属性)的属性头大小是一样的,最后 1 个属性(非常驻属性)的属性头要大一些。

1. 属性头

属性头用来说明该属性的类型、大小及名字,同时还包含压缩和加密标志。属性类型用一个基于数据类型的数字表示。一个 MFT 项中可以同时存在几个同一类型的属性。

(1) 常驻属性的属性头。

常驻属性的属性头结构如表 7-6-3 所示。

表 7-6-3 常驻属性的属性头结构

字节偏移(用十六进制)	占用字节数	含 义 说 明
0x00～0x03	4	属性类型
0x04～0x07	4	属性长度,字节数
0x08～0x08	1	常驻属性标志,0x00—常驻;0x01—非常驻
0x09～0x09	1	属性名长度,无属性名值为 0
0x0A～0x0B	2	属性名位置偏移量
0x0C～0x0D	2	文件存储标志,有压缩、加密、稀疏等
0x0E～0x0F	2	属性标志 ID
0x10～0x13	4	属性内容占用大小
0x14～0x15	2	属性内容相对于本属性的属性头起始位置的偏移
0x16～0x16	1	索引标志
0x17～0x17	1	没有意义

现在,回过头来分析一下图 7-6-5 中的第一个属性(也就是 0x10 属性)的属性头。

① 0x00～0x03:4 字节,属性类型,0x10(属性类型值的含义将在后面进行介绍)。

② 0x04～0x07:4 字节,包括属性头在内的属性长度,96 字节。

③ 0x08～0x08:1 字节,常驻属性标志,0x00 表示为常驻。

④ 0x09～0x09:1 字节,属性名长度,为 0,表示没有属性名。

⑤ 0x0A～0x0B:2 字节,属性名位置偏移量,若没有属性名,则此处值设置为 0。

⑥ 0x0C～0x0D:2 字节,是否压缩、加密、稀疏,0 表示非压缩、非加密、非稀疏。

⑦ 0x0E～0x0F:2 字节,属性标识 ID。

⑧ 0x10～0x13:属性内容占用大小,不包括属性头,大小为 72 字节。

⑨ 0x14～0x15:属性内容相对于本属性的属性头起始位置的偏移,24 字节。

(2)非常驻属性的属性头。

非常驻属性根据需要存储可增长的数据流,所以它的属性头结构与常驻属性的属性头结构不同。其属性头结构如表 7-6-4 所示。

图 7-6-5 中的最后一个属性(即 0x80 属性),就是一个非常驻属性。分析它的属性头如下。

① 0x00～0x03:4 字节,属性类型,0x80。

② 0x04～0x07:4 字节,包括属性头在内的属性长度,72(0x48)字节。

③ 0x08～0x08:1 字节,常驻属性标志,0x01 表示为非常驻属性。

④ 0x09～0x09:1 字节,属性名长度,0x00 表示没有属性名。

⑤ 0x0A～0x0B:2 字节,属性名位置偏移量,若没有属性名则将此值设置为 0。

⑥ 0x0C～0x0D:2 字节,是否具有压缩、加密、稀疏特性,为 0 表示没有。

⑦ 0x0E～0x0F:2 字节,属性标识 ID。

⑧ 0x10～0x17:8 字节,簇流的起始 VCN,0,说明这是属性的第一个簇。

⑨ 0x18～0x1F:8 字节,簇流的结束 VCN,11(0x0B)。

⑩ 0x20～0x21:2 字节,簇流列表相对于本属性头起始处的偏移量,64(0x40)。

⑪ 0x22～0x23:2 字节,压缩单位的大小,为 0 表示未压缩。

⑫ 0x24～0x27:2 字节,未使用。

⑬ 0x28～0x2F:8 字节,为属性内容分配的空间大小,491S2(0xC000)字节。

⑭ 0x30～0x37:8 字节,属性内容实际占用字节数,即实际大小,46592(0xB000)字节。

⑮ 0x38～0x3F:8 字节,属性内容初始大小,46592(0xB000)字节。

表 7-6-4　非常驻属性的属性头结构

字节偏移(用十六进制)	占用字节数	含 义 说 明
0x00～0x03	4	属性类型
0x04～0x07	4	包括属性头在内的属性长度
0x08～0x08	1	常驻属性标志,0x00—常驻;0x01—非常驻
0x09～0x09	1	属性名长度,无属性名时值为 0
0x0A～0x0B	2	属性名位置偏移量
0x0C～0x0D	2	文件存储标志,有压缩、加密、稀疏等
0x0E～0x0F	2	属性标识 ID
0x10～0x17	8	簇流的起始虚拟簇号
0x18～0x1F	8	簇流的结束虚拟簇号
0x20～0x21	2	簇流列表相对于属性头起始处的偏移量

续表 7-6-4

字节偏移(用十六进制)	占用字节数	含义说明
0x22～0x23	2	压缩单位大小
0x24～0x27	4	没有使用
0x28～0x2F	8	为属性内容分配的空间大小(字节)
0x30～0x37	8	属性内容实际占用字节数
0x38～0x3F	8	属性内容初始大小(字节)

2. 属性头的内容

属性内容有不同的格式和大小，如一个用于存储文件内容的属性，其大小可以达到 MB 级甚至 GB 级，这就不可能存储在只有 1 024 字节大小的 MFT 项中。

为了解决这个问题，NTFS 提供了 2 种存储方案：一种是常驻属性等很小的属性与其属性头一起存放在 MFT 项中，内容跟在属性头的后面；一种是非常驻属性另外存储在 MFT 以外的簇空间中，并在 MFT 中的属性描述项中记录它的簇地址。

非常驻属性可被存储在“簇流”中，簇流是一组连续的扇区。簇流用它的起始虚拟簇号和流长度加以说明。例如：如果一个属性分为三部分，第一部分存储在簇号为 30、31、32、33 和 34 的簇中，则该簇流的起始簇号为 30，流长度为 5；第二部分存储在 39～42 号簇，第二个簇流起始于 39 号簇，流长度为 4，如图 7-6-6 所示；第三部分存储在 66～67 号簇，则它的第三个簇流就起始于 66 号簇，流长度为 2。

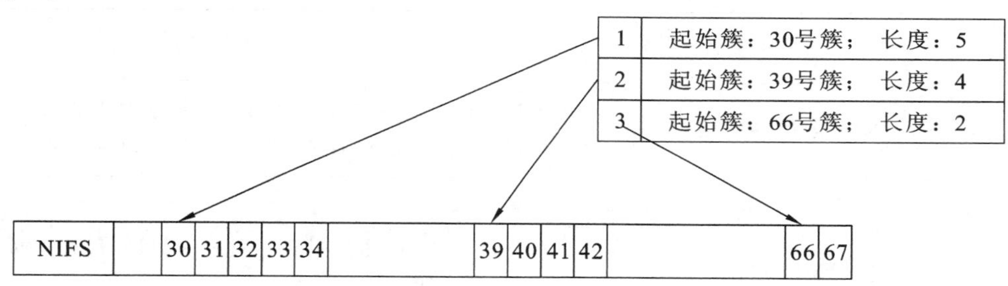

图 7-6-6 存储位置

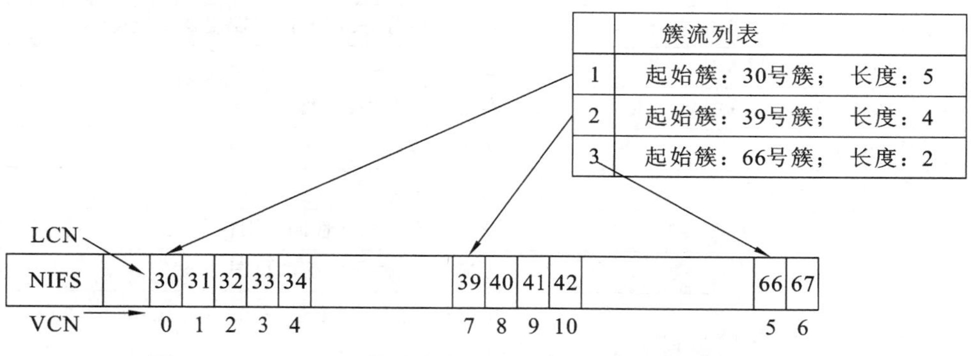

图 7-6-7 LCN、VCN 的对应关系以及簇流列表中真正记录的数据

在 NTFS 中对文件进行位置描述时使用两种地址：LCN(逻辑簇号)和 VCN(虚拟簇号)，通过 VCN 对 LCN 的映射来描述非常驻属性流。VCN 是一个文件的内容：将文件内容按逻辑簇大小进行划分，将划分后的每个簇由 0 开始进行编号，这个内部簇号即 VCN(将 VCN 转换成 LCN 即可找到存储位置。

回到前面的例子，属性流中 VCN 的 0～4 号簇对应于 LCN 的 30～34 号簇，VCN 的 5～6 号簇对应于 LCN 的 66～67 号簇，VCN 的 7～10 号簇对应于 LCN 的 39～42 号簇，另外，特别应该提到的是，簇流列表描述下一个簇流的起始位置时，总是相对于前一个簇流的起始位置而言的。也就是说，第二个簇流的起始位置是相对于第一个簇流的起始位置的偏移扇区数。同样，第三个簇流的起始位置是相对于第二个簇流的起始位置的偏移扇区数。因此，LCN 与 VCN 的对应关系以及簇流列表中真正记录的数据如图 7-6-7 所示。

VCN 主要用于一个属性需要多个 MFT 项的情况下。例如：一个大小为 500 簇的数据属性的片段化非常严重，分成了很多的碎片，一个 MFT 项无法完全容纳下它的簇流列表，就需要再为其分配 MFT 项。假设它需要三个 MFT 项。第一个 MFT 项中的数据属性描述了它的前 100 个簇的存储情况，也就是 0～99 号 VCN，则该 MFT 项的 0x80 属性中会说明它记录的起始 VCN 为 0。第二个 MFT 项中的数据属性描述了 100～400 号 VCN 的数据存储情况，则该 MFT 项中的 0x80 属性中会说明它记录的起始 VCN 为 100。最后一个 MFT 中的数据属性描述了剩余的 VCN 号数据的存储情况，则该 MFT 项中会说明它记录的起始 VCN 为 401。

（六）常规属性类型

一般用数字对属性进行区分，常规属性都被分配有一个默认的属性类型值。此外，还有一个类型名，类型名的所有字母大写并以“$”开头，常规属性类型值、类型名及含义如表 7-6-5 所示。

表 7-6-5　常规属性类型值、类型名及其含义

属性类型值（用十六进制）	属性类型名	含义说明
10	$STANDARD_INFORMATION	标准信息属性，包含文件或目录的基本信息，如只读、系统属性；创建时间、最后访问时间、最后修改时间等
20	$ATTRIBUTE_LIST	属性列表
30	$FILE_NAME	文件名，Unicode 码表示的文件名，以及最后访问、最后修改及创建时间
40	$OBJECT_ID	对象 ID，文件或目录的 16 字节的唯一标识
50	$SECURITY_DESCRIPTOR	安全描述符，文件的访问控制及安全属性
60	$VOLUME_NAME	卷名
70	$VOLUME_INFORMATION	卷信息，文件系统及其他标志
80	$DATA	文件内容
90	$INDEX_ROOT	索引根属性
A0	$INDEX_ALLOCATION	来源于索引根属性的索引树节点
B0	$BITMAP	$MFT 文件及索引的位图
C0	$REPARSE_POINT	重解析点，与 NTFS V3.0+（Windows 2000+）中的符号链接
D0	$EA_INFORMATION	扩展属性信息，用于向后兼容 OS/2
E0	$EA	扩展属性，用于向后兼容 OS/2
100	$LOGGED_UTILITY_STREAM	EFS 加密属性，包含实现 EFS 加密的相关信息

注意：并不是每个文件中都会包含所有的这些属性类型和标识符。

1. 标准信息属性

标准信息属性($STANDARD_INFORMATION)的类型值为0x10,总是常驻属性。它包含一个文件或目录的基本元数据,如时间、所有权和安全信息。所有文件和目录都必须有这个属性,因为该属性中包含有加强数据安全和硬盘配额方面的数据信息。每个文件或目录的第一个属性便是这个标准信息属性,因为它的类型值在所有类型值中是最低的。

标准信息属性中含有的信息比较多,但对于文件系统来说并不重要。这个属性中的日期和时间值会相应地随着对文件的各种操作而与操作系统的时间保持一致。

注意

所有的文件和目录都会有标准信息属性,但它只存在于基本MFT项中,非基本MFT项中没有这个属性。

标准信息属性的数据结构如表7-6-6所示。

表7-6-6 标准信息属性的数据结构

属性类型值(用十六进制)	占用字节数	含义说明
—	—	属性头部分
0x00～0x07	8	创建时间
0x08～0x0F	8	最后一次修改时间
0x10～0x17	8	MFT改变时间
0x18～0x1F	8	最后一次访问时间
0x20～0x23	4	标志,0x0001—只读;0x0002—隐藏;0x0004—系统;0x0020—存档;0x0040—设备;0x0080—常规;0x0100—临时;0x0200—稀疏;0x400—重解析点;0x0800—压缩;0x1000—脱机;0x4000—加密
0x24～0x27	4	最高版本号
0x28～0x2B	4	版本号
0x2C～0x2F	4	分类ID
0x30～0x33	4	属性ID
0x34～0x37	4	安全ID
0x38～0x3F	8	配额管理
0x40～0x47	8	更新序列号

提示:NTFS的时间值可以精确到十亿分之一秒,起始时间为世界时间1601年1月1日;文件名属性($FILE_NAME)中也有这些时间值,当使用鼠标右键查看文件的属性时,显示的就是这些时间值。

现在我们来看一个标准信息属性的实例。

图 7-6-8 中粗线框中为一个标准信息属性,其中上面的细线框中为它的属性头,下面的细线框中为它的属性内容。

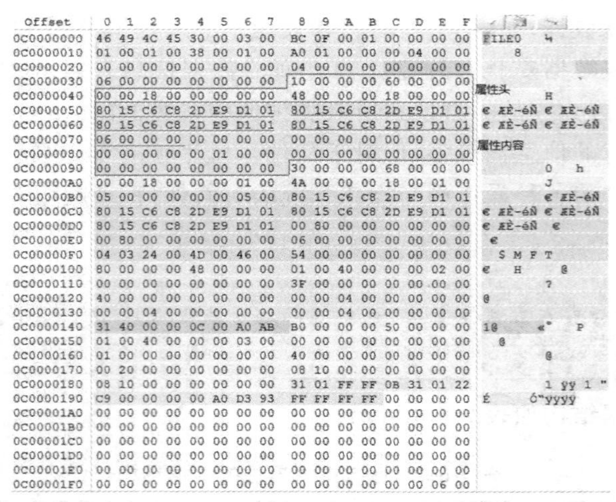

图 7-6-8　标准信息属性实例

属性内容中各项的含义如下。

(1) 0x00～0x1F 字节处的 32 字节分为 4 个 8 字节部分,分别为文件的建立时间、最后修改时间、MFT 改变时间和最后访问时间。

(2) 0x20～0x23 字节处的 4 个字节为标志,0x20 表示这个文件具有"存档"属性。

2. 文件名属性

文件名属性($FILE_NAME)的类型值为 0x30。任何文件和目录在它的 MFT 项中都至少有一个文件名属性。该属性用于存储文件名、文件大小和时间信息。同时每个文件和目录至少有一个父目录索引中的文件名属性参考号,这个参考号可以使一些工具很容易地确定一个 MFT 项的完整路径。

文件名属性包含 UTFI Unicode 编码文件名。文件名必须符合某个特定的命名空间,如 8.3 DOS 格式、Win32 格式或 POSIX 格式。

提示:Windows 操作系统通常会强制为每个文件建立一个 8.3 DOS 格式的文件名,因此一些文件既有长文件名,也有一个 DOS 格式短文件名。

文件名属性也和前面提到的标准信息属性一样有 4 个时间戳。但文件名属性中的 4 个时间值并不像标准信息属性中的时间值一样经常地更新。

文件名属性中还有 2 个位置用来描述文件的分配空间大小和文件的实际大小。对于 Windows 操作系统下的用户文件和目录,这两个位置的值似乎总是设置为 0。

文件名属性中还有一个标识域,用以说明该 MFT 项是文件项还是目录项,是否具有只读、系统文件、压缩及加密等属性。标准信息属性中也有同样的标识。

总体来讲,文件名属性中有很多属性值是在标准信息属性中已经描述过的,二者所不同的是文件名属性含有文件名及可以用来确定文件完整路径的父目录的文件参考号。

对于一个标准的文件或目录,文件名属性通常是它的第二个属性。如果一个文件有多个

MFT 项，那么它将会有一个“属性列表属性（$ATTRIBUTE_LIST）”，属性列表属性的类型值为 0x20，所以它将会位于标准属性和文件名属性之间。

文件名属性的数据结构如表 7-6-7 所示。

表 7-6-7 文件名属性的数据结构

字节偏移（用十六进制）	占用字节数	含 义 说 明
—	—	属性头部分
0x00～0x07	8	父目录的文件参考号
0x08～0x0F	8	文件创建时间
0x10～0x17	8	最后修改时间
0x18～0x1F	8	MFT 改变时间
0x20～0x27	8	最后一次访问时间
0x28～0x2F	8	文件分配空间大小
0x30～0x37	8	文件实际大小
0x38～0x3B	4	标志，0x0001—只读；0x0002—隐藏；0x0004—系统；0x0020—存档；0x0040—设备；0x0080—常规；0x0100—临时；0x0200—稀疏；0x400—重解析点；0x0800—压缩；0x1000—脱机；0x4000—加密
0x3C～0x3F	4	重解析值
0x40～0x40	1	文件名长度
0x41～0x41	1	文件命名空间：0—PSIX 命名空间；1—Win32 命名空间；2—DOS 命名空间；3—Win32 & DOS 命名空间
0x42～	2L	文件名，采用 Unicode 码

文件命名空间就是指使用的命名规则。

POSIX 是最大的文件命名空间，它支持的最大文件名长度为 255 字节，除空字符（0x00）和斜线“/”外，其他所有的 Unicode 字符都可以使用 POSIX。这个命名空间对字母的大小写是敏感的，即 ABC.txt 与 abc.txt 是 2 个不同名字的文件。

Win32 命名空间是 POSIX 命名空间的子集，它允许使用除“/”“\”“:”“<”“>”及“?”以外的所有 Unicode 字符，但不能以“.”或空格结束。

DOS 命名空间是 Win32 命名空间的子集，只使用大写字母，使用 8.3DOS 格式的文件名，即文件的名字部分最长不超过 8 个字符，扩展名部分最长不超过 3 个字符。在这个命名空间中，即使将一个文件命名为 abc.txt，保存时也将保存成 ABC.TXT，因此，在 abc.txt 存在的情况下，建立 ABC.TXT 文件会被判定为文件名产生同名而不允许使用。

Win32&DOS 命名空间是指文件拥有一个标准的 DOS 命名空间文件名，不需要 2 个文件名。

图 7-6-9 文件名属性实例中黑框圈中的部分即为一个文件的文件名属性。第一部分为属性头，第二部分为属性内容。

（1）0x00～0x07 处的 8 字节为该文件的父目录的文件参考号。实际上，这 8 字节被分成了 3 个部分，前 4 字节为父目录的文件记录号，后 2 字节表示父目录的更新序列号，其他 2 字节保留。因此，该文件的父目录的 MTF 项为 60(0x3C)，父目录的更新序列号为 3(0x03)。

（2）0x08～0x27 处的 32 字节为文件的时间值信息。

（3）0x28～0x2F 处的 8 字节表示为该文件分配的空间大小，0x30～0x37 字节处为文件实际大小。不过似乎这 2 个区域很多时候都是被设置为 0，即便不为 0，也与文件的分配大小、实际大小不符，所以这 2 个字段的值没有实际用途。

（4）0x38～0x3B 字节处为文件标志，0x20 表示该文件具有“存档”属性，这和其标准属性中的描述一致。

（5）0x40 处的 1 字节描述文件名的长度，为 9 字节。

（6）0x41 处的 1 字节说明文件的命名空间，0x03 表示是 Win32&DOS 命名空间。

（7）0x42 处开始为文件名。

3. 数据属性

每个文件都有数据属性（$DATA），这个属性容纳的是文件的内容。数据属性的大小没有限制，甚至可以为 0 字节。每个文件都有一个没有名字的数据属性，一些工具将这个没有名字的数据属性命名为“$DATA”。MFT 项也可以有附加的 $DATA 属性，但附加的 $DATA 属性必须有属性名。

提示：使用 WinHex 模板查看 MFT 项时也可以显示文件名属性，如图 7-6-10 所示。

NTFS FILE Record , Base Offset : C0000000

Offset	Field	Value	
C0000030	Update sequence number	06 00	
C0000038	Attribute type	10	
C000003C	Length of the attribute	96	
C0000040	1=non-resident	0	
C0000046	Attribut ID	0	
C0000050	Creation in UTC	2016/07/29	00:11:42
C0000058	Modification in UTC	2016/07/29	00:11:42
C0000060	Record change in UTC	2016/07/29	00:11:42
C0000068	Last access in UTC	2016/07/29	00:11:42
C0000070	Flags	6	
C0000098	Attribute type	30	
C000009C	Length of the attribute	104	
C00000A0	1=non-resident	0	
C00000A6	Attribut ID	1	
C00000B0	Parent FILE record	5	
C00000B6	Parent use/del. count	5	
C00000B8	Creation in UTC	2016/07/29	00:11:42
C00000C0	Modification in UTC	2016/07/29	00:11:42
C00000C8	Record change in UTC	2016/07/29	00:11:42
C00000D0	Last access in UTC	2016/07/29	00:11:42
C00000F0	Namelen	4	
C00000F1	Namespace	3	
C00000F2	Filename	$MFT	

图 7-6-9　文件名属性实例

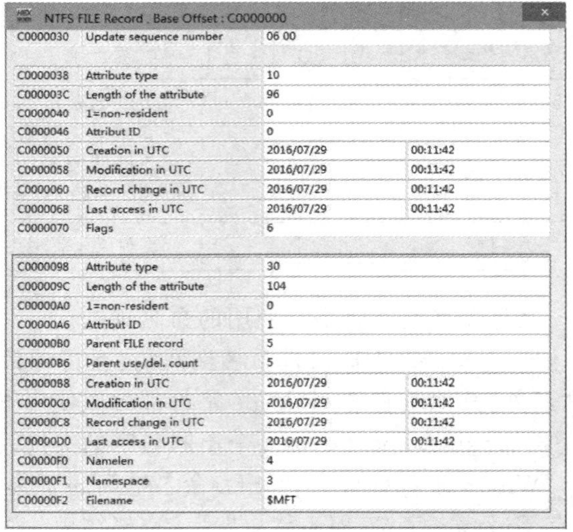

NTFS FILE Record , Base Offset : C0000000

Offset	Field	Value	
C0000030	Update sequence number	06 00	
C0000038	Attribute type	10	
C000003C	Length of the attribute	96	
C0000040	1=non-resident	0	
C0000046	Attribut ID	0	
C0000050	Creation in UTC	2016/07/29	00:11:42
C0000058	Modification in UTC	2016/07/29	00:11:42
C0000060	Record change in UTC	2016/07/29	00:11:42
C0000068	Last access in UTC	2016/07/29	00:11:42
C0000070	Flags	6	
C0000098	Attribute type	30	
C000009C	Length of the attribute	104	
C00000A0	1=non-resident	0	
C00000A6	Attribut ID	1	
C00000B0	Parent FILE record	5	
C00000B6	Parent use/del. count	5	
C00000B8	Creation in UTC	2016/07/29	00:11:42
C00000C0	Modification in UTC	2016/07/29	00:11:42
C00000C8	Record change in UTC	2016/07/29	00:11:42
C00000D0	Last access in UTC	2016/07/29	00:11:42
C00000F0	Namelen	4	
C00000F1	Namespace	3	
C00000F2	Filename	$MFT	

图 7-6-10　使用 WinHex 模板查看 MFT 项时也显示文件名属性

附加的 $DATA 属性又称为 ADS。附加属性在很多地方都可以使用，例如在 Windows 操作系统下，用户可以通过右击一个文件后在弹出的快捷菜单中选择“摘要”命令为文件建立摘要信息，这些摘要信息保存在 $DATA 属性中。一些防病毒和备份软件可以在访问过的文件上建立一个 $DATA 属性。目录也可以具有除索引属性以外的其他附加属性。附加的 $DATA 属性还可以用来隐藏数据，在查看一个目录的内容时，附加的 $DATA 属性不会被显示出来，需要使用专门的工具来定位它们的存在。

如果文件内容很少，附加的 $DATA 属性可以作为常驻属性存放在 MFT 项中，但如果文件内容超过大约 700 字节大小，附加的 $DATA 属性就需要作为非常驻属性在 MFT 外另外为其分配簇空间。

如果一个文件不只有一个 $DATA 属性,则附加的 $DATA 属性可能会涉及“预备数据流(ADS)”。创建文件时建立的默认 $DATA 属性可以没有名字,但附加的 $DATA 属性则必须有命名。用户可以通过命令提示符很容易地建立 ADS。

 **注意**

要区分“属性类型名”与“属性名”,比如“$DATA”是属性类型名,表示该属性的类型是数据属性,而数据名则是一个属性的命名代号。

$DATA 属性可以通过加密来阻止未授权的访问,或者对数据进行压缩以节省存储空间。不管是加密还是压缩数据,在 $DATA 属性头中都将会设置相应的标志。如果使用了加密,还将会有密钥存储在 $LOGGED_UTILITY_STREAM 中,当一个文件有多个 $DATA 属性时,这些 $DATA 属性使用同一个密钥。

(1) 常驻数据属性。

图 7-6-11 中黑框圈中的部分是一个数据属性,前一部分是一个常驻类型的属性头,后一部分即为数据的属性内容部分。

可以看到,常驻数据属性的内容直接跟在属性头之后,跟属性头一起存储在 MFT 中。

(2) 非常驻数据属性。

图 7-6-12 中黑框圈中的部分为一个非常驻数据属性,前一部分为一个非常驻类型的属性头,后一部分为它的属性内容。

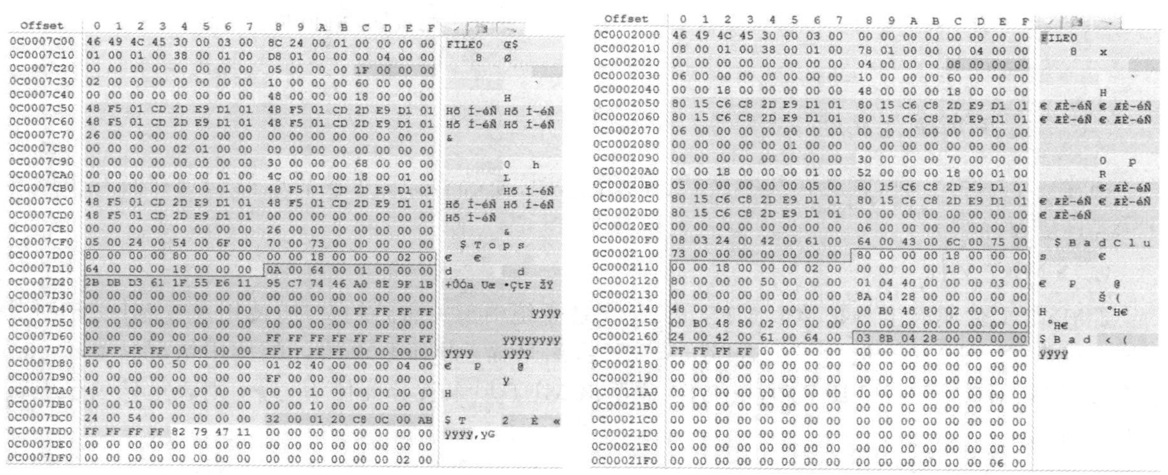

图 7-6-11 常驻数据属性

图 7-6-12 非常驻数据属性

对于非常驻数据属性,其 MFT 项中的属性内容是一个簇流的列表,由簇流列表说明它真正的数据属性内容存储的位置。簇流列表由一个或几个簇流项组成。最后一个簇流项结束处的下一个字节被设置为 0x00,表示已没有簇流项。第一个簇流项描述第一个簇流的位置信息时是相对于文件系统的起始处而言的,第二个簇流描述第二个簇流的位置信息时是相对于第一个簇流的起始位置而言的,第三个簇流项描述第三个簇流的位置时则是相对于第二个簇流的起始位置而言的。

每个簇流项用以描述簇流的位置及长度信息的部分占用的字节数是变化的,但至少为一个字节。一个簇流项可以分成以下三个部分。

(1) 第一个字节为第一部分,它又被分成高 4 bit 和低 4 bit 两个部分:①低 4 bit 的有效位说明第二个部分的字节数;②高 4 bit 的有效位说明第三部分的字节数。

(2) 第二个部分从第二个字节开始，长度为第一部分的低 4 bit 描述的字节数，用以说明簇流的长度，即该簇流包含的簇数。

(3) 第三个部分跟在第二个部分之后，长度为第一部分的高 4 bit 描述的字节数，用以说明簇流的起始簇号。

因此，将一个簇流项的首字节高、低位的数值相加，再加上 1，就是这个簇流项占用的字节数。以前面的非常驻数据属性的属性值为例，第一个簇流项的内容为“310C 9F 8F 08”，其分解方式如图 7-6-13 所示。

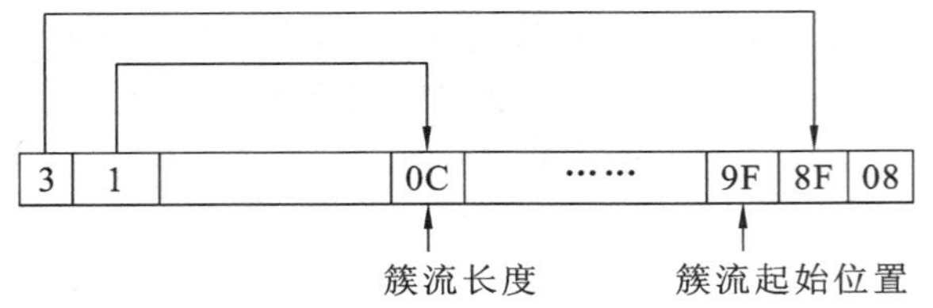

图 7-6-13　簇流项的分解方式

可以看到，簇流起始位置为 561055(0x088F9F)号簇，簇流长度为 12(0x0C)个簇。

> **提示：** 有时候下一个簇流的位置有可能位于它前一个簇流的前部，由于下一个簇流是用相对于前一个簇流的起始位置的偏移量进行描述的，因此就会出现簇流起始位置部分的值为负数的情况；负数的表示是将最高 bit 位设置为 1，因此，计算时应该注意，一个负数与其他数值进行加运算时，应该在其前面的 bit 位补 1 至满 32 bit 或 64 bit，例如 −14 以十六进制形式 0xF2 与一个 32bit 的数据相加时，应该写成 0xFFFFFFF2，然后再进行运算。

（七）文件系统元文件

创建一个 NTFS 时，就会在其中建立一些用于文件系统管理的元文件。我们现在对其中的部分元文件进行介绍。

1. $MFT 文件

$MFT 文件实际上就是整个 MFT 表，是文件系统中至关重要的文件，使用 0 号 MFT 项对其自身进行描述。$MFT 包含一个 $Bitmap 属性，用来描述 MFT 项的分配使用情况。$Bitmap 中的每个 bit 对应于一个 MFT 项，bit 为 0 说明该 MFT 项未被分配使用，为 1 则表示该项已经被分配使用。

在 Windows 操作系统中，$MFT 文件在 NTFS 刚创建时很小，通常为 32 KB。随着文件和目录的建立而逐渐增大。$MFT 文件也有可能片段化，但文件系统为其设置了一个保留空间以适应它的增长需要。

> **提示：** $MFT 的时间值通常是文件系统建立时的时间，这个时间值不被更新。

2. $MFTMirr 文件

由于 $MFT 文件本身非常重要，为了确保文件系统结构的可靠性，系统专门为其准备了一个镜像文件，它使用 1 号 MFT 项，有一个非常驻属性，用于存储 MFT 备份。

在多数情况下，$MFTMirr 文件的 $DATA 属性位于文件系统的中间位置(也有位于文件系统前部的情况)，它至少要保存 $MFT 文件的前 4 个项，即 $MFT、$MFTMirr、$LogFile 和

$Volume。如果原始的 MFT 出现问题，则可以用这个备份进行恢复。

通过备份的这 4 个 MFT 项，就可以确定 MFT 的布局情况和大小、定位 $LogFile 的位置并恢复文件系统。

3. $LogFile 文件

$LogFile 文件即事务型日志文件，使用 2 号 MFT 项。它具有标准文件属性，使用数据属性存储日志数据。该文件是 NTFS 为实现可恢复性和安全性而设计的。当系统运行时，NTFS 就会在日志文件中记录所有影响 NTFS 卷结构的操作，如文件的创建、目录结构的改变等，从而使其能够在系统失败时恢复 NTFS 卷。

日志被分成许多的“页”，每页的大小为 4 096 个字节，即 8 个扇区。前 2 页分配给重启区，我们将其称为“重启页”，每个重启页的起始处有个签名标识“52535452”，即“RCRD”的 ASCII 码。可以通过搜索扇区偏移 0 字节处的该值来定位日志的位置。

4. $Volume 文件

$Volume 文件即卷文件，包含卷标和版本信息，使用 3 号 MFT 项。它有 2 个属性：一个是卷名属性（$VOLUME_NAME）；一个是卷信息属性（$VOLUME_INFORMATION）。这两个属性是 $Volume 文件所特有的。卷名属性包含主 Unicode 字符的卷名，卷信息属性则包含 NTFS 版本信息和脏标志。这两个属性在属性部分已经进行介绍，在此不再赘述。

另外，除了卷名属性和卷信息属性外，$Volume 文件通常还会有个数据属性，但它的大小为 0 字节。

5. $AttrDef 文件

$AttrDef 文件即属性定义表，使用 4 号 MFT 项，用以定义文件系统的属性名和标识。$AttrDef 中存放文件系统所支持的所有文件属性类型，并说明它们是否可以被索引和恢复等。

由它的数据属性的簇流列表可以找到该文件的数据属性的起始位置。$AttrDef 文件实际上是一个项列表，每个项说明一个属性类型。

6. $Root 文件

$Root 文件即分区根目录文件，它使用 5 号 MFT 项。$Root 文件的索引属性中保存了存放在该卷分区根目录下的所有文件和目录的索引。在第一次访问一个文件后，NTFS 可以保留该文件的 MFT 引用，这样，以后就可以直接对该文件进行访问。

$Root 文件具有索引根属性（0x90）和索引分配属性（0xA0），而 $Root 文件正是所有索引节点的根。

7. $Bitmap 文件

$Bitmap 文件即位图文件，使用 6 号 MFT 项，它的数据属性用于描述文件系统中所有簇的分配情况。$Bitmap 中每一个 bit 对应卷中的一个簇，并说明该簇是否已被分配使用。它以字节为单位，每个字节的最低位对应的簇跟在前一个字节的最高位所对应的簇之后。

例如，假设有 $Bitmap 中的第一个字节和第二个字节为二进制形式的 00000011 和 00000001，第一个字节的每个 bit 由右向左分别对应 0～7 号簇，所以，0 号簇和 1 号簇已经被分配使用，2～7 号簇空闲；第二个字节的每个 bit 由右向左分别对应 8～15 号簇，所以 8 号簇已分配使用，9～15 号簇空闲。

可以查看 $Bitmap 的 MFT 项，并从它的数据属性中得到它的数据内容的存储位置。

要定位一个簇在 $Bitmap 中对应的字节和 bit，用它的簇号除以 8，商即为所在的字节，余数即为在该字节内的 bit 位。例如，3 号簇位于 0 号字节的 3 号 bit，22 号簇位于 2 号字节的 6 号 bit。

8. $Boot 文件

$Boot 文件即引导文件，存放着系统的引导代码。它是 NTFS 中唯一要求必须位于特定位置的文件，它的 $DATA 属性总是起始于文件系统的第一个扇区，也就是起始于文件系统的 0 号扇区，0 号扇区的引导区就是这个文件的起始扇区。

通常为其分配 16 个扇区的空间，但它只使用了这 16 个扇区的前一部分扇区，后面的扇区全部用 0 填充。

NTFS 的引导区和 FAT 文件系统的引导区一样，划分了很多个字段，但也有一个同样的签名值"55AA"（这就意味着当寻找一个丢失的 FAT 引导区时，有可能找到的是 NTFS 的引导区，反之亦然）。

从引导区中可以得到有关簇大小、文件系统扇区数、MFT 起始簇号及每个 MFT 项的大小等基本信息。

引导扇区中还会有该文件系统的序号。

注意

不要忘记，引导扇区中描述的文件系统总扇区数比分区表描述的总扇区数少 1 个扇区，这个扇区用于在卷的结尾处保存一份引导扇区的备份。

分配给 $Boot 文件 $DATA 属性的其他扇区用于存放引导代码，只有位于可引导文件系统上的引导代码才是必需的，因为需要用它定位加载操作系统所需要的文件。

9. $Secure 文件

$Secure 文件即安全文件。前面已经介绍，安全描述符用来定义文件或目录的访问控制策略，NTFS 3.0 以后版本将安全描述符存储在一个文件系统元数据文件中，这个文件就是安全文件，它占用 9 号 MFT 项。

每个文件或目录的 $STANDARD_INFORMATION 属性（标准信息属性）中有一个称为"安全 ID"的标识符，它是一个连接到安全文件的索引，可以通过它找到对应的安全描述符。

注意：这个 32bit 的安全 ID 不同于 Windows 的 SID（安全标识），SID 只分配给用户，而安全 ID 则只唯一地对应于文件系统。

安全文件包含两个索引（$SII 和 $SDH）和一个 $DATA 属性（$SDS）。$DATA 属性中存储真正的安全描述符，而两个索引则用作描述符的参考。$SII 索引用位于每个文件的 $STANDARD_INFORMATION属性中的安全 ID 进行分类排序，通过 $SII 索引可以定位一个已知其安全 ID 的文件的安全描述符。$SDH 则使用安全描述符的 Hash 值进行分类，当一个新安全描述符适用于一个文件或目录时，操作系统即使用这个索引。如果没有找到新描述符的 Hash 值，则建立一个新的描述符和安全 ID 并将其添加到两个索引中。

10. $UsnJrnl 文件

$UsnJrnl 文件即变更日志文件，用于记录文件的改变。当文件发生改变时，这种变化将被记录进\$Extend\$UsnJrnl 文件的一个名字为 $J 的数据属性中。$J 数据属性具有稀疏属性，它由变更日志项组成，每个变更日志项的大小有可能不同。还有一个称为 $Max 的数据属性，其中记录着有关用户日志的最大设置等信息。

11. $Quota 文件

$Quota 文件用于用户磁盘配额管理，位于\$Extendl\目录下。它有 $0 和 $Q 两个索引，这两个索引都使用标准的索引根属性和索引分配属性来存储它们的索引项。$0 索引关联一个属主 ID 的 SID，$ Q 索引将属主信息关联至配额信息。

12. $ ObjId 文件

$ ObjId 文件即对象 ID 文件，位于\ $ Extend\目录下。前面讲过，可以使用对象 ID 代替文件名对文件进行定位。

这样，即使文件被重新命名也不会影响对其进行定位和访问。\ $ Extend\ $ ObjId 文件中有个 $ O 索引，将文件的对象 ID 关联到 MFT 项。

二、NTFS 的 DBR 恢复

NTFS 分区的 DBR 在分区最后一个扇区保存着备份，一般情况下，不分区的首尾两个扇区都出现损坏可能性很小，所以可以用备份的 DBR 来修复损坏的 DBR。

当然也可能出现两个 DBR 都被损坏了，这时需要通过分析计算来重建 DBR。

（一）用备份 DBR 来恢复

用虚拟硬盘创建 5 GB 以上的 NTFS 分区，将 DBR 清空并保存到扇区。试用备份的 DBR 来恢复 DBR。

步骤 1：在 WinHex 的转到扇区窗口并跳转到分区的最后扇区，可通过分析分区表得到分区起始扇区和分区大小，相加得到最后扇区。

步骤 2：拖动鼠标选中整个扇区数据。

步骤 3：选中后点击鼠标右键，在弹出的菜单中选择“编辑”选项，在继续弹出的菜单中选择“复制选块”选项中的“标准”项。图 7-6-14 中显示的是英文 WinHex 操作界面。

步骤 4：完成复制后，跳转回分区起始扇区，即损坏的 DBR 扇区。

步骤 5：点击第 1 字节，再点击鼠标右键，选择“编辑”选项，在弹出的菜单中选择“剪贴板数据”选项的“写入”项，并按提示写入到偏移位置，如图 7-6-15 所示。

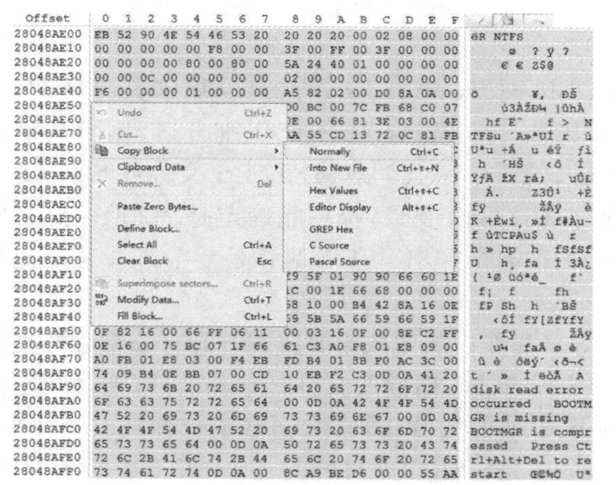

图 7-6-14 英文 WinHex 操作界面

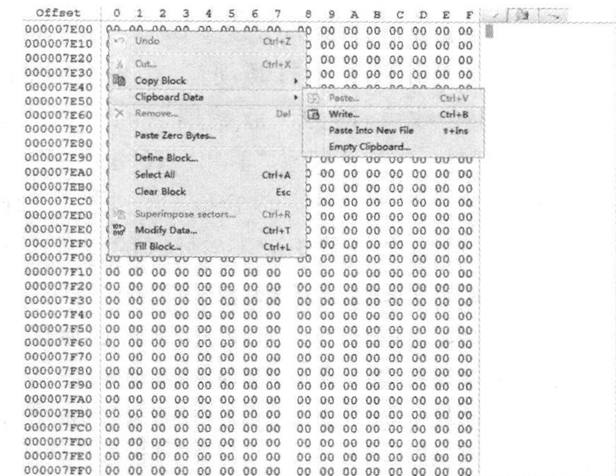

图 7-6-15 NTFS 备份 DBR 扇区复制到剪贴板

步骤 6：点击工具栏的“保存扇区”按钮，会出现“此操作后硬盘的分区或文件系统的完整性将严重破坏”的警告和“是否确定要将所有修改保存到磁盘”提示，两次确认后，即将备份的 DBR 写入到故障 DBR 的扇区位置，完成 DBR 的修复。

（二）手动重建 DBR

没有备份的 DBR，同样可以通过复制正常 NTFS 分区的 DBR，并更正其参数的方法来恢复 DBR。其中，重要参数包括每簇扇区数、分区前隐含扇区、分区扇区数、MFT 起始簇号和 MFT-Mirr 起始簇号。

1. 思路分析

(1) 0x0D：每簇扇区数，找一个文件的文件记录，通过其非常驻 80H 属性计算。用数据流分配的字节数除以数据流占得簇数，结果就是每个簇的字节数，再除以 512，得到每簇扇区数。

(2) 0x1C～0x1F：隐含扇区数，由分区表计算。

(3) 0x28～0x2F：本分区扇区总数，由分区表计算，比分区表中少 1 个分区(DBR 备份所用扇区，不被分区表管理)。

(4) 0x30～0x37：$ MFT 的起始虚拟簇号，记录在 MFT 文件的 MFT 项中；搜"46 49 4C 45"，条件为 512=0，由此来找 $ MFT 文件。

$ MFT 的 80H 属性中的 Run List 描述 $ MFT 文件的起始簇号

(5) 0x38～0x3F：$ MFTMirr 文件的起始虚拟簇号，$ MFTMirr 文件通常存储在靠前的簇中，也就是存储在 MFT 文件之前，当然也有存在后面的，所以先从前面搜索"46 49 4C 45"，条件为 512=0，由此来找 $ MFTMirr 文件。若没有找到，则到分区的中部开始搜索。

(6) 0x40～0x43：每 MFT 记录簇数(文件记录大小描述)，为带符号数，小于每簇扇区数时为负数，此时文件记录的大小用字节数来表示，计算方法为文件记录的字节数=2－1×文件记录的大小描述。如簇大小为 8 个扇区，每个文件记录大小固定为 2 个扇区，也就是 1 024 字节，通过计算式 2－1×文件记录的大小描述=1 024 字节，得到"文件记录大小描述"值为"－10"。

(7) 0x44～0x47：每索引簇数；搜"49 4E 44 58"，意义和 MFT 记录的簇数的一样，一般索引大小为 4 KB，根据簇大小换算成簇数即可。

2. 实例操作

用虚拟硬盘创建 5 GB 以上的 NTFS 分区，将 DBR 清空，再将最后扇区备份 DBR 清除，保存到扇区。试通过分析计算来重建 DBR。

步骤 1：在 WinHex 中打开硬盘，虽然分区的 DBR 丢失，WinHex 还是能够识别其分区的，这样就可得到 2 个数值，即分区起始扇区和分区占扇区数。若 WinHex 不能识别分区，则可从靠近分区的扇区开始，从前面搜索"46 49 4C 45"，条件是 512=0，来找到 $ MFTMirr 文件或 $ MFT 文件，进而确定该分区是否是 NTFS 分区。若是，则可继续后面步骤，若不能确定是 NTFS 分区，则需要按前面讲的内容查找 FAT32 分区的特征 FAT 表(起始"F8FFFF"，偏移是 0 字节)，若能找到 FAT 表，说明文件系统是 FAT 文件系统。

步骤 2：计算簇占扇区数和 MFT 文件起始簇号。计算簇占扇区数需要找到一具有非常驻数据属性文件的 MFT 项，由于 $ MFT 文件本身就是一个具有非常驻属性的文件，于是就可以通过找它的 MFT 项来计算簇大小。由于 $ MFT 文件一般在分区中前的位置，搜索时不好定位和耗时，$ MFT 文件的备份 MFTMirr 存储在非常靠前的簇中，MFTMirr 是 $ MFT 文件的前几个 MFT 项的备份，所以第一个 MFT 项就是我们要找的。搜索分区起始处的 MFT 项十六进制特征值"46494C45"，偏移量是 0，如图 7-1-16 所示。在图 7-6-16 所示的窗口中点击"确定(O)"，很快就会找到 MFT 文件，如图 7-6-17所示。

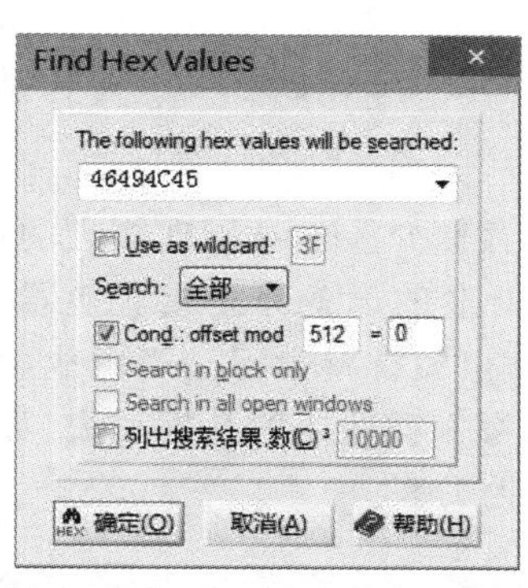

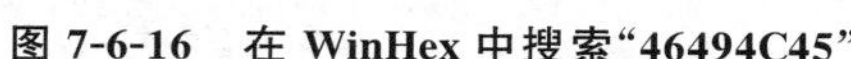
图 7-6-16　在 WinHex 中搜索“46494C45”

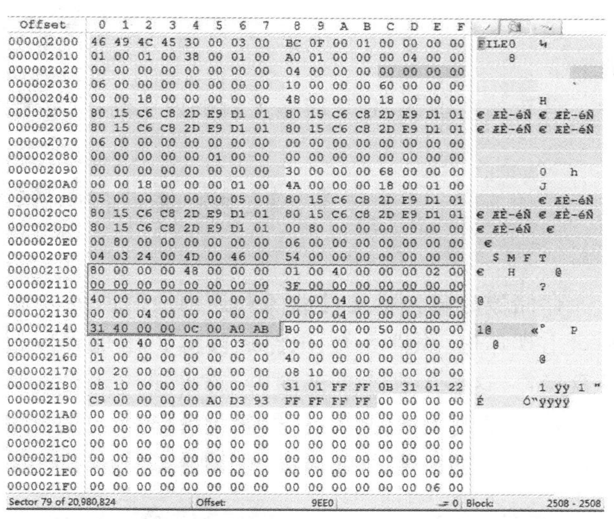

图 7-6-17　$ MFT 文件的 MFT 项

由文件名属性(0x80)得知是 $ MFT 文件的 MFT 项,偏移 0x10 起 8 字节为属性的起始 VCN,当前值为 0,偏移 0x18 起 8 字节为属性的结束 VCN,当前值为 63(0x3F),这两个值计算所得为其分配的簇数。偏移 0x28 起 8 字节是为 $ MFT 文件分配的空间字节数,值是“0x0000000000040000”,即分配了 262 144 字节。

计算簇大小:262144/(63－0＋1)＝4 096,4 096/512＝8,即簇占 8 个扇区。偏移 0x40 起 4 字节是 MFT 的簇流列表,值“31 40 00 00”表示 MFT 文件起始于 0x0000(0)号簇,大小占 0x40(64)个簇。

步骤 3:从 $ MFTMirr 文件的 MFT 项中得到 MFT 文件起始簇号。$ MFTMirr 文件的 MFT 项位于 81 号扇区,如图 7-6-18 所示。0x80 属性描述中,偏移 0x40 起 4 字节处的簇流列表“11 01 02 00”描述了 $ MFTMirr 文件的簇信息,大小占 1 个簇,起始于 0x02(2)号簇。

步骤 4:重建 DBR。通过搜索、分析与计算得到了簇占扇区数、分区前隐含扇区数(分区起始扇区)、分区占扇区数、MFT 文件起始簇号,$ MFTMirr 文件起始簇号,复制一个正常的 NTFS 的 DBR,写入分区的 0 号扇区,并修改其参数,也可用 NTFS 的 DBR 模板来修改参数(见图 7-6-19)。

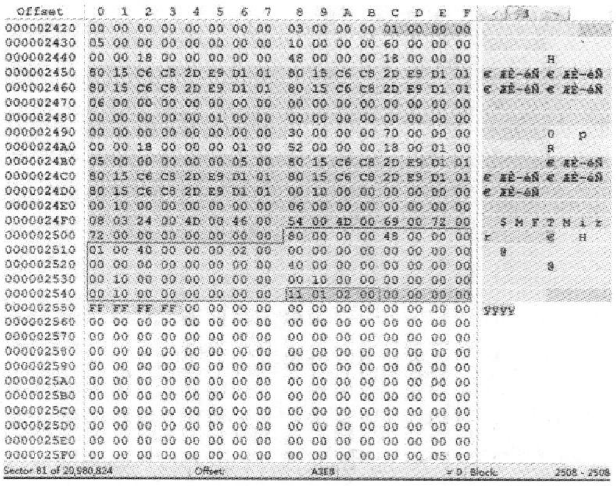

```
Offset     0  1  2  3  4  5  6  7   8  9  A  B  C  D  E  F
000002420 00 00 00 00 00 00 00 00  03 00 00 00 01 00 00 00
000002430 05 00 00 00 00 00 00 00  10 00 00 00 60 00 00 00
000002440 00 00 18 00 00 00 00 00  48 00 00 00 18 00 00 00        H
000002450 80 15 C6 C8 2D E9 D1 01  80 15 C6 C8 2D E9 D1 01  € ÆÈ-éÑ € ÆÈ-éÑ
000002460 80 15 C6 C8 2D E9 D1 01  80 15 C6 C8 2D E9 D1 01  € ÆÈ-éÑ € ÆÈ-éÑ
000002470 06 00 00 00 00 00 00 00  00 00 00 00 00 00 00 00
000002480 00 00 00 00 00 01 00 00  00 00 00 00 00 00 00 00
000002490 00 00 00 00 00 00 00 00  30 00 00 00 70 00 00 00        0   p
0000024A0 00 00 18 00 00 00 01 00  52 00 00 00 18 00 01 00        R
0000024B0 05 00 00 00 00 00 05 00  80 15 C6 C8 2D E9 D1 01        € ÆÈ-éÑ
0000024C0 80 15 C6 C8 2D E9 D1 01  80 15 C6 C8 2D E9 D1 01  € ÆÈ-éÑ € ÆÈ-éÑ
0000024D0 80 15 C6 C8 2D E9 D1 01  00 10 00 00 00 00 00 00  € ÆÈ-éÑ
0000024E0 00 10 00 00 00 00 00 00  06 00 00 00 00 00 00 00
0000024F0 08 03 24 00 4D 00 46 00  54 00 4D 00 69 00 72 00    $ M F T M i r
000002500 72 00 00 00 00 00 00 00  80 00 00 00 48 00 00 00  r       €   H
000002510 01 00 40 00 00 00 02 00  00 00 00 00 00 00 00 00    @
000002520 00 00 00 00 00 00 00 00  40 00 00 00 00 00 00 00          @
000002530 00 10 00 00 00 00 00 00  00 10 00 00 00 00 00 00
000002540 00 10 00 00 00 00 00 00  11 01 02 00 00 00 00 00
000002550 FF FF FF FF 00 00 00 00  00 00 00 00 00 00 00 00  ÿÿÿÿ
000002560 00 00 00 00 00 00 00 00  00 00 00 00 00 00 00 00
000002570 00 00 00 00 00 00 00 00  00 00 00 00 00 00 00 00
000002580 00 00 00 00 00 00 00 00  00 00 00 00 00 00 00 00
000002590 00 00 00 00 00 00 00 00  00 00 00 00 00 00 00 00
0000025A0 00 00 00 00 00 00 00 00  00 00 00 00 00 00 00 00
0000025B0 00 00 00 00 00 00 00 00  00 00 00 00 00 00 00 00
0000025C0 00 00 00 00 00 00 00 00  00 00 00 00 00 00 00 00
0000025D0 00 00 00 00 00 00 00 00  00 00 00 00 00 00 00 00
0000025E0 00 00 00 00 00 00 00 00  00 00 00 00 00 00 00 00
0000025F0 00 00 00 00 00 00 00 00  00 00 00 00 00 00 05 00
Sector 81 of 20,980,824    Offset:    A3E8    = 0  Block:    2508 - 2508
```

图 7-6-18　$ MFTMirr 文件的 MFT 项

Boot Sector NTFS,基本偏移量: 63

Offset	标题	数值
0	JMP instruction	EB 52 90
3	File system ID	NTFS
B	Bytes per sector	512
D	Sectors per cluster	8
E	Reserved sectors	0
10	(always zero)	00 00 00
13	(unused)	00 00
15	Media descriptor	F8
16	(unused)	00 00
18	Sectors per track	63
1A	Heads	255
1C	Hidden sectors	2,048
20	(unused)	00 00 00 00
24	(always 80 00 80 00)	80 00 80 00
28	Total sectors excl. backup boot s	20,965,375
30	Start C# $MFT	786,432
38	Start C# $MFTMirr	2
40	FILE record size indicator	-10
41	(unused)	0
44	INDX buffer size indicator	1
45	(unused)	0
48	32-bit serial number (hex)	CC 63 27 0A
48	32-bit SN (hex, reversed)	A2763CC
48	64-bit serial number (hex)	CC 63 27 0A 8E 27 0A 1C
50	Checksum	0
1FE	Signature (55 AA)	55 AA

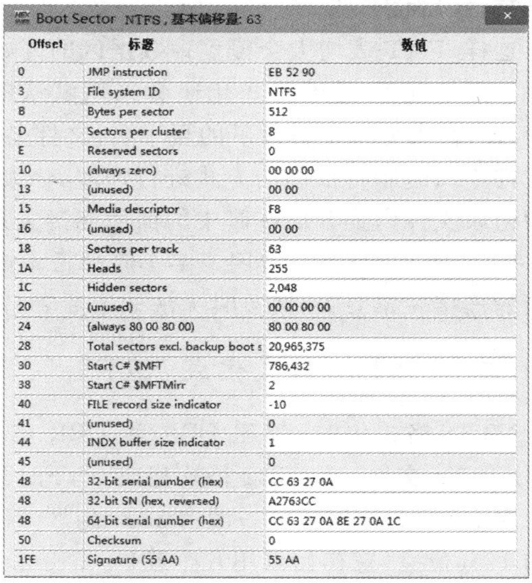

图 7-6-19　在 NTFS DBR 模板中修改参数

步骤 5:0 号扇区修改后，将该扇区数据复制块，粘贴到分区的最后扇区，完成 DBR 备份的修复。

重新加载硬盘，分区能够重新被识别到了，并且所有数据正常。

任务 7　基本数据恢复的实现

存储器故障包括硬件故障和逻辑故障两种。硬件故障是指存储介质本身出现物理的损坏，如硬盘出现坏道、固件丢失、电路故障等。出现硬件故障时，需要专业的设备修复或更换器件，或者开盘操作，这些不在本书范围内，感兴趣的话可以选择固件维修相关材料学习。逻辑故障包括硬盘逻辑出错、分区表丢失、主引导记录损坏、文件系统损坏，以及操作类造成的数据丢失，如分区的误格式化、文件误删除或病毒原因删除、手机相机内的闪存数据丢失等。

一、文件系统格式化分析

多数用户对存储原理不了解，当分区的 DBR 损坏而提示未格式化时，可能会错误地进行格式化。分析了解 NTFS 与 FAT32 文件系统下格式化后发生了哪些变化，有助我们正确认识分区误格式化后数据的恢复的可能性。

（一）FAT32 格式化成 FAT32

FAT32 格式化成 FAT32(见图 7-7-1)时，包括重建 DBR、重分保留区、新建 FAT1 和 FAT2，新建前 3FA 表项并将其余 FAT 项全部清零，清空分区根目录簇等内容。

保留区一般会与原来的一样，变化最大的就是簇大小。如簇大小比原先的大，即占有更多的扇区，如原来占 8 个扇区，现占 16 个扇区，那么簇的个数就变少了，就不需要原来那么多的 FAT 表项，所以 FAT 表会变小，数据区前移一些。若簇大小变小，即比原来占用更少的扇区，如原来占 8 个扇区，现占 4 个扇区，那么簇的个数就变多了，就需要比原来多的 FAT 表项，所以 FAT 表会变大，数据区后移一些。

这样，FAT 表增大会覆盖掉数据区的开始部分，相比之下，FAT 表变小数据区几乎没有破坏。

一般情况下，重新格式化还会采用默认的相同结构，簇大小相同，但是清除了分区根目录和 FAT 表，存入分区根目录下的目录名、文件名全部丢失，要恢复分区根目录下的文件，需要依靠搜索文件十六进制特征码的方式进行恢复，恢复的文件是否正常还要取决于文件在存储是否连续，因为记录文件内容存储在簇中的前后连接关系的 FAT 表已清空了。

FAT 表被清空了，占用了多个簇的目录或文件，将因为 FAT 表记录的链接关系丢失而分散，即簇的连接关系丢失，恢复时无法知道后者是前者的延续。

（二）FAT32 格式化成 NTFS

NTFS 格式化时，创建 DBR 和 DBR 的备份，创建初始的 $MFT 等几个系统文件和备份 $MFTMirr文件。FAT32 格式化成 NTFS(见图 7-7-2)时，数据破坏相对来说不是很严重。

原 FAT32 的保留区一般占 38 个扇区，NTFS 的保留区一般占 16 个扇区，MFT 一般在整个分区的 12%位置，它初始只用几个簇(一般 8 个扇区)，其他的 NTFS 的系统文件也很小，所以会破坏掉原数据区的很少的数据。

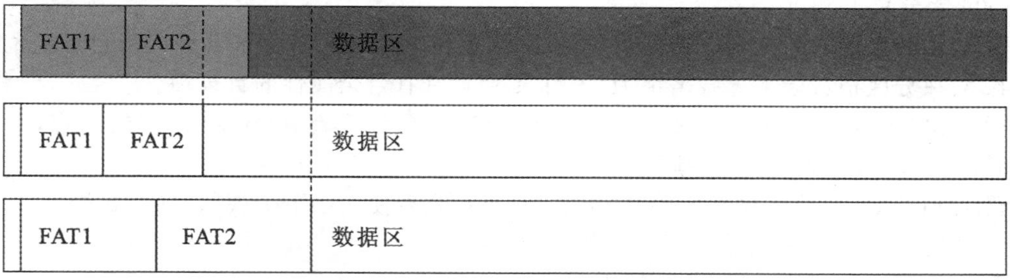

图 7-7-1 FAT32 格式化成 FAT32

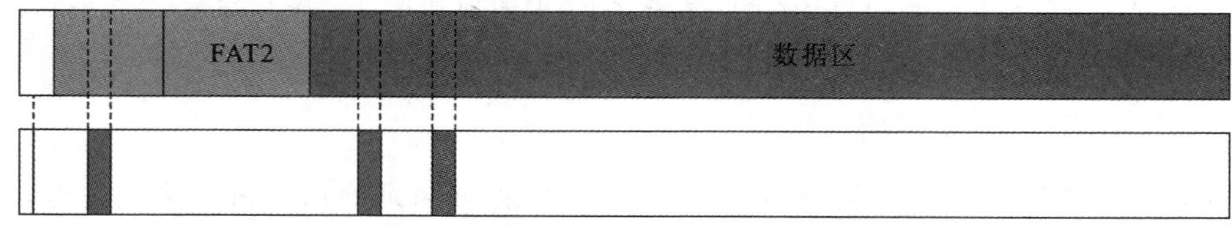

图 7-7-2 FAT32 格式化成 NTFS

$MFTMirr 文件只是备份了 $MFT 文件的几个 MFT 项，占用一个簇(一般 8 个扇区)。一般位于分区靠前的位置，那破坏掉的只是一个簇大小的 FAT1 的靠前部分，这可以用 FAT2 来恢复 FAT1 来解决。若 $MFTMirr 文件位于 $MFT 文件的后面，则破坏掉一个簇大小的数据区。

分区的最后扇区定入了 DBR 的备份，原 FAT32 的数据不会使用最后的部分扇区的，所以没有数据破坏。

所以，FAT32 格式化成 NTFS 时，数据破坏很少，幸运的话可能不会发生任何的破坏，完全可以恢复。

(三) NTFS 格式化成 NTFS

若格式化采用的版本相同，则布局不会有很大的改变，数据破坏很小，只是重写了 $MFT 文件和 $MFTMirr 文件，$MFT 文件会重写前几个簇，$MFTMirr 文件会重写一个簇，用户的数据不会受到影响。

(四) NTFS 格式化成 FAT32

NTFS 在存储时有个习惯是，尽可能使用 $MFT 文件后面的簇，而且系统为 $MFT 文件保留分区大小的 12.5%左右的空间，所以用户数据是靠后存放的，格式化成 FAT32 时，用户数据几乎不受影响。若用户数据占满了分区，则会用到前面的簇，这部分数据就会被破坏掉。一般情况下，用户数据不会占用太多的分区。

二、文件的删除分析

现在，我们来讨论一下 NTFS 与 FAT32 文件系统下删除文件的过程，这对完成文件删除的恢复有一定的帮助。

(一) FAT32 文件系统删除文件

先建立文件，存在“分区根目录\子目录 1\file. txt”，文件大小为 7 000 个字节，簇大小占 8 个扇区(4 096 字节)。

步骤 1:从分区(卷)的 0 扇区读取引导记录,来定位 FAT 表、数据区和分区根目录的位置。

步骤 2:在分区根目录下寻找名字为“子目录 1”且具有目录属性的目录项。

步骤 3:由“子目录 1”的目录项获得它的起始簇号,到该簇查看“子目录 1”的内容,从中找到“file. txt”的目录项,提取它的起始簇号。

步骤 4:到 FAT 表找该簇对应的 FAT 表项,查找是否使用了下个簇,直到找到最后一个 FAT 表项(记录结束标志),这样就找到了文件使用的簇链。

步骤 5:将簇链对应的 FAT 表项清零。

步骤 6:将文件“file. txt”的目录项的第一个字节改为“0xE5”,做删除标记。

整个删除文件的过程完成,可以看出就是清除 FAT 表项和目录项做删除标记,没有删除目标项,对文件内容存储的数据区没有做任何操作。

(二) NTFS 文件系统删除文件

这里通过先建立文件,再删除来分析删除“分区根目录\子目录 1\file. txt”文件的过程。

步骤 1:读取文件系统的第一个扇区的引导区,获取簇大小、MFT 起始位置、每个 MFT 项的大小等信息。

步骤 2:读取 MFT 文件的第 1 项,通过它的 $DATA 属性得到其他 MFT 的位置。

步骤 3:访问 5 号 MFT 项,即分区根目录,通过索引根属性($INDEX_ROOT)和索引分配属性($INDEX_ALLOCATION)找到“子目录 1”项,记录 MFT 项为 200 号(假设,为了方便分析),更新目录的最后访问时间。

步骤 4:访问 200 号 MFT 项的索引根属性($INDEX_ROOT)并寻找 file. txt 的条目,找到它的 MFT 项为 400 号(假设,为了方便分析)。

步骤 5:从索引中移除文件的项,移动节点中的项覆盖了原来的项,更新目录的最后写入时间、最后修改时间和最后访问时间。

步骤 6:通过清除使用中标志取消 400 号 MFT 项的分配,访问 $Bitmap 文件的 $DATA 属性,将该项的相应位设置为 0。

步骤 7:访问 400 号 MFT 项的非常驻属性,从 $DATA 属性中得到数据内容所在簇号,将 $Bitmap 文件中相应簇的 bit 设置为 0,即取消对 722 号、723 号簇的分配。

步骤 8:前面的每一步,都将在文件系统日志 $LogFile 中产生项并将改变记入到\$Extend\$UsrJrnl。如果设置了磁盘配额管理,则将在\$Extend\$Quota 中,把回收的容量从用户已使用的磁盘空间量中减去。

三、数据恢复软件的使用

(一) EasyRecovery 的使用

EasyRecovery 是一款操作安全、价格便宜、用户可自主操作的非破坏性只读应用程序,它不会往源驱上写任何东西,也不会对源驱做任何改变,支持从各种存储介质恢复删除、格式化或者丢失的文件。它支持的媒体介质包括:硬盘驱动器、光驱、闪存、硬盘、光盘、U 盘、数码相机、手机以及其他多媒体移动设备。EasyRecovery 能恢复包括文档、表格、图片、音频、视频等各种数据文件。无论文件是通过命令的方式删除,还是被应用程序或者文件系统删除,EasyRecovery 都能实现恢复，甚至能重建丢失的 RAID。EasyRecovery 发布了适用于 Windows 及 Mac 平台的软件版本。如图 7-7-3 所示为 EasyRecovery 启动界面。

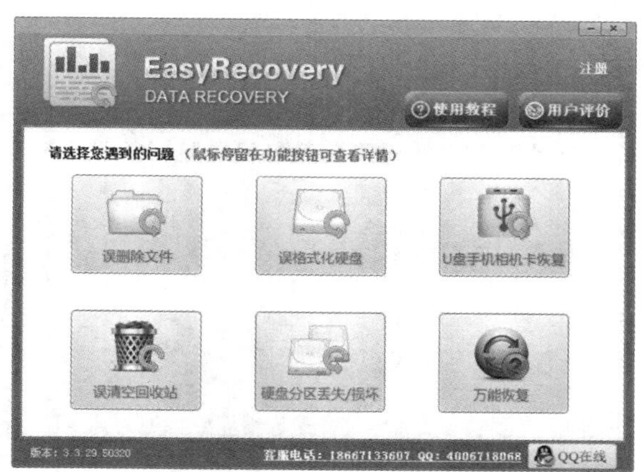

图 7-7-3 EasyRecovery 启动界面

1. EasyRecovery 功能

EasyRecovery 支持所有文件类型的数据恢复，包括图像、视频、音频、应用程序、办公文档、文本文档及定制，能够识别多达 259 种文件扩展名。

硬盘数据恢复：能够实现各种硬盘数据恢复，能够扫描本地计算机中的所有卷，建立丢失和被删除文件的目录树，实现硬盘格式化，重新分区，误删数据，重建 RAID 等硬盘数据恢复。

Mac 数据恢复：EasyRecovery for Mac 操作体验与 Windows 的一致，可以恢复在 Mac 下丢失、误删的文件，支持使用 FAT、NTFS、HFS 分区的文件系统。

U 盘数据恢复：可以恢复 U 盘中删除的文件，可实现 U 盘 0 字节以及 U 盘格式化后数据恢复等各种主流的 U 盘数据丢失恢复。

移动硬盘数据恢复：在移动硬盘的使用中无法避免数据丢失，EasyRecovery 支持移动硬盘删除恢复、误删除恢复、格式化恢复，操作与硬盘数据恢复一样简单。

相机数据恢复：有限的相机存储空间，难免发生照片误删、存储卡数据意外丢失，EasyRecovery 可恢复相机存储卡中拍摄的照片、视频等。

手机数据恢复：支持恢复安卓手机内存上的所有数据，根据手机的品牌及型号不同，可恢复手机内存卡甚至是手机机身内存，包括手机照片，文档、音频及视频等恢复。

MP3/MP4 数据恢复：在误删除、格式化等意外情况造成 MP3/MP4 数据丢失时，即可用 EasyRecovery 过滤文件类型，快速恢复音频或视频。

光盘数据恢复：EasyRecovery 可实现 CD、CD-R/RW、DVD、DVD-R/RW 等删除恢复，格式化的恢复，还提供磁盘工断。

SD 卡、TF 卡数据恢复：EasyRecovery 提供 SD 卡、TF 卡等便携式装置上的数据恢复，包括图像文件、视频文件、音频文件、应用程序文件、文档等的恢复。

电子邮件恢复：EasyRecovery 具有电子邮件恢复功能，允许用户查看选中的电子邮件数据库，可显示当前保存和已经删除的电子邮件，并可打印或保存到磁盘。

RAID 数据恢复：EasyRecovery 可重新构造一个被破坏的 RAID 系统，可以选择 RAID 类型，通过 RAID 重建器来分析数据，并尝试进行重建 RAID，支持通用 RAID 类型匹配。

2. EasyRecovery 恢复操作

步骤 1：选择恢复场景。EasyRecovery 提供了恢复已删除文件、恢复被格式化的媒体、U 盘手机相机卡恢复、误清空回收站、硬盘分区恢复和万能恢复等恢复场景。如删除文件的恢复，选择“删除文件”。

步骤 2：选择需要扫描的卷标，如图 7-7-5 所示。选择要恢复数据的卷标，特别注意的是，数据恢复过程中要确保有磁盘连接到系统并且磁盘上有足够的空间（用于保存恢复的数据）。

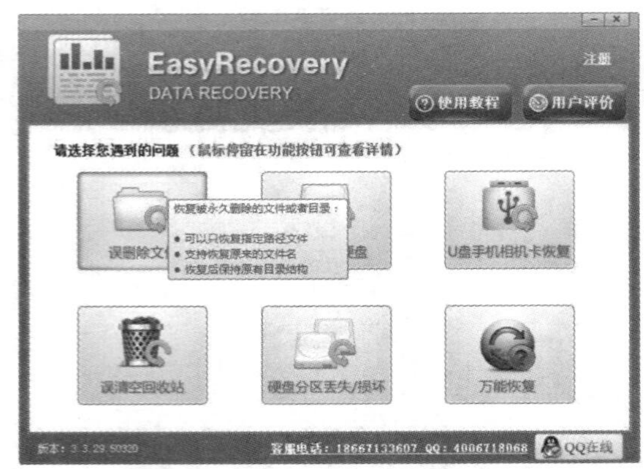

图 7-7-4　EasyRecovery 选择恢复方式

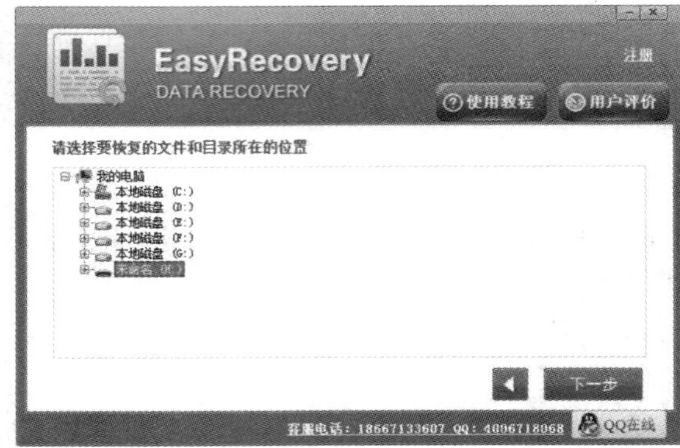

图 7-7-5　EasyRecovery 选择扫描的卷（分区）

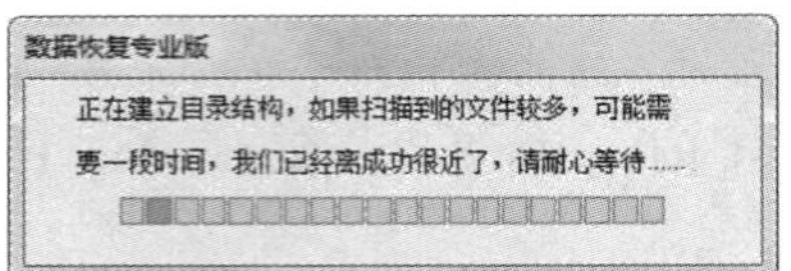

图 7-7-6　EasyRecovery 扫描提示

步骤 3：开始扫描，如图 7-7-6 所示。如果想要改变选项，需要返回。扫描过程有可能需要几个小时，时间的长短主要取决于存储器的大小和算法。

步骤 4：找到丢失的数据文件并进行保存，以列表形式显示找到的数据，如图 7-7-7 所示。

提示：找到的数据会有很多不需要的，所以要选择要恢复的文件。若没有找到，可分析丢失原因，再尝试用其他的恢复方式。

步骤 5：将文件恢复到其他分区，如图 7-7-8 所示。不要将找到的数据恢复到原分区，要选择其他的存储位置。

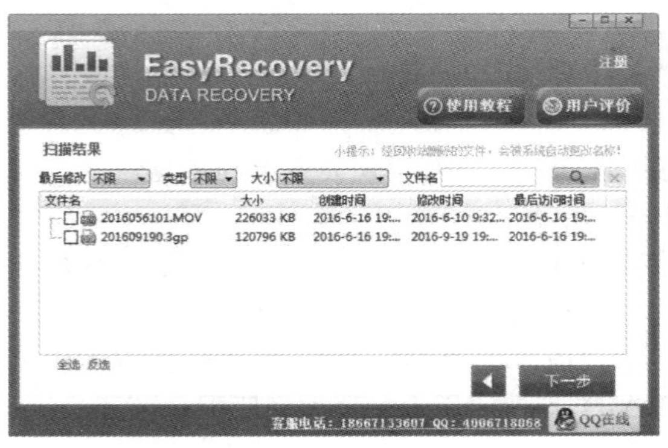

图 7-7-7　EasyRecovery 找到文件

图 7-7-8　EasyRecovery 选择存储路径

需要的数据的恢复工作就完成了。

注意

EasyRecovery 不能保证恢复文件的完整性，因为数据丢失的原因很多，数据丢失后，系统会认为该区域没有使用，所以有可能会写入其他文件，这样部分数据就丢失了，所以恢复的文件有可能不完整，甚至是乱码。

(二)数据恢复精灵的使用

数据恢复精灵是一款功能强大、简单易用的数据恢复软件，基于 DiskGenius 内核开发而成。它能迅速地恢复丢失的文件或分区。它的常用功能有恢复删除文件、恢复格式化文件以及恢复丢失的分区。它支持的存储介质主要有计算机硬盘、移动硬盘、U 盘、SD 卡、TF 卡、虚拟硬盘等。

使用数据恢复精灵，可以恢复丢失的分区、恢复误删除的文件、恢复误格式化的分区，以及处理因各种原因造成的分区被破坏而无法打开的情况。

(1) 支持恢复丢失的分区(即重建分区表)。在恢复过程中，立即就能看到它找到的分区中的文件。这样就可以通过这些文件来判断它找到的分区是不是需要恢复的分区，同时也可以在不保存分区表的情况下恢复这些分区里面的文件，即将文件复制到安全的地方。

(2) 支持恢复已删除的文件。只要文件没有被覆盖，就有机会恢复。

(3) 支持从损坏的分区(包括被格式化的分区，由于病毒破坏、系统崩溃等各种原因而导致无法访问的分区，提示分区需要格式化的分区，提示目录结构损坏的分区，变成 RAW 格式的分区等)中恢复文件。

(4) 支持在不启动虚拟机的情况下，恢复 VMware 虚拟硬盘文件(“.vmdk”)、Virtual PC(“.vhd”)和 VirtualBox(“.vdi”)中的分区和文件。

(5) 支持从整个硬盘中恢复文件：适用于破坏严重、无法直接恢复分区的情况，恢复时可以指定搜索范围，方便高级用户使用，以节省搜索时间。

(6) 扫描时软件会自动判断文件系统类型，不必担心如何选择，不必记得原来的分区类型，一切都由软件自动判断。

(7) 支持传统的 MBR 分区表及 GPT 分区表(GPT 硬盘)。

数据恢复精灵启动界面如图 7-7-9 所示。

(三)其他数据恢复软件

1. FINALDATA

对于文件信息全部丢失，FINALDATA 都能够通过直接扫描目标磁盘抽取并恢复出文件信息(包括文件名、文件类型、原始位置、创建日期、删除日期、文件长度等)，用户可以根据这些信息方便地查找和恢复自己需要的文件，甚至在数据文件已经被部分覆盖以后，FINALDATA 专业版也可以将剩余部分文件恢复出来。

FINALDATA 企业版启动界面如图 7-7-10 所示。

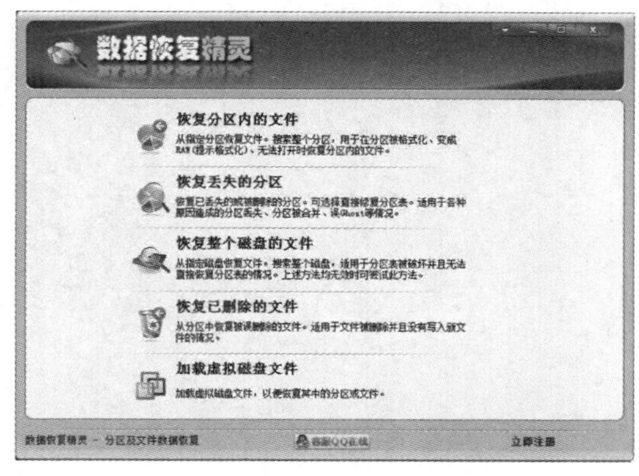

图 7-7-9 数据恢复精灵启动界面

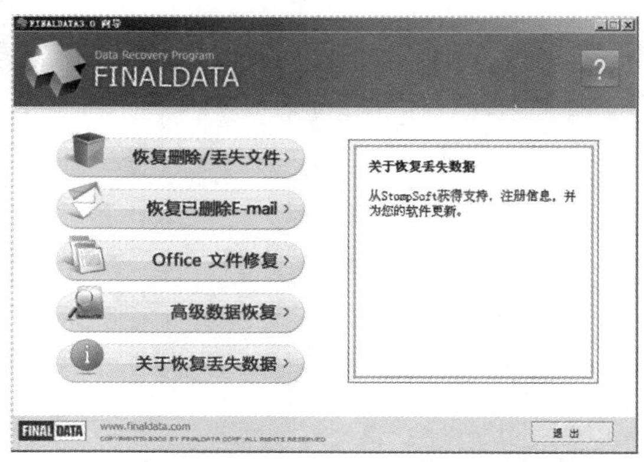

图 7-7-10 FINALDATA 企业版启动界面

2. U盘内存卡文件恢复软件

U盘内存卡文件恢复软件是一款全面兼容不同品牌以及容量的U盘、SD卡、手机内存卡、数码相机存储卡的文件数据恢复软件，提供良好的设备兼容能力、高效数据恢复成功率以及无损恢复技术，能有效保障数据的安全恢复，同时支持万能数据恢复模式、大幅增强文件恢复成功率。

3. 数据救援大师

数据救援大师是一款简单、易用的数据恢复软件。它独有的安全数据恢复技术，能保障丢失数据有效恢复，轻松解决文件误删除、硬盘误格式化、硬盘分区丢失以及硬盘故障等多种情况下数据丢失后的恢复问题。它以极速扫描模式搭配深度数据恢复功能，无须任何设置，智能化完整恢复全部丢失数据。

4. 万能照片恢复软件

万能照片恢复软件是首款具备反删除、反格式化、深度数据恢复能力的全能照片恢复软件，兼容现有全部图片格式的恢复，全面兼容数码相机、单反相机以及手机内存卡、U盘、硬盘中照片的恢复。它具有强大的深度数据恢复技术，提供百分之百误删除照片数据恢复能力。

REFERENCE 参考文献

[1] 杨继萍,夏丽华,等.计算机系统组装与维护标准教程(2015—2018版)[M].北京:清华大学出版社,2015.

[2] 马林.数据重现:文件系统原理精解与数据恢复最佳实践[M].北京:清华大学出版社,2009.

[3] 韩松峰,常俊超.数据恢复技术与应用[M].北京:电子工业出版社,2014.